CIÊNCIA SEM DOGMAS

Rupert Sheldrake

CIÊNCIA SEM DOGMAS

A Nova Revolução Científica e o Fim do Paradigma Materialista

Tradução
MIRTES FRANGE DE OLIVEIRA PINHEIRO

**Editora
Cultrix**

SÃO PAULO

Título original: *The Science Delusion*.

Copyright © 2012 Rupert Sheldrake.

Copyright da edição brasileira © 2014 Editora Pensamento-Cultrix Ltda.

Texto de acordo com as novas regras ortográficas da língua portuguesa.

1ª edição 2014.

Editor: Adilson Silva Ramachandra
Editora de texto: Denise de C. Rocha Delela
Coordenação editorial: Roseli de S. Ferraz
Produção editorial: Indiara Faria Kayo
Editoração eletrônica: Fama Editora
Revisão: Nilza Agua e Yociko Oikawa

**CIP-BRASIL. CATALOGAÇÃO NA PUBLICAÇÃO
SINDICATO NACIONAL DOS EDITORES DE LIVROS, RJ**

S548c
Sheldrake, Rupert, 1942-
    Ciência sem dogmas : a nova revolução científica e o fim do paradigma materialista / Rupert Sheldrake; tradução Mirtes Frange de Oliveira Pinheiro. — 1. ed. — São Paulo : Cultrix, 2014. 400 p. : il. ; 23 cm.

    Tradução de: The science delusion
    ISBN 978-85-316-1272-5
    1. Ciência — Filosofia. I. Título.

14-11255   CDD: 121
                                           CDU: 165

Direitos de tradução para o Brasil adquiridos com exclusividade pela EDITORA PENSAMENTO-CULTRIX LTDA., que se reserva a propriedade literária desta tradução.
Rua Dr. Mário Vicente, 368 — 04270-000 — São Paulo, SP
Fone: (11) 2066-9000 — Fax: (11) 2066-9008
http://www.editoracultrix.com.br
E-mail: atendimento@editoracultrix.com.br
Foi feito o depósito legal.

A todos aqueles que me ajudaram e me incentivaram,
em especial minha mulher, Jill, e nossos filhos, Merlin e Cosmo.

Sumário

Prefácio 9

Introdução: OS DEZ DOGMAS DA CIÊNCIA MODERNA 14

Prólogo: CIÊNCIA, RELIGIÃO E PODER 21

1. A natureza é mecânica? 37
2. A quantidade total de matéria e energia é sempre a mesma? 65
3. As leis da natureza são fixas? 93
4. A matéria é inconsciente? 119
5. A natureza é destituída de propósito? 139
6. Toda herança biológica é material? 167
7. As memórias são armazenadas como traços materiais? 198
8. A mente está confinada ao cérebro? 225
9. Os fenômenos psíquicos são ilusórios? 245
10. A medicina mecanicista é a única que realmente funciona? 274
11. Ilusões de objetividade 306
12. Futuros científicos 333

Notas 358

Referências 379

Prefácio

Comecei a me interessar pela ciência ainda muito cedo. Quando criança, tive vários tipos de animais, de lagartas e girinos a pombos, coelhos, tartarugas e um cachorro. Desde que eu era muito pequeno, meu pai, herbolário, farmacêutico e microscopista, me ensinava sobre as plantas. Ele me mostrava um mundo de maravilhas em seu microscópio, como criaturas diminutas em gotas de água do lago, as escamas das asas das borboletas, as conchas das diatomáceas, cortes de caules de plantas e uma amostra de rádio que brilhava no escuro. Eu colecionava plantas e lia livros de história natural, como o *Book of Insects*, de Fabre, que falava sobre besouros, louva-a-deus e vaga-lumes. Aos 12 anos de idade, decidi que queria ser biólogo.

Estudei ciências na escola e depois na Cambridge University, onde me formei em bioquímica. Eu gostava do que fazia, mas achava o foco muito estreito e queria ter uma visão mais global. Tive uma oportunidade única de ampliar minhas perspectivas quando ganhei uma bolsa do Frank Knox Memorial Fellowship para a Faculdade de Harvard, onde estudei filosofia e história da ciência.

Voltei a Cambridge para fazer pesquisas sobre o desenvolvimento das plantas. Em meus estudos de doutorado, fiz uma descoberta original: as células que estão morrendo desempenham um papel importante na regulação do crescimento da planta, ao liberar o hormônio vegetal auxina à medida que se degradam durante o processo de "morte celular programada". Dentro das plantas em desenvolvimento, novas células se dissolvem à medida que morrem, deixando suas paredes de celulose como tubos microscópicos através dos quais a água é conduzida nos caules, raízes e nervuras foliares. Descobri que a auxina é produzida durante a morte celular,[1] que as células que morrem estimulam o crescimento, que mais crescimento leva a mais morte e, consequentemente, a mais crescimento.

Depois de obter meu doutorado, fui convidado para ser pesquisador do Clare College, em Cambridge, onde coordenei os estudos de bioquímica e biologia celular, dando aulas teóricas e práticas. Nomeado pesquisador da Royal Society, dei continuidade às minhas pesquisas sobre hormônios vegetais em Cambridge, estudando a maneira como a auxina é transportada do ápice da planta para as raízes. Com meu colega Philip Rubery, descobri as bases moleculares do transporte polarizado da auxina,[2] que serviram de base para muitas das pesquisas subsequentes sobre polaridade vegetal.

Sob os auspícios da Royal Society, passei um ano na Universidade da Malásia estudando plantas da floresta tropical. No Rubber Research Institute of Malaya, descobri como o fluxo de látex das seringueiras é regulado geneticamente e lancei nova luz sobre o desenvolvimento dos vasos laticíferos.[3]

Quando retornei a Cambridge, formulei uma nova hipótese sobre o envelhecimento das plantas e dos animais, inclusive dos seres humanos. Todas as células envelhecem. Quando param de crescer, elas consequentemente morrem. Minha hipótese é sobre o rejuvenescimento e propõe que todas as células sofrem um acúmulo de resíduos metabólicos nocivos, o que faz com que elas envelheçam. Mas essas células podem produzir células-filhas rejuvenescidas, por meio de divisões celulares assimétricas, em que uma célula recebe a maior parte desses resíduos e está fadada a morrer, enquanto a outra fica limpa. As mais rejuvenescidas de todas são as células-ovo. Tanto em plantas como em animais, duas divisões celulares sucessivas (meiose) produzem uma célula-ovo e três células-irmãs, que logo morrem. Minha hipótese foi publicada na revista *Nature*, em 1974, em um trabalho intitulado "The ageing, growth and death of cells" ["Envelhecimento, desenvolvimento e morte das células"].[4] Desde então, a "morte celular programada", ou "apoptose", tornou-se um importante campo de pesquisas para o estudo de doenças como câncer, Aids, bem como da regeneração de tecidos pelas células-tronco. Muitas células-tronco dividem-se assimetricamente, produzindo uma nova célula-tronco rejuvenescida que se diferencia, envelhece e morre. Minha hipótese é que, para que ocorra o rejuvenescimento das células-tronco por meio de divisão celular, é preciso que suas irmãs paguem o preço da mortalidade.

Ávido por ampliar meus horizontes e fazer pesquisas práticas que pudessem beneficiar algumas das pessoas mais pobres do mundo, deixei Cambridge e juntei-me ao Instituto Internacional de Pesquisas Agrícolas para os Trópicos Semiáridos (ICRISAT – International Crops Research Institute for the Semi-Arid Tropics), perto de Hyderabad, na Índia, como fisiologista vegetal, onde estudei o grão-de-bico e o feijão-guando (*Cajanus cajan*).[5] Cultivamos novas variedades de plantas de alta produtividade e desenvolvemos sistemas de cultivos[6] hoje largamente usados por agricultores na Ásia e na África, aumentando substancialmente as safras.

Em 1981, teve início uma nova fase na minha carreira científica com a publicação do meu livro, *A New Science of Life*, no qual formulei a hipótese dos campos modeladores da forma, denominados campos morfonegéticos, que controlam o desenvolvimento de embriões animais e o crescimento das plantas. Eu propus que esses campos têm uma memória inerente, por um processo chamado ressonância mórfica. Essa hipótese foi embasada por evidências e deu origem a uma série de testes experimentais, que foram resumidos na nova edição do livro (2009).

Quando retornei da Índia para a Inglaterra, continuei a estudar o desenvolvimento das plantas, mas também comecei a fazer pesquisas sobre pombos-correio, que me intrigavam desde criança. Como os pombos encontram o caminho de casa a centenas de quilômetros de distância, cruzando regiões desconhecidas e até mesmo o mar? Pensei que pudessem estar ligados à sua casa por um campo que atuava como uma tira elástica invisível, que os puxava nessa direção. Mesmo que tivessem também um senso magnético, não podiam encontrar o caminho de casa apenas conhecendo os pontos cardeais. Se você descesse de paraquedas em uma região desconhecida com uma bússola, saberia onde fica o norte, mas não onde está sua casa.

Percebi que essa orientação dos pombos era apenas um dos muitos poderes inexplicados dos animais. Outro é a capacidade que alguns cães têm de saber quando seu dono está chegando em casa, aparentemente por telepatia. Não foi difícil nem dispendioso pesquisar sobre esses assuntos, e os resultados foram fascinantes. Em 1994, publiquei um livro chamado *Seven Experiments that Could Change the World*.* Nele, propus testes baratos que poderiam mudar nossos conceitos sobre a natureza da realidade. Os resultados foram resumidos em uma nova edição (2002) e em meus livros *Dogs That Know When Their Owners Are Coming Home* (1999, nova edição em 2011) e *The Sense of Being Stared At*** (2003).

Há vinte anos sou membro do Institute of Noetic Sciences [Instituto de Ciências Noéticas], situado nas proximidades de San Francisco, Califórnia, e professor visitante de várias universidades, inclusive o Graduate Institute, em Connecticut. Publiquei mais de oitenta artigos em revistas científicas, como a *Nature*. Sou filiado a várias sociedades científicas, inclusive à Society for Experimental Biology e Society for Scientific Exploration, e membro da Zoological Society e da Cambridge Philosophical Society. Ministro seminários e dou palestras sobre minhas pesquisas em diversas universidades, institutos de pesquisa e congressos científicos na Inglaterra e em outros países da Europa, nas Américas do Norte e do Sul, na Índia e na Austrália.

Durante toda a minha vida adulta tenho sido um cientista, e acredito firmemente na importância da abordagem científica. No entanto, estou cada vez mais convencido de que a ciência perdeu muito do seu vigor, da sua vitalidade e da sua curiosidade. Ideologia dogmática, conformidade calcada no medo e inércia institucional estão inibindo a criatividade científica.

Em relação aos meus colegas cientistas, sempre fico impressionado com o contraste entre as discussões em público e privadas. Em público, os cientistas têm plena consciência dos grandes tabus que restringem o alcance de tópicos permitidos; em particular, eles são muito mais ousados.

Escrevi este livro porque acredito que a ciência ficará mais estimulante e envolvente quando abandonar os dogmas que restringem o livre questionamento e aprisionam a imaginação.

---

* *Sete Experimentos que Podem Mudar o Mundo*, publicado pela Editora Cultrix, São Paulo, 1999.

** *A Sensação de Estar Sendo Observado*, publicado pela Editora Cultrix, São Paulo, 2004.

Muitas pessoas contribuíram para essas explorações por meio de discussões, debates e conselhos, e é impossível mencionar todas elas. Dedico este livro a todos aqueles que me ajudaram e incentivaram.

Agradeço o apoio financeiro que recebi: do Trinity College, em Cambridge, onde fui Pesquisador Sênior do Projeto Perrott-Warrick de 2005 a 2010; de Addison Fischer e da Planet Heritage Foundation; da Watson Family Foundation e do Institute of Noetic Sciences. Agradeço também à minha assistente de pesquisas, Pamela Smart, e ao meu *webmaster*, John Caton, por sua inestimável ajuda.

O manuscrito foi aprimorado graças a muitos comentários. Agradeço, em particular, a Bernard Carr, Angelika Cawdor, Nadia Cheney, John Cobb, Ted Dace, Larry Dossey, Lindy Dufferin e Ava, Douglas Hedley, Francis Huxley, Robert Jackson, Jürgen Krönig, James Le Fanu, Peter Fry, Charlie Murphy, Jill Purce, Anthony Ramsay, Edward St. Aubyn, Cosmo Sheldrake, Merlin Sheldrake, Jim Slater, Pamela Smart, Peggy Taylor e Christoffer van Tulleken, bem como a Jim Levine, meu agente em Nova York, e a Mark Booth, meu editor em Hodder & Stoughton.

Introdução

OS DEZ DOGMAS DA CIÊNCIA MODERNA

A "visão científica do mundo" desfruta de enorme prestígio, pois a ciência tem sido muito bem-sucedida. Por meio das tecnologias e da medicina moderna, a ciência toca todos os aspectos da nossa vida. Nosso mundo intelectual foi transformado por uma imensa expansão de conhecimentos, desde as partículas mais microscópicas de matéria até a vastidão do espaço, com centenas de bilhões de galáxias num universo em constante expansão.

No entanto, na segunda década do século XXI, quando a ciência e a tecnologia parecem estar no auge do seu poder, quando sua influência se espalhou por todo o mundo e seu triunfo parece incontestável, surgiram alguns problemas inesperados. A maioria dos cientistas acredita que esses problemas acabarão sendo solucionados por mais pesquisas nos moldes estabelecidos, enquanto outros, inclusive eu mesmo, acham que esses são sintomas de um mal mais profundo.

Neste livro, afirmo que a ciência está sendo refreada por pressuposições seculares que se enrijeceram em dogmas. A ciência estaria melhor sem eles: mais livre, mais interessante e mais divertida.

A maior de todas as ilusões científicas é que a ciência já sabe as respostas. Ainda falta descobrir os detalhes, mas, em princípio, as perguntas fundamentais foram respondidas.

A ciência contemporânea baseia-se na afirmação de que toda realidade é material ou física. Só existe a realidade material. A consciência é um subproduto da atividade cerebral. A matéria é inconsciente. A evolução não tem propósito. Deus existe apenas como uma ideia na mente humana e, portanto, na cabeça do ser humano.

Essas convicções são muito fortes, não porque os cientistas reflitam sobre elas, mas porque eles não fazem isso. Os *fatos* da ciência são suficientemente reais, assim como as técnicas usadas pelos cientistas e as tecnologias baseadas nelas. Mas o sistema de crenças que rege o pensamento científico convencional é um ato de fé, baseado numa ideologia do século XIX.

Este livro é pró-ciência. Quero que ela seja menos dogmática e mais científica. Acredito que a ciência será regenerada quando se libertar dos dogmas que a reprimem.

O credo científico

Estas são as dez principais crenças da maioria dos cientistas.

1. Tudo é essencialmente mecânico. Os cães, por exemplo, são mecanismos complexos, e não organismos vivos com metas próprias. Até mesmo as pessoas são máquinas, "robôs desajeitados", nas palavras de Richard Dawkins, cujo cérebro é um computador programado geneticamente.

2. Toda matéria é inconsciente. Não tem vida interior, nem subjetividade nem ponto de vista. Até mesmo a consciência humana é uma ilusão produzida pelas atividades físicas do cérebro.

3. A quantidade total de matéria e energia é sempre a mesma (com exceção do Big Bang, quando toda a matéria e energia do universo surgiram repentinamente).

4. As leis da natureza são fixas. São as mesmas que existiam no princípio e permanecerão sempre as mesmas.

5. A natureza não tem propósito e a evolução não tem objetivo nem direção.

6. Toda herança biológica é material, contida no material genético, o DNA, e em outras estruturas materiais.

7. A mente está dentro da cabeça e nada mais é do que atividade cerebral. Quando você olha uma árvore, a imagem da árvore que você está vendo não está "lá", mas dentro do seu cérebro.

8. As memórias são armazenadas como traços materiais no cérebro e desaparecem com a morte.

9. Fenômenos inexplicados como telepatia são ilusórios.

10. A medicina mecanicista é a única que realmente funciona.

Juntas, essas crenças compõem a filosofia ou ideologia do materialismo, cuja principal premissa é que tudo é basicamente material ou físico, até mesmo a mente. Esse sistema de crenças passou a dominar a ciência no final do século XIX e agora é aceito sem discussão. Muitos cientistas não sabem que o materialismo é uma pressuposição: eles simplesmente encaram essa doutrina como ciência, visão científica da realidade ou visão científica do mundo. Na verdade, eles não aprendem esse conceito, nem têm oportunidade de discuti--lo. Eles o absorvem por uma espécie de osmose intelectual.

No uso cotidiano, materialismo refere-se a um modo de vida dedicado inteiramente aos interesses materiais, uma preocupação com riqueza, bens e luxo. Essa atitude certamente é incentivada pela filosofia materialista, que nega a existência de qualquer realidade espiritual ou de metas imateriais. Porém, neste livro, estou preocupado com as afirmações científicas sobre materialismo, e não com seus efeitos sobre o estilo de vida das pessoas.

Num espírito de ceticismo radical, transformo cada uma dessas dez doutrinas em uma pergunta. Um panorama totalmente novo se descortina quando uma pressuposição amplamente aceita é apresentada como início de um questionamento, e não como uma verdade incontestável. Por exemplo, a pressuposição de que a natureza é mecânica ou semelhante a uma máquina transforma-se na pergunta: "A natureza é mecânica?". A pressuposição de que a matéria é inconsciente transforma-se na pergunta: "A matéria é inconsciente?". E assim por diante.

No Prólogo, falo sobre as interações entre ciência, religião e poder, e nos Capítulos 1 a 10 examino cada um dos dez dogmas. No final de cada capítulo, analiso a diferença que esse tópico faz e como afeta o nosso modo de viver.

Além disso, faço várias outras perguntas, para que os leitores que queiram discutir esses assuntos com amigos ou colegas tenham alguns pontos de partida úteis. Há um resumo no final de cada capítulo.

A perda de credibilidade da "visão científica do mundo"

Há mais de duzentos anos, os materialistas prometeram que a ciência explicaria tudo sob a óptica da física e da química. A ciência provaria que os organismos vivos são máquinas complexas, que a mente nada mais é do que atividade cerebral e que a natureza é desprovida de propósito. As pessoas apoiam-se na fé de que as descobertas científicas justificarão suas crenças. Karl Popper, filósofo da ciência, chamava essa postura de "materialismo promissório", pois depende de notas promissórias por descobertas que ainda não foram feitas.[1] Apesar de todas as conquistas da ciência e da tecnologia, atualmente o materialismo está enfrentando uma crise de credibilidade que seria inimaginável no século XX.

Em 1963, quando eu estudava bioquímica na Cambridge University, fui convidado, juntamente com alguns colegas de turma, para uma série de encontros privados com Francis Crick e Sydney Brenner nas salas de Brenner do King's College. Eles tinham acabado de ajudar a "decifrar" o código genético. Ambos eram ardentes materialistas, e Crick era também ateu militante. Eles disseram que havia dois problemas importantes a serem resolvidos em biologia: desenvolvimento e consciência. Esses problemas não tinham sido solucionados porque as pessoas que trabalhavam neles não eram da área de biologia molecular — nem muito brilhantes. Crick e Brenner descobririam as respostas em dez ou vinte anos. Brenner ficaria com o desenvolvimento e Crick, com a consciência. Eles nos convidaram para nos juntar a eles.

Ambos deram o melhor de si. Em 2002, Brenner recebeu o Prêmio Nobel por seu trabalho sobre o desenvolvimento de um verme minúsculo, o *Caenorhabdytis elegans*. Crick corrigiu o texto final do seu trabalho sobre o cérebro um dia antes de morrer, em 2004. No funeral, seu filho Michael disse que o que o motivava não era o desejo de ser famoso, rico nem popular, mas sim de "cravar o último prego no caixão do vitalismo". (Vitalismo é a teoria

17

segundo a qual os organismos vivos são verdadeiramente vivos e não podem ser explicados apenas pela física e pela química.)

Crick e Brenner erraram. Os problemas do desenvolvimento e da consciência ainda não foram solucionados. Muitos detalhes foram descobertos, dezenas de genomas foram sequenciados e os exames de neuroimagem estão cada vez mais precisos. Mas ainda não há provas de que a vida e a mente possam ser explicadas somente pela física e pela química (ver os Capítulos 1, 4 e 8).

A proposição fundamental do materialismo é de que a matéria é a única realidade. Portanto, a consciência nada mais é do que atividade cerebral. É como uma sombra, um "epifenômeno", que não faz nada, ou apenas outra maneira de *falar* sobre atividade cerebral. No entanto, os pesquisadores de neurociência e estudos da consciência não chegaram a um consenso sobre a natureza da mente. Revistas respeitadas como *Behavioural and Brain Sciences* e *Journal of Consciousness Studies* publicam muitos artigos que revelam problemas profundos na doutrina materialista. O filósofo David Chalmers chamou a própria existência da experiência subjetiva de "problema difícil". Difícil porque desafia uma explicação em termos de mecanismos. Mesmo que compreendamos como os olhos e o cérebro reagem ao farol vermelho, a *experiência* de vermelho não é levada em consideração.

Na biologia e na psicologia, o grau de credibilidade do materialismo está em queda. Será que a física pode vir em seu socorro? Alguns materialistas preferem denominar-se fisicalistas, para enfatizar que suas esperanças dependem da física moderna, e não de teorias sobre a matéria do século XIX. Mas o grau de credibilidade do fisicalismo foi reduzido pela própria física, por quatro razões.

Em primeiro lugar, alguns físicos insistem em afirmar que a mecânica quântica não pode ser formulada sem levar em consideração a mente dos observadores. Eles alegam que a mente não pode ser reduzida à física, porque física pressupõe a mente dos físicos.[2]

Em segundo lugar, as mais ambiciosas teorias unificadas da realidade física, a teoria das cordas e a teoria M, com dez e onze dimensões, respectivamente, levam a ciência para um território totalmente novo. Curiosamente, como Stephen Hawking nos diz em seu livro *The Grand Design* (2010): "Ninguém parece saber o que significa o 'M' mas pode ser 'mestre', 'milagre' ou 'mistério'". De acordo com o que Hawking chama de "realismo dependente do modelo", pode ser que tenhamos de aplicar teorias diferentes a situações distintas. "Cada teoria pode ter a sua própria versão da realidade, mas, de acordo com o realismo dependente do modelo, isso é aceitável desde que as teorias estejam de acordo em suas previsões sempre que houver uma sobreposição, ou seja, sempre que ambas puderem ser aplicadas."[3]

A teoria das cordas e a teoria M não podem ser testadas atualmente, de modo que o "realismo dependente do modelo" só pode ser julgado por referência a outros modelos, e não por experimento. Isso também se aplica a inúmeros outros universos, nenhum dos quais já foi observado. Como ressalta Hawking:

A teoria M tem soluções que tornam possível a existência de *diferentes universos* com diferentes leis evidentes, dependendo de como o espaço interno é torcido. A Teoria M tem soluções que tornam possível a existência de diferentes espaços internos, talvez até mesmo 10^{500} deles, o que significa que possibilitam a existência de 10^{500} universos diferentes, cada um com suas próprias leis... A esperança original da física de produzir uma única teoria capaz de explicar as leis evidentes do nosso universo como única consequência possível de algumas pressuposições simples talvez tenha de ser abandonada.[4]

Alguns físicos são extremamente céticos em relação a essa abordagem, como o físico teórico Lee Smolin mostra em seu livro *The Trouble With Physics: The Rise of String Theory, the Fall of a Science and What Comes Next* (2008).[5] As teorias das cordas, as teorias M e o "realismo dependente do modelo" são uma base instável para o materialismo, fisicalismo ou qualquer outro sistema de crenças, como analiso no Capítulo 1.

Em terceiro lugar, desde o início do século XXI, ficou claro que os tipos conhecidos de matéria e energia representam apenas cerca de 4% do universo.

O restante consiste em "matéria escura" e "energia escura". A natureza de 96% da realidade física é literalmente obscura (ver Capítulo 2).

Em quarto lugar, o Princípio Antrópico Cosmológico afirma que, se as leis e constantes da natureza tivessem sido ligeiramente diferentes no momento do Big Bang, jamais poderia ter surgido vida biológica e, portanto, não estaríamos aqui para pensar sobre isso (ver Capítulo 3). Então, será que uma mente divina ajustou as leis e as constantes no início? Para evitar que um Deus criador surgisse numa nova forma, quase todos os principais cosmólogos preferem acreditar que o nosso universo é apenas um entre um vasto, talvez infinito, número de universos paralelos, todos com diferentes leis e constantes, como também sugere a teoria M. Acontece que simplesmente existimos no universo que tem as condições certas para nós.[6]

A teoria de multiverso é a suprema violação da navalha de Occam, princípio filosófico segundo o qual "as entidades não devem ser multiplicadas além do necessário", ou, em outras palavras, devemos fazer o menor número possível de pressuposições. Essa teoria também tem a desvantagem de não poder ser testada,[7] tampouco consegue se livrar de Deus. Um Deus infinito poderia ser o Deus de um número infinito de universos.[8]

O materialismo apresentou uma visão de mundo aparentemente simples e direta no final do século XIX, mas que a ciência do século XXI deixou para trás. Suas promessas não foram cumpridas e suas notas promissórias foram desvalorizadas pela hiperinflação.

Estou convencido de que a ciência está sendo restringida por pressuposições que se enrijeceram em dogmas, mantidos por fortes tabus. Essas crenças protegem a cidadela da ciência tradicional, mas age como uma barreira ao pensamento aberto.

Prólogo

CIÊNCIA, RELIGIÃO E PODER

Desde o final do século XIX, a ciência tem dominado e transformado a Terra. Ela tem tocado a vida de todas as pessoas por intermédio da tecnologia e da medicina moderna. Seu prestígio intelectual é praticamente incontestável. Sua influência é maior do que a de qualquer outro sistema de pensamento em toda a história da humanidade. Embora a maior parte do seu poder advenha de suas aplicações práticas, a ciência também tem um forte apelo intelectual. Ela oferece novas maneiras de entender o mundo, inclusive a ordem matemática no centro dos átomos e das moléculas, a biologia molecular dos genes e a vasta extensão da evolução cósmica.

Sacerdócio científico

Francis Bacon (1561-1626), político e advogado que se tornou lorde chanceler da Inglaterra, previu como ninguém o poder da ciência organizada. Para abrir caminho, ele precisava mostrar que não havia nada de sinistro em ter domínio sobre a natureza. Naquela época, havia um medo disseminado de bruxaria e magia negra, que ele tentava combater dizendo que o conhecimento da natureza era um dom concedido por Deus, e não inspirado pelo demônio. A ciência era uma volta à inocência do primeiro homem, Adão, no Jardim do Éden antes do pecado original.

Bacon afirmava que o primeiro livro da Bíblia, Gênesis, justificava o conhecimento científico. Ele equiparou o conhecimento da natureza por parte do homem com o ato de Adão dar nome aos animais. Deus "trouxe-os ao homem, para ver como este lhes chamaria; e o nome que o homem desse a todos os seres viventes, esse seria o nome deles" (Gênesis 2,19). Esse era literalmente um conhecimento do homem, pois Eva só foi criada dois versículos depois. Bacon dizia que o domínio tecnológico da natureza era a recuperação de um poder outorgado por Deus, e não algo novo. Ele tinha convicção de que as pessoas usariam bem e com sabedoria seu novo conhecimento: "Deixem que a raça humana recupere esse direito sobre a natureza, direito este que lhe pertence por legado divino; seu exercício será governado por uma razão reta e pela verdadeira religião".[1]

A chave desse novo poder sobre a natureza era a pesquisa institucional organizada. Em *Nova Atlântida* (1624), Bacon descreveu uma Utopia tecnocrática em que o sacerdócio científico tomava decisões para o bem do Estado como um todo. Os membros dessa "Ordem ou Sociedade" científica usavam longas vestes e eram tratados com todo o respeito que seu cargo e dignidade exigiam. O presidente da ordem andava em suntuosas carruagens sob a imagem dourada e radiante do sol. Quando o carro passava, "ele erguia a mão como se estivesse abençoando o povo".

De modo geral, a finalidade dessa instituição era "o conhecimento das causas e movimentos secretos das coisas e a ampliação do império humano, para a realização de todas as coisas possíveis". A sociedade era equipada com maquinário e instalações para testar explosivos e armamentos, fornos experimentais, hortas para o cultivo de plantas e dispensários.[2]

Essa instituição científica visionária prenunciou muitas características das pesquisas institucionais e foi uma fonte direta de inspiração para a fundação da Royal Society em Londres, em 1660, e de muitas outras academias de ciências. Mas, embora os membros dessas academias geralmente fossem muito estimados, nenhum atingiu a grandeza nem o poder político dos protótipos imaginários de Bacon. Eles foram imortalizados em uma galeria, como um Hall da Fama, onde suas imagens foram preservadas. "Para cada invenção valiosa, erigimos uma estátua para o inventor e lhe damos uma recompensa generosa e honrosa."[3]

Na Inglaterra, na época de Bacon (e ainda nos dias de hoje), a igreja anglicana estava ligada ao Estado como a igreja oficial. Bacon antevia um sacerdócio científico também ligado ao Estado por meio do patrocínio deste, formando uma espécie de igreja oficial da ciência. Também neste caso ele foi profético. Tanto nos países capitalistas como nos comunistas, as academias oficiais de ciências ainda são os centros de poder da elite científica. Não há separação entre ciência e Estado. Os cientistas atuam como uma casta sacerdotal oficial, influenciando as políticas governamentais no que diz respeito à guerra, indústria, agricultura, medicina, educação e pesquisa.

Bacon cunhou o *slogan* ideal para angariar apoio financeiro de governos e investidores: "Conhecimento é poder".[4] Mas o êxito dos cientistas em obter dinheiro de governos variava de país para país. O financiamento estatal sistemático da ciência teve início muito mais cedo na França e na Alemanha do que na Inglaterra e nos Estados Unidos, onde, até a segunda metade do século XIX, a maior parte das pesquisas era financiada pelo setor privado ou realizada por amadores ricos como Charles Darwin.[5]

Na França, Louis Pasteur (1822-1895) foi um importante proponente da ciência como religião descobridora de verdades, e os laboratórios representavam os templos por meio dos quais a humanidade atingiria o seu potencial mais elevado:

Tenham interesse, eu lhes suplico, pelas instituições sagradas a que demos o expressivo nome de laboratórios. Exijam que sejam multiplicados e adornados; eles são os templos da riqueza e do futuro. É lá que a humanidade cresce, torna-se mais forte e melhor.[6]

No início do século XX, a ciência estava quase totalmente institucionalizada e profissionalizada, e depois da Segunda Guerra Mundial expandiu-se enormemente com o patrocínio do governo, bem como por meio do investimento de empresas.[7] O nível mais elevado de financiamento é dos Estados Unidos, que, em 2008, gastaram US$398 bilhões com pesquisa e desenvolvimento, dos quais US$104 bilhões vieram do governo.[8] Mas governos e empresas geralmente não pagam cientistas para fazer pesquisas, pois querem conhecimento inocente, como o de Adão antes do pecado original. Dar nome aos animais, assim como classificar espécies de besouros em extinção em florestas tropicais não é uma prioridade. A maior parte do financiamento é uma resposta ao *slogan* persuasivo de Bacon "conhecimento é poder".

Na década de 1950, quando a ciência institucional tinha atingido um nível de poder e prestígio sem precedentes, o historiador de ciências George Sarton descreveu a situação com aprovação, de uma maneira que soa como a Igreja Católica antes da Reforma:

> A verdade só pode ser determinada por especialistas...Tudo é decidido por grupos bem pequenos, na verdade, por especialistas isolados; no entanto, os resultados são cuidadosamente conferidos por alguns outros. As pessoas não têm nada a dizer, a não ser simplesmente aceitar as decisões que lhes foram impostas. As atividades científicas são controladas por universidades, academias e sociedades científicas, mas esse controle não poderia estar mais afastado do controle popular.[9]

Hoje, a visão de sacerdócio científico de Bacon tornou-se realidade em todo o mundo. Mas essa confiança de que o poder do homem sobre a natureza seria guiado por uma "razão reta e pela verdadeira religião" era inapropriada.

Fantasia de onisciência

A fantasia de onisciência é um tema recorrente na história da ciência, pois a aspiração dos cientistas é um conhecimento totalmente divino. No começo do século XIX, o físico francês Pierre Simon Laplace imaginou uma mente científica capaz de conhecer e prever tudo:

> Imagine uma inteligência que, em qualquer instante, pudesse conhecer todas as forças que controlam a natureza e as condições momentâneas de todas as entidades que a compõem. Se essa inteligência fosse suficientemente poderosa para submeter todos esses dados a análise, ela seria capaz de juntar, numa só fórmula, o movimento dos maiores corpos do universo

e dos mais leves átomos; para ela, nada seria incerto; o passado e o futuro estariam igualmente presentes perante seus olhos.[10]

Essas ideias não estavam restritas aos físicos. Thomas Henry Huxley, que tanto fez para difundir a teoria da evolução de Darwin, estendeu o determinismo mecânico de modo a abarcar todo o processo evolutivo:

Se a proposição fundamental da evolução for verdadeira, de que o mundo todo, animado e inanimado, é resultado da interação mútua das forças das moléculas que compunham a nebulosidade primitiva do universo, de acordo com leis definidas, é certo também que o mundo existente repousa, potencialmente, no vapor cósmico, e que um intelecto suficientemente desenvolvido poderia, conhecendo as propriedades das moléculas desse vapor, ter previsto, digamos, as condições da fauna da Grã-Bretanha em 1869.[11]

Quando a crença no determinismo foi aplicada à atividade do cérebro humano, houve uma negação do livre-arbítrio, com base na alegação de que tudo relacionado às atividades moleculares e físicas do cérebro era, em princípio, previsível. Essa convicção, porém, não se baseava em evidências científicas, mas simplesmente na *pressuposição* de que tudo era determinado por leis matemáticas.

Ainda hoje, muitos cientistas acreditam que o livre-arbítrio é uma ilusão. Não apenas a atividade cerebral é determinada por processos mecânicos, mas não existe um *eu* não mecânico capaz de fazer escolhas. Por exemplo, em 2010, o neurocientista britânico Patrick Haggard fez a seguinte afirmação: "O neurocientista tem de ser determinista. Existem leis físicas, que os eventos elétricos e químicos do cérebro obedecem. Em circunstâncias idênticas, você não poderia ter agido de modo diferente. Não se pode dizer 'Quero agir de outra maneira'".[12] No entanto, Haggard não deixa suas convicções científicas interferirem em sua vida pessoal: "Separo muito bem minha vida científica da minha vida pessoal. Ainda escolho os filmes a que vou assistir, e não acho que seja predestinação, embora isso deva ser determinado em alguma parte do meu cérebro".

Indeterminismo e acaso

Em 1927, com o reconhecimento do princípio da incerteza na física quântica, ficou claro que o indeterminismo era uma característica essencial do mundo físico e que as previsões físicas só podiam ser feitas em termos de probabilidades. A razão fundamental é que os fenômenos quânticos são como ondas, e uma onda, por sua própria natureza, propaga-se no espaço e no tempo: não é possível localizá-la em um único ponto em determinado instante; ou, mais tecnicamente, não é possível saber com precisão qual é a sua posição e o seu impulso.[13] A teoria quântica trabalha com probabilidades estatísticas, e não com certezas. O fato de uma possibilidade ser percebida em um evento quântico, e não em outro, é mero acaso.

Será que o indeterminismo quântico afeta a questão do livre-arbítrio? Não se o indeterminismo for puramente aleatório. As escolhas feitas aleatoriamente não são mais livres do que se tivessem sido totalmente determinadas.[14]

Na teoria neodarwinista da evolução, a aleatoriedade desempenha um papel importante nas mutações genéticas ao acaso, que são eventos quânticos. Com diferentes eventos aleatórios, a evolução teria sido diferente. Thomas Henry Huxley estava errado em acreditar que o curso da evolução era previsível. "Volte a fita da vida", disse o biólogo evolucionista Stephen Jay Gould, "e um grupo diferente de sobreviventes estaria habitando o nosso planeta hoje."[15]

No século XX, ficou claro que não apenas os processos quânticos, mas quase todos os fenômenos naturais, são probabilísticos, inclusive o turbulento fluxo de líquidos, o quebrar das ondas na praia e as condições climáticas: eles mostram uma espontaneidade e indeterminismo que escapa à previsão exata. Os meteorologistas ainda erram em suas previsões, apesar de disporem de computadores avançados e de um fluxo contínuo de dados fornecidos por satélites. Isso não ocorre porque eles são incompetentes, mas porque o clima é intrinsecamente imprevisível em detalhes. É caótico, não no sentido comum de que não existe ordem alguma, mas no sentido de que não é possível prevê-lo com exatidão. Até certo ponto, o clima pode ser modelado matematicamente pela dinâmica caótica, também chamada de "teoria do caos", mas esses modelos não fazem previsões exatas.[16] Certamente, isso é tão inatingível no dia a dia quanto na física quântica. Até mesmo as órbitas dos planetas ao redor do sol, há muito consideradas o ponto central da ciência mecanicista, são caóticas em grandes espaços de tempo.[17]

A crença inabalável no determinismo por parte de muitos cientistas do século XIX e início do século XX acabou sendo uma ilusão. Quando os cientistas se libertaram desse dogma houve uma reavaliação do indeterminismo da natureza, em geral, e da evolução, em particular. A ciência não morreu ao abandonar a crença do determinismo. Da mesma forma, ela sobreviverá à perda dos dogmas que permanecem; a ciência será regenerada por novas possibilidades.

Mais fantasias de onisciência

No final do século XIX, a fantasia da onisciência científica foi muito além de uma crença no determinismo. Em 1888, o astrônomo americano-canadense Simon Newcomb escreveu: "Provavelmente estamos chegando ao limite de tudo o que podemos saber sobre astronomia". Em 1894, Albert Michelson, que mais tarde ganhou o Prêmio Nobel de Física, declarou: "As leis e os fatos fundamentais mais importantes da física já foram todos descobertos e estão tão firmemente estabelecidos que a possibilidade de serem suplantados em consequência de novas descobertas é extremamente remota... Devemos buscar nossas próximas descobertas na sexta casa decimal".[18] Em 1900, William Thomson, Lord Kelvin, físico e inventor do telégrafo intercontinental, expressou essa suprema confiança numa frase muito citada (embora talvez apocalíptica): "Não há nada a ser descoberto em física. Tudo o que resta são medições cada vez mais precisas".

Essas convicções foram derrubadas no século XX pela física quântica, pela teoria da relatividade, pela fissão e fusão nucleares (como na bomba atômica e na bomba de hidrogênio), pela descoberta de outras galáxias e pela teoria do Big Bang — a ideia de que o universo começou muito pequeno e muito quente há cerca de quatorze bilhões de anos e, desde então, tem crescido, resfriado e evoluído.

Não obstante, no final do século XX a fantasia da onisciência estava de volta, dessa vez estimulada pelos triunfos obtidos pela física no século XX e pelas descobertas da neurobiologia e da biologia molecular. Em 1997, John Horgan, cientista que escrevia para a revista *Scientific American*, publicou um livro chamado *The End of the Science: Facing the Limits of Knowledge in the Twilight of the Scientific Age*. Depois de entrevistar muitos cientistas, ele formulou uma tese provocadora:

> Se alguém acredita na ciência, deve aceitar a possibilidade — até mesmo a probabilidade — de que a grande era das descobertas científicas tenha chegado ao fim. Por ciência, não me refiro à ciência aplicada, mas à ciência na sua forma mais pura e grandiosa, a busca primordial do ser humano por compreender o universo e o lugar que ocupamos nele. Talvez as pesquisas futuras não tragam grandes revelações ou revoluções, mas apenas retornos marginais decrescentes.[19]

Horgan está correto ao afirmar que, uma vez que alguma coisa tenha sido descoberta — como a estrutura do DNA — ela não pode continuar sendo descoberta. Mas ele presumiu que os dogmas da ciência tradicional são verdadeiros. Ele partiu do pressuposto de que as respostas das perguntas fundamentais são conhecidas. Mas não são, e todas elas podem ser substituídas por perguntas mais interessantes e mais produtivas, como mostro neste livro.

Ciência e cristianismo

Os fundadores da ciência mecanicista no século XVII, como Johannes Kepler, Galileu Galilei, René Descartes, Francis Bacon, Robert Boyle e Isaac Newton, eram todos cristãos praticantes. Kepler, Galileu e Descartes eram católicos; Bacon, Boyle e Newton eram protestantes. Boyle, um aristocrata rico, era excepcionalmente devoto e gastava grandes somas para promover a atividade missionária na Índia. Newton dedicou muito tempo e energia ao estudo da Bíblia, com interesse particular em estabelecer datas para as profecias.

Ele calculou que o dia do Juízo Final seria entre 2060 e 2344 e apresentou os detalhes em seu livro *Observations on the Prophecies of Daniel and the Apocalypse of St John*.[20]

A ciência do século XVII criou a noção de que o universo era uma máquina inteligente projetada e criada por Deus. Tudo era governado por leis matemáticas eternas, que eram ideias na mente de Deus. Essa filosofia mecanicista era revolucionária exatamente porque rejeitava a visão animista da natureza aceita na Europa medieval, como será mencionado no Capítulo 1. Até o século XVII, os acadêmicos e teólogos cristãos ensinavam que o universo era vivo, permeado pelo Espírito de Deus, o sopro divino da vida. Todas as plantas, animais e seres humanos tinham alma. As estrelas, os planetas e a Terra eram seres vivos guiados por inteligências angelicais.

A ciência mecanicista rejeitava essas doutrinas e eliminava todas as almas da natureza. O mundo material ficou literalmente inanimado, uma máquina sem alma. A matéria era inconsciente e destituída de propósito; os planetas e as estrelas não tinham vida. Em todo o universo físico, as únicas entidades não mecânicas eram a mente humana, que era imaterial, e parte de uma esfera espiritual que incluía anjos e Deus. Ninguém podia explicar como é que a mente se relacionava com o maquinário do corpo humano, mas René Descartes especulou que ela interagia com a glândula pineal, o pequeno órgão em forma de pinha alojado entre os hemisférios direito e esquerdo, próximo ao centro do cérebro.[21]

Depois de alguns conflitos iniciais, mais notadamente o julgamento de Galileu pela Santa Inquisição em Roma em 1633, a ciência e o cristianismo ficaram, de comum acordo, cada vez mais confinados a domínios distintos. A prática da ciência se libertou da interferência religiosa, e a religião ficou livre de conflito com a ciência, pelo menos até a ascensão do ateísmo militante no final do século XVIII. O domínio da ciência era o universo material, inclusive o corpo humano, os animais, as plantas, as estrelas e os planetas. O domínio da religião era espiritual: Deus, anjos, espírito e alma humana. Essa existência mais ou menos pacífica servia aos interesses tanto da ciência como da religião. No final do século XX, Stephen Jay Gould ainda defendia esse arranjo como uma "posição firme de consenso geral". Ele a chamava de doutrina de Magistérios que Não se Sobrepõem, ou Magistérios Não Interferentes. O magistério da ciência abrange "o domínio empírico: de que é feito o Universo (fato) e por que ele funciona desse modo (teoria). O magistério da religião estende-se sobre questões de significado supremo e valor moral". [22]

Entretanto, por volta da época da Revolução Francesa (1789-1799), os materialistas militantes rejeitaram esse princípio de duplo magistério, descartando-o como intelectualmente desonesto ou considerando-o um refúgio dos imbecis. Eles só reconheciam uma realidade, o mundo material. A esfera espiritual não existia. Deus, anjos e espíritos eram frutos da imaginação humana, e a mente nada mais era do que um aspecto ou subproduto da atividade cerebral. Não havia forças sobrenaturais que interferissem no curso mecânico da natureza. Só havia um magistério: o magistério da ciência.

Crenças ateístas

A filosofia materialista passou a dominar a ciência na segunda metade do século XIX e foi estreitamente associada à ascensão do ateísmo na Europa. Os ateus do século XXI, assim como seus predecessores, acreditam que a doutrina materialista é representada por fatos científicos estabelecidos, e não apenas por pressuposições.

Quando foi aliado à ideia de que todo o universo é uma máquina que estava ficando sem vapor, de acordo com a segunda lei da termodinâmica, o materialismo levou à sombria visão de mundo do filósofo Bertrand Russell:

Que o homem é o produto de causas que não tinham previsão do fim que estavam atingindo; que sua origem, seu crescimento, suas esperanças e temores, seus amores e suas crenças nada mais são que o resultado de colisões acidentais de átomos; que nenhuma chama, nenhum heroísmo, nenhuma intensidade de pensamento e sentimento pode preservar a vida de um indivíduo além do túmulo; que a labuta de todas as eras, toda a devoção, toda a inspiração, todo o brilhantismo da genialidade humana estão fadados a extinguir-se na vasta morte do sistema solar; e que todo o templo das realizações do ser humano deve ser inevitavelmente enterrado sob os escombros de um universo em ruínas — todas essas coisas, mesmo que não sejam incontestáveis, são praticamente tão certas que nenhuma filosofia que as rejeite pode ter esperanças de sobreviver. Somente sobre o alicerce dessas verdades, sobre a base firme do desespero implacável poderá ser erguida a habitação da alma.[23]

Quantos cientistas creem nessas "verdades"? Alguns as aceitam sem questionar. Mas a filosofia ou fé religiosa de muitos outros faz essa "visão de mundo científica" parecer limitada, no máximo uma meia-verdade. Além disso, dentro da própria ciência, a cosmologia evolucionista, a física quântica e os estudos da consciência fazem com que os dogmas tradicionais da ciência pareçam ultrapassados.

É óbvio que a ciência e a tecnologia transformaram o mundo. A ciência é extremamente bem-sucedida quando aplicada à construção de máquinas, ao aumento das safras e ao desenvolvimento de curas para doenças. Seu prestígio é imenso. Desde que surgiu na Europa, no século XVII, a ciência mecanicista expandiu-se para todo o mundo por meio dos impérios europeus e das ideologias europeias, assim como o marxismo, o socialismo e o capitalismo de livre mercado. A ciência tem tocado a vida de bilhões de pessoas por intermédio do desenvolvimento econômico e tecnológico. O êxito dos evangelizadores da ciência e tecnologia superou os sonhos mais delirantes dos missionários do cristianismo. Nunca antes um sistema de ideias dominara toda a humanidade. No entanto, apesar desse sucesso estrondoso, a ciência ainda carrega a bagagem ideológica herdada do seu passado europeu.

Ciência e tecnologia são bem-vindas praticamente em todos os setores, por causa das óbvias vantagens materiais que trazem, e a filosofia materialista faz parte do pacote. Entretanto, as crenças religiosas e a busca por uma carreira científica podem interagir de formas surpreendentes. Como escreveu um cientista indiano em um artigo publicado na revista *Nature*, em 2009:

[Na Índia] a ciência não é nem a forma suprema do conhecimento nem uma vítima do ceticismo... Minhas observações como cientista que há mais de 30 anos dedica-se a fazer pesquisas são de que a maioria dos cientistas indianos evoca claramente os poderes misteriosos de deuses e deusas para ajudá-los a obter sucesso em questões profissionais, como a publicação de artigos e reconhecimento público.[24]

Cientistas de todo o mundo sabem que as doutrinas do materialismo são as regras do jogo no horário de expediente. Poucos cientistas profissionais desafiam abertamente essas doutrinas, pelo menos antes de se aposentar ou de ganhar um Prêmio Nobel. Em deferência ao prestígio da ciência, a maioria das pessoas instruídas está preparada para concordar com o credo ortodoxo em público, quaisquer que sejam suas opiniões pessoais.

Porém, alguns cientistas e intelectuais são ateus profundamente engajados, e a filosofia materialista é fundamental para o seu sistema de crenças. Uma minoria se torna missionária, repleta de zelo evangelista. Eles parecem ver-se como paladinos à moda antiga que lutam pela ciência e pela razão contra as forças da superstição, da religião e da credulidade. Vários livros que apresentaram essa clara oposição foram campeões de venda na década de 2000, como *The End of Faith: Religion, Terror, and the Future of Reason* (2004), de Sam Harris; *Breaking the Spell* (2006), de Daniel Dennett; *God Is Not Great: How Religion Poisons Everything* (2007), de Christopher Hitchens; e *The God Delusion* (2006), de Richard Dawkins, que até 2010 vendeu dois milhões de exemplares em inglês e foi traduzido para 34 idiomas.[25] Até se aposentar, em 2008, Dawkins era professor da disciplina de Compreensão Pública da Ciência na Oxford University.

Mas poucos ateus acreditam somente em materialismo. Quase todos são humanistas seculares, para os quais a fé em Deus foi substituída pela fé na humanidade. Os seres humanos aproximam-se da onisciência divina por intermédio da ciência. Deus não influencia o curso da história da humanidade. Em vez disso, os próprios seres humanos assumiram o comando, produzindo progresso por meio da razão, ciência, tecnologia, educação e reforma social.

A ciência mecanicista, por si só, não dá razão para supor que a vida tenha alguma finalidade, que a humanidade tenha algum propósito ou que o progresso seja inevitável. Pelo contrário, ela afirma que o universo não tem nenhum propósito e, consequentemente, nem a vida humana. Um ateu firme despido de fé humanista pinta um quadro sombrio com poucas bases para esperança, como Bertrand Russell deixou tão claro. Mas o humanismo secular surgiu dentro de uma cultura judeu-cristã e herdou do cristianismo uma crença na importância extraordinária da vida humana, aliada à fé na salvação futura. O humanismo secular é, de muitas maneiras, uma heresia cristã, em que o homem substituiu Deus.[26]

O humanismo secular torna o ateísmo palatável porque o cerca de uma fé tranquilizadora no progresso, e não de fatos prováveis. Em vez de redenção concedida por Deus, os próprios seres humanos alcançarão a salvação humana por intermédio da ciência, da razão e da reforma social.[27]

Quer compartilhem quer não essa fé no progresso da humanidade, todos os materialistas pressupõem que a ciência acabará provando que suas convicções são verdadeiras. Mas essa também é uma questão de fé.

Dogmas, crenças e livre questionamento

Não é anticientífico questionar as crenças estabelecidas, mas sim essencial à própria ciência. No cerne criativo da ciência reside um espírito de questionamento aberto. O ideal é que a ciência seja um processo, e não uma posição ou um sistema de crenças. A ciência é inovadora quando os cientistas sentem-se livres para fazer novas perguntas e elaborar novas teorias.

Em seu influente livro *Estrutura das Revoluções Científicas* (1962), o historiador da ciência Thomas Kuhn afirmou que, em períodos de ciência "normal", a maioria dos cientistas tem um modelo de realidade e uma maneira de fazer perguntas que ele chamou de paradigma. O paradigma vigente define que tipos de perguntas os cientistas podem fazer e como elas podem ser respondidas. A ciência normal ocorre dentro dessa estrutura, e os cientistas geralmente encontram uma boa explicação para qualquer coisa que não se encaixe nela. Há um acúmulo de fatos anômalos, até que se instala uma crise. Mudanças revolucionárias ocorrem quando os pesquisadores adotam estruturas de pensamento e prática mais abrangentes e conseguem incorporar fatos descartados anteriormente como anormalidades. No seu devido tempo, o novo paradigma torna-se a base de uma nova fase de ciência normal.[28]

Kuhn ajudou a chamar a atenção para o aspecto social da ciência e nos lembrou que a ciência é uma atividade coletiva. Os cientistas estão sujeitos a todas as dificuldades normais da vida social, como pressão dos colegas e necessidade de se ajustar às normas do grupo. Os argumentos de Kuhn basearam-se, em grande parte, na história da ciência, mas os sociólogos da ciência desenvolveram ainda mais suas ideias ao estudar a ciência da maneira como ela é realmente praticada, analisando as maneiras pelas quais os cientistas criam redes de apoio, usam recursos e resultados para aumentar seu poder e sua influência e também para competir por verbas, prestígio e reconhecimento.

O livro *Science in Action: How to Follow Scientists and Engineers Through Society* (1987), de Bruno Latour, é um dos estudos mais importantes nessa tradição. Latour observou que os cientistas costumam fazer uma distinção entre conhecimento e crenças. Os cientistas que pertencem a determinado grupo profissional *conhecem* os fenômenos abarcados pelo seu campo da ciência, enquanto os cientistas que estão fora dessa rede têm apenas *crenças* distorcidas. Quando pensam nas pessoas que estão fora do seu grupo, os cientistas frequentemente se perguntam como é que elas ainda podem ser tão irracionais:

O quadro dos não cientistas pintado pelos cientistas fica desolador: algumas pessoas descobrem o que é a realidade, enquanto a grande maioria tem ideias irracionais ou pelo menos é prisioneira de muitos fatores sociais, culturais e psicológicos que as levam a agarrar-se obstinadamente a preconceitos obsoletos. O único aspecto que redime esse quadro é que, se pelo menos fosse possível *eliminar* todos esses fatores que mantêm as pessoas prisioneiras de seus preconceitos, todas elas, imediatamente e sem custo, se tornariam tão lúcidas quanto os cientistas e entenderiam os fenômenos sem mais demora. Há um cientista adormecido em cada um de nós, que só despertará depois que as condições sociais e culturais forem postas de lado.[29]

Para aqueles que creem na "visão científica do mundo", tudo o que é preciso é fazer com que as pessoas adquiram uma melhor compreensão da ciência por intermédio da educação e da mídia.

Desde o século XIX, a crença no materialismo propagou-se com êxito notável: milhões de pessoas foram convertidas para essa visão "científica", apesar de saberem muito pouco sobre ciência em si. São, por assim dizer, devotas da Igreja da Ciência, ou cientismo, da qual os cientistas são os sacerdotes. É assim que Ricky Gervais, proeminente ateu e leigo, expressou essas atitudes no *Wall Street Journal*, em 2010, mesmo ano que figurou na lista das cem pessoas mais influentes do mundo na revista *Time*. Gervais é comediante, e não cientista ou pensador original, mas vale-se da autoridade da ciência para apoiar seu ateísmo:

A ciência busca a verdade. E não discrimina. Para melhor ou para pior, faz descobertas. A ciência é humilde. Ela sabe o que sabe e o que não sabe. Baseia suas conclusões e convicções em evidências sólidas — evidências que são constantemente atualizadas e aprimoradas. A ciência não fica ofendida quando surgem novos fatos. Ela abraça o conjunto de conhecimentos e não se apega a práticas medievais por serem tradição.[30]

A visão idealizada da ciência de Gervais é irremediavelmente ingênua no contexto da história e da sociologia da ciência. Ela retrata os cientistas como pessoas de mente aberta que buscam a verdade, e não pessoas comuns que competem por verbas e prestígio, que são limitadas por pressões dos colegas e que estão presas a preconceitos e tabus. No entanto, por mais ingênua que seja, ela leva a sério esse ideal de questionamento livre. Este livro é uma experiência em que aplico esses ideais à própria ciência. Ao transformar pressuposições em perguntas, quero descobrir o que a ciência realmente sabe e o que não sabe. Eu analiso as dez principais doutrinas do materialismo à luz de evidências sólidas e descobertas recentes. Suponho que os verdadeiros cientistas não ficarão ofendidos quando surgirem novos fatos, e que não se agarrarão à visão de mundo materialista só por ser tradicional.

Faço isso porque o espírito de questionamento tem libertado continuamente o pensamento das limitações desnecessárias, quer tenham sido impostas a partir de dentro quer de fora. Estou convencido de que a ciência, apesar de todos os êxitos alcançados, tem sido refreada por crenças ultrapassadas.

1

A natureza é mecânica?

Muitas pessoas que não estudaram ciências ficam perplexas com a insistência dos cientistas em afirmar que animais e plantas são máquinas, e também que os seres humanos são robôs controlados por cérebros semelhantes a computadores equipados com um *software* programado geneticamente. Parece mais natural presumir que somos organismos vivos, assim como os animais e as plantas. Os organismos são auto-organizadores; eles se formam e se mantêm e têm seus próprios fins ou metas. As máquinas, ao contrário, são projetadas por uma mente externa; suas peças são reunidas por fabricantes externos, e elas não têm finalidades nem propósitos próprios.

O ponto de partida da ciência moderna foi a rejeição da visão orgânica mais antiga de universo. A metáfora da máquina passou a dominar o pensamento científico, com consequências bastante amplas. De certa forma, foi imensamente liberadora. Novas maneiras de pensar estimularam a invenção de máquinas e a evolução da tecnologia. Neste capítulo, eu traço a história dessa concepção e mostro o que acontece quando a questionamos.

Antes do século XVII, praticamente todo mundo acreditava que o universo era como um organismo, assim como a Terra. Na Europa, nos períodos clássico, medieval e renascentista, a natureza era viva. Leonardo da Vinci (1452-1519), por exemplo, expressou claramente essa ideia: "Podemos dizer que a Terra tem alma vegetativa, que sua carne é o solo e seus ossos, a estrutura das rochas... sua respiração e sua pulsação são o fluxo e refluxo do mar".[1] William Gilbert (1540-1603), pioneiro da ciência do magnetismo, foi explícito em sua filosofia orgânica da natureza: "Achamos que todo o universo é animado e que todos os planetas, todas as estrelas e também a nobre Terra têm sido governados, desde o princípio, por suas próprias almas e têm motivos de autopreservação".[2]

Até mesmo Nicolau Copérnico, cuja revolucionária teoria sobre os movimentos celestes, publicada em 1543, colocava o sol no centro do universo, e não a Terra, não era mecanicista. Suas razões para tal mudança eram místicas e também científicas. Ele achava que uma posição central dignificava o Sol:

Alguns o chamam apropriadamente de luz do mundo, outros, de alma e outros, ainda, de governador. Hermes Trimegisto chama-lhe o Deus visível: a Electra de Sófocles, o onividente. E, assim de fato que o sol, como que repousando sobre um trono real, governa a família dos astros que o rodeiam.[3]

A revolução copérnica na cosmologia representou um grande estímulo ao desenvolvimento subsequente da física. Mas a mudança para a teoria mecanicista da natureza, que teve início depois de 1600, foi muito mais radical.

Há séculos já existiam *modelos* mecânicos de alguns aspectos da natureza. Por exemplo, na catedral de Wells, na Inglaterra, há um relógio astronômico ainda em funcionamento que foi instalado há mais de seiscentos anos. A face do relógio mostra o sol e a lua movimentando-se ao redor da Terra, contra um fundo de estrelas. O movimento do sol indica a hora do dia, e o círculo interno do relógio mostra a lua, que muda uma vez por mês. Para deleite dos visitantes, a cada quarto de hora cavaleiros de armadura giram em torno uns dos outros, enquanto a figura de um homem toca sinos com os calcanhares.

Os primeiros relógios astronômicos, movidos à água, foram fabricados na China e no mundo árabe. Na Europa, começaram a ser construídos por volta do ano de 1300, mas com um novo tipo de mecanismo, operado por pesos e escapos. Esses primeiros relógios pressupunham que a Terra era o centro do universo. Eram modelos úteis para mostrar as horas e prever as fases da lua; mas ninguém achava que o universo era realmente semelhante aos mecanismos de um relógio.

A mudança da metáfora do organismo para a metáfora da máquina produziu a ciência como a conhecemos: *modelos* mecânicos do universo eram usados para representar a maneira como o mundo *realmente* funcionava. Os movimentos das estrelas e dos planetas eram regidos por princípios mecânicos impessoais, e não por almas ou espíritos com vidas e propósitos próprios.

Em 1605, Johannes Kepler resumiu seu programa da seguinte maneira: "Meu objetivo é mostrar que a máquina celestial não deve ser comparada a um organismo divino, mas sim aos mecanismos de um relógio... Além disso, mostro como essa concepção da física pode ser apresentada por meio de cálculos e da geometria".[4] Galileu Galilei (1564-1642) concordava que tudo era regido por leis matemáticas "imutáveis e inexoráveis".

A analogia com o relógio era particularmente persuasiva, porque os relógios funcionam de maneira independente. Eles não empurram nem puxam outros objetos. Do mesmo modo, o universo executa seu trabalho pela regularidade dos seus movimentos e é o sistema definitivo de contagem do tempo. Os relógios mecânicos tinham outra vantagem metafórica: eram um bom exemplo de conhecimento adquirido por meio de construção; aprender fazendo. Alguém que sabia construir uma máquina poderia reconstruí-la. Conhecimento de mecânica era poder.

O prestígio da ciência mecanicista não se devia principalmente às suas bases filosóficas, mas aos seus êxitos práticos, sobretudo no campo da física. Modelagem matemática geralmente implica abstração e simplificação extremas, o que é fácil de perceber em máquinas ou objetos construídos pelo homem. A matemática aplicada à mecânica é utilíssima para resolver problemas relativamente simples, como as trajetórias de bolas de canhão ou de foguetes.

Um exemplo paradigmático é a dinâmica da bola de bilhar, que descreve claramente os impactos e colisões de bolas de bilhar idealizadas num ambiente livre de fricção. Não apenas a matemática é simplificada, mas as próprias bolas de bilhar são um sistema bastante simplificado. As bolas são fabricadas o mais redondas possível, e a mesa, o mais plana possível. As laterais da mesa são revestidas de borracha, ao contrário de qualquer ambiente natural. Para fins de comparação, imagine uma pedra rolando morro abaixo. Além disso, no mundo real, as bolas de bilhar colidem e quicam umas nas outras durante a partida, mas as regras do jogo, a habilidade e a motivação dos jogadores fogem ao escopo da física. A análise matemática do comportamento das bolas é uma abstração extrema.

De organismos vivos a máquinas biológicas

A concepção de natureza mecânica surgiu na Europa seiscentista em meio a guerras religiosas devastadoras. A física matemática era atraente, em parte porque parecia oferecer uma maneira de transcender conflitos sectários para revelar verdades eternas. Aos olhos dos pioneiros da ciência mecanicista, eles estavam descobrindo uma nova forma de compreender a relação da natureza com Deus, com os seres humanos adotando uma onisciência matemática divina e superando as limitações da mente e do corpo humano. Nas palavras de Galileu:

> Quando Deus produz o mundo, Ele produz uma estrutura totalmente matemática que obedece às leis dos números, das figuras geométricas e das funções quantitativas. A natureza é um sistema matemático corporificado.[5]

Mas havia um grande problema. A maior parte da nossa experiência não é matemática. Nós sentimos o sabor dos alimentos, ficamos com raiva, admiramos a beleza das flores, rimos de piadas. Para asseverar a primazia da matemática, Galileu e seus sucessores tiveram de distinguir entre o que chamavam de "qualidades primárias", que podiam ser descritas matematicamente, como movimento, tamanho e peso, e "qualidades secundárias", como cor e odor, que eram subjetivas.[6] Para eles, o mundo real era objetivo, quantitativo e matemático. A experiência pessoal no mundo vivido era subjetiva, a esfera da opinião e da ilusão, fora da esfera da ciência.

René Descartes (1596-1650) foi o principal proponente da filosofia mecânica ou mecanicista da natureza. Ele teve essa ideia pela primeira vez em uma visão, no dia 10 de novembro de 1619, quando ficou "repleto de entusiasmo e descobriu as bases de uma ciência maravilhosa".[7] Descartes viu todo o universo como um sistema matemático e, mais tarde, visualizou vastos vórtices de matéria sutil em turbilhão, o éter, que arrastavam os planetas em suas órbitas.

Descartes levou a metáfora da mecânica muito mais longe do que Kepler e Galileu ao estendê-la para a esfera da vida. Ele era fascinado pelas máquinas sofisticadas da sua época, como relógios, teares e bombas. Na juventude, projetou modelos mecânicos que simulavam a atividade animal, como um faisão sendo perseguido por um cão. Assim como Kepler projetou para o cosmos a imagem de máquinas feitas pelo homem, Descartes projetou-a para os animais. Estes, também, eram como os mecanismos de um relógio.[8] Atividades como os batimentos cardíacos, a digestão e a respiração de um cão eram mecanismos programados. Os mesmos princípios aplicavam-se ao corpo humano.

Descartes dissecava animais vivos para estudar o coração deles e relatava suas observações como se os leitores fossem querer repetir o experimento: "Se você cortar a extremidade pontuda do coração de um cachorro vivo e inserir o dedo em uma das cavidades, sentirá claramente que cada vez que o coração se comprime ele pressiona o seu dedo, e toda vez que se expande deixa de pressioná-lo".[9]

Ele embasou seus argumentos com um experimento imaginário: primeiro, imaginou autômatos feitos pelo homem que imitavam os movimentos de animais e, depois, disse que, se fossem suficientemente bem-feitos, não seria possível distingui-los de animais verdadeiros:

Se qualquer uma dessas máquinas tivesse os órgãos e o aspecto de um macaco ou de algum outro animal irracional, não teríamos nenhum meio de saber se ela não tinha a mesma natureza desses animais.[10]

Com argumentos assim, Descartes assentou as bases da biologia e medicina mecanicistas que ainda hoje são ortodoxas. Entretanto, a teoria mecanicista da vida não foi tão prontamente aceita nos séculos XVII e XVIII quanto a teoria mecanicista do universo. Especialmente na Inglaterra, a ideia de animal-máquina foi considerada excêntrica.[11] A doutrina de Descartes parecia justificar a crueldade com os animais, inclusive vivissecção, e dizia-se que o teste aplicado aos seus discípulos consistia em ver se eles chutariam ou não seus cães.[12]

Como resumiu o filósofo Daniel Dennett, "Descartes... afirmava que os animais eram, de fato, máquinas elaboradas.... O que tornava os seres humanos (e apenas os seres humanos) inteligentes e conscientes era apenas a sua mente não mecânica, não física. Na verdade, essa era uma visão sutil, a maior parte da qual seria prontamente defendida por zoólogos hoje em dia, mas era revolucionária demais para os contemporâneos de Descartes".[13]

Estamos tão acostumados com a teoria mecanicista da vida que é difícil avaliar a ruptura radical feita por Descartes. As teorias prevalentes da sua época afirmavam que os organismos vivos eram *organismos*, seres animados com alma própria. A alma conferia aos organismos seu propósito e poder de auto--organização. Da Idade Média até o século XVII, a teoria predominante sobre a vida ensinada nas universidades europeias era a do filósofo grego Aristóteles e de seu principal intérprete cristão, Tomás de Aquino (*c.* 1225-1274), para quem a matéria no corpo das plantas e dos animais era moldada pela alma dos organismos. Para Aquino, a alma era a *forma* do corpo.[14] A alma atuava como um molde invisível que dava forma à planta ou ao animal durante o seu desenvolvimento e o atraía para a sua forma madura.[15]

A alma de animais e plantas era natural, e não sobrenatural. De acordo com a filosofia grega clássica e medieval, e também a teoria do magnetismo de William Gilbert, até mesmo os ímãs tinham alma.[16] A alma dentro e ao redor dos ímãs é que lhes dava seu poder de atração e repulsão. Quando um ímã era aquecido e perdia suas propriedades magnéticas, era como se a alma o tivesse deixado, assim como a alma deixa o corpo do animal após a sua morte. Atualmente falamos em campos magnéticos. Na maioria dos aspectos, os campos substituíram a alma da filosofia clássica e medieval.[17]

Antes da revolução mecanicista, havia três níveis de explicação: o corpo, a alma e o espírito. O corpo e a alma eram parte da natureza. O espírito era imaterial, mas interagia com seres corporificados por meio da alma destes. O espírito humano, ou "alma racional", de acordo com a teologia cristã, era potencialmente aberta ao Espírito de Deus.[18]

Depois da revolução mecanicista, havia somente dois níveis de explicação: o corpo e o espírito. As três camadas foram reduzidas a duas, removendo-se a alma da natureza e deixando-se apenas a "alma racional", ou espírito, humano. A abolição da alma também distinguiu os seres humanos dos outros animais, que se tornaram máquinas inanimadas. A "alma racional" do homem era como um fantasma imaterial na maquinaria do corpo humano.

Mas como seria possível a alma racional interagir com o cérebro? Descartes achava que essa interação ocorria na glândula pineal.[19] Ele imaginava a alma como um homenzinho dentro da glândula pineal que controlava o "encanamento" do cérebro. Descartes comparou os nervos com canos de água, as cavidades cerebrais com reservatórios, os músculos com molas mecânicas e a respiração com os movimentos de um relógio. Os órgãos do corpo eram como jardins com fontes automatizadas do século XVII, e o homenzinho era o encarregado da fonte:

> Objetos externos que, por sua mera presença, estimulam os órgãos dos sentidos [do corpo]... são como visitantes que entram nas grutas dessas fontes e, involuntariamente, causam os movimentos que ocorrem diante dos seus olhos. Pois esses visitantes não podem entrar sem pisar em alguns ladrilhos que estão de tal forma dispostos que se, por exemplo, eles se aproximarem de uma Diana que esteja se banhando, farão com que ela se esconda no juncal. E, finalmente, se uma alma racional estiver presente nessa máquina, fará do cérebro sua sede e lá residirá, como o encarregado da fonte que tem de permanecer nos reservatórios para onde retornam os canos se quiser produzir, evitar ou, de alguma forma, alterar seus movimentos.[20]

A etapa final da revolução mecanicista foi reduzir os dois níveis de explicação a apenas um. Em vez de uma dualidade de matéria e mente, há apenas matéria. Essa é a doutrina do materialismo que dominou o pensamento científico na segunda metade do século XIX. Todavia, apesar do seu materialismo nominal, a maioria dos cientistas permaneceu dualista e continuou a usar metáforas dualistas.

O homenzinho, ou homúnculo, dentro do cérebro ainda era uma maneira comum de pensar sobre a relação entre corpo e mente, mas, com o tempo, a metáfora mudou e adaptou-se a novas tecnologias. Em meados do século XX, o homúnculo costumava ser um telefonista na central telefônica do cérebro, que via imagens projetadas do mundo exterior como se estivesse num cinema, como no livro *The Secret of Life: The Human Machine and How It Works*, publicado em 1949.[21] Em 2010, numa exposição no Museu de História Natural de Londres intitulada "Como Controlar seus Atos", você olhava através de uma janela acrílica situada na testa de um boneco. Lá dentro havia um *cockpit* com uma série de mostradores e controles e dois assentos vazios, presumivelmente um para você, o piloto, e outro para o seu copiloto no outro hemisfério. Os fantasmas na máquina eram implícitos, e não explícitos, mas obviamente essa não era nenhuma explicação, pois os próprios homenzinhos dentro dos cérebros teriam de ter homenzinhos dentro dos seus cérebros e assim por diante, em uma regressão infinita.

Se pensar em homenzinhos e mulherzinhas dentro dos cérebros parece bobo demais, então o próprio cérebro é personificado. Muitos artigos e livros populares sobre a natureza da mente dizem "o cérebro percebe" ou "o cérebro decide", enquanto, ao mesmo tempo, afirmam que o cérebro é apenas uma máquina, como um computador.[22] Por exemplo, o filósofo ateu Anthony Grayling acha que "o cérebro secreta crença religiosa e supersticiosa", pois é programado para isso:

Como uma "máquina de crenças", o cérebro está sempre tentando entender o significado da profusão de informações que chegam até ele. Assim que interpreta uma crença, ele a racionaliza com explicações, quase sempre após o evento. O cérebro, então, apossa-se dessa crença e a reforça procurando evidências que lhe deem embasamento, enquanto fica cego para qualquer coisa em contrário.[23]

Essa parece mais a descrição de uma mente do que de um cérebro. Além de evitar a questão da relação entre a mente e o cérebro, Grayling também não fala como seu próprio cérebro escapou dessa tendência "inata" de ficar cego a qualquer coisa que contrariasse suas crenças. Na prática, a teoria mecanicista só é plausível porque introduz sorrateiramente mentes não mecanicistas em cérebros humanos. Quando um cientista propõe uma teoria de materialismo, ele está agindo mecanicamente? Não aos seus próprios olhos. Há sempre uma ressalva oculta em seus argumentos: ele é uma exceção ao determinismo mecanicista. Acredita que está apresentando ideias verdadeiras, e não apenas fazendo o que o seu cérebro lhe diz para fazer.[24]

Parece impossível ser um materialista coerente. O materialismo depende de um dualismo persistente, mais ou menos disfarçado. Na área da biologia, esse dualismo assume a forma de moléculas personificadoras, como analiso abaixo.

O Deus da natureza mecânica

Embora a teoria mecanicista da natureza seja usada atualmente para embasar o materialismo, para os fundadores da ciência moderna ela embasou a religião cristã, em vez de subvertê-la.

As máquinas só fazem sentido se tiverem quem as projete. Robert Boyle, por exemplo, via a ordem mecânica da natureza como evidência dos desígnios de Deus.[25] Isaac Newton tinha uma ideia muito pessoal a respeito de Deus, a quem considerava "bastante versado em mecânica e geometria".[26]

Quanto melhor o mundo-máquina funcionasse, menor seria a necessidade da atividade contínua de Deus. Até o final do século XVIII, acreditava-se que a máquina celestial funcionava perfeitamente sem nenhuma necessidade de intervenção divina. Para muitos intelectuais que se interessavam por ciência, o cristianismo deu lugar ao deísmo. Um Ser Supremo projetou, criou e pôs em movimento o mundo-máquina e deixou que ele operasse automaticamente. Esse tipo de Deus não intervinha no mundo, e não fazia sentido orar para ele. Na verdade, não havia sentido em nenhuma prática religiosa. Vários filósofos iluministas, como Voltaire, associavam deísmo a uma rejeição à religião cristã.

Alguns defensores do cristianismo concordavam com os deístas e aceitavam os pressupostos da ciência mecanicista. O mais famoso proponente da teologia mecanicista foi William Paley, padre anglicano. Em seu livro *Natural Theology*, publicado em 1802, ele afirmou que, se alguém encontrasse um objeto como um relógio, acabaria concluindo inevitavelmente, depois de analisá-lo e observar suas intricadas engrenagens e sua precisão, que "deve ter existido, em alguma época e em algum lugar, um artífice ou artífices que o criaram com o propósito que sabemos que ele tem agora, que compreenderam sua construção e projetaram seu uso".[27] Foi assim com os "mecanismos da natureza", como o olho. Deus foi o criador.

Na Inglaterra no século XIX, sacerdotes da igreja anglicana, cuja maioria enfatizava os mesmos pontos de Paley, escreveram muitos livros de sucesso sobre história natural. Em 1853, o reverendo Francis Morris escreveu *History of British Butterflies*, livro ricamente ilustrado que servia tanto como um guia de campo como um lembrete da beleza da natureza. Morris acreditava que Deus havia implantado em cada mente humana "um amor instintivo pela natureza", pelo qual jovens e velhos podiam contemplar as "belas paisagens nas quais o Criador benigno exibe uma sabedoria tão infinita".[28]

Esse era o tipo de teologia natural que Darwin rejeitava em sua teoria da evolução por seleção natural. Ao fazer isso, minou a própria teoria mecanicista da vida, como analiso abaixo. Mas a controvérsia que ele gerou ainda persiste, e sua mais recente encarnação é o Projeto Inteligente. Os proponentes do Projeto Inteligente ressaltam a dificuldade, se não a impossibilidade, de explicar estruturas complexas, como o olho dos vertebrados ou o flagelo bacteriano, por meio de uma série de mutações genéticas aleatórias e seleção natural. Eles afirmam que estruturas e órgãos complexos mostram uma integração criativa de muitos componentes diferentes porque foram projetados de modo inteligente. Eles deixam em aberto a questão do *projetista*,[29] mas a resposta óbvia é Deus.

O problema do argumento do projeto é que a metáfora de um projetista pressupõe uma mente externa. Os seres humanos projetam máquinas, prédios e criam obras de arte. De modo semelhante, supõe-se que o Deus da teologia mecanicista, ou o Projetista Inteligente, tenha planejado os detalhes dos organismos vivos.

Porém, não somos forçados a escolher entre o acaso e uma inteligência externa. Há outra possibilidade. Os organismos vivos podem ter uma criatividade interna, como nós mesmos temos. Quando temos uma nova ideia ou descobrimos uma nova maneira de fazer algo, nós não esquematizamos a ideia primeiro e, depois, a colocamos na nossa própria mente. As novas ideias apenas surgem, ninguém sabe como nem por quê. O ser humano tem uma criatividade inerente; e todos os organismos vivos também podem ter uma criatividade inerente que se manifesta em maior ou menor grau. As máquinas exigem projetistas externos, os organismos não.

Ironicamente, a crença no projeto divino das plantas e animais não é uma parte tradicional do cristianismo. Essa crença surgiu na ciência do século XVII e contradiz a figura bíblica da criação da vida no primeiro capítulo do Livro de Gênesis. Animais e plantas não foram retratados como máquinas, mas como organismos que se autorreproduzem e que surgiram da terra e dos mares, como em Gênesis 1:11: "E disse Deus: produza a terra relva, ervas que deem semente e árvores frutíferas que deem fruto segundo a sua espécie, cuja semente esteja nele, sobre a terra". E em Gênesis 1:24: "Disse também Deus: produza a terra seres viventes, conforme a sua espécie: animais domésticos, répteis e animais selvágicos, segundo a sua espécie". Na linguagem teológica, esses foram atos de criação "mediada": Deus não projetou nem criou esses animais e plantas diretamente. Nas palavras de um conceituado Comentário Bíblico da religião católica, Deus criou-os indiretamente "por meio da Mãe Terra".[30]

A natureza ganha vida novamente

Os adeptos do Iluminismo depositavam sua fé na ciência mecanicista, na razão e no progresso da humanidade. Ideias ou valores "iluminados" ainda têm grande influência sobre os nossos sistemas educacional, social e político. Mas, por volta de 1780 a 1830, no Romantismo, houve uma reação disseminada contra a fé iluminista, manifestada principalmente nas artes e na literatura. Os românticos enfatizavam as emoções e a estética, em oposição à razão. Eles consideravam a natureza viva, e não mecânica. A aplicação mais categórica dessas ideias à ciência foi do filósofo alemão Friedrich von Schelling, cujo livro *Ideias para uma Filosofia da Natureza* (1797) retratava a natureza como uma interação dinâmica de forças e polaridades opostas por meio das quais a matéria "ganha vida".[31]

Uma característica fundamental do Romantismo era a rejeição às metáforas mecânicas e a sua substituição por uma imagem da natureza como viva, orgânica e em processo de gestação ou desenvolvimento.[32] As primeiras teorias evolutivas surgiram nesse contexto.

Alguns cientistas, poetas e filósofos associavam sua filosofia de natureza viva a um Deus que imbuiu a Natureza de vida e deixou que ela se desenvolvesse espontaneamente, mais como o Deus de Gênesis do que o Deus projetista da teologia mecanicista. Outros se declaravam ateus, como o poeta inglês Percy Shelley (1792-1822), mas eles não tinham dúvida sobre a existência de um poder vivo na natureza, que Shelley chamava de Alma do universo, Poder autossuficiente ou Espírito da Natureza. Ele também foi um dos primeiros defensores do vegetarianismo, pois valorizava os animais como seres scientes.[33]

Essas diferentes visões de mundo podem ser resumidas da seguinte maneira:

Visão de mundo	Deus	Natureza
Cristã tradicional	Interativo	Organismo Vivo
Mecanicista inicial	Interativo	Máquina
Deísmo iluminista	Apenas o criador	Máquina
Deísmo romântico	Apenas o criador	Organismo Vivo
Ateísmo romântico	Não há Deus	Organismo Vivo
Materialismo	Não há Deus	Máquina

O movimento do Romantismo criou uma cisão duradoura na cultura ocidental. Entre as pessoas instruídas, no mundo do trabalho, dos negócios e da política, a natureza é mecânica, uma fonte inanimada de recursos naturais que pode ser explorada em prol do desenvolvimento econômico. As economias modernas estão assentadas sobre esses alicerces. Por outro lado, as crianças muitas vezes são criadas em uma atmosfera animista de contos de fada, animais falantes e transformações mágicas. O mundo vivo é celebrizado em poemas, canções e obras de arte. A natureza é mais identificada com o campo do que com as cidades, especialmente com as matas virgens. Muita gente que vive na cidade sonha em se mudar para o campo ou em ter uma casa de veraneio no ambiente rural. Nas noites de sexta-feira, o trânsito das cidades do mundo ocidental fica congestionado, pois milhões de pessoas pegam seus carros e tentam voltar para junto da natureza.

A nossa relação pessoal com a natureza pressupõe que esta está viva. Para um cientista mecanicista, tecnocrata, economista ou incorporador, a natureza é neutra e inanimada. Ela precisa ser desenvolvida como parte do progresso humano. Porém, muitas vezes essas mesmas pessoas têm atitudes diferentes na sua vida particular. Na Europa ocidental e na América do Norte, muita gente fica rica explorando a natureza, para que possa comprar uma propriedade no campo e "fugir do caos".

Essa divisão entre racionalismo em público e romantismo na vida pessoal faz parte do modo de vida ocidental há gerações, mas está se tornando cada vez mais insustentável. Nossas atividades econômicas não estão separadas da natureza, pois afetam todo o planeta. A vida pública e a vida pessoal estão cada vez mais entrelaçadas. Essa nova consciência é manifestada por uma nova conscientização pública sobre Gaia, a Mãe Terra. Mas as deusas não estavam muito abaixo da superfície do pensamento científico, mesmo em suas formas mais materialistas.

As deusas da evolução

Um dos pioneiros da teoria evolutiva foi o avô de Charles Darwin, Erasmus Darwin, que queria aumentar a importância da natureza e reduzir o papel de Deus.[34] A evolução espontânea das plantas e animais atacava a base da teologia natural e da doutrina de Deus como projetista. Se novas formas de vida eram criadas pela própria Natureza, então não era necessário que Deus as criasse. Erasmus Darwin dizia que Deus dotava a vida ou natureza de uma capacidade criativa inerente que depois se manifestava sem necessidade de orientação ou intervenção divina. Em seu livro *Zoonomia* (1794), ele perguntou retoricamente:

> Seria muita ousadia imaginar que todos os animais de sangue quente tenham surgido a partir de um filamento vivo, que a grande Causa Primeira dotou de animalidade, com o poder de adquirir novas partes, com novas propensões, guiado por irritações, sensações, volições e associações e, por-

tanto, com capacidade de continuar a melhorar por sua própria atividade inerente e de transmitir esses melhoramentos para a posteridade por gerações, um mundo sem fim![35]

Para Erasmus Darwin, os seres vivos eram capazes de se aprimorar, e os resultados dos esforços dos pais eram herdados por seus descendentes. Da mesma forma, Jean-Baptiste Lamarck, em seu livro *Filosofia Zoológica* (1809), afirmou que os animais adquiriam novos hábitos em resposta ao seu ambiente e que suas adaptações eram transmitidas aos descendentes. A girafa, que habita as regiões áridas da África,

...é obrigada a comer folhas de árvores e a fazer um esforço constante para alcançá-las. Em consequência desse hábito mantido por um longo tempo, as patas dianteiras do animal ficaram mais longas que as patas traseiras, e seu pescoço esticou a tal ponto que a girafa atinge uma altura de seis metros.[36]

Além disso, um poder inerente à vida produziu organismos cada vez mais complexos, elevando-os na escala animal. Lamarck atribuía a origem da força vital ao "Supremo Autor", que criou "uma ordem de coisas que deu origem, sucessivamente, a tudo o que vemos".[37] Assim como Erasmus Darwin, ele era um deísta romântico. O mesmo acontece com Robert Chambers, que popularizou a ideia de evolução progressiva no livro *Vestiges of the Natural History of Creation,* publicado anonimamente em 1844 e que se tornou um *best-seller.* Chambers afirmou que tudo na natureza estava progredindo para um estado mais elevado em consequência da "lei da criação" concedida por Deus.[38] Seu trabalho gerou polêmica tanto do ponto de vista religioso como do ponto de vista científico, mas, assim como a teoria de Lamarck, era atraente para os ateus porque eliminava a necessidade de um projetista divino.

Porém, Chambers, Lamarck e Erasmus Darwin não minaram apenas a teologia mecanicista, mas também, talvez involuntariamente, a teoria mecanicista da vida. Nenhuma máquina inanimada contínha um poder de vida, capacidade de se autoaperfeiçoar ou criatividade. Suas teorias de evolução progressiva desmistificaram a criatividade de Deus ao mistificar a evolução.

A teoria da evolução de Charles Darwin e Alfred Russel Wallace por meio de seleção natural (1858) tentou desmistificar a evolução. A seleção natural era cega e impessoal e exigia intervenção divina. Ela eliminava os organismos que não estavam aptos a sobreviver e favorecia aqueles que estavam mais bem adaptados. O subtítulo do trabalho de Darwin, *A Origem das Espécies,* era *Preservação das Raças Favorecidas na Luta pela Vida.* A fonte de criatividade estava dentro das próprias plantas e animais: elas variavam espontaneamente e se adaptavam a novas circunstâncias.

Darwin não explicou esse poder criativo. Na verdade, ele rejeitou o Deus projetista da teologia mecanicista e atribuiu toda a criatividade à Natureza, assim como fizera seu avô. Para Darwin, a própria Natureza deu origem à Árvore da Vida. Por intermédio da sua prodigiosa fertilidade, sua variabilidade espontânea e seu poder de seleção, ela podia fazer tudo o que Paley achava que Deus fazia. Mas a natureza não era um sistema mecânico inanimado como os mecanismos da física celestial. Era uma Natureza com N maiúsculo. Darwin chegou a se desculpar por sua linguagem: "Em nome da concisão, às vezes falo de seleção natural como um poder inteligente... Muitas vezes também personifiquei a palavra Natureza, pois achei difícil evitar essa ambiguidade".[39]

Darwin aconselhou seus leitores a ignorar seu modo de se expressar. Se, em vez disso, prestarmos atenção às suas implicações, a Natureza é a Mãe de cujo útero surge toda a vida e para a qual toda a vida retorna. Ela é prodigiosamente fértil, mas também cruel e terrível, a devoradora de sua própria prole. É criativa, mas também destrutiva, como a deusa indiana Kali. Para Darwin, a seleção natural era um "poder incessantemente pronto para a ação",[40] e a seleção natural age matando. A frase "A natureza é vermelha nos dentes e nas garras" é de autoria do poeta Tennyson, e não de Darwin, mas parece muito com a deusa Kali, ou com Nêmesis, a deusa grega destrutiva, ou com as Erínias, as deusas da vingança.

Charles Darwin, assim como seu avô Erasmus e Lamarck, acreditava na herança de hábitos. Seu livro cita muitos exemplos de descendentes que herdaram as adaptações dos pais.[41] A teoria neodarwinista da evolução, que se desenvolveu a partir da década de 1940, diferia da teoria de Charles Darwin no sentido de que rejeitava a herança de características adquiridas. Em vez disso, os organismos herdavam os genes dos pais e os transmitiam inalterados aos seus descendentes, a menos que houvesse mutações, quer dizer, alterações aleatórias nos genes. O biólogo molecular Jacques Monod resumiu essa teoria no título de seu livro *Chance and Necessity* (O Acaso e A Necessidade), em 1972.

Esses princípios aparentemente abstratos são as deusas ocultas do neo-darwinismo. O acaso é a deusa da Fortuna, ou Dona Sorte. O girar da sua roda traz tanto prosperidade como desventura. Fortuna é cega e era frequentemente retratada em estátuas clássicas com um véu ou com os olhos vendados. Nas palavras de Monod: "puro acaso, absolutamente livre, mas cego, [está] no próprio alicerce do estupendo edifício da evolução".[42]

Shelley chamava a Necessidade de "Poder Todo-Suficiente" e "Mãe do Mundo". É também Sina ou Destino, que aparece em uma mitologia grega como as três Moiras (Parcas para os romanos), que tecem, repartem e cortam o fio da vida, determinando o destino dos mortais na hora do nascimento. No neodarwinismo, o fio da vida é literal: moléculas helicoidais de DNA presentes nos cromossomos em forma de fio determinam o destino dos mortais ao nascimento.

O materialismo é como um culto inconsciente à Grande Mãe. A própria palavra "matéria" vem da mesma raiz de "mãe"; em latim, o termo equivalente é *mater*.[43] O arquétipo da mãe assume muitas formas, como em Mãe Natureza, ou Ecologia, ou até mesmo Economia, que nos alimenta e nos sustenta, atuando como um seio que amamenta na base da oferta e da procura. (A raiz grega "*eco*" em ambas essas palavras significa família ou casa.) Os arquétipos são mais fortes quando são inconscientes, porque não podem ser analisados nem discutidos.

A vida se liberta das metáforas mecânicas

A teoria da evolução derrubou o argumento do projeto mecânico. Um Deus criador não poderia ter projetado animais e plantas se estes evoluíssem progressivamente por meio de variação espontânea e seleção natural.

Os organismos vivos, ao contrário das máquinas, são criativos. Plantas e animais variam espontaneamente, respondem às mudanças genéticas e adaptam-se aos novos desafios do meio ambiente. Alguns variam mais que outros, e às vezes surge algo realmente novo. A criatividade é inerente aos organismos vivos, ou atua por meio deles.

Nenhuma máquina começa pequena, cresce, forma novas estruturas dentro de si mesma e, depois, se reproduz. Mas as plantas e os animais fazem isso o tempo todo. Eles também podem regenerar-se depois de sofrer algum dano. Vê-los como máquinas propelidas apenas pela física e química comuns é um ato de fé; insistir em afirmar que são máquinas apesar de todos os indícios em contrário é dogmático.

Dentro da própria ciência, a teoria mecanicista da vida foi questionada durante os séculos XVIII e XIX por uma corrente alternativa da biologia denominada vitalismo. Os vitalistas acreditavam que os organismos eram mais do que máquinas: eram verdadeiramente vitais ou vivos. Além das leis da física e da química, os princípios organizadores conferiam forma aos organismos vivos, davam-lhes seu comportamento propositado e estavam por trás dos instintos e da inteligência dos animais. Em 1844, o químico Justus von Liebig fez uma afirmação típica da posição vitalista quando disse que, embora os químicos pudessem analisar e sintetizar as substâncias químicas orgânicas dos organismos vivos, eles nunca seriam capazes de criar um olho ou uma folha. Além das reconhecidas forças físicas, havia outro tipo de causa que "combina os elementos em novas formas, de modo que adquiram novas qualidades — formas e qualidades que só aparecem no organismo".[44]

De muitas maneiras, o vitalismo foi um sobrevivente da visão de mundo mais antiga de que os organismos vivos eram organizados por almas. Essa doutrina também estava em harmonia com uma visão romântica de natureza viva. Alguns vitalistas, como o embriologista alemão Hans Driesch (1867-1941), usavam deliberadamente a linguagem da alma para enfatizar essa continuidade de pensamento. Driesch acreditava que um princípio organizador imaterial dava às plantas e aos animais suas formas e suas metas. Ele deu ao princípio organizador o nome de *enteléquia*, adotando uma palavra que Aristóteles usara para referir-se ao aspecto da alma que encerra em si mesma a sua finalidade (*en* = dentro; *telos* = propósito). Os embriões, afirmou Driesch, comportam-se de maneira proposital; se seu desenvolvimento for interrompido, eles ainda conseguirão atingir a forma para a qual estão se desenvolvendo. Ele mostrou por meio de um experimento que, quando embriões de ouriço-do-mar eram divididos em dois, cada metade podia dar origem a um pequeno, porém completo, ouriço-do-mar. Sua entelequia atraía os embriões em desenvolvimento — e até mesmo partes separadas dos embriões — para a forma adulta.

O vitalismo foi, e ainda é, a suprema heresia dentro da biologia mecanicista. A visão ortodoxa foi claramente transmitida pelo biólogo Thomas Henry Huxley em 1867:

> A fisiologia zoológica é a doutrina das funções ou ações dos animais. Ela considera o corpo dos animais como uma máquina impelida por várias forças e que realiza determinada quantidade de trabalho que pode ser expresso em termos de forças extraordinárias da natureza. O objetivo final da fisiologia é, de um lado, deduzir os fatos da morfologia e, do outro, os da ecologia, a partir das leis das forças moleculares da matéria.[45]

Nessas palavras, Huxley prenunciou o fantástico desenvolvimento da biologia molecular desde a década de 1960, o maior esforço já realizado para reduzir os fenômenos da vida a mecanismos físicos e químicos. Francis Crick, que dividiu o Prêmio Nobel pela descoberta da estrutura do DNA, deixou bem explícita essa intenção em seu livro *Of Molecules and Men* (1966). Ele denunciou o vitalismo e afirmou sua crença de que "o grande objetivo do movimento moderno na biologia é, de fato, explicar *toda* a biologia em termos de física e química".

A abordagem mecanicista é essencialmente reducionista: ela tenta explicar o todo por meio de suas partes. É por isso que a biologia molecular tem um *status* tão elevado dentro das ciências biológicas: as moléculas são alguns dos menores componentes dos organismos vivos, o ponto em que a biologia cruza com a química. Logo, a biologia molecular está em vantagem na tentativa de explicar os fenômenos da vida pelas "leis das forças moleculares da matéria". Quando os biólogos conseguirem reduzir os organismos ao nível molecular, eles passarão o bastão para os químicos e físicos, que reduzirão as propriedades das moléculas às dos átomos e das partículas subatômicas.

Até o século XIX, muitos cientistas achavam que os átomos eram a base sólida, permanente e definitiva da matéria. Mas no século XX ficou claro que os átomos eram compostos por partes, com núcleos no centro e elétrons em orbitais que giravam ao seu redor. Os próprios núcleos são compostos por prótons e nêutrons, que, por sua vez, são compostos por componentes chamados *quarks*. Cada próton ou nêutron é formado por três *quarks*. Quando os núcleos são quebrados em aceleradores de partículas, como o Grande Colisor de Hádrons, no CERN (Centro Europeu de Pesquisas Nucleares), perto de Genebra, surgem inúmeras outras partículas. Até agora já foram identificadas centenas delas, e alguns físicos acham que, com aceleradores de partículas ainda maiores, outras ainda serão descobertas.

A base que sustentava o modelo do átomo desmoronou, e parece improvável que um monte de partículas evanescentes expliquem o formato de uma orquídea, o salto de um salmão ou o revoar de um bando de estorninhos. O reducionismo já não oferece mais uma base atômica sólida para a explicação de todas as coisas. De qualquer modo, por mais partículas subatômicas que possa haver, os organismos representam um todo, e reduzi-los às suas partes matando-os e analisando as substâncias químicas que os compõem simplesmente destrói o que os torna organismos.

Fui forçado a refletir sobre as limitações do reducionismo na época em que estudava em Cambridge. No último ano do curso de bioquímica, minha classe fez um experimento sobre as enzimas hepáticas do rato. Primeiro, cada um de nós pegou um rato vivo e "sacrificou-o" sobre uma pia, decapitando-o com uma guilhotina, abriu o animal e retirou seu fígado. Depois, batemos o fígado no liquidificador e o centrifugamos para remover as frações indesejadas dos resíduos celulares. Em seguida, purificamos a fração aquosa para isolar as enzimas que queríamos e as colocamos em tubos de ensaio. Por fim, acrescentamos substâncias químicas e estudamos a velocidade com que ocorriam as reações químicas. Nós aprendemos alguma coisa sobre enzimas, mas não sobre a vida e o comportamento dos ratos. No corredor do Departamento de Bioquímica, o problema maior foi resumido em um mural que mostrava os detalhes químicos das vias metabólicas do ser humano; na parte superior do mural, alguém havia escrito em letras garrafais: "CONHECE-TE A TI MESMO".

Tentar explicar os organismos do ponto de vista de seus componentes químicos é como tentar entender um computador moendo-o e analisando os elementos que o compõem, como cobre, germânio e silício. Certamente é possível aprender alguma coisa sobre o computador dessa maneira, a saber, do que ele é feito. Porém, nesse processo de redução, a estrutura e a atividade programada do computador desaparecem, e a análise química nunca revelará os circuitos eletrônicos; nenhuma modelagem matemática das interações entre seus componentes atômicos revelará os programas do computador nem os propósitos que eles cumpriram.

Os mecanicistas eliminam os fatores vitais propositados de plantas e animais vivos, mas depois os reinventam em formas moleculares. Uma forma de vitalismo molecular consiste em tratar os genes como entidades propositais, com objetivos e poderes que superam em muito os de uma mera substância química como o DNA. Os genes tornam-se enteléquias moleculares. Em seu livro *O Gene Egoísta*, Richard Dawkins dotou-os de vida e inteligência. São as moléculas vivas, e não Deus, que criam os mecanismos da vida:

Nós somos máquinas de sobrevivência, mas esse "nós" não se refere apenas às pessoas. Inclui todos os animais, plantas, bactérias e vírus... Somos todos máquinas de sobrevivência para o mesmo tipo de replicador — moléculas chamadas DNA — mas há muitas maneiras de viver no mundo, e os replicadores construíram uma grande variedade de máquinas para explorá-las. Um macaco é uma máquina que preserva os genes em cima das árvores; um peixe é uma máquina que preserva os genes dentro d'água.[46]

Nas palavras de Dawkins, "O DNA trabalha de maneiras misteriosas". As moléculas de DNA não são apenas inteligentes, mas também egoístas, impiedosas e competitivas, como os "*gangsters* bem-sucedidos de Chicago". Os genes egoístas "criam forma", "moldam matéria" e travam "corridas armamentistas evolutivas"; até mesmo "aspiram à imortalidade". Esses genes não são mais meras moléculas:

Agora eles fervilham em colônias imensas, seguros dentro de gigantescos e desajeitados robôs, isolados do mundo exterior, com o qual se comunicam por caminhos indiretos e tortuosos, manipulando-o por controle remoto. Eles estão em você e em mim; eles nos criaram, corpo e mente; e sua preservação é a razão última da nossa existência. Agora são chamados de genes, e somos suas máquinas de sobrevivência.[47]

O poder persuasivo da retórica de Dawkins devia-se à linguagem antropocêntrica e às suas imagens caricaturais. Ele admite que sua imagem do gene egoísta está mais para ficção científica do que para ciência,[48] mas a justifica como uma metáfora "forte e iluminadora".[49]

O uso mais popular de uma metáfora vitalista em nome do mecanismo é o "programa genético". Programas genéticos são claramente análogos a programas de computadores, inteligentemente criados pela mente humana para atingirem determinado propósito. Os programas são propositais, inteligentes e voltados para objetivos. São mais como enteléquias do que mecanismos. O "programa genético" pressupõe que plantas e animais são organizados por princípios propositais semelhantes a mentes ou criados por mentes. Essa é outra forma de introduzir sorrateiramente projetos inteligentes em genes químicos.

Se forem contestados, a maioria dos biólogos admitirá que os genes simplesmente especificam a sequência de aminoácidos das proteínas ou participam do controle da síntese proteica. Eles não são realmente programas; não são egoístas, não moldam matéria, não criam forma nem aspiram à imortalidade. Um gene não é "para" uma característica como a nadadeira de um peixe ou o comportamento de nidificação de um pássaro tecelão. Mas o vitalismo molecular logo retorna. A teoria mecanicista da vida degenerou-se em metáforas e retóricas falaciosas.

Para muita gente, sobretudo jardineiros e proprietários de cães, gatos, cavalos ou outros animais, é mais do que óbvio que plantas e animais são organismos vivos, e não máquinas.

Filosofia organicista

Enquanto a teoria mecanicista e a teoria vitalista remontam ao século XVII, a filosofia organicista, também chamada de abordagem holística ou organísmica, vem se desenvolvendo desde a década de 1920. Um de seus proponentes foi o filósofo Alfred North Whitehead (1861-1947); outro foi Jan Smuts, estadista e acadêmico sul-africano cujo livro *Holism and Evolution* (1926) chamou a atenção para a "a tendência da natureza para formar todos que são maiores do que a soma de suas partes por meio de evolução criativa".[50] Smuts via o holismo como:

> A atividade fundamental, sintética, ordenadora, organizadora e reguladora do universo, que explica todos os agrupamentos e sínteses estruturais que nele existem, desde o átomo e as estruturas físico-químicas até a célula, os organismos vivos, a Mente dos animais e a Personalidade humana. O caráter onipresente e em constante crescimento da unidade ou totalidade sintética nessas estruturas leva a um conceito de Holismo como a atividade fundamental que subjaz e coordena todas as outras, e a uma visão do universo como um Universo Holístico.[51]

A filosofia holística ou organísmica concorda com a teoria mecanicista em relação à unidade da natureza: a vida dos organismos biológicos difere em grau, mas não em espécie, de sistemas físicos como moléculas e cristais. O organicismo concorda com o vitalismo ao enfatizar que os princípios organizadores dos organismos estão dentro deles mesmos; organismos são entidades que não podem ser reduzidas à física e à química de sistemas mais simples.

Na verdade, a filosofia organicista considera toda a natureza como viva; nesse aspecto, ela é uma versão atualizada do animismo pré-mecanicista. Até mesmo átomos, moléculas e cristais são organismos. Segundo Smuts: "Tanto a matéria como a vida consistem, no átomo e na célula, em unidades estruturais cujo agrupamento ordenado produz os todos naturais que chamamos de corpos ou organismos".[52] Os átomos não são partículas inertes de matéria, como no velho atomismo. Pelo contrário, como a física do século XX revelou, são estruturas ativas, padrões de vibração energética dentro de campos. Segundo Whitehead: "A biologia é o estudo dos organismos maiores, enquanto a física é o estudo dos organismos menores".[53] À luz da moderna cosmologia, a física é também o estudo de organismos muito grandes, como planetas, sistemas solares, galáxias e todo o universo.

A filosofia organicista ressalta que, para onde quer que olhemos na natureza, em qualquer nível ou escala, encontramos "todos" compostos de partes que também são partes em um nível inferior. Esse padrão de organização pode ser representado por um diagrama como o apresentado na Figura 1.1. Os círculos menores representam *quarks*, por exemplo, dentro de prótons, dentro de núcleos atômicos, dentro de átomos, dentro de moléculas, dentro de cristais. Ou representam organelas em células, em tecidos, em órgãos, em organismos, em sociedades de organismos, em ecossistemas. Ou então planetas em sistemas solares, em galáxias, em grupos de galáxias.

Figura 1.1. Hierarquia aninhada de "todos" ou hólons.

Todos esses sistemas organizados são *hierarquias aninhadas*. Em cada nível, o todo é mais do que a soma de suas partes, com propriedades que não podem ser previstas pelo estudo de suas partes isoladas. Por exemplo, a estrutura e o significado dessa frase não poderiam ser entendidos pela análise química do papel e da tinta, nem deduzidos pelo número de letras que a compõem (cinco letras *a*, uma letra *b*, cinco letras *c*, duas letras *d*, etc.). Não basta conhecer o número de partes constituintes: a estrutura do todo depende da maneira com que elas estão reunidas em palavras e da relação entre as palavras.

Arthur Koestler propôs o termo *hólon* para designar todos compostos de partes que são, elas próprias, todos:

Cada hólon tem uma tendência dupla de preservar e afirmar a sua individualidade como um todo maior aparentemente autônomo e de funcionar como parte integrada de um todo maior (existente ou em evolução). Essa polaridade entre tendências autoafirmativas e integrativas é inerente ao conceito de ordem hierárquica.[54]

Para essas hierarquias aninhadas de hólons, Koestler propôs o termo *holarquia*.

Outra maneira de pensar em todos é por meio da "teoria dos sistemas", que fala em "uma configuração de partes reunidas por uma rede de relacionamentos". Esses todos são chamados também de "sistemas complexos" e são o objeto de diversos modelos matemáticos, chamados também de "teoria de sistemas complexos", "teoria da complexidade" e "ciência da complexidade".[55]

Para um exemplo químico, pense no benzeno, uma molécula com seis átomos de carbono e seis átomos de hidrogênio. Cada um desses átomos é um hólon consistindo de um núcleo rodeado por elétrons. Na molécula de benzeno, os seis átomos de carbono formam um anel hexagonal, e os elétrons são compartilhados entre os átomos para criar uma nuvem vibratória de elétrons ao redor de toda a molécula. Os padrões de vibração da molécula afetam os átomos dentro dela, e como os elétrons são eletricamente carregados, os átomos estão em um campo eletromagnético vibratório. Em temperatura ambiente, o benzeno é líquido, mas abaixo de 5,5 °C ele cristaliza, e quando isso acontece as moléculas juntam-se formando um padrão tridimensional regular chamado de estrutura em treliça. Essa treliça de cristal também vibra em padrões harmônicos,[56] criando campos eletromagnéticos vibratórios que afetam as moléculas no seu interior. Há uma hierarquia aninhada de níveis de organização, que interagem por meio de uma hierarquia aninhada de campos vibratórios.

No curso da evolução, surgem novos hólons que não existiam antes: por exemplo, as primeiras moléculas de aminoácido, as primeiras células vivas ou as primeiras colônias de cupim. Como são "todos", os hólons têm de surgir por saltos repentinos. Novos níveis de organização "emergem", e suas "propriedades emergentes" vão além daquelas das partes que estavam lá antes. O mesmo se aplica a novas ideias ou novas obras de arte.

O cosmos como um organismo em desenvolvimento

Talvez o filósofo David Hume (1711-1776) seja mais conhecido atualmente por seu ceticismo em relação à religião. No entanto, era igualmente cético em relação à filosofia mecanicista da natureza. Não havia nada no universo que provasse que ele era mais semelhante a uma máquina do que a um organismo; a organização que vemos na natureza era mais análoga a plantas e animais do que a máquinas. Hume era contra a ideia de um Deus criador de máquinas. Em vez disso, ele afirmava que o mundo podia ter-se originado de algo como uma semente ou um ovo. Nas palavras de Hume, publicadas postumamente em 1779,

> Há outras partes do universo (além das máquinas inventadas pelo ser humano) que têm uma semelhança ainda maior com o tecido do mundo e que, portanto, permitem uma melhor conjectura sobre a origem universal do sistema. Essas partes são os animais e as plantas. O mundo simplesmente assemelha-se mais a um animal ou a um vegetal do que a um relógio ou um tear.... E será que uma planta ou animal, que se origina de vegetação ou por geração, não tem maior semelhança com o mundo que qualquer máquina artificial que tem origem na razão e no *design*?[57]

O argumento de Hume foi surpreendentemente presciente à luz da cosmologia moderna. Até a década de 1960, a maioria dos cientistas ainda pensava no universo como uma máquina, e mais como uma máquina cujo vapor estava se esgotando, encaminhando-se para a morte térmica. De acordo com a segunda lei da termodinâmica, enunciada em 1855, o universo perderia gradualmente a capacidade de realizar trabalho. Acabaria congelando em "um estado de repouso e morte universal", como disse William Thomson, mais tarde Lorde Kelvin.[58]

Só em 1927 é que Georges Lemaître, cosmólogo e padre da igreja católica, propôs uma hipótese científica como a ideia de Hume sobre a origem do universo em um ovo ou semente. Lemaître afirmou que o universo começou com um evento "semelhante à criação", que descreveu como "o ovo cósmico que eclodiu no momento da criação".[59] Mais tarde, denominada Big Bang, essa nova cosmologia ecoava muitas histórias arcaicas sobre origens, como o mito órfico da criação do Ovo Cósmico na Grécia Antiga ou o mito indiano de *Hiranyagarbha*, o Ovo Dourado original.[60] De modo significativo, em todos esses mitos o ovo é tanto uma unidade primitiva como uma polaridade primitiva, pois um ovo é uma unidade composta de duas partes, a gema e a clara, um símbolo apropriado do surgimento de "muitos" a partir de "um".

A teoria de Lemaître previa a expansão do universo e foi corroborada pela descoberta de que outras galáxias estão se afastando da nossa a uma velocidade proporcional à sua distância. Em 1964, a descoberta de um fraco brilho de fundo em todo o universo, a radiação cósmica de fundo em micro-ondas (RCFM), revelou o que parecia ser uma luz fóssil remanescente do início do universo, logo após o Big Bang. As evidências a favor de um vento inicial "semelhante a uma criação" ficaram fortíssimas e, em 1966, a teoria do Big Bang tornou-se ortodoxa.

Hoje, a cosmologia nos conta a história de um universo que começou extremamente pequeno, menor que a cabeça de um alfinete, e muito quente. À medida que brilha, ele resfria e, à medida que resfria, surgem novas formas e estruturas dentro dele: núcleos e elétrons atômicos, estrelas, galáxias, planetas, moléculas, cristais e vida biológica.

A metáfora da máquina, além de há muito não ter mais utilidade, reprime o pensamento científico nas áreas da física, biologia e medicina. Nosso universo em evolução e expansão é muito mais semelhante a um organismo, assim como a Terra, os carvalhos, os cães e você.

Que diferença isso faz?

Você realmente consegue se imaginar como uma máquina geneticamente programada num universo mecânico? Provavelmente não. Provavelmente nem os materialistas mais ferrenhos conseguem. A maioria de nós sente que está verdadeiramente viva em um mundo vivo — pelo menos nos fins de semana. Mas, por lealdade à visão de mundo mecanicista, o pensamento mecanicista assume o comando no horário de expediente.

Reconhecendo a vida da natureza, podemos nos permitir reconhecer aquilo que já sabemos, que animais e plantas são organismos vivos com objetivos e propósitos próprios. Qualquer pessoa que cuida de plantas ou tem animais de estimação sabe disso e reconhece que eles têm suas próprias maneiras de reagir com criatividade às suas circunstâncias. Mas, em vez de menosprezar nossas próprias observações e percepções para nos adaptar ao dogma mecanicista, podemos prestar-lhes atenção e tentar aprender com elas.

Em relação à Terra viva, podemos ver que a teoria de Gaia não é apenas uma metáfora poética isolada em um universo de modo geral mecânico. O reconhecimento da Terra como um organismo vivo é um grande passo para o reconhecimento da vida mais ampla do cosmos. Se a Terra é um organismo vivo, o que dizer do sol e do sistema solar como um todo? Se o sistema solar é um tipo de organismo, e a galáxia? A cosmologia já retrata todo o universo como uma espécie de superorganismo em desenvolvimento, nascido pela eclosão do ovo cósmico.

Essas diferenças de ponto de vista não indicam de imediato uma nova série de produtos tecnológicos, e nesse sentido não podem ser economicamente úteis. Mas fazem uma grande diferença no sentido de acabar com a divisão criada pela teoria mecanicista — uma divisão entre nossas experiências pessoais de natureza e as explicações mecanicistas que a ciência nos dá. E também nos ajudam a acabar com a divisão entre a ciência e todas as culturas tradicionais e nativas, nenhuma das quais vê os seres humanos e animais como máquinas em um mundo mecânico.

Por fim, o fato de acabar com a crença de que o universo é uma máquina inanimada abre muitas novas questões, que serão analisadas nos próximos capítulos.

Perguntas para os materialistas

A visão de mundo mecanicista é uma teoria científica que pode ser testada ou uma metáfora?

Se for uma metáfora, por que a metáfora da máquina, em todos os aspectos, é melhor que a metáfora do organismo? Se for uma teoria científica, como ela poderia ser testada ou refutada?

Você acha que nada mais é que uma máquina complexa?

Você foi programado para acreditar em materialismo?

RESUMO

A teoria mecanicista baseia-se na metáfora da máquina. Mas é apenas uma metáfora. Os organismos vivos oferecem melhores metáforas para os sistemas organizados em todos os níveis de complexidade, inclusive moléculas, plantas e grupos de animais, todos os quais são organizados em uma série de níveis abrangentes em que o "todo" em cada nível é mais do que a soma das partes, que, por si sós, são "todos" em um nível mais inferior. Até mesmo os defensores mais ardorosos da teoria mecanicista insinuam princípios organizadores intencionais nos organismos vivos na forma de genes egoístas ou programas genéticos. À luz da teoria do Big Bang, todo o universo assemelha-se mais a um organismo em desenvolvimento do que a uma máquina que está lentamente ficando sem vapor.

2

A quantidade total de matéria
e energia é sempre a mesma?

Todo estudante de ciências aprende que a quantidade total de matéria e energia é sempre a mesma. Matéria e energia não podem ser criadas nem destruídas. A lei da conservação da matéria e energia é simples e tranquilizadora: ela garante a permanência fundamental num mundo em constante transformação.

Essa lei geralmente não é questionada, mas enfrenta desafios sem precedentes. Como analiso neste capítulo, hoje em dia a maior parte dos físicos acredita que o universo contém grandes quantidades de "matéria escura", cuja natureza e propriedades são literalmente obscuras. Acredita-se que a matéria escura constitua cerca de 23% da massa e energia do universo, enquanto a matéria e energia normais constituam apenas cerca de 4%. E o que é ainda pior, a maioria dos cosmólogos acha que a contínua expansão do universo é impulsionada pela "energia escura", cuja natureza também é desconhecida. De acordo com o Modelo-Padrão de cosmologia, a energia escura atualmente representa 73% da matéria e energia do universo.

Qual é a relação da matéria e energia escuras com a matéria e energia comuns? E qual é o campo de energia do ponto zero, também conhecido como vácuo quântico? Essa energia do ponto zero pode ser utilizada?

A lei da conservação da matéria e energia foi formulada antes que surgissem essas questões, e não têm respostas prontas para elas. Essa lei se baseia em teorias filosóficas e teológicas. Historicamente, ela tem raízes na corrente filosófica atomista da Grécia Antiga. Desde o início era uma pressuposição. Na sua forma moderna, combina uma série de "leis" criadas desde o século XVII — as leis da conservação de matéria, massa, movimento, força e energia. Neste capítulo, eu analiso a história dessas ideias e mostro como a física moderna levanta questões que as velhas teorias não conseguem responder. Quando se discute a fé na conservação, abrem-se inúmeras novas possibilidades em esferas que abrangem desde geração de energia até nutrição humana.

Matéria, força e energia

A física newtoniana clássica baseava-se numa distinção fundamental entre matéria e força. A matéria era passiva. As forças atuavam sobre a matéria, provocando mudanças. Os corpos materiais continuavam a existir no mesmo lugar para sempre ou continuavam a se mover perpetuamente em uma trajetória retilínea até sofrer a ação de forças que os faziam acelerar, mudar de direção ou desacelerar. A força era o princípio ativo que causava mudança. Na verdade, a força ou energia *era* causação. E, como a causa tem de ser igual ao efeito, por razões lógicas a quantidade total de força ou energia tem de permanecer inalterada.

Como o filósofo Immanuel Kant (1724-1804) deixou bem claro, a matéria era inerte e só podia ser sentida por meio dos seus efeitos, e a força era a *causa* de todos esses efeitos. Ao contrário da matéria ou dos corpos, forças e energias não são *coisas*: estão relacionadas com processos no tempo. São impalpáveis. Sopram vida, podemos dizer poeticamente, na natureza material e subjazem a todas as mudanças.

Começo contando a história da crença na conservação da matéria, que surgiu há mais de 2.500 anos.

Átomos eternos

Na Grécia Antiga, os filósofos estavam preocupados com a ideia de que por trás do mundo da experiência em constante transformação havia uma realidade eterna imutável, ou uma unidade original. A origem dessa convicção provavelmente eram as experiências místicas, que pareciam revelar a existência de uma realidade ou verdade suprema além do espaço e do tempo. O filósofo Parmênides tentou elaborar uma concepção intelectual de um Ser supremo imutável e concluiu que esse Ser devia ser uma esfera indiferenciada e imutável. Só podia haver uma coisa imutável, e não diversas coisas mutáveis. Mas o mundo que vivenciamos contém muitas coisas diferentes que mudam. Parmênides só podia considerar isso como resultado de ilusão.

Por razões óbvias, essa conclusão era inaceitável para os filósofos que sucederam Parmênides. Eles buscavam teorias mais plausíveis do Ser Absoluto. Os pitagóricos (*c. 570-c.* 495 a.C.) acreditavam que a realidade eterna era constituída de verdades matemáticas imutáveis. Platão e seus discípulos pensavam em Ideias ou Formas transcendentes além do espaço e do tempo. Os atomistas acharam outra resposta: o Ser Absoluto não é uma esfera ampla, indiferenciada e imutável, mas, sim, consiste de muitas coisas diminutas, indiferenciadas e imutáveis — átomos materiais que se deslocam no vazio. Assim, os átomos permanentes eram a base imutável dos fenômenos dinâmicos do mundo: a matéria era o Ser Absoluto.[1] Essa filosofia atomista ou materialista, proposta inicialmente no século V a.C. por Leucipo e Demócrito,[2] baseava-se em feitos admiráveis de dedução lógica. Ninguém podia ver os átomos nem produzir provas da sua existência, mas essa era uma ideia extraordinariamente produtiva que ainda exerce enorme influência. Indiscutivelmente, a quantidade total de matéria era sempre a mesma, pois os átomos, por definição, eram indestrutíveis.

Para os atomistas, os movimentos e as combinações dos átomos eram regidos por leis naturais. Não havia necessidade de deuses; tampouco havia algum propósito divino no universo. A própria alma humana dependia da combinação de átomos e se extinguia com a morte; os próprios átomos permaneciam para sempre, fazendo novas permutas e combinações.

O principal atrativo da filosofia atomista ou materialista na Grécia e Roma pré-cristãs era o seu ceticismo em relação ao panteão de deuses e deusas. Epicuro (341-270 a.C.), um dos mais influentes filósofos atomistas, pregava que o materialismo podia libertar os seres humanos do medo de deuses inconstantes e do castigo divino após a morte. Ele defendia uma forma moderada de hedonismo, livre desses temores, e ensinava que a melhor forma de alcançar a felicidade era por meio dos prazeres simples e da companhia de amigos.[3]

Lucrécio (99-55 a.C.), filósofo romano, popularizou a filosofia epicurista em seu poema *De Rerum Natura*, "Sobre a Natureza das Coisas". Ele começou retratando Epicuro como o herói que esmagou o monstro da superstição e da religião. Em seguida, explicou, em termos mecanicistas, tudo o que diz respeito às interações e movimentos aleatórios dos átomos eternos.

O materialismo atomístico voltou a fazer parte do pensamento europeu a partir do final do século XVI, em grande parte por intermédio do poema de Lucrécio. Era atraente para os fundadores da ciência mecanicista por ser mecanicista, e não por ser antirreligioso. Quem mais contribuiu para a popularidade do atomismo foi o francês Pierre Gassendi (1592-1655), padre católico, que tentou fazer com que a doutrina atomista fosse compatível com o cristianismo. Os pais fundadores da ciência mecanicista seguiram seu exemplo ao aceitar Deus, a criação divina do universo e a imortalidade da alma, bem como os átomos da matéria.

Na verdade, a teoria mecanicista da natureza do século XVII combinou duas filosofias gregas de eternidade para produzir um dualismo cósmico: a natureza era formada por átomos imutáveis de matéria em movimento regidos por leis matemáticas imutáveis da natureza que transcendiam o espaço e o tempo. Mas, enquanto para os gregos pré-cristãos como Demócrito e Epicuro os átomos podiam ser considerados eternos, para os fundadores cristãos da ciência mecanicista estes tinham, primeiramente, de ser feitos por Deus.

Robert Boyle preferia usar o termo "corpúsculo", pois queria evitar as implicações ateístas do atomismo e do materialismo. Boyle achava que, na criação do universo, Deus dividiu a matéria num grande número de pequenas partículas de diversos tamanhos e formatos e isolou umas das outras pondo-as em movimento de diferentes maneiras.[4] Depois de terem sido criados por Deus, os átomos simplesmente permaneciam inalterados. Isaac Newton concordava com essa teoria, e resumiu seu próprio ponto de vista da seguinte maneira:

Parece-me provável que Deus, no início, formou a matéria em partículas sólidas, compactas, duras, impenetráveis e móveis... e que essas partículas primitivas, sendo sólidas, são incomparavelmente mais duras do que quaisquer corpos porosos compostos por elas; realmente tão duras que nunca se gastam nem se fragmentam. E não existe nenhuma força comum que seja capaz de dividir o que o próprio Deus unificou na criação original.[5]

No final do século XVIII, os átomos assumiram uma identidade mais definida como átomos de elementos químicos. O pioneiro da química, Antoine Lavoisier (1743-1794) achava que, de acordo com a lei da conservação da matéria, a massa total de todos os produtos de uma reação química era igual à massa total de todos os reagentes. Ele definiu elemento como uma substância básica que não podia ser decomposta por métodos químicos, e foi o primeiro a identificar e batizar o oxigênio e o hidrogênio. Infelizmente, além de químico Lavoisier era coletor de impostos, e foi decapitado no auge da Revolução Francesa. Logo depois, John Dalton (1766-1844) descobriu que os elementos combinam-se em números inteiros, e afirmou que envolviam combinações de átomos químicos, como CO_2 e H_2O. O desenvolvimento e enorme sucesso subsequentes da química tornaram o atomismo uma teoria extremamente improdutiva.

A dissolução da matéria sólida

Quanto mais os átomos eram estudados, mais evidente ficava que eles não eram as unidades fundamentais da matéria, compostas por "partículas sólidas, compactas, duras e impenetráveis", como Newton imaginara. Pelo contrário, eram estruturas de atividade. A partir da década de 1920, a teoria quântica passou a retratar as partes constituintes dos átomos — elétrons, núcleos e partículas nucleares — como padrões vibratórios de atividade dentro de campos. Como o filósofo da ciência Karl Popper expressou-se por meio da física moderna, "o materialismo transcendeu a si próprio":[6]

Matéria é energia altamente condensada, que pode ser transformada em outras formas de energia. Portanto, algo semelhante a um *processo*, uma vez que pode ser convertida em outros processos, como luz, e, obviamente, movimento e calor. Assim, poder-se-ia dizer que os resultados da física moderna indicam que devemos abandonar *a ideia de substância ou essência*. Eles revelam que não existe uma entidade idêntica a ela mesma que persiste durante todas as mudanças que ocorrem no tempo... O universo agora parece não ser uma coleção de coisas, mas um conjunto interativo de eventos ou processos (como foi enfatizado especialmente por A. N. Whitehead).[7]

Enquanto isso, de acordo com a teoria da eletrodinâmica quântica, brilhantemente apresentada pelo físico Richard Feynman, partículas virtuais, como elétrons e fótons, aparecem e desaparecem do campo de vácuo quântico, também conhecido como campo do ponto zero, que permeia o universo. Feynman chamou sua teoria de a "joia da física", por causa de suas previsões extremamente precisas da ordem de muitas casas decimais.

O preço dessa precisão é a aceitação de partículas e interações invisíveis e inobserváveis e do misterioso campo de vácuo quântico. Segundo a eletrodinâmica quântica, todas as forças elétricas e magnéticas são mediadas por fótons virtuais que surgem do campo de vácuo quântico e, depois, desaparecem nele novamente. Quando você olha uma bússola para descobrir onde está o Norte, a agulha da bússola interage com o campo magnético da Terra por meio de fótons virtuais. Quando liga um ventilador, o motor elétrico do aparelho faz com que ele gire porque fica repentinamente repleto de fótons virtuais que exercem forças. Quando você se senta, a cadeira apoia seu traseiro porque a cadeira e o seu traseiro repelem-se por meio de uma densa criação e destruição de fótons virtuais entre si. Quando se levanta, grande parte dessa atividade no campo de vácuo é interrompida e surgem grandes nuvens de fótons virtuais entre seus pés e o chão, onde quer que você os coloque. Todas as moléculas dentro do seu corpo, todas as suas membranas celulares, todos os seus impulsos nervosos dependem do aparecimento e desaparecimento de fótons virtuais dentro do campo de vácuo que permeia a natureza. De acordo com o físico Paul Davies: "O vácuo não é inerte nem destituído de características, mas sim vivo e repleto de energia e vitalidade".[8]

Muita coisa mudou desde a simples crença de que os átomos da matéria eram minúsculos objetos sólidos que permanecem inalterados ao longo do tempo. De acordo com as teorias atuais, a própria matéria é um processo energético, e a massa depende de interações com campos que permeiam o vácuo.

Acontece que até mesmo a massa, a medida quantitativa da matéria, é profundamente misteriosa. Segundo o Modelo-Padrão da física de partículas, a massa de uma partícula como um elétron ou próton não é inerente à própria partícula, mas depende da sua interação com um campo denominado campo de Higgs, em homenagem a um dos físicos teóricos que o propuseram em 1964, Peter Higgs. Os físicos imaginam esse campo como uma piscina universal de melado que "gruda" nas partículas sem massa que percorrem esse campo, transformando-as em partículas com massa.[9] Assim, a massa de um elétron, por exemplo, surge por meio da sua interação com o campo de Higgs, interação essa que depende de partículas especiais de Higgs, chamadas bósons de Higgs, que são hipotéticas. Não há uma previsão consensual sobre sua massa, e até agora nenhum bóson de Higgs foi detectado, apesar dos milhões de euros gastos para identificá-los em um acelerador de partículas gigante, o Grande Colisor de Hádrons, no CERN (Centro Europeu de Pesquisas Nucleares), localizado perto de Genebra. Os autores de textos populares sobre ciência muitas vezes se referem ao bóson de Higgs como "partícula de Deus". Essas partículas e campos misteriosos afastaram a física da concepção newtoniana de matéria como composta de "partículas sólidas, compactas, duras, impenetráveis e móveis".

Conservação da energia

O que conhecemos agora como lei da conservação da energia só surgiu na década de 1850; na verdade, a própria palavra "energia", apesar de ter uma raiz grega, só passou a ser adotada pelos cientistas em meados do século XIX. Mas desde o início da ciência mecanicista, havia um precursor dessa lei na ideia de conservação do movimento ou da força. Assim como a conservação da matéria, a conservação do movimento ou da força baseava-se em argumentos filosóficos e teológicos, e não em observações experimentais.

Para Descartes, a fonte original de toda a matéria e movimento era Deus, e como Deus e sua criação eram imutáveis, a quantidade total de matéria e movimento não podia mudar. As partículas individuais podiam adquirir ou perder movimento ao colidir com outras partículas, mas a quantidade total de movimento não era afetada.[10] No início do século XIX, James Joule, que estabeleceu o equivalente mecânico do calor, também fez de Deus o abonador: "Os grandes agentes da natureza são, por obra do Criador, indestrutíveis;... qualquer que seja a força mecânica aplicada, obtém-se sempre um calor exatamente equivalente".[11] Michael Faraday também estava convencido de que os poderes de Deus não podiam ser criados nem destruídos sem algum equilíbrio compensatório. Ele escreveu: "A mais elevada lei da física que nossas faculdades nos permitem perceber é a Conservação da Força".[12]

Na primeira metade do século XIX, vários pesquisadores chegaram mais ou menos independentemente a esse princípio de conservação da energia,[13] que se tornou um dos grandes princípios unificadores da física, combinando ideias sobre energia cinética, energia potencial, calor, energia mecânica, energia química, luz, energia eletromagnética e a energia dos organismos vivos.[14] As formas de energia podiam mudar, mas a quantidade total permanecia a mesma. O princípio de conservação da energia foi incorporado à primeira lei da termodinâmica, que diz que a energia não pode ser criada nem destruída, mas apenas transformada de uma forma para outra.

Na visão de William Thomson, mais tarde Lord Kelvin, o *status* fundamental da energia devia-se à sua imutabilidade e convertibilidade, e também ao seu papel unificador de ligar todos os fenômenos físicos em uma rede de transformações de energia. Ele deu uma sanção teológica à energia e, em 1852, declarou que a energia não podia ser destruída, mas apenas transformada "pois certamente só o Poder Criativo pode criar ou aniquilar a energia mecânica".[15]

As ideias sobre conservação da matéria e energia desempenharam um papel essencial no desenvolvimento das equações da física. Por definição, uma equação exige que a quantidade total de matéria e energia antes de uma mudança seja igual à quantidade de matéria e energia depois da mudança. Na década de 1960, Richard Feynman disse o seguinte:

Existe um fato, ou se vocês preferirem, uma *lei* que rege todos os fenômenos naturais conhecidos até hoje. Não há exceção a essa lei; até onde sabemos, ela é exata. Essa lei é chamada de conservação da energia. Segundo ela, há uma certa quantidade, denominada energia, que não muda diante das inúmeras mudanças pelas quais a natureza passa. Essa é uma ideia bastante abstrata, uma vez que se trata de um princípio matemático. A lei diz que há uma quantidade numérica que não muda quando algo acontece. Não é a descrição de um mecanismo ou de algo concreto; é apenas estranho que possamos calcular um número e, quando terminamos de observar a natureza realizar seus truques e calculamos o número de novo, ele é o mesmo.[16]

Os princípios da conservação da matéria e energia foram reunidos por Albert Einstein em sua famosa equação $E = mc^2$, que mostra a equivalência entre massa (m), energia (E) e velocidade da luz (c). Por exemplo, a quantidade de energia liberada como radiação na explosão de uma bomba atômica é igual à quantidade de massa perdida pela bomba vezes o quadrado da velocidade da luz. Porém, a massa não é destruída ao ser convertida em energia radiante; a energia liberada pela bomba ainda tem massa, e essa massa é transferida para corpos que absorvem a radiação. Se a bomba perder um grama e toda a sua radiação for absorvida por outros corpos, estes ganharão coletivamente um grama. Na prática, a equação de Einstein quer dizer que a conservação da matéria tornou-se um aspecto da conservação de energia.

As equações da física sugerem que relações satisfatoriamente precisas estão por trás de todas as transformações da natureza. A conservação da matéria e da energia parece uma verdade matemática, embora a matéria não seja mais sólida e a massa dependa de partículas de Higgs não detectadas. Mas a ideia de que a quantidade total de matéria e energia é sempre a mesma enfrenta grandes problemas na cosmologia.

O surgimento da matéria a partir do nada

A teoria do Big Bang, originalmente denominada teoria do átomo primordial, foi proposta pela primeira vez pelo padre Georges Lemaître, em 1927. Essa teoria tornou-se ortodoxa no final da década de 1960.

A teoria do Big Bang indica que todas as equações foram violadas na singularidade primitiva do Big Bang. Se o universo surgiu do nada, não havia conservação de matéria e energia. Como disse Terence McKenna: "O que a ortodoxia ensina sobre o tempo é que o universo surgiu do nada em um único momento... É quase como se a ciência dissesse: 'Faça-me um milagre, e daí em diante tudo terá uma explicação causal perfeita'".[17] O milagre foi o surgimento repentino de toda a matéria e energia no universo, com todas as leis que o regem.

A história da criação do Big Bang pressupôs a criação de toda matéria e energia no início, assim como fez René Descartes, Robert Boyle, Isaac Newton e outros cientistas que queriam fazer com que a física fosse compatível com um ato de criação inicial por Deus. De fato, em 1951, mais de quinze anos antes que os físicos de modo geral aceitassem a teoria do Big Bang, o Papa Pio XII a saudou em um discurso para a Pontifícia Academia das Ciências do Vaticano.

Assim, tudo parece indicar que o universo material teve um pujante começo no tempo, dotado como estava de grandes reservas de energia, graças às quais, a princípio rapidamente e depois de maneira mais lenta, evoluiu para o seu estado atual... Na verdade, parece que a ciência atual, ao retroceder milhões de séculos, conseguiu testemunhar aquele "faça-se a luz" primordial pronunciado no momento em que, junto com a matéria, um mar de luz e radiação irrompeu do nada.[18]

A princípio, a teoria do Big Bang gerou polêmica, pois alguns astrônomos suspeitavam de suas implicações teológicas; na verdade, alguns se opunham a ela exatamente porque o Papa a aprovara. Um físico britânico afirmou que a teoria do Big Bang era parte de uma conspiração para apoiar o cristianismo: "O motivo subjacente, é claro, é colocar Deus como criador. Parece que essa é a oportunidade que a teologia cristã estava esperando desde que a ciência começou a remover a religião da mente dos homens sensatos no século XVII".[19] O astrônomo Fred Hoyle condenou a teoria do Big Bang como um modelo construído sobre alicerces judeu-cristãos[20] e propôs uma alternativa. Ele argumentou que havia um processo de criação contínua por meio do qual nova matéria e energia surgiam no universo à medida que este se expandia. O universo era eterno e infinito, e conforme as galáxias se afastavam uma das outras, surgiam novas galáxias no espaço criado entre elas. O universo estava se expandindo, porém permanecia em um estado estacionário por causa da criação contínua, que ocorria em consequência da atividade de um campo C hipotético, ou campo de criação, que tanto guiava a expansão do cosmos como gerava nova matéria.

A versão original da teoria do estado estacionário teve de ser abandonada porque previa a formação de novas galáxias nos espaços intergalácticos criados entre as velhas galáxias e, portanto, novas galáxias seriam distribuídas por todo o universo. Em contrapartida, a teoria do Big Bang previa que jovens galáxias eram formadas relativamente cedo na história do universo e, portanto, só seriam encontradas a uma grande distância, bilhões de anos-luz no passado. No início da década de 1960, evidências reunidas pelo radioastrônomo britânico Martin Ryle mostravam que as jovens galáxias estavam realmente distantes, favorecendo a teoria do Big Bang. Um dos proponentes da teoria, George Gamow, escreveu um poema para comemorar:

"Seus anos de labuta"
Disse Ryle a Hoyle
"São anos perdidos, acredite-me,
O Estado Estacionário
Está ultrapassado
A menos que meus olhos me traiam."[21]

Outra descoberta feita por um radioastrônomo, em 1963, parecia fornecer outras evidências a favor da teoria do Big Bang. Maartin Schmidt, astrônomo holandês, estava estudando uma fonte de rádio extremamente energética que, a princípio, achou tratar-se de uma estrela na nossa própria galáxia. Mas o objeto apresentava um grande desvio para o vermelho: a radiação emitida por ele era muito mais vermelha do que se esperaria se estivesse próximo. Objetos distantes apresentam desvios maiores para o vermelho, ou, em outras palavras, maior comprimento de onda de luz que objetos próximos, por causa da expansão do universo. Desvios para o vermelho são produzidos pelo efeito Doppler: as ondas ficam mais longas quando sua fonte está se afastando, da mesma maneira que as ondas sonoras de uma sirene ficam mais longas quando uma viatura policial se afasta; o som diminui. Quanto mais distantes estão as galáxias, mais rápido elas se afastam e mais vermelhas parecem. O grande desvio para o vermelho da fonte de rádio de Schmidt indicava que esse objeto estava se afastando muito rapidamente de nós. Na verdade, esse era o maior desvio para o vermelho já detectado, indicando que estava há mais de um bilhão de anos-luz de distância. Portanto, essa fonte de rádio quase estelar, ou quasar, tem de ser uma galáxia com um brilho sem precedentes, centenas de vezes mais brilhante que qualquer outra de que se tem conhecimento.

Logo foram descobertos mais quasares, todos com grandes desvios para o vermelho e, portanto, pareciam estar bastante distantes. Se o universo estivesse em um estado estacionário, deveria haver também quasares mais próximos, fontes intensas de ondas de rádio com pequenos desvios para o vermelho. Mas os quasares pareciam estar a grandes distâncias do universo.

A descoberta da radiação cósmica de fundo em micro-ondas (RCFM), em 1965, considerada um tipo de eco ou brilho residual do Big Bang, parecia encerrar a questão. Stephen Hawking descreveu essa descoberta como "o tiro de misericórdia na teoria do estado estacionário". A teoria do Big Bang tornou-se a nova ortodoxia. No estilo simplista de história preferido por muitos cientistas, a teoria do Big Bang foi vitoriosa; o estado estacionário foi derrotado.

Matéria escura

Na década de 1930, o astrofísico suíço Fritz Zwicky estudava o movimento das galáxias em aglomerados galácticos quando percebeu que a gravidade normal não seria capaz de manter unidos esses aglomerados. As galáxias atraíam-se fortemente umas às outras. A força que as mantinha coesas parecia ser centenas de vezes maior do que poderia ser explicado pela força gravitacional exercida pela matéria visível.[22]

Depois de serem ignorados por décadas, os resultados de Zwicky foram novamente levados a sério quando ficou evidente que as órbitas das estrelas dentro das galáxias não podiam ser explicadas pela atração gravitacional dos tipos de matérias conhecidas. Uma força enorme estava sendo exercida sobre as estrelas. Os astrônomos mapearam as influências gravitacionais e descobriram que as fontes evidentes de gravitação não correspondiam à conhecida estrutura discoide das galáxias. Em vez disso, havia uma distribuição mais ou menos esférica de matéria, que eles denominaram matéria escura, que ia muito além das bordas das galáxias luminosas, formando vastos halos que se estendiam até o espaço intergaláctico.[23]

A matéria escura ajuda a explicar as estruturas das galáxias e as relações entre elas dentro do aglomerado, mas a um alto preço: ninguém sabe o que é. Existem várias teorias para tentar explicá-la, como grandes números de buracos negros não observados, outros objetos maciços não observados ou enormes quantidades de partículas não detectadas chamadas WIMPS (partículas maciças de interação fraca).

Alguns físicos acreditam que podem livrar-se totalmente da matéria escura modificando as leis da gravitação.[24] Se eles estiverem certos, então a quantidade total de matéria reconhecida pelos físicos diminuirá drasticamente.

Energia escura

Em meados da década de 1990, os problemas dos cosmólogos se agravaram. Observações detalhadas de supernovas distantes — estrelas que explodem em galáxias longínquas — mostraram que o universo estava em expansão acelerada. As forças gravitacionais deveriam estar tornando essa expansão mais lenta. Então, alguma outra coisa devia ser responsável pelo crescimento acelerado. Os físicos foram forçados a concluir que deveria haver uma força antigravitacional, chamada energia escura, que eles imaginavam como uma "pressão negativa" do espaço vazio ou um campo invisível que permeava o universo.

Em 2010, acreditava-se que apenas 4% do universo era formado por matéria e energia conhecidas, como átomos, estrelas, galáxias, nuvens de gás, planetas e radiação eletromagnética.[25] Muito longe de oferecer uma explicação satisfatória para o universo, a física moderna afirma que compreendemos menos de um vigésimo dele. Além disso, parte da matéria escura pode ser convertida em formas comuns de energia. Em 2010, observações dos centros da nossa galáxia mostraram que estavam sendo emitidos mais raios gama do que seria justificado pelas fontes conhecidas, o que levou alguns físicos a afirmar que a matéria escura estava sendo aniquilada, dando origem a tipos comuns de energia.[26]

À luz da cosmologia moderna, como alguém pode ter certeza de que a quantidade total de matéria e energia foi sempre a mesma? Como acabamos de ver, os tipos comuns de matéria e energia que devem estar sujeitas às leis da conservação representam apenas uma pequena fração da quantidade total de matéria e energia. A maior parte do universo é composta de matéria escura e energia escura hipotéticas, cuja relação entre si e com os tipos conhecidos de matéria e energia é um mistério. Mas a história fica ainda mais complicada. A quantidade de energia escura pode estar aumentando.

Movimento perpétuo e a segunda lei da termodinâmica

Desde o comecinho da ciência moderna, houve uma negação da existência das máquinas de movimento perpétuo, ou moto-contínuo, por questão de princípio. Galileu declarou que essas máquinas não podiam existir, e a maioria dos outros fundadores da física fez o mesmo.[27] No século XIX, Rudolf Clausius reformulou essa proibição na segunda lei da termodinâmica, segundo a qual o calor não pode fluir espontaneamente de um corpo de temperatura menor para um outro de temperatura mais alta. Em outras palavras, o calor não flui "morro acima", a não ser ajudado por um gasto de energia.[28]

A termodinâmica surgiu com o estudo dos motores a vapor e era dirigida para o calor, como o nome "termodinâmica" sugere. Mas a segunda lei logo foi generalizada para outras formas de energia. De um modo geral, essa lei traça um quadro da energia que flui "morro abaixo", isto é, de uma temperatura mais alta para uma mais baixa, assim como a água que move uma roda d'água flui "morro abaixo". Num moinho de água, o volume total de água permanece o mesmo, apesar da perda de capacidade de mover a roda quando a água desce. Além disso, apenas parte da energia cedida pela água que passa ao mover a roda é convertida em trabalho útil. Outra parte da energia perde-se no atrito e no calor; nenhuma máquina é 100% eficiente.

Do ponto de vista da termodinâmica, máquinas são dispositivos que convertem energia, e apenas parte da energia pode ser convertida em trabalho. O restante se perde, é dissipado na forma de calor. Essa energia perdida que não pode realizar trabalho é medida em termos de *entropia*. Em outras palavras, entropia é a medida da quantidade de energia que não está disponível para realizar trabalho útil em uma máquina ou em qualquer outro processo termodinâmico. Em termos mais abstratos, a segunda lei da termodinâmica afirma que processos naturais espontâneos produzem um aumento da entropia. Ou, reiterando, a entropia de um sistema fechado sempre aumenta ou permanece constante: não diminui. Esse aumento da entropia fornece uma seta do tempo e indica que processos espontâneos estão sempre fluindo morro abaixo do ponto de vista da termodinâmica.

Quando foi generalizada para todo o universo, a segunda lei da termodinâmica insinuava que o universo era como uma máquina que estava ficando sem vapor. A entropia continuaria a aumentar até que o universo congelasse para sempre, o estado descrito por William Thomson, em 1852, como "um estado de repouso e morte universal".[29] A morte térmica do universo era o conceito que sustentava a visão de Bertrand Russell "dos escombros de um universo em ruínas".[30]

Em contrapartida, a biologia evolutiva mostrava que a vida evoluía para uma complexidade cada vez maior. As setas do tempo na biologia e na física estavam apontando para direções opostas. A princípio, essa aparente discordância foi explicada em termos de diferentes escalas temporais. A evolução biológica era um fenômeno temporário na Terra, mas, assim como a própria Terra, estava fadada a desaparecer. Mas a especulação sobre a morte térmica esmoreceu quando a teoria do Big Bang tornou-se ortodoxa na década de 1960. A própria cosmologia tornou-se evolutiva: o universo começou bem pequeno e muito quente, com pouca ou sem nenhuma estrutura. À medida que cresceu e resfriou, surgiram formas de organização cada vez mais complexas. No entanto, alguns modelos cosmológicos sugeriam que esse universo em evolução e expansão ainda desapareceria: a gravidade, amplificada pela presença de matéria escura, faria com que a expansão do universo se tornasse mais lenta, parasse e, em seguida, desse lugar a uma contração cósmica cada vez mais acelerada, que terminaria em uma inversão do Big Bang, o Grande Esmagamento ("Big Crunch"). O antigo pessimismo cósmico baseado na teoria da morte térmica foi substituído por um novo tipo de pessimismo.

No final da década de 1990, a teoria do Grande Esmagamento foi substituída por uma nova visão de expansão cósmica contínua movida pela energia escura. Pelo atual consenso, a energia escura fornece a força motriz para a expansão do universo, contrapondo-se à força gravitacional que, de outra forma, faria com que ele se contraísse. Na maioria dos modelos teóricos, presume-se que a densidade da energia escura no universo permaneça constante; em outras palavras, a quantidade de energia escura em um volume físico fixo permanece o mesmo. Mas o universo está se expandindo; seu volume está aumentando. Logo, a quantidade total de energia escura no universo está aumentando.[31] A quantidade total de energia *não* é sempre a mesma. Longe de estar ficando sem vapor, hoje o universo é comparado a uma máquina de movimento perpétuo, que está se expandindo por causa da energia escura e, ao mesmo tempo, criando mais energia escura ao se expandir.

De acordo com o modelo preferido atualmente pela maioria dos cosmólogos, a energia escura é uniforme em todo o cosmos, mas alguns modelos de energia escura propõem que ela surge de um campo de "quintessência" que varia de lugar para lugar e de época para época. O termo "quintessência", que significa "quinto elemento", vem de um antigo termo grego para éter, que se acreditava permear o universo. A quintessência interage com a matéria e muda à medida que o universo cresce. Também pode transformar-se em novas formas de matéria quente ou radiação, dando origem a nova matéria e energia.[32] Embora os detalhes sejam diferentes, a criação de nova matéria e energia a partir do campo de quintessência lembra a teoria de Hoyle da criação contínua de matéria e energia a partir de um "campo de criação".

Nesse contexto, as leis de conservação da matéria e energia parecem mais regras de contabilidade do que princípios cósmicos definitivos, que funcionam razoavelmente bem para a maioria dos propósitos práticos nos domínios da física e química terrestres, onde possibilidades exóticas como quintessência e criação de energia escura podem ser ignoradas. Na biologia, o princípio de conservação da energia também é uma pressuposição operacional útil, mas pode ter ocultado algumas falhas fundamentais, como analiso mais adiante. Mesmo em sistemas físicos na Terra, pode haver processos de conversão de energia que até agora permaneceram fora do escopo da ciência, mas que podem ter importância prática para novas tecnologias.

Tecnologias de energia alternativa

Os dogmas científicos criam tabus e, consequentemente, áreas inteiras de pesquisa e questionamento são excluídas da ciência tradicional e das fontes regulares de financiamento. O resultado é uma ciência "marginal" mantida fora dos limites da ortodoxia pelo ceticismo automático. Como vimos, um dos mais velhos e mais fortes tabus na ciência é contra as máquinas de movimento perpétuo, e esse tabu se estende para quase todos os tipos de dispositivos que geram energia não convencional.

Muitas pessoas alegam ter construído dispositivos que produzem energia "livre" usando meios não convencionais. Mas, em geral, não dizem que inventaram máquinas de movimento perpétuo. Em vez disso, afirmam que seus dispositivos utilizam fontes de energia geralmente inexploradas. Assim como os dispositivos de energia eólica e solar usam formas de energia livremente disponíveis, algumas pessoas alegam ter construído dispositivos que usam energia do ponto zero ou campo de vácuo quântico, explorando reservas ilimitadas de força livre, enquanto outras alegam ter descoberto novas maneiras de usar as forças eletromagnéticas. Uma busca na Internet por dispositivos que fornecessem mais energia do que recebem leva a uma enorme variedade de alegações e procedimentos. Os céticos alegam que todos esses dispositivos são inviáveis e/ou fraudes, e pode ser que alguns proponentes de dispositivos de "energia livre" sejam realmente impostores. Mas como podemos ter certeza de que todos eles são?

Será que algum desses dispositivos realmente funciona? E se funciona, por que ainda não atraiu o interesse de empresários e não foi comercializado? Uma das respostas é que é difícil propor um dispositivo capaz de derrubar o tabu do movimento perpétuo. Se um potencial inventor pedir aconselhamento científico, provavelmente ouvirá que o dispositivo é inviável e que seria um desperdício de dinheiro. Mas talvez alguns desses dispositivos realmente funcionem e realmente possam utilizar novas fontes de energia.

Essa é uma área em que a melhor abordagem pode ser oferecer um prêmio. Na história da ciência e tecnologia, prêmios estimularam várias inovações importantes e também permitiram que os inventores atraíssem publicidade para suas realizações. Um dos primeiros exemplos foi o Prêmio da Longitude, criado pelo governo britânico em 1714 para incentivar o desenvolvimento de um método preciso para determinar a longitude no mar.[33] Outro exemplo é o Gossamer Condor, primeiro aeroplano movido a força humana capaz de fazer um voo sustentado, que ganhou o Prêmio Kremer em 1977. Esse prêmio foi criado por Harry Kremer, industrial inglês que ofereceu 50 mil libras para o primeiro grupo a voar em uma aeronave movida a propulsão humana. A aeronave tinha de completar um percurso em forma de oito perfazendo uma milha. O desenho do Gossamer Condor foi inspirado na asa-delta feita de novos materiais leves e era propelido por um ciclista amador. Mais tarde, seus inventores construíram o Gossamer Albatross, que voou 22 milhas sobre o Canal da Mancha, ganhando o segundo Prêmio Kremer, em 1979.

Os exemplos atuais de desafios incentivados incluem o Prêmio de 10 milhões concedido pela X Prize Foundation "para o desenvolvimento de avanços radicais em benefício da humanidade, inspirando, assim, a criação de novas indústrias, gerando empregos e revitalizando os mercados".[34]

Um prêmio para a máquina de "movimento perpétuo" mais eficiente poderia mudar radicalmente a situação das pesquisas sobre energia. Em testes justos, realizados com espírito aberto e investigativo, algumas máquinas podem realmente produzir mais energia do que recebem de fontes convencionais. Ou talvez a competição revele que esse tipo de máquina não existe. Nesse caso, ninguém ganharia o prêmio, dando aos cientistas conservadores o prazer de dizer "Eu não disse?".

Conservação da energia em organismos vivos

Até o surgimento de algumas teorias da cosmologia moderna, a conservação da energia não era objeto de controvérsia na física. Mas na biologia a situação não era — e ainda não é — tão clara.

A partir do século XVII, os adeptos da filosofia mecanicista afirmavam que os organismos vivos eram máquinas. Os vitalistas discordavam. Esse debate teve um papel importante no surgimento da teoria da conservação da energia, especialmente no trabalho de Hermann von Helmholtz (1821-1894). Embora geralmente seja lembrado como um proeminente físico alemão, ele era médico do exército prussiano; suas primeiras pesquisas foram na área de fisiologia. Quando estudava em Berlim, a doutrina vitalista imperava, ensinando que os organismos vivos dependiam de uma "força vital", além de alimento, ar e água. Helmholtz era um adepto fervoroso da teoria mecanicista da vida, e tomou como missão livrar a biologia do vitalismo. A princípio, tentou refutar a existência da força vital por meio de experiências, estudando o calor gerado nos músculos das pernas da rã quando eram estimuladas a se contrair por impulsos elétricos. Mas era difícil obter resultados precisos; por isso, quando não conseguiu provar experimentalmente, ele adotou uma abordagem teórica. Helmholtz afirmou, com bases filosóficas, que as máquinas de movimento perpétuo eram inviáveis. Depois, pressupondo que os organismos vivos eram realmente máquinas, concluiu que as "forças vitais" não existiam. Em 1847, com apenas 26 anos de idade, publicou um trabalho intitulado "On the Conservation of Force", que unificava ideias sobre a conservação da força em organismos vivos, na física e nas máquinas.[35]

As ideias de Helmholtz foram um importante ingrediente para o consenso sobre conservação da energia obtido na década de 1850. Os organismos vivos eram máquinas como tudo o mais e obedeciam às mesmas leis, às quais era acrescentada a lei da conservação da energia. Daí em diante, essa pressuposição foi tratada como fato estabelecido. De fato, como ressaltou o matemático Henri Poincaré, é exatamente a generalidade das leis da conservação da matéria e energia que faz com que elas "não sejam mais passíveis de verificação."[36] Qualquer evidência contra elas poderia ser descartada como incorreta ou fraudulenta, ou então explicada invocando-se novas formas de matéria ou energia até agora não observadas.

É possível testar a conservação da energia?

Helmholtz logo abandonou suas tentativas de provar a conservação da energia em pernas de rãs. Outras tentativas iniciais de medir a produção de calor comparada com a energia liberada pela respiração apresentaram graves discrepâncias, pois era produzido 20% a mais de calor que o esperado,[37] mas os métodos empregados eram grosseiros e imprecisos. Só na década de 1890 é que o equilíbrio energético de um animal foi rigorosamente medido, muito tempo depois que se presumiu que as leis da conservação aplicavam-se aos organismos vivos.

Max Rubner, que trabalhava em Berlim, manteve durante cinco semanas um cão em uma câmara especialmente construída, chamada calorímetro respiratório. Ele media o teor de substância e energia dos alimentos ingeridos pelo animal e analisava sua urina, suas fezes, sua produção de dióxido de carbono e produção de calor. Rubner descobriu que a perda de calor do corpo do animal era equivalente aos cálculos da quantidade de alimento oxidado, com 99,7% de precisão.[38] Isso era exatamente o que os materialistas queriam ouvir, e o resultado foi considerado "a sentença de morte do vitalismo".[39]

Nos Estados Unidos, no início do século XX, Wilbur Atwater e Francis Benedict fizeram estudos semelhantes com pessoas que usavam calorímetros respiratórios para "demonstrar que o homem estava sujeito às mesmas leis que regem as reações inanimadas".[40] Assim como Rubner, os pesquisadores americanos calcularam a quantidade de energia que deveria ser liberada pela quantidade de alimento oxidado e a compararam com o consumo energético em termos de produção de calor mais trabalho. A média de todos os experimentos produzia uma concordância quase perfeita entre as medidas e os cálculos, assim como os pesquisadores esperavam.[41] Esse resultado foi tão convincente que durante mais de 65 anos não foi contestado.[42]

No entanto, vários outros pesquisadores não conseguiram reproduzir os resultados esperados, e em um simpósio sobre calorimetria clínica patrocinado pela Associação Médica Americana, em 1921, uma queixa comum era de que "pessoas inexperientes estavam usando os dispositivos e obtendo resultados imprecisos".[43] Esse comentário salienta um problema generalizado nas pesquisas científicas. Os resultados que estão de acordo com as expectativas são prontamente aceitos, enquanto aqueles que não estão de acordo são considerados deficientes e, consequentemente, descartados. E alguns experimentos realmente são deficientes — inclusive alguns que produzem os resultados esperados. Os cientistas, assim como a maioria das outras pessoas, aceitam muito mais prontamente as evidências que concordam com suas crenças do que as que contradizem. Essa é uma das razões pelas quais ortodoxias tradicionais na ciência continuam sendo ortodoxias.

No final de década de 1970, Paul Webb pesquisou novamente o equilíbrio energético humano em seu laboratório em Ohio, Estados Unidos, e obteve resultados surpreendentes. Os números simplesmente não batiam, sobretudo quando os sujeitos tinham uma ingestão alimentar excessiva ou insuficiente. Ele analisou novamente os dados da pesquisa de Atwater e Benedict e descobriu que alguns de seus experimentos mostravam graves discrepâncias em condições de exercício vigoroso ou ingestão alimentar insuficiente. Os resultados quase perfeitos de Atwater e Benedict haviam sido obtidos calculando-se a média dos dados em caso de consumo muito elevado ou muito baixo de energia. Webb também encontrou discrepâncias intrigantes em outros estudos realizados anteriormente. Ele concluiu que "Quanto mais cuidadoso o estudo, maiores são as evidências de energia que não foi levada em conta".[44]

Em seu próprio experimento, Webb fez um registro cuidadoso dos alimentos ingeridos por um período de três semanas, assim como das alterações no peso corporal, da produção de calor e em outras formas de gasto energético. Além disso, mediu as taxas de consumo de oxigênio e produção de dióxido de carbono. Webb descobriu que a quantidade de energia usada era maior do que ele podia explicar. Ele não questionou a lei da conservação da energia, mas, sim, sugeriu que havia um tipo de energia ainda não identificada, a que deu o nome de X. Considerando todos os estudos, o valor de X representava, em média, 27% do gasto metabólico total; em outras palavras, mais de um quarto da energia não era computado. Estudos subsequentes revelaram outras discrepâncias no equilíbrio energético de pessoas que estavam ganhando ou perdendo peso, bem como em gestantes e crianças em fase de crescimento.[45]

Ninguém parecia preocupado com os problemas revelados pelas pesquisas de Webb. A conservação da energia não era uma questão de evidências, mas um artigo de fé.

Entretanto, um vitalista moderno poderia afirmar que há uma força vital em ação nos organismos vivos, além das formas comuns de energia conhecidas pelos físicos. Um iogue poderia falar em termos de *prana* e um acupunturista, em termos de *chi*. Será que os dados existentes descartam qualquer tipo de energia ainda desconhecida pelos físicos? A atual ciência da nutrição é tão precisa que pode explicar cada detalhe da atividade energética nos animais e seres humanos? A resposta é "não". No futuro, pesquisas criteriosas e precisas poderão confirmar o dogma ortodoxo, mas atualmente trata-se de uma pressuposição, e não de um fato. Embora a maioria das pessoas não perceba, há uma grande possibilidade de que os organismos vivos usem outras formas de energia desconhecidas pela física e química tradicionais.

Um ponto de partida fácil para as pesquisas seria descobrir como algumas pessoas e alguns animais sobrevivem apesar de ingerirem uma quantidade muito pequena de alimentos. Sabe-se que comer muito menos do que o habitual pode ter efeitos benéficos, uma ingestão reduzida de calorias, ou "restrição calórica", melhora a saúde, retarda o processo de envelhecimento e aumenta a expectativa de vida em uma grande variedade de espécies, como leveduras, nematelmintos, moscas-das-frutas, peixes, roedores, cães e seres humanos.

Inédia

Um desafio muito maior é apresentado por histórias recorrentes de pessoas que aparentemente conseguem viver durante meses ou anos sem comer. Esse fenômeno é conhecido como *inédia* (jejum). Obviamente, essas histórias contrariam o bom senso: todo mundo sabe que seres humanos e animais precisam de alimento para permanecer vivos.

A primeira vez que ouvi falar nesse fenômeno foi quando minha mulher e eu fomos a Jodhpur, no Rajastão, Índia, em 1984. Um amigo indiano nos levou para visitar uma mulher santa local, chamada Satimata, no vilarejo de Bala. Disseram-nos que, quando o marido dela morreu, em 1943, ela tinha por volta de 40 anos de idade. Satimata quis se imolar na fogueira funerária do marido, de acordo com a tradição indiana do *sati*, mas foi impedida. Fez, então, um voto de nunca mais comer. Quando a conhecemos, devia fazer aproximadamente 43 anos que ela não comia nem bebia, e também não defecava nem urinava. No entanto, parecia uma mulher idosa normal, fora o fato de estar rodeada de devotos. Naquela ocasião, ela estava gripada e teve de assoar o nariz várias vezes. Portanto, parecia estar desafiando não apenas a lei da conservação da energia, mas também a lei da conservação da matéria, produzindo muco sem ingerir alimento nem água.

É claro que achei que ela devia estar comendo e bebendo escondido. Porém, seus devotos garantiram que ela era autêntica. Alguns a conheciam havia anos, tinham até mesmo morado com ela e, portanto, tiveram oportunidade de ver se ela comia escondido. De duas uma, ou eles faziam parte de uma conspiração ou ela era mestre na arte de enganar. Meu ceticismo foi um reflexo mental imediato. Mas, quando a conheci e conversei com pessoas que a conheciam, não me pareceu uma charlatã, mas sim uma mulher de fé religiosa sincera. Mais tarde descobri que ela não era a única: outras pessoas santas na Índia, homens e mulheres, viveram supostamente sem comer durante anos. Algumas tinham sido denunciadas como fraude, mas outras foram investigadas por equipes médicas que não encontraram indícios de que elas comessem escondido.

Na Índia, a explicação mais frequente para a capacidade de viver sem comer é que a energia é oriunda da luz do sol ou da respiração, e em particular de *prana*, força vital da respiração. É por isso que algumas pessoas que dizem viver com pouco alimento ou sem se alimentar denominam-se "respiratorianas" (*breatharians*). Curiosamente, a teoria de *prana* em si não desafia o princípio da conservação da energia; ela afirma que algumas pessoas podem retirar toda a sua energia de outra fonte que não sejam os alimentos.

Em 2010, uma equipe do Indian Defense Institute of Physiology and Allied Sciences (DIPAS) analisou um iogue de 83 anos de idade chamado Prahlad Jani, que morava na cidade de Anbaji, em Gujarat. Seus devotos afirmavam que ele não comia havia 70 anos. No estudo realizado pelo DIPAS, ele foi mantido por duas semanas em um hospital sob observação permanente e monitorado por um sistema de circuito fechado de televisão. O iogue tomou vários banhos e fez gargarejos, mas a equipe médica confirmou que ele não comeu nem bebeu nada, tampouco urinou ou defecou. Uma investigação anterior, em 2003, chegou ao mesmo resultado. O diretor do DIPAS disse: "Quando alguém começa a jejuar, ocorrem alterações em seu metabolismo, mas no caso dele não encontramos nenhuma".[46] Esse é um ponto importante, pois sobreviver a um jejum de duas semanas, por si só, não é particularmente impressionante. A maioria das pessoas conseguiria, mas apresentaria alterações fisiológicas observáveis.

No Ocidente, também há muitos relatos de pessoas que ficam longos períodos sem comer, inclusive homens e mulheres santos, como Santa Catarina de Sena (falecida em 1380), Santa Lidwina (falecida em 1433), que diziam ter ficado sem comer durante 28 anos; São Nicolau de Flüe (falecido em 1487), 19 anos; e a Venerável Domenica dal Paradiso (falecida em 1553), 20 anos. No século XIX, diziam que duas mulheres santas não comeram nada durante 12 anos, exceto a hóstia sagrada na comunhão: Domenica Lazzari (falecida em 1848) e Louise Lateau (falecida em 1883).[47] Ainda no século XIX, houve também um fenômeno disseminado de "moças que jejuavam" na Europa e nos Estados Unidos. Algumas provavelmente eram anoréxicas, outras foram consideradas impostoras; mas há casos bem documentados de moças que ficaram sem comer durante anos.

Herbert Thurston, jesuíta e intelectual, documentou esse fascinante fenômeno em seu estudo clássico *The Physical Phenomena of Mysticism* (1952). Ele salientou que nem todos os casos de inédia ocorreram em pessoas particularmente espiritualizadas. Por exemplo, Janet McLeod, uma moça escocesa, aparentemente não comia há anos. Ela foi minuciosamente investigada, e seu caso foi relatado na revista científica *Philosophical Transactions of the Royal Society* em 1767. Essa jovem estava gravemente enferma, e não santificada.

No século XVIII, o Papa Bento XIV pediu que os professores de medicina da Universidade de Bolonha investigassem casos de inédia. Em seu relatório, apesar de reconhecerem plenamente a probabilidade de embuste, credulidade e erro de observação, os médicos sustentaram que "se poderia razoavelmente pressupor a veracidade de alguns exemplos bem atestados de longa abstinência alimentar, embora sem nenhuma causa sobrenatural".[48] Assim como no caso de Janet McLeod, alguns desses casos pareciam ser consequência de doenças.

O exemplo mais bem documentado no século XX foi o da mística bávara Teresa Neumann (1898-1962). Em 1922, ela parou de ingerir alimentos sólidos. Às sextas-feiras, tinha visões da Paixão de Cristo e, assim como outros místicos católicos romanos, tinha chagas nas mãos e nos pés, conhecidas como estigmas, que sangravam abundantemente. A natureza extraordinária do seu prolongado jejum, bem como dos estigmas, atraiu bastante a atenção popular. O bispo de Regensburg, então, nomeou uma comissão para investigar o caso, chefiada por um médico respeitado. Teresa foi rigorosamente observada durante duas semanas por uma equipe de enfermeiras. Por meio de um revezamento em turnos, havia sempre duas enfermeiras de plantão, que nunca perdiam Teresa de vista. A observação de mais de quinze dias comprovou, para satisfação de todas aquelas pessoas livres de preconceito que, durante aquele período, ela não comeu nem bebeu. O mais impressionante é que a acentuada perda de peso que ocorria durante os êxtases de sexta-feira (devido ao sangramento dos estigmas) era sempre recuperada em dois ou três dias.[49]

Mas, como Thurston reconheceu, nenhuma evidência alteraria a opinião de céticos renitentes, que declararam que ela era "uma reles impostora". Depois de analisar muitos casos religiosos e não religiosos, ele concluiu:

> Somos forçados a admitir que um grande número de pessoas, em cujos casos não se pode pressupor a ocorrência de intervenção milagrosa, viveram durante anos com uma quantidade insignificante de alimentos que pode ser medida em gramas; em vista dessas evidências, somos forçados a admitir que a conclusão do Papa Bento XIV está correta, ou seja, de que não se pode afirmar com segurança que a mera continuação da vida, sem comida nem bebida, possa ser devida a causas sobrenaturais.[50]

Se um papa e um eminente jesuíta intelectual preferem uma explicação natural, em vez de sobrenatural, o que seria? Nunca descobriremos adotando uma posição de ceticismo dogmático e fazendo de conta que o fenômeno não existe.

Um ponto de partida para as pesquisas seria descobrir em que outros lugares do mundo ocorrem casos de inédia: parece pouco provável que esteja confinada à Índia e ao Ocidente. E, se ocorrer em algum outro lugar, é mais frequente em mulheres do que em homens, como parece ser o caso na Europa?

Qual é a relação da inédia com a fisiologia da hibernação em animais?

Qual é a relação de inédia com "restrição calórica"?

Todas essas perguntas ampliariam sobremaneira o escopo da ciência da nutrição, fato de importância prática cada vez maior. Cerca de um bilhão de pessoas são classificadas como desnutridas, enquanto mais de um bilhão estão acima do peso ou são obesas. Há uma grande variedade de métodos de dieta e nenhum consenso científico claro a respeito de qual funciona melhor.

O fato de incluir a inédia no campo da ciência, em vez de mantê-la fora dos seus limites, pode nos fazer aprender algo importante. Ao tratar as leis da conservação da matéria e da energia como hipóteses que podem ser testadas, e não como verdades reveladas, as disciplinas de fisiologia e nutrição ficariam mais, e não menos, científicas.

Muitas pessoas acreditam que ficará comprovado que todos os casos de inédia são fraudes ou têm outra explicação convencional. Talvez elas estejam certas. Se estiverem, as pressuposições convencionais serão fortalecidas por novas evidências. Mas se estiverem erradas, aprenderemos algo novo que poderá levantar questões ainda mais importantes que extrapolam as ciências biológicas. Será que se trata de novas formas de energia que não foram identificadas pela ciência atual? Ou será que a energia no campo do ponto zero, que *é* reconhecida pela ciência, pode ser utilizada pelos organismos vivos?

Que diferença isso faz?

A ideia de matéria como princípio passivo da natureza e energia ou força como princípio ativo é fundamental para a ciência. É também uma concepção milenar de tradições religiosas. O princípio ativo é a respiração ou o espírito. Talvez realmente exista um espírito livre e criativo que flui por toda a natureza, inclusive a energia escura ou quintessência por meio da qual o cosmos está crescendo. Nossa respiração é parte desse fluxo universal. Nós mecanizamos o fluxo de energia por intermédio de moinhos de vento, rodas d'água, máquinas a vapor, motores e circuitos elétricos, mas, fora as máquinas construídas pelo homem, o fluxo é mais livre. Talvez o equilíbrio energético nas galáxias, estrelas, planetas, animais e plantas não seja sempre exato. Talvez a energia não seja sempre exatamente conservada. E talvez nova matéria e nova energia possam surgir da quintessência, mais em certos períodos e certos lugares do que em outros.

Pode ser que o fluxo de energia dos organismos vivos não dependa apenas do teor calórico dos alimentos e da fisiologia da digestão e da respiração. Talvez dependa também da maneira como o organismo está ligado a um maior fluxo de energia em toda a natureza. Termos como espírito, *prana* e *chi* podem referir-se a um tipo de energia que a ciência mecanicista não identificou, mas que se revelaria quantitativamente por meio de discrepâncias em estudos calorimétricos. Se essa forma de energia existir, qual é a sua relação com os princípios da física, inclusive com o campo do ponto zero? A fisiologia pode estar seriamente incompleta e pode haver muito o que aprender com sistemas de cura não mecanicistas, como os dos xamãs, curandeiros e praticantes de ioga, aiurveda e acupuntura.

Enquanto isso, a física moderna revela vastos reservatórios invisíveis de matéria escura e energia escura, e o campo de vácuo quântico está repleto de energia, interagindo com tudo o que acontece. Talvez parte dessa energia possa ser aproveitada por novas tecnologias energéticas, com amplas consequências econômicas e sociais.

Perguntas para os materialistas

A sua crença na conservação da matéria e energia é uma pressuposição ou baseia-se em evidências? Nesse caso, quais são as evidências?

Você acha que a matéria escura é conservada?

Você consegue aceitar a ideia de que pode haver uma criação contínua de energia escura à medida que o universo se expande?

Se há uma vasta quantidade de energia no campo de vácuo quântico, você acha que seremos capazes de utilizá-la?

RESUMO

No Big Bang, toda a matéria e energia do universo de repente surgiram do nada. A cosmologia moderna supõe que a matéria escura e a energia escura representem 96% de realidade. Ninguém sabe o que a matéria escura e a energia escura são, como agem ou como interagem com formas conhecidas de matéria e energia. A quantidade de energia escura parece estar aumentando à medida que o universo se expande, e o "campo de quintessência" pode dar origem a nova matéria e energia, mais em alguns lugares do que em outros. As evidências a favor da conservação de energia nos organismos vivos são fracas, e existem várias anomalias, como a evidente capacidade que algumas pessoas têm de ficar sem comer por longos períodos, o que indica a existência de novas formas de energia. Todos os processos quânticos devem ser mediados pelo campo de vácuo quântico, também conhecido como campo do ponto zero, que não é vazio, mas repleto de energia e dá origem continuamente a fótons e partículas de matéria virtuais. Será que essa energia pode ser utilizada em novas tecnologias?

3

As leis da natureza são fixas?

A maioria dos cientistas tem como certo que as leis da natureza são fixas. Elas sempre foram as mesmas de hoje e serão sempre as mesmas.

Obviamente essa é uma pressuposição teórica, e não uma observação empírica. Com base em duzentos ou trezentos anos de pesquisas feitas na Terra, como podemos ter certeza de que as leis sempre foram e sempre serão as mesmas em qualquer lugar?

Na maior parte da história da ciência, a ideia de leis eternas da natureza fazia sentido. Ou o universo era eterno e não precisou que um Deus o criasse ou então havia sido feito por Deus e permanecido inalterado, o que era garantido pela eternidade de Deus. Mas em um cosmos em evolução a teoria de leis fixas faz sentido? Todas as leis da natureza já existiam no momento do Big Bang, como uma espécie de código napoleônico cósmico? Se todas as outras coisas evoluem, por que as leis na natureza não evoluem junto com a natureza?

Assim que começamos a questioná-las, as leis eternas tornam-se problemáticas, por duas razões principais. Em primeiro lugar, a própria ideia de uma *lei* da natureza é antropocêntrica. Só os seres humanos têm leis. Para os fundadores da ciência moderna a metáfora da lei era apropriada, pois eles concebiam Deus como uma espécie de imperador cósmico cujos decretos chegavam a toda parte e cuja onipotência atuava como uma força policial cósmica que fazia cumprir as leis. As leis da natureza eram ideias eternas na mente de um Deus matemático. Mas, para os materialistas, não existe Deus nem uma mente transcendental na qual essas leis possam ser sustentadas. Então, onde estão essas leis? E por que elas ainda compartilham os atributos tradicionais de Deus? Por que são universais, imutáveis e onipotentes? E por que transcendem o espaço e o tempo?

Alguns filósofos da ciência evitam essas perguntas desconcertantes negando que leis científicas sejam realidades eternas e transcendentais; em vez disso, alegam que são generalizações baseadas no comportamento que pode ser observado. Mas isso é o mesmo que admitir que as leis da natureza evoluem e talvez não sejam fixas para sempre. Em um universo em evolução, a natureza evolui, portanto as generalizações que descrevem a natureza também têm de evoluir. Não há razão para supor que todas as leis que regem moléculas, plantas e cérebros estivessem presentes no momento do Big Bang, muito antes que qualquer um desses sistemas existisse.

No entanto, não importa o que alguns filósofos digam, as leis eternas estão profundamente entranhadas no pensamento da maioria dos cientistas. Estão implícitas no método científico. Qualquer experimento deve, em princípio, poder ser reproduzido em qualquer lugar e em qualquer época. As observações devem ser reproduzíveis. Por quê? Porque as leis da natureza são sempre as mesmas em todos os lugares.

Neste capítulo, sugiro uma alternativa às leis eternas: mudança de hábitos. As regularidades da natureza não dependem de uma esfera eterna semelhante à mente além do espaço e do tempo, mas de um tipo de memória inerente à natureza.

Acreditar em leis eternas, por si só, é um hábito profundamente arraigado e muitas vezes inconsciente. Para mudar um hábito de pensamento, a primeira coisa a fazer é tomar consciência dele. E esse hábito é muito antigo.

Matemática eterna

A busca dos filósofos da Grécia Antiga por uma realidade eterna por trás do mundo em transformação levou à formulação de perguntas muito diferentes, como vimos no capítulo anterior. Os materialistas achavam que os átomos imutáveis da matéria eram eternos, enquanto Pitágoras e seus discípulos acreditavam que todo o universo, especialmente o céu, fosse ordenado de acordo com princípios imateriais eternos de harmonia. Entender matemática era ligar a mente humana à própria inteligência divina, que governava a criação com perfeição e ordem transcendentais.[1] Os pitagóricos eram mais que filósofos: formavam comunidades místicas, partilhavam propriedades, tratavam homens e mulheres como iguais, faziam dietas vegetarianas e acreditavam na transmigração da alma. Eles achavam que, por meio de disciplina intelectual e moral, a mente humana poderia alcançar verdades matemáticas e começar a desvendar os mistérios do cosmos. Estavam convencidos de que o universo é governado por uma inteligência reguladora e que essa mesma inteligência está refletida na mente humana.

Platão (428-348 a.C.) era bastante influenciado pelos pitagóricos, mas foi mais longe. Ele generalizou a noção de verdades matemáticas eternas para uma visão mais ampla de Formas ou Ideias (as Formas e Ideias platônicas costumam ser grafadas com letras maiúsculas), arquetípicas ou universais, incluindo não apenas a matemática, mas também as Formas de cada objeto ou qualidade, como cavalos, seres humanos, cores e bondade. Essas Formas ou Ideias existem num domínio transcendente imaterial fora do espaço e do tempo. O cosmos é ordenado por esse domínio que o transcende. Os cavalos que vemos são como sombras ou reflexos da essência eterna do cavalo, a Ideia de cavalo além do espaço e do tempo. Todos os seres que percebemos por meio dos nossos sentidos são reflexos de Formas transcendentais.

Platão comparou os objetos que percebemos por meio dos sentidos com sombras observadas por prisioneiros em uma caverna. Esses prisioneiros ficam permanentemente acorrentados e de costas para uma fogueira, de modo que só podem ver a parede no fundo da caverna. Tudo o que veem são as sombras projetadas na parede pelos objetos que passam diante da fogueira. Nas palavras de Platão:

Veja o que aconteceria naturalmente se os prisioneiros fossem libertados e curados da sua ignorância. A princípio, se um deles fosse libertado e obrigado repentinamente a se levantar, a mover a cabeça, a caminhar e a olhar na direção da luz, sentiria fortes dores; a luz o ofuscaria e ele não conseguiria ver com clareza os objetos cujas sombras vira anteriormente; e se alguém lhe dissesse que o que ele vira antes era ilusão, mas que agora, que está mais próximo da realidade, pode ver as coisas com mais clareza, o que ele responderia? Ele não pensaria que as sombras que vira antes são mais verdadeiras que os objetos que vê agora?[2]

Platão usava o vocábulo grego *nous* para se referir à parte racional e imortal da alma, por meio da qual as Formas podiam ser conhecidas. À medida que a antiga filosofia evoluiu, os termos *logos* e *nous* passaram a ser usados para designar mente, razão, intelecto, princípio organizador, palavra, discurso, pensamento, sabedoria e significado. O termo *nous* foi associado à razão humana e à inteligência universal.[3]

Muitos elementos da filosofia platônica foram incorporados à teologia cristã e estão implícitos na abertura do Evangelho de São João, que, assim como o restante do Novo Testamento, foi escrito em grego. "No princípio era o Verbo." Verbo, ou palavra, grafado com V maiúsculo é a tradução de *logos*. Não muito antes que o Evangelho de São João fosse escrito, o termo *logos* assumiu um novo significado no mundo judaico quando Filo de Alexandria (20 a.C. - 50 d.C.) associou-o à filosofia judaica. Filo, um judeu que estudou grego, era o representante oficial da comunidade judaica em Alexandria junto a Calígula, o imperador romano. Ele usava o termo *logos* para se referir a um ser divino intermediário que fazia a ponte entre Deus e o mundo material. As Ideias de Platão localizavam-se no *logos*, que Filo descreveu como instrumento de Deus na criação do universo. Ele comparou Deus a um jardineiro que formou o mundo de acordo com o padrão do *logos*.

Na Europa, a partir do século XV, houve um ressurgimento do platonismo, que ajudou a preparar o terreno para a ciência moderna. Os fundadores da ciência moderna, Copérnico, Galileu, Descartes, Kepler e Newton, eram basicamente platônicos ou pitagóricos. Eles achavam que o objetivo da ciência era descobrir os padrões matemáticos que estavam por trás do mundo natural, as Ideias matemáticas eternas que subjazem toda a realidade física. De acordo com Galileu, a Natureza era um sistema simples e ordenado que "só atua por meio de leis imutáveis que ela nunca transgride". O universo era um "livro escrito em linguagem matemática".[4]

Quase todos os grandes físicos exprimem ideias semelhantes. Por exemplo, no século XIX, Heinrich Hertz, que deu nome à unidade de frequência, disse o seguinte:

É impossível não ter a sensação de que essas fórmulas matemáticas têm existência independente e inteligência própria, que são mais sábias que nós, mais sábias até mesmo que seus descobridores, que retiramos delas mais do que originalmente colocamos.[5]

A teoria geral da relatividade de Einstein seguia firmemente essa tradição, e Arthur Eddington, que produziu a primeira evidência a favor da teoria, concluiu que ela apontava para a ideia de que "a matéria do mundo é a matéria da mente... A matéria da mente não está espalhada no espaço e no tempo: estes são partes do esquema cíclico que, basicamente, dela deriva".[6] O físico James Jeans assumiu uma visão platônica semelhante: "A melhor forma de retratar o universo é... como consistindo de pensamento puro, o pensamento do que, na falta de um termo mais abrangente, temos de descrever como um pensador matemático".[7]

A teoria quântica estendeu o platonismo para o próprio coração da matéria, que os antigos atomistas consideravam matéria dura e homogênea. Como disse Werner Heisenberg, um dos fundadores da mecânica quântica:

A física moderna optou definitivamente por Platão. Porque as menores unidades de matéria não são objetos físicos no sentido comum da palavra: são formas, estruturas ou — segundo a filosofia de Platão — Ideias, que só podem ser descritas sem ambiguidade pela linguagem matemática.[8]

A pressuposição tradicional de que o universo é regido por leis fixas e constantes que se mantêm constantes praticamente não é contestada. Essa pressuposição levou à complexa elaboração de uma especulação teórica, inclusive bilhões de universos extras, como analiso a seguir.

Até que ponto as "constantes fundamentais" são constantes?

Algumas constantes são consideradas mais fundamentais que outras, como a velocidade da luz, c, a constante de gravitação universal, chamada pelos físicos de grande G, e a constante de estrutura fina, α, que mede a força da interação entre partículas carregadas, como elétrons e fótons de luz. Ao contrário das constantes matemáticas, como o Pi (π), os valores das constantes da natureza não podem ser calculados só pela matemática: esses valores dependem de mensurações laboratoriais. Como o nome sugere, as constantes da física deveriam ser imutáveis. Acredita-se que reflitam uma constância subjacente da natureza. A pressuposição clássica é de que as leis e constantes da natureza são fixas para sempre.

As constantes são realmente constantes? Na verdade, os valores apresentados nos livros de física mudam de tempos em tempos. São continuamente ajustados por comitês internacionais de especialistas conhecidos como metrologistas. Os valores antigos são substituídos por valores "melhores", baseados nos últimos dados provenientes de laboratórios espalhados pelo mundo todo. Em seus laboratórios, os metrologistas empenham-se para atingir uma precisão cada vez maior. Ao fazer isso, rejeitam dados inesperados, partindo do princípio de que devem estar errados. Depois de eliminar as medidas divergentes, calculam a média dos valores obtidos em momentos diferentes e fazem uma série de correções no valor final. Por fim, quando chegam aos últimos valores, considerados os "melhores", os comitês internacionais de especialistas selecionam, ajustam e calculam a média dos dados obtidos por laboratórios do mundo todo.

Embora os valores reais mudem, a maioria dos cientistas pressupõe que as próprias constantes são realmente constantes; as variações nos valores são um mero resultado de erros experimentais. Os últimos valores são os melhores, e os valores antigos são esquecidos. Entretanto, alguns físicos, notadamente Paul Dirac (1902-1984), aventou a hipótese de que pelo menos algumas das constantes fundamentais possam mudar com o tempo. Em particular, Dirac propôs que a constante de gravitação universal possa diminuir ligeiramente à medida que o universo se expande. Mas Dirac não estava pondo em xeque a ideia de leis matemáticas eternas: estava simplesmente sugerindo que uma lei matemática possa governar a variação gradual de uma constante.

Mas, e os dados? Todos os valores de constantes publicados variam com o tempo,[9] mas analiso aqui apenas três delas: a constante de gravitação universal, a constante de estrutura fina e a velocidade da luz.

A mais antiga das constantes, a constante de gravitação universal de Newton, grande G, é também a que apresenta as maiores variações. No final do século XX, à medida que os métodos de mensuração tornaram-se mais precisos, a disparidade nas medições de G por diferentes laboratórios aumentaram, em vez de diminuir.[10] Entre 1973 e 2010, o valor mais baixo de G foi 6,6659, e o mais alto, 6,734, uma diferença de 1,1% (Figura 3.1). Esses valores publicados são dados com pelo menos três casas decimais, às vezes cinco, com estimativas de erro de algumas partes por milhão. Ou essa precisão aparente é ilusória ou o valor de G realmente muda. A diferença entre o valor alto e o valor baixo é mais de quarenta vezes maior que os erros estimados (expressos como desvios-padrão).[11]

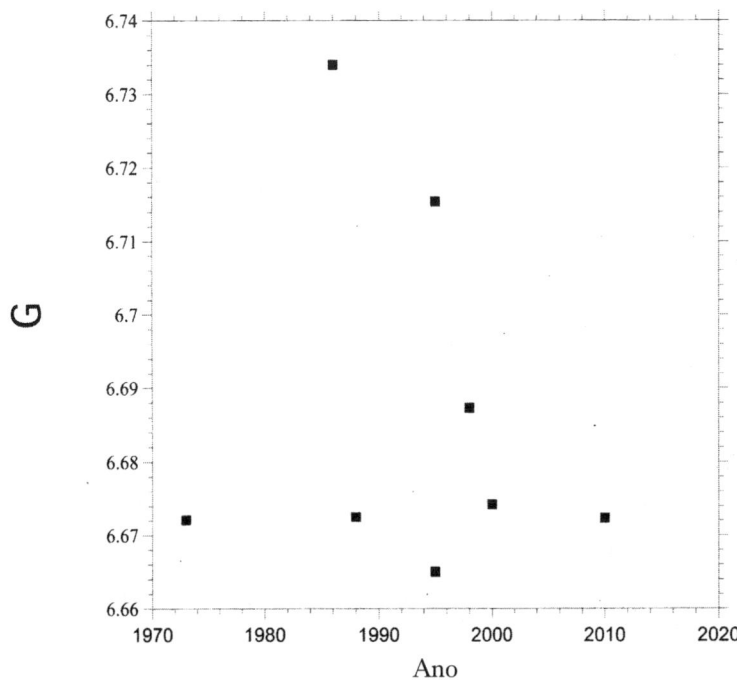

Figura 3.1 Valores de G (x $10^{-11}m^3kg^{-1}S^{-2}$) em diferentes épocas entre 1973 e 2010.[12]

E se o valor de G realmente mudasse? Talvez isso ocorra porque as medições sejam afetadas por alterações no ambiente astronômico da Terra, à medida que esta se move ao redor do sol e que o sistema solar se move dentro da galáxia. Ou talvez haja flutuações inerentes em G. Tais mudanças nunca seriam observadas se fosse calculada a média dos valores obtidos em momentos diferentes e entre os laboratórios.

Em 1998, o Instituto Nacional de Padrões e Tecnologia dos Estados Unidos (NIST) publicou valores de G obtidos em dias diferentes, em vez de fazer uma média para eliminar variações, revelando que havia uma faixa considerável: por exemplo, um dia o valor era de 6,73 e, alguns meses depois, 6,64, ou seja, 1,3% mais baixo.[13]

Em 2002, uma equipe chefiada por Mikhail Gershteyn, do Instituto de Tecnologia de Massachusetts (MIT), publicou a primeira tentativa sistemática de estudar as mudanças de G em horários diferentes do dia e da noite. O valor de G foi medido ininterruptamente durante sete meses, com o emprego de dois métodos independentes. Os pesquisadores descobriram um claro ritmo diário, sendo que os valores máximos de G eram obtidos a intervalos de 23,93 horas, correlacionado com a duração do dia sideral, o período da rotação da Terra em relação às estrelas.

A equipe de Gershteyn analisou apenas flutuações diárias, mas o valor de G pode muito bem variar também ao longo de períodos maiores; já existem algumas evidências de variação anual.[14] Comparando-se medidas feitas em diferentes localidades, seria possível encontrar mais evidências de padrões subjacentes. Essas medidas já existem, soterradas nos arquivos dos laboratórios de metrologia. O ponto de partida mais simples e mais barato para essa pesquisa seria coletar os valores de G obtidos em épocas diferentes, de laboratórios espalhados por todo o mundo. Em seguida, esses valores poderiam ser comparados para verificar se há uma correlação entre as flutuações.[15] Se houver, descobriremos algo novo.

Outra maneira de procurar mudanças reais na natureza é comparar observações astronômicas de galáxias e quasares de diferentes épocas para ver se há alguma diferença na luz emitida por eles que indique mudanças em constantes no longo prazo. O astrônomo australiano John Webb empregou essa abordagem para a constante de estrutura fina (α)[16] Por volta da virada do milênio, sua equipe descobriu que o valor de α era ligeiramente menor em partes distantes do céu, indicando que havia mudado ao longo de bilhões de anos.[17] A princípio, muitos físicos presumiram que os resultados de Webb deviam-se a erros, mas em 2010 outros dados de diferentes partes do céu não apenas confirmaram os achados de Webb como também produziram novos resultados bastante inesperados. A variação em α dependia da direção para a qual os telescópios estavam voltados. A constante parecia ser maior de um lado do universo do que do outro. Atualmente, a variação de constantes fundamentais é um assunto bastante polêmico entre os físicos.[18] Como Webb e seu colega John Barrow ressaltaram: "Se α for suscetível a mudanças, outras constantes também devem variar, o que torna os mecanismos internos da natureza mais caprichosos do que os cientistas jamais suspeitaram".[19]

Por fim, e c, a velocidade da luz? De acordo com a teoria da relatividade de Einstein, a velocidade da luz em um vácuo é uma constante absoluta, e a física moderna baseia-se nessa premissa.

Como seria de esperar, as primeiras medidas da velocidade da luz variavam consideravelmente, mas até 1927 os valores medidos haviam convergido para 299.796 quilômetros por segundo. Na época, a principal autoridade no assunto concluiu que "O presente valor de c é inteiramente satisfatório e pode ser considerado mais ou menos permanentemente estabelecido".[20] Entretanto, de 1928 a 1945 a velocidade da luz caiu cerca de 20 quilômetros por segundo em todo o mundo.[21] Os "melhores" valores encontrados pelos principais pesquisadores eram extremamente próximos. Alguns cientistas afirmaram que os dados apontavam para variações cíclicas na velocidade da luz.[22]

No final da década de 1940, a velocidade da luz subiu novamente cerca de 20 quilômetros por segundo, e houve um novo consenso acerca do valor mais alto. Em 1972, a possibilidade constrangedora de variações em c foi eliminada quando a velocidade da luz foi fixada por definição. Além disso, em 1983 a unidade de distância, o metro, foi redefinida em termos de luz. Portanto, se houver quaisquer outras mudanças na velocidade da luz, ficaremos cegos a elas, porque o tamanho do metro mudará com a velocidade da luz. (O metro hoje é definido como a distância percorrida pela luz no vácuo em uma fração de 1/299.792.458 de segundo.) O segundo também é definido pela luz: é a duração de 9.192.631.770 períodos de vibração da luz emitida por átomos de césio 133 em determinado estado de excitação (tecnicamente definido como a transição entre os dois níveis hiperfinos do estado fundamental).

Como explicar a queda em c entre 1928 e 1945? Esse episódio notável na história da física atualmente é atribuído à psicologia dos metrologistas. Brian Petley, importante metrologista britânico, explicou-a da seguinte maneira:

A tendência que os experimentos têm de concordar entre si em determinada época tem sido descrita por uma expressão elegante: "bloqueio de fase intelectual". A maioria dos metrologistas tem bastante consciência da possível existência desses efeitos; na verdade, alguns colegas bastante prestativos têm prazer em apontá-los! Fora a descoberta de equívocos, a proximidade da conclusão de um experimento suscita mais discussões frequentes e estimulantes com colegas interessados, e os preparativos para redigir o trabalho acrescentam uma nova perspectiva. Todas essas circunstâncias aliam-se para evitar que o que devia ser "o resultado final" não o seja na prática. Consequentemente, a acusação de que é bastante provável que alguém deixe de se preocupar com a questão de correção quando o valor está mais próximo de outros resultados é fácil de fazer e difícil de refutar.[23]

As teorias existentes de constantes variáveis, como a de Paul Dirac, pressupõem que as alterações sejam pequenas, lentas e sistemáticas. Outra possibilidade é de que as constantes oscilem dentro de limites muito estreitos ou até mesmo variem caoticamente. Estamos acostumados com flutuações climáticas e nas atividades humanas: jornais e *websites* relatam rotineiramente mudanças climáticas, alterações nos índices da bolsa de valores, nas taxas de câmbio e no preço do ouro. Talvez as constantes também flutuem, e quem sabe um dia as revistas científicas publiquem regularmente seus valores mais recentes.

As implicações de constantes variáveis seriam enormes. O curso da natureza não mais pareceria insipidamente uniforme; haveria flutuações no cerne da realidade física. Se diferentes constantes variassem em diferentes magnitudes, essas mudanças criariam diferentes qualidades de tempo.

Múltiplos universos

De acordo com o Princípio Antrópico Cosmológico, o fato de as "leis" e "constantes" da natureza serem propícias à vida humana neste planeta requer uma explicação. Se essas leis e constantes fossem até mesmo ligeiramente diferentes, não existiria forma de vida baseada no carbono. Uma resposta consiste em sugerir que o Projetista Inteligente ajustou as leis e constantes da natureza no momento do Big Bang para que fossem exatamente aquelas adequadas ao surgimento da vida e dos seres humanos. Essa é uma versão moderna do deísmo. Mas recorrer a uma mente divina, mesmo que de um tipo matemático e remoto, é contrário ao espírito ateísta de grande parte da ciência moderna. Em vez disso, muitos cosmólogos preferem pensar que há inúmeros universos além do nosso, cada qual com diferentes leis e constantes. Nesses modelos de "multiverso", o fato de ocuparmos um universo bastante propício à nossa existência é explicado de maneira muito simples. Este é o único universo que podemos realmente observar exatamente por ser o único em que podemos viver. Nenhum projetista ou mente divina o tornou assim.[24]

O modelo de multiverso agrada aos cosmólogos por duas razões. Em primeiro lugar, modelos de um período ultrarrápido de inflação nos primeiros estágios do Big Bang indicam que, se esse período de inflação pudesse gerar um universo, o nosso universo, poderia também gerar muitos outros e continuar a gerá-los.[25] Esse modelo, denominado inflação eterna, continua criando universos de bolso (*pocket universes*), e o nosso universo é apenas um deles. Outra razão teórica para a popularidade do multiverso é a teoria das supercordas. Essa teoria, de dez dimensões, e a teoria M, de onze dimensões, geram um número de soluções possíveis, que poderiam corresponder a diferentes universos, até 10^{500} universos.[26]

Alguns teóricos vão ainda mais longe. O cosmólogo Max Tegmark propôs que qualquer universo matematicamente possível deve existir em algum lugar: "A 'democracia matemática' sustenta que — existência matemática e existência física são equivalentes, de modo que *todas* as estruturas matemáticas também existem fisicamente". Não há necessidade de limitar a matemática à teoria das supercordas nem a nenhum outro sistema matemático existente. Tegmark observa que essa teoria "pode ser encarada como uma forma de platonismo radical".[27]

No velho platonismo, as leis matemáticas eram tratadas como se fossem verdades únicas que transcendiam o espaço e o tempo, porém eram aplicadas sempre e em toda parte. Em contrapartida, as teorias de multiverso pressupõem que determinadas leis e constantes são embutidas em cada universo separado no momento da sua origem ou Big Bang. De alguma forma, elas são "impressas" em cada universo. Mas como são lembradas? Como um universo individual "sabe" quais são as leis e constantes que o regem, em relação às diferentes leis e constantes dos outros universos? Como disse o cosmólogo Martin Rees: "As próprias leis físicas foram 'estabelecidas' no Big Bang".[28] Mas ele admitiu que "os mecanismos capazes de 'imprimir' as leis e constantes básicas em um novo universo obviamente estão muito além da nossa compreensão".[29]

Alguns físicos e cosmólogos não estão satisfeitos com essas especulações. Um grande número de universos não observados viola o cânone da testabilidade científica. Os adeptos do multiverso alegam que a própria matemática, na forma da teoria das cordas e da teoria M, oferece evidências a favor de suas especulações. Mas essas próprias teorias, nas quais muitas dessas especulações se baseiam, não podem ser testadas. Peter Woit, um crítico da teoria das supercordas, intitulou seu livro sobre o assunto de *Not Even Wrong* (algo como *Nem Errada Está*).[30] Nem mesmo previsões genéricas de que a teoria das supercordas tem pontos em comum com outras teorias, como o da supersimetria, saíram-se muito bem. Em 2006, o físico teórico Lee Smolin resumiu a situação da seguinte maneira:

Nos últimos 30 anos, centenas de carreiras e centenas de milhões de dólares foram gastos na busca por sinais de uma grande unificação, da supersimetria e de dimensões mais elevadas. Apesar desses esforços, não surgiu nenhuma evidência que corroborasse essas hipóteses. A confirmação de qualquer uma dessas ideias, mesmo que não pudesse ser considerada uma confirmação direta da teoria das cordas, seria a primeira indicação de que pelo menos algumas partes do "pacote" que a teoria das cordas requer nos aproximaram, e não distanciaram, da realidade.[31]

Os físicos que rejeitam a teoria do multiverso têm diversas sugestões alternativas. Alguns depositam sua fé naquilo que chamam de "teoria final", uma única fórmula matemática que preveria cada detalhe do nosso atual universo, inclusive todas as tais constantes da natureza. A unicidade do universo, então, seria uma consequência necessária da matemática.[32] Esse supremo sonho platônico está longe de se tornar realidade. Mas vamos supor que, um dia, os físicos realmente encontrassem "A Fórmula". As perguntas seguintes seriam: de onde ela veio? E, em primeiro lugar, por que existia? A resposta provavelmente seria uma superfórmula. Mas, de onde veio *essa* fórmula?

Outra classe de teorias especulativas sugere que universo faz parte de uma série de universos, a prole de um universo anterior e o progenitor do universo seguinte. É como a milenar filosofia hindu de grandes ciclos cósmicos: o universo nasceu do ovo cósmico sob a proteção do deus Brahma, e sua vida e atividade são sustentadas por Vishnu. No final, é destruído por Shiva. Surge, então, um novo universo. E assim por diante. Ou então os ciclos são grandes movimentos respiratórios de Brahma, que expira um universo, inspira-o novamente, depois expira outro universo e assim sucessivamente.

Na moderna cosmologia, essa teoria cíclica milenar assume a forma do modelo de "universo ricocheteante" ou "universo oscilante" (*bouncing universe*). Depois do Big Bang, o universo expande-se por bilhões de anos até que essa expansão torna-se mais lenta. No final, a expansão para e o universo começa a se contrair novamente pela ação da força da gravidade e, finalmente, desaba sobre si mesmo em um Grande Esmagamento. Isso, por sua vez, é o início de um novo universo – um Grande Salto ou Grande Rebote (*Big Bounce*).[33]

Um dos problemas dessa teoria é que, atualmente, acredita-se que a energia escura faça o universo se expandir a uma velocidade acelerada, de modo que parece improvável a ocorrência de um esmagamento. Para resolver esse problema, o matemático Roger Penrose afirmou que a expansão exponencial do universo acabará diluindo tudo, de tal forma que eliminará todas as características espaçotemporais. Buracos negros evaporarão, estrelas e galáxias se desintegrarão e até mesmo as partículas elementares se deteriorarão em fótons. Por fim, o universo tardio se parecerá com o universo inicial, exceto em tamanho. Penrose resolve esse problema sugerindo que, nesses extremos, a escala passa a ser irrelevante e o universo tardio pode tornar-se o universo inicial da próxima série. Smolin descreveu essa hipótese como "deliciosamente absurda, mas perfeitamente possível".[34]

O que todas essas teorias têm em comum é a crença na primazia da matemática. Mesmo que existam muitos universos além do nosso, ou uma série de universos anteriores, afinal de contas o que subjaz e sustenta esses universos? A resposta é uma fórmula matemática que transcende o universo que ela governa. Em outras palavras, essa é uma nova e extravagante forma de platonismo.

Hábitos evolutivos

A alternativa ao platonismo é a *evolução* das regularidades da natureza. Essas regularidades são mais semelhantes a hábitos e ficam mais fortes por meio da repetição. Há um tipo de memória na natureza: o que acontece agora é influenciado pelo que aconteceu antes.

Alguns hábitos correm ao longo de sulcos bastante profundos e foram estabelecidos há bilhões de anos, como os hábitos dos fótons, prótons e elétrons, que existiam antes de surgirem os primeiros átomos de hidrogênio por volta de 370 milhões de anos após o Big Bang. Quando surgiram, esses primeiros átomos liberaram a radiação observada atualmente como radiação cósmica de fundo em micro-ondas.[35] Em seguida, ao longo de bilhões de anos, surgiram moléculas, estrelas, galáxias, planetas, cristais, plantas e seres humanos. Tudo evoluiu com o tempo, até mesmo os elementos químicos. Em algum ponto na história do universo surgiram os primeiros átomos de carbono, ou de iodo ou de ouro.

As "constantes" associadas a esses hábitos atômicos, como a constante de estrutura fina e a carga do elétron, também são muito antigas. Entre as moléculas, a de hidrogênio, H_2, provavelmente é a mais antiga; essa molécula precede as estrelas e existe em abundância nas nuvens galácticas de onde são formadas novas estrelas. As "leis" e "constantes" associadas a esses padrões arcaicos de organização estão tão bem estabelecidas que apresentam pouca ou nenhuma mudança atualmente.

Em contrapartida, algumas moléculas são bastante novas, como as centenas de compostos produzidos pela primeira vez por químicos de síntese no século XXI. Nesse caso, os hábitos ainda estão se formando. O mesmo acontece com novos padrões de comportamento em animais e novas aptidões humanas.

No final do século XIX, o filósofo americano Charles Sanders Peirce (1839-1914) ressaltou que a ideia de leis físicas impostas ao universo desde o seu início é incompatível com uma filosofia evolutiva. Um dos primeiros a propor que as "leis da natureza" são mais semelhantes a hábitos, ele afirmou que a tendência a formar hábitos desenvolve-se espontaneamente: "Havia ligeiras tendências a obedecer às regras que tinham sido seguidas, e essas tendências se transforma-ram em regras que passaram a ser cada vez mais obedecidas por sua própria ação".[36] Peirce achava que "a lei do hábito é a lei da mente" e que o cosmos em expansão estava vivo. "A matéria é simplesmente a mente embotada pela aquisição de hábitos, a tal ponto que se tornou muito difícil abandoná-los."[37]

Por volta da mesma época, o filósofo alemão Friedrich Nietzsche (1844--1900) chegou a sugerir que as "leis da natureza" estavam sujeitas à seleção natural:

No início das coisas, talvez tenhamos de pressupor, como a forma mais geral de existência, um mundo que ainda não era mecânico, que estava fora do alcance de todas as leis mecânicas, embora tivesse acesso a elas. Assim, a origem do mundo mecânico seria um jogo sem lei que acabaria adquirindo a mesma consistência que as leis orgânicas parecem ter agora... Todas as nossas leis mecânicas não eram eternas, mas evoluíram, e teriam sobrevivido a inúmeras leis mecânicas alternativas.[38]

O filósofo e psicólogo William James (1842-1910) seguiu a mesma linha de Peirce:

Se... alguém interpretar a teoria da evolução de modo radical, não deverá aplicá-la somente aos estratos de rocha, aos animais e às plantas, mas também às estrelas, aos elementos químicos e às leis da natureza. Fica-se tentado a supor, então, que deve ter havido um passado longínquo em que as coisas eram realmente caóticas. Pouco a pouco, de todas as possibilidades fortuitas daquela época, surgiram algumas coisas e hábitos conectados, e teve início os rudimentos da regularidade.[39]

* * *

Da mesma forma, Alfred North Whitehead afirmou que "O tempo é diferenciado do espaço pelas heranças de padrões do passado". Essa herança de padrões indicava que foram formados hábitos. Whitehead disse que "As pessoas cometem o erro de falar em 'leis naturais'. Não existem leis naturais. Existem apenas hábitos temporários da natureza".[40]

Esses filósofos estavam muito à frente do seu tempo. Eles achavam que todo o universo era evolutivo. Mas os físicos que viveram na mesma época ainda acreditavam em um universo eterno feito de matéria e energia permanentes e regido por leis imutáveis, e que estava se encaminhando para a morte térmica, de acordo com a segunda lei da termodinâmica. A teoria do Big Bang só se tornou ortodoxa na década de 1960. Como Peirce, James e Whitehead viram com tanta clareza, cosmologia evolucionista pressupõe evolução de hábitos.

Ressonância mórfica

Minha própria hipótese é de que a formação de hábitos depende de um processo chamado ressonância mórfica.[41] Padrões semelhantes de atividade ressoam pelo tempo e pelo espaço com padrões subsequentes. Essa hipótese aplica-se a todos os sistemas auto-organizadores, como átomos, moléculas, cristais, células, plantas, animais e sociedades de animais. Tudo derivado de uma memória coletiva e que, por sua vez, contribui para essa mesma memória.

Um cristal de sulfato de cobre em formação, por exemplo, está em ressonância com inúmeros cristais anteriores de sulfato de cobre e segue os mesmos hábitos de organização dos cristais, a mesma estrutura em treliça. Uma muda de carvalho segue os hábitos de crescimento e desenvolvimento de carvalhos anteriores. Quando uma aranha começa a tecer sua teia, ela segue os hábitos de incontáveis ancestrais, ressoando com eles diretamente no espaço e no tempo. Quanto mais gente aprender uma nova habilidade, como surfe na neve (*snowboarding*), mais fácil será para que outros aprendam essa habilidade, por causa da ressonância mórfica dos que praticavam esse esporte anteriormente.

Resumindo, essa hipótese propõe que:

1. Sistemas auto-organizadores como moléculas, células, tecidos, órgãos, organismos, sociedades e mentes são constituídos de hierarquias aninhadas, ou holarquias de hólons, ou ainda unidades mórficas (Figura 1.1). Em cada nível, o todo é mais do que a soma das partes, e essas partes, por si sós, são todas compostas por partes.

2. A totalidade de cada nível depende de um campo organizador, chamado campo mórfico. Esse campo está dentro e ao redor do sistema que organiza; trata-se de um padrão vibratório de atividade que interage com campos eletromagnéticos e quânticos do sistema. O nome genérico "campos mórficos" abrange:

    (a) Campos morfogenéticos, que moldam o desenvolvimento das plantas e dos animais.

    (b) Campos comportamentais e perceptuais, que organizam os movimentos, os padrões fixos de ação e os instintos dos animais.

    (c) Campos sociais, que mantêm unidos e coordenam o comportamento de grupos sociais.

    (d) Campos mentais, que subjazem as atividades mentais e moldam os hábitos mentais.

3. Os campos mórficos contêm atratores (metas) e creodos (vias habituais para essas metas) que orientam um sistema para o seu estado final e mantêm sua integridade, estabilizando-o contra disrupções (ver o Capítulo 5).

4. Os campos mórficos são moldados pela ressonância mórfica de todos os sistemas semelhantes do passado e, portanto, contêm uma memória coletiva cumulativa. A ressonância mórfica depende de similaridade

e não é atenuada pela distância no espaço ou no tempo. Os campos mórficos são locais, estão situados dentro e em volta dos sistemas que organizam, mas a ressonância mórfica não é local.

5. Ressonância mórfica implica transferência de forma ou in-*forma*-ção, e não transferência de energia.

6. Campos mórficos são campos de probabilidade, como campos quânticos, e atuam impondo padrões aos eventos dos sistemas que estão sob sua influência, eventos esses que, de outro modo, seriam aleatórios.

7. Todos os sistemas auto-organizadores são influenciados pela autorressonância do seu próprio passado, que desempenha um papel essencial na manutenção da identidade e da continuidade de um hólon.

Essa hipótese deixa em aberto a questão de como a ressonância mórfica realmente opera. Existem diversas suposições. Uma delas é de que a transferência de informação ocorre por meio da "ordem implicada", proposta pelo físico David Bohm.[42] A ordem implicada ou "dobrada" (*enfolded*) dá origem ao mundo que podemos observar, que é o mundo da ordem explicada ou "desdobrada" (unfolded), em que as coisas estão localizadas no espaço e no tempo. Na ordem implicada, de acordo com Bohm, "tudo está dobrado (ou envolto) dentro de tudo".[43] Ou então, é possível que a ressonância mórfica pode atuar por meio do campo do vácuo quântico, também conhecido como campo de energia do ponto zero, que faz a mediação entre todos os processos quânticos e eletromagnéticos (ver o Capítulo 2).[44] Ou então sistemas semelhantes podem estar conectados por meio de outras dimensões ocultas, como na teoria das cordas e na teoria M.[45] Ou talvez dependa de novos tipos de física ainda desconhecidos.

Essa hipótese pode ser facilmente testada e já é corroborada por evidências provenientes de muitas áreas. No Capítulo 6, eu analiso testes nos domínios do desenvolvimento biológico e comportamento animal, e no Capítulo 7, no domínio do comportamento humano.

Hábitos de cristalização

A hipótese de ressonância mórfica prediz que, quando os químicos sintetizam um novo composto pela primeira vez, deve ser difícil obter cristais desse composto, pois ainda não existe um campo mórfico dessa forma de cristal. Quando os cristais surgem pela primeira vez, nasce um novo padrão de organização. Na segunda vez que o composto cristalizar-se, haverá influência dos primeiros cristais em todo o mundo por meio de ressonância mórfica. Na terceira vez, haverá influência do primeiro e do segundo cristal, e assim por diante. Essa influência aumenta de forma cumulativa. Desenvolve-se um novo hábito. Quanto mais compostos cristalizarem-se, mais fácil seus cristais deverão se formar.

Na verdade, os químicos que sintetizam novas substâncias químicas muitas vezes têm grande dificuldade de fazer com que elas se cristalizem. Às vezes leva muitos anos para os cristais surgirem pela primeira vez. Por exemplo, a turanose, um tipo de açúcar, durante décadas foi considerada um líquido, até que, na década de 1920, ocorreu a cristalização. Depois disso, esse açúcar formou cristais em todo o mundo.[46] Em muitos outros casos, novos compostos cristalizaram-se com uma facilidade cada vez maior com o passar do tempo.

Ainda mais surpreendentes são os casos em que determinado tipo de cristal foi substituído por outro. O xilitol, álcool de açúcar usado como adoçante em gomas de mascar, foi preparado pela primeira vez em 1891 e considerado líquido até 1942, quando surgiram cristais pela primeira vez. O ponto de fusão desses cristais era de 61 °C. Depois de alguns anos surgiu outra forma de cristal, com ponto de fusão de 94 °C e, mais tarde, o primeiro tipo de cristal desapareceu.[47]

Cristais do mesmo composto que existem em diferentes formas são denominados polimorfos. Às vezes eles coexistem, como a calcita e a aragonita, ambas formas cristalinas de carbonato de sódio, e o grafite e o diamante, ambos formas cristalinas de carbono. Mas, às vezes, como no caso do xilitol, um novo polimorfo pode substituir o antigo. O texto a seguir, extraído de um livro de cristalografia, relata o aparecimento espontâneo e inesperado de um novo tipo de cristal em uma fábrica.

Uma empresa operava uma fábrica que produzia grandes cristais de tartarato de etilenodiamina a partir de uma solução aquosa. Dessa fábrica, os cristais eram transportados para outra há quilômetros de distância, onde eram cortados e polidos para uso industrial. Um ano depois que a fábrica iniciou suas operações, os cristais no tanque de cristalização começaram a crescer com defeito; cristais de outro material aderiam-se a eles — algo que crescia ainda mais rápido. O problema logo se alastrou para a outra fábrica: os cristais cortados e polidos apresentavam o mesmo defeito na superfície... O material que se queria produzir era o tartarato de etilenodiamina na forma *anidra*, mas a forma obtida era a *monoidratada*. Durante três anos de pesquisa e desenvolvimento e um ano de produção, nenhum cristal monoidratado havia se formado. Depois disso, eles pareciam estar em todos os lugares.[48]

Os autores aventam a hipótese de que cristais comuns na Terra ainda não tenham aparecido em outros planetas, e acrescentam: "Talvez existam, no nosso próprio planeta, outras espécies sólidas ainda desconhecidas, não por falta dos seus ingredientes, mas simplesmente porque ainda não surgiram as sementes adequadas".[49]

A substituição de um polimorfo por outro é um problema recorrente na indústria farmacêutica. O antibiótico ampicilina, por exemplo, cristalizou-se pela primeira vez como monoidrato, com uma molécula de água de cristalização por molécula de ampicilina. Na década de 1960, começou a cristalizar-se na forma triidratada, com uma estrutura cristalina diferente. Apesar dos persistentes esforços, não foi possível produzir novamente a forma monoidratada.[50]

O Ritonavir, medicamento para tratamento de Aids, foi lançado em 1996 pelos Laboratórios Abbott. O medicamento já estava no mercado havia dezoito meses quando os engenheiros químicos descobriram um polimorfo anteriormente desconhecido. Ninguém sabia o que havia causado a mudança, e a equipe da Abbott não conseguia impedir a formação do novo polimorfo. Poucos dias depois da sua descoberta, ele dominava as linhas de produção. Embora ambos os polimorfos tivessem a mesma fórmula química, a solubilidade do segundo era a metade do primeiro. Portanto, os pacientes que estavam tomando as doses normais prescritas não absorviam uma quantidade suficiente do medicamento. A Abbott teve de retirar o Ritonavir do mercado e colocar em ação um programa de emergência para voltar a produzir o polimorfo original. Eles acabaram conseguindo, mas, como o polimorfo não era confiável, tiveram de produzir uma mistura das duas formas. Por fim, a empresa decidiu reformular o medicamento como cápsula contendo o medicamento em solução. A Abbott gastou centenas de milhões de dólares nesse processo e perdeu aproximadamente US$250 milhões em vendas no ano em que o medicamento foi retirado do mercado.[51]

A incapacidade dos químicos de controlar a cristalização é um grave problema. "A perda de controle, na verdade, é perturbadora, e pode até mesmo colocar em dúvida o critério de reprodutibilidade como condição para que um fenômeno mereça ser cientificamente pesquisado", escreveu Joel Bernstein em seu livro *Polymorphism in Molecular Crystals*.[52] O aparecimento de um novo polimorfo deixa claro que a química não é atemporal. É histórica e evolutiva, como a biologia. O que acontece agora depende do que aconteceu antes.

Uma possível explicação para o desaparecimento de polimorfos é que as novas formas são mais estáveis em termos termodinâmicos e, portanto, suplantam as formas antigas; na competição, as novas formas ganham. Antes que as novas formas existissem, não havia competição; depois que passaram a existir, surgiram em laboratórios em todo o mundo, e as formas antigas desapareceram.

Não resta dúvida de que pequenos fragmentos de cristais anteriores podem atuar como "sementes" ou "núcleos", facilitando o processo de cristalização de uma solução supersaturada. É por isso que os químicos supõem que a disseminação de novos processos de cristalização dependa da transferência de núcleos de um laboratório para outro, como uma espécie de infecção. Uma das histórias preferidas no folclore da química é que essas sementes são transportadas para todo o mundo, de laboratório para laboratório, na barba de cientistas migrantes. Nas palavras de um professor de engenharia química da Cambridge University, a barba de alguns químicos "contém núcleos de praticamente qualquer processo de cristalização".[53] Outra alternativa é que as "sementes" dos cristais sejam transportadas pela atmosfera como partículas microscópicas de poeira, antes de se assentarem em placas de cristalização, catalisando a cristalização da nova substância. O químico americano C. P Saylor comentou que era como se "as sementes de cristalização, assim como a poeira, fossem levadas pelo vento de uma extremidade a outra do planeta".[54]

Portanto, a formação de novos tipos de cristais representa uma maneira de testar a hipótese da ressonância mórfica. De acordo com o raciocínio convencional, os cristais *não* deveriam se formar mais rapidamente em um laboratório na Austrália depois de terem sido produzidos em um laboratório britânico se a presença de visitantes do laboratório britânico fosse rigorosamente proibida e as partículas de pó fossem filtradas do ar. Se os cristais realmente se formarem mais rápido, esse resultado seria favorável à hipótese da ressonância mórfica. Em meu livro *A New Science of Life*,[55] eu analiso outros testes feitos com cristais.

Hábito e criatividade

Os hábitos, por si sós, não podem explicar a evolução. São, por sua própria natureza, conservadores. Respondem pela repetição, mas não pela criatividade. A evolução deve envolver uma combinação desses dois processos: por meio de criatividade, surgem novos padrões de organização; aqueles que subsistem e são repetidos tornam-se cada vez mais habituais. Alguns padrões novos são favorecidos pela seleção natural e outros não.

A criatividade é um mistério exatamente porque envolve o aparecimento de padrões que nunca existiram antes. A nossa maneira usual de explicar as coisas é pelas causas preexistentes: a causa, de alguma forma, contém o efeito; o efeito é resultante da causa. Quando aplicamos esse raciocínio à criação de uma nova forma de vida, uma nova obra de arte ou uma nova ideia, inferimos que o novo padrão de organização já estava presente: era uma possibilidade latente. Nas circunstâncias adequadas, esse padrão latente torna-se real. Ele é *descoberto*, e não criado. Criatividade consiste na manifestação de possibilidades eternamente preexistentes. Em outras palavras, o novo padrão não foi criado, apenas manifestou-se no mundo físico, enquanto antes não tinha se manifestado.

Essa é, em essência, a teoria platônica de criatividade. Todas as formas possíveis sempre existiram como Formas atemporais, ou como potencialidades matemáticas implícitas nas leis eternas da natureza: "O possível teria estado sempre lá, um fantasma aguardando a sua hora; teria, portanto, se transformado em realidade pela adição de algo, por alguma transfusão de sangue ou de vida", nas palavras de Henri Bergson.[56] Bergson (1859-1941), filósofo evolucionista muito à frente do seu tempo, foi influenciado por William James e Alfred North Whitehead. Em seu mais famoso livro, *Creative Evolution*, ele deixou bem claro que o conceito de evolução causou uma profunda ruptura nos hábitos do pensamento platônico:

> Os antigos, platônicos em maior ou menor grau... imaginavam que o Ser era dado de uma vez por todas, completo e perfeito, no sistema imutável das Ideias; o mundo que se desenrola diante dos nossos olhos não podia, portanto, acrescentar-lhe nada; era, pelo contrário, apenas diminuição ou degradação; seus estados sucessivos mediam, por assim dizer, a maior ou menor distância entre aquilo que é, uma sombra projetada no tempo, e o que deveria ser, uma Ideia estabelecida na eternidade. Os modernos, é verdade, têm um ponto de vista bem diferente. Eles não tratam mais o Tempo como um intruso, um perturbador da eternidade, mas gostariam muito de reduzi-lo a uma simples aparência. O temporal é, portanto, apenas a forma confusa do racional... O real torna-se uma vez mais o eterno, com esta simples diferença, que é na eternidade das Leis que os fenômenos se resolvem, e não a eternidade das Ideias que lhes servem de modelos.[57]

As Formas ou leis eternas pareciam suficientemente apropriadas num universo eterno, mas são postas em xeque pela evolução, um processo de desenvolvimento criativo. A criatividade é real; à medida que o mundo se desenvolve surgem novos padrões de organização. Tudo o que acontece de novo é possível no sentido tautológico de que só o possível pode acontecer.

Bergson dizia que não precisamos atribuir a essas possibilidades, que não podem ser conhecidas até realmente acontecerem, uma realidade preexistente que transcende o tempo e o espaço.

Por outro lado, a teoria da evolução por seleção natural não era platônica. Baseava-se em observações de fósseis e organismos vivos reais. Para Charles Darwin, a fonte da criatividade evolutiva não estava fora da natureza, nos desígnios e planos eternos de um Deus criador de máquinas, o Deus da teologia natural de Paley (ver o Capítulo 1). A evolução da vida ocorreu espontaneamente. A própria natureza deu origem a toda uma miríade de formas de vida.

Henri Bergson atribuía essa criatividade ao *élan vital*, ou ímpeto vital. Assim como os darwinistas, marxistas e outros que acreditavam na evolução emergente, Bergson negava que o processo evolutivo fosse concebido e planejado antecipadamente na mente de um Deus platônico. Em vez disso, a evolução é espontânea e criativa:

A natureza é mais e melhor que um plano em curso de realização. Plano é um termo atribuído a um trabalho: encerra o futuro cuja forma indica. Diante da evolução da vida, ao contrário, as portas do futuro permanecem escancaradas. É uma criação que prossegue infindavelmente graças a um movimento inicial. Esse movimento constitui a unidade do mundo organizado – uma unidade prolífica de uma riqueza infinita, superior a qualquer uma que o intelecto pudesse sonhar, porque o intelecto é apenas um dos seus aspectos ou produtos.[58]

Que diferença isso faz?

Quando abandonamos o dogma de leis fixas, podemos compreender a evolução. A teoria do Big Bang localiza a criatividade cósmica no início. No milagre original, todas as leis da natureza e toda matéria e energia do universo de repente surgiu do nada, ou dos destroços de um universo anterior. Em contrapartida, uma visão radicalmente evolutiva da natureza pressupõe uma criatividade contínua, com o estabelecimento de novos hábitos e regularidades conforme a natureza evolui. A criatividade humana é parte de um vasto processo criativo que tem ocorrido ao longo de toda a evolução.

A herança de hábitos por ressonância mórfica faz uma grande diferença na compreensão da herança da forma, da aprendizagem e da memória, como analiso nos Capítulos 6 e 7.

Quando os químicos produzem novos compostos que, até onde sabemos, nunca existiram na Terra, esses compostos devem mostrar uma facilidade cada vez maior de cristalização com o passar do tempo, como mencionado anteriormente. Mas, e se esses cristais existiram em outros planetas? Se a ressonância mórfica não diminui com a distância, então esses novos cristais devem ser influenciados pela ressonância mórfica de cristais do mesmo tipo em outros planetas e devem cristalizar-se rapidamente, sem um efeito evidente de aprendizagem.

Dessa maneira, seria possível descobrir quais novas substâncias químicas são exclusivas da Terra e quais existiram em algum outro lugar. Se a taxa de cristalização, digamos, de mil novas substâncias químicas for medida sistematicamente, e se, digamos, 800 delas apresentarem taxas crescentes de cristalização e as outras 200 não, poderíamos inferir que estas últimas existiram em algum outro lugar do universo, mas as primeiras não. Sem grandes custos, descobriríamos o que é verdadeiramente novo na Terra e deduziríamos algo sobre os eventos de outros planetas, apesar de não sabermos onde estão esses planetas.

Perguntas para os materialistas

Se as leis da natureza existiam antes do Big Bang e governaram o Big Bang desde o seu primeiro instante, onde estavam elas?

Se todas as leis e constantes da natureza surgiram no momento do Big Bang, como o universo se lembra delas? Onde elas foram "impressas"?

Como você sabe que as leis da natureza são fixas e não evolutivas?

O que há de errado com a ideia de que a natureza tem hábitos, em vez de leis?

RESUMO

A ideia de que as "leis da natureza" são fixas enquanto o universo evolui é uma pressuposição remanescente da cosmologia pré-evolucionista. As próprias leis podem evoluir, ou melhor, ser mais semelhantes a hábitos. Além disso, as "constantes fundamentais" podem ser variáveis, e seus valores talvez não tenham sido fixados no momento do Big Bang. Ainda hoje parecem variar. Pode haver uma memória inerente à natureza. Todos os organismos podem participar de uma memória coletiva da sua espécie. Os cristais podem cristalizar-se da maneira como o fazem porque se formaram assim antes; quantos mais cristais de determinada substância química surgirem em um local, mais fácil deverão cristalizar-se em todos os outros lugares do planeta, e talvez em todo o universo. A evolução pode ser resultado de uma interação entre criatividade e hábito. Novas formas e padrões de organização surgem espontaneamente e estão sujeitos à seleção natural. Aqueles que subsistem terão mais probabilidade de surgir novamente à medida que novos hábitos forem adquiridos, e por meio de repetição se tornarão cada vez mais habituais.

4

A matéria é inconsciente?

A doutrina fundamental do materialismo é que a matéria é a única realidade. Portanto, não deve existir consciência. O maior problema do materialismo é que a consciência realmente existe. Você está consciente agora. A principal teoria contrária, o dualismo, aceita a realidade da consciência, mas não tem uma explicação convincente para a sua interação com o corpo e o cérebro. Os argumentos dualistas-materialistas existem há séculos. Neste capítulo, afirmo que podemos deixar para trás essa oposição estéril.

O materialismo científico surgiu em outros tempos como uma rejeição ao dualismo mecanicista, que *definia* matéria como inconsciente e alma como imaterial, como analiso abaixo. Um motivo importante para essa rejeição era a eliminação da alma e de Deus. Em suma, os materialistas tratavam a experiência subjetiva como irrelevante; os dualistas aceitavam a realidade da experiência, mas não conseguiam explicar como a mente afeta o cérebro.

O filósofo materialista Daniel Dennett escreveu um livro intitulado *Consciousness Explained* (1991), em que tentou negar a existência da consciência argumentando que a experiência subjetiva é ilusória. Ele foi forçado a chegar a essa conclusão porque, por uma questão de princípios, rejeitava o dualismo.

Adoto a regra evidentemente dogmática de que se deve evitar o dualismo *a todo custo*. Não que eu ache que possa apresentar uma prova definitiva de que o dualismo, em todas as suas formas, é falso ou incoerente, mas, dada a maneira como ele é envolto em mistério, *aceitar o dualismo significa desistir* [grifo de Dennett].[1]

O dogmatismo da regra de Dennett não é apenas evidente: a regra *é* dogmática. Por "desistir" e "envolta em mistério", suponho que esteja se referindo a desistir da ciência e da razão e a reincidir na religião e na superstição. Materialismo "a todo custo" exige a negação da realidade da nossa própria mente e das nossas experiências pessoais — inclusive aquelas das quais o próprio Daniel Dennett, embora ao apresentar argumentos espere ser persuasivo, parecia abrir uma exceção para si próprio e para os seus leitores.

Francis Crick passou décadas da sua vida tentando explicar a consciência de forma mecanicista. Ele admitia abertamente que a teoria materialista era uma "hipótese espantosa" que contraria o bom senso: "Você, suas alegrias e tristezas, suas lembranças e ambições, sua noção de identidade pessoal e livre-arbítrio nada mais são, na verdade, que o comportamento de um vasto conjunto de células nervosas e de suas moléculas associadas".[2] Provavelmente Crick se incluiu nessa descrição, embora deva ter sentido que seu argumento não se restringia à atividade automática das células nervosas.

Um dos motivos dos materialistas é defender uma visão de mundo antirreligiosa. Francis Crick era ateu convicto, assim como Daniel Dennett. Por outro lado, um dos motivos tradicionais dos dualistas é sustentar a possibilidade da sobrevivência da alma. Se a alma humana é imaterial, então ela pode existir após a morte.

A ortodoxia científica nem sempre foi materialista. Os fundadores da ciência mecanicista, no século XVII, eram cristãos dualistas. Eles rebaixavam a matéria, tornando-a totalmente inanimada e mecânica, e, ao mesmo tempo, elevavam a mente humana, tornando-a completamente diferente da matéria inconsciente. Ao criar um abismo intransponível entre ambas, eles achavam que estavam reforçando o argumento a favor da alma humana e sua imortalidade, bem como aumentando a separação entre os seres humanos e outros animais.

O dualismo mecanicista é chamado com frequência de dualismo cartesiano, em referência a Descartes (adjetivo derivado de *Cartesius*, forma latina do nome de Descartes). Essa doutrina pregava que a mente humana era essencialmente imaterial e desvinculada do corpo e que o corpo era uma máquina feita de matéria inconsciente.[3] Na prática, a maioria das pessoas aceita com naturalidade a visão dualista, desde que não seja exortada a defendê-la. Quase todo mundo acredita que temos certo grau de livre-arbítrio e que somos responsáveis por nossos atos. Nossos sistemas educacional e jurídico baseiam-se nessa crença. Nós nos sentimos seres conscientes, com certo grau de livre escolha. Até mesmo o fato de discutir sobre consciência pressupõe que somos conscientes. No entanto, desde a década de 1920, a maioria dos cientistas e filósofos mais influentes dos países anglófonos é materialista, apesar de todos os problemas que essa doutrina cria.

O argumento mais forte a favor do materialismo é o fato de o dualismo não explicar como a mente imaterial atua e como interage com o cérebro. O argumento mais forte a favor do dualismo é a natureza implausível e autocontraditória do materialismo.

A dialética dualista-materialista dura há séculos. O problema alma-corpo ou mente-cérebro recusa-se a desaparecer. Mas, antes de prosseguirmos, precisamos entender de forma mais detalhada o que os materialistas alegam, pois seu sistema de crenças domina a ciência e a medicina institucional, e todos são influenciados por ele.

Mentes que negam a própria realidade

A maior parte dos neurocientistas não passa muito tempo refletindo sobre os problemas lógicos que as crenças materialistas impõem. Eles apenas continuam tentando compreender os mecanismos do cérebro, na esperança de que um volume maior de fatos concretos acabe por fornecer as respostas, e deixam que os filósofos defendam a fé materialista ou fisicalista.

Fisicalismo significa a mesma coisa que materialismo, mas, em vez de afirmar que toda realidade é material, afirma que é física, que pode ser explicada pela física e, portanto, inclui energia e campos, além de matéria. Na prática, é nisso que os materialistas também acreditam. Na discussão a seguir, uso o termo materialismo, que é mais familiar, para me referir a "materialismo ou fisicalismo".

Entre os filósofos materialistas, há várias correntes de pensamento. A posição mais extrema é chamada de "materialismo eliminativo". O filósofo Paul Churchland, por exemplo, afirma que a mente nada mais é do que atividade cerebral. Aqueles que acreditam na existência de pensamentos, crenças, desejos, motivos e outros estados mentais são vítimas da "psicologia popular", uma atitude não científica que, no devido tempo, será substituída por explicações relacionadas às atividades neurais. Psicologia popular é uma espécie de superstição, como a crença em demônios, e será deixada para trás pelo avanço da ciência. A consciência é somente um "aspecto" da atividade cerebral. Pensamentos ou sensações são apenas outro modo de falar sobre a atividade em determinadas regiões do córtex cerebral; são a mesma coisa ditas de maneira diferente.

Outros materialistas são "epifenomenalistas": eles aceitam a existência da consciência, mas a consideram um subproduto sem função da atividade cerebral, um "epifenômeno", como uma sombra. Thomas Henry Huxley foi um dos primeiros defensores desse ponto de vista e, em 1874, fez uma famosa comparação com "o apito que acompanha o trabalho de uma locomotiva... sem exercer influência sobre o seu maquinário".[4] Ele terminou dizendo que "Somos autômatos conscientes".[5] As pessoas poderiam até ser zumbis, sem experiência subjetiva, pois todo o seu comportamento é resultado somente da atividade cerebral. A experiência consciente não tem nenhuma função, tampouco faz diferença para o mundo físico.

Uma forma recente de materialismo é a "psicologia cognitiva", que dominou a psicologia acadêmica nos países anglófonos no final do século XX. A psicologia cognitiva trata o cérebro como um computador e a atividade mental como um processamento de informações. Experiências subjetivas, como enxergar a cor verde, sentir dor ou apreciar música, são processos computacionais que ocorrem dentro do cérebro e que são, eles próprios, inconscientes.

Alguns filósofos, como John Searle, acham que a mente pode emergir da matéria, por analogia ao modo com que as propriedades físicas podem emergir em diferentes níveis de complexidade, como a umidade da água que resulta das interações de grandes números de moléculas de água. Na natureza, certamente existem diversos tipos de organização (Figura 1.1), e cada um deles tem novas propriedades que não existiam em suas partes isoladas. Os átomos têm propriedades além daquelas das partículas nucleares e dos elétrons. As moléculas têm propriedades além daquelas dos átomos: as moléculas de água, H_2O, são fundamentalmente diferentes dos átomos de hidrogênio e oxigênio isolados. Portanto, a umidade da água não é explicada pelas moléculas de água isoladamente, mas por sua organização na água. Novas propriedades físicas "emergem" em cada nível. Do mesmo modo, consciência é uma propriedade física emergente do cérebro. É diferente de outros processos físicos, mas não deixa de ser físico. Muitos não materialistas concordariam com Searle de que a consciência é, de certo modo, uma propriedade "emergente", mas alegariam que, embora a mente e a consciência originem-se na natureza física, ambas diferem qualitativamente do ser puramente material ou físico.

Por fim, alguns materialistas esperam que a evolução possa fornecer uma resposta. Eles propõem que a consciência tenha surgido como resultado da seleção natural por meio de processos irracionais da matéria inconsciente. Como a mente evoluiu, deve ter sido favorecida pela seleção natural e, portanto, deve realmente ter alguma função: simplesmente deve fazer uma diferença. Muitos não materialistas concordariam com essa ideia. Mas os materialistas querem as duas coisas: a consciência emergente deve ter alguma função se tiver evoluído como uma adaptação evolutiva favorecida pela seleção natural; mas não pode ter nenhuma função se for somente um epifenômeno da atividade cerebral ou outra maneira de se referir aos mecanismos cerebrais. Em 2011, o psicólogo Nicholas Humphrey tentou resolver esse problema sugerindo que a consciência evoluiu porque ajuda os seres humanos a sobreviver e a se reproduzir ao nos fazer sentir "especiais e transcendentes". Mas, como materialista, Humphrey não concorda que a mente tenha alguma influência; quer dizer, ela não pode afetar os nossos atos. Ao contrário, a consciência é ilusória: ele a descreve como "um espetáculo de magia e mistério que encenamos para nós mesmos dentro da nossa cabeça".[6] Mas dizer que consciência é uma ilusão não *explica* a consciência; pressupõe a sua existência. Ilusão é uma forma de consciência.

Se todas essas teorias não parecem convincentes, é porque não são mesmo. Não convenceriam nem mesmo outros materialistas, e é por isso que existem tantas teorias contrárias. Searle descreveu a polêmica ao longo dos últimos cinquenta anos da seguinte maneira:

> Um filósofo propõe uma teoria materialista da mente... Em seguida, encontra dificuldades... As críticas à teoria materialista geralmente assumem uma forma mais ou menos técnica, mas, na verdade, por trás das objeções técnicas há uma objeção muito mais profunda: a teoria em questão deixou de fora alguma característica essencial da mente... E isso leva a tentativas ainda mais frenéticas de aderir à tese materialista.[7]

O filósofo Galen Strawson, ele mesmo um materialista, espanta-se com a disposição de alguns filósofos de negarem a realidade da sua própria experiência:

> Acho que deveríamos ser bastante realistas, e um pouco temerosos, em relação ao poder da credulidade humana, a capacidade da mente humana de se deixar levar pela teoria, pela fé. Porque essa negação, em particular, é a coisa mais estranha que já aconteceu em toda a história do pensamento humano, e não apenas de toda a história da filosofia.[8]

Francis Crick admitiu que a "hipótese espantosa" não era comprovada. Ele reconhecia que uma visão dualista podia ser mais plausível. Mas, acrescentou,

> Há sempre uma terceira possibilidade: de que os fatos corroborem uma nova e alternativa maneira de analisar o problema mente-cérebro, maneira essa que difere significativamente da visão materialista bastante rudimentar que muitos neurocientistas têm hoje em dia e também do ponto de vista religioso. Somente com o tempo, e muitas pesquisas científicas, poderemos decidir.[9]

Certamente há uma terceira possibilidade.

Matéria mental

Galen Strawson sente a mesma frustração de muitos filósofos contemporâneos com os problemas aparentemente resistentes do materialismo e dualismo. Ele chegou à conclusão de que só há uma saída. Para Strawson, materialismo coerente deve pressupor pampsiquismo, ou seja, a ideia de que até mesmo átomos e moléculas têm um tipo primitivo de mentalidade ou experiência. (O termo grego *pan* significa em todo lugar, e *psique* significa alma ou mente.) Pampsiquismo não significa que os átomos são conscientes no mesmo sentido de que nós somos, mas apenas que alguns aspectos da mentalidade ou experiência estão presentes nos sistemas físicos mais simples. Formas mais complexas de mente ou experiência emergem em sistemas mais complexos.[10]

Em 2006, a revista *Journal of Consciousness Studies* publicou uma edição especial intitulada "Materialismo implica pampsiquismo?", que trazia um artigo de Strawson, bem como respostas de outros dezessete filósofos e cientistas. Alguns deles rejeitaram sua sugestão a favor de tipos mais convencionais de materialismo, mas todos admitiram que o tipo preferido de materialismo deles era problemático.

Strawson fez apenas uma defesa abstrata e generalizada do pampsiquismo, apresentando uma quantidade decepcionantemente pequena de detalhes acerca de como se podia dizer que um elétron ou um átomo tem experiências. Mas, assim como muitos outros pampsiquistas, fez uma importante distinção entre agregados de matéria, como mesas e rochas, e sistemas auto-organizadores como átomos, células e animais. Ele não afirmou que mesas e rochas têm alguma experiência unificada, embora os átomos no seu interior possam ter.[11] A razão dessa distinção é que objetos fabricados pelo homem, como cadeiras e carros, não se organizam nem têm metas ou propósitos próprios. São projetados por pessoas e montados em fábricas. Do mesmo modo, as rochas são formadas por átomos e cristais auto-organizadores, porém forças externas moldam a rocha como um todo: por exemplo, pode ser um fragmento de uma rocha maior que se desprendeu e rolou montanha abaixo.

Em contrapartida, em sistemas *auto-organizadores*, formas complexas de experiência emergem espontaneamente. Esses sistemas são ao mesmo tempo físicos (não experienciais) e experienciais; em outras palavras, têm experiências. Nas palavras de Strawson: "Há muito tempo, havia matéria relativamente não organizada com características fundamentais experienciais e não experienciais. Essa matéria organizou-se em formas cada vez mais complexas, tanto experienciais como não experienciais, por meio de muitos processos, inclusive evolução por seleção natural.[12] Ao contrário da tentativa de Searle de explicar a consciência dizendo que ela emerge de matéria totalmente inconsciente e não senciente, a proposta de Strawson é de que formas mais complexas de experiência emergem de formas menos complexas. Há uma diferença em grau, mas não em espécie.

Pampsiquismo não é uma ideia nova. A maioria das pessoas acreditava nessa doutrina, e muitas ainda acreditam. Em todo o mundo, as pessoas concebiam o mundo ao seu redor como vivo e, de certo modo, consciente: os planetas, as estrelas, a Terra, as plantas e os animais tinham espírito ou alma. A antiga filosofia grega desenvolveu-se nesse contexto, embora alguns dos primeiros filósofos fossem hilozoístas, e não pampsiquistas; ou seja, consideravam todas as coisas de certa forma vivas, sem necessariamente supor que tivessem sensações ou experiências. Na Europa medieval, os filósofos e teólogos acreditavam que o mundo estava repleto de seres animados; plantas e animais tinham alma, e estrelas e planetas eram regidos por inteligências. Hoje, essa atitude costuma ser rejeitada como "simplória", "primitiva" ou "supersticiosa". Searle descreveu-a como "absurda".[13] No entanto, alguns dos maiores filósofos ocidentais defenderam um ponto de vista pampsiquista pelas mesmas razões de Strawson. Logo depois que a filosofia de Descartes foi publicada, os pensadores que se opunham ao seu dualismo rígido procuraram novas maneiras de compreender como a mente e o corpo estavam relacionados em toda a natureza, e não apenas no cérebro humano.

Física e experiência

Para o filósofo Baruch Spinoza (1632-1677), tudo na natureza tinha um corpo e uma mente. Mente e corpo eram dois aspectos da mesma realidade subjacente, que ele chamava de *Deus sive natura*, Deus ou Natureza, e que mudavam em paralelo. De modo geral, quanto maior a complexidade da interação de um corpo com o mundo, maior a complexidade da mente correspondente. O aspecto mais básico das substâncias em todos os níveis de complexidade era o que Spinoza chamava de *conatus*, termo latino que significa "esforço", físico e mental. Em suas próprias palavras:

Toda coisa, enquanto está em si, esforça-se por perseverar no seu ser... O esforço pelo qual toda coisa se esforça para perseverar no seu ser não é senão a verdadeira essência dessa coisa.[14]

Esse esforço era equivalente ao apetite, e desejo era apetite consciente. Para Spinoza, a transição para um estado de maior poder ou perfeição em qualquer indivíduo era vivenciado como prazer, e uma diminuição de poder, como dor.[15]

Gottfried Leibniz (1646-1716) foi um polímata e matemático que inventou o cálculo infinitesimal independentemente de Isaac Newton. Tanto Newton como Leibniz tinham uma visão de interconexão holística. Porém, enquanto Newton achava que a matéria era constituída de partículas inconscientes que atraíam todas as outras partículas no universo por meio de atração gravitacional, Leibniz afirmava que os elementos fundamentais do universo estavam inter-relacionados por intermédio da consciência. Ele chamava essas unidades fundamentais de *mônadas*, que eram tanto centros físicos de força como centros mentais de experiência, cada um refletindo o universo. Segundo Leibniz: "Cada mônada é um espelho vivo... que representa o universo a partir do seu próprio ponto de vista e é tão ordenado quanto o próprio universo".[16] As mônadas tinham duas qualidades primárias, "percepção" e "apetite". Percepções eram os estados internos dinâmicos das mônadas, que surgiam de seus apetites, que, por sua vez, surgiam de suas necessidades de refletir o universo.[17] As mônadas eram unidades de força e mente, enquanto as partículas de Newton eram meros centros de força inconscientes.

No século XVIII, alguns dos principais proponentes do materialismo iluminista aliaram a teoria mecanicista da vida à crença de que a própria matéria tinha sensações e sentimentos. Julien de La Mettrie, autor de um famoso livro chamado *L'Homme Machine* [O Homem Máquina, 1748], negou a existência da alma, mas, em contrapartida, animou a matéria do corpo, dotando-a de sentimento.[18]

Denis Diderot, proeminente filósofo iluminista, estendeu a esfera da subjetividade a toda a matéria, e não apenas aos organismos vivos. Em 1769, ele escreveu: "A capacidade de sentir... é uma qualidade geral e essencial da matéria".[19] Diderot falou em "partículas inteligentes" e acrescentou, "Desde o elefante até a pulga, desde a pulga até o átomo vivo e sensível, a origem de tudo, não há um só ponto em toda a natureza que não sofra ou não se regozije".[20]

Por volta de 1780 a 1880, o pampsiquismo era especialmente influente na Alemanha. O filósofo Johann Herder (1744-1803) afirmou que a força ou energia era o princípio que estava por trás da realidade, que se manifestava em propriedades mentais e físicas. O poeta Wolfgang von Goethe, amigo de Herder, postulou a existência de duas grandes forças propulsoras na natureza: polaridade e intensificação. Polaridade estava associada à dimensão material, como "um estado constante de atração e repulsão", e intensificação, à dimensão espiritual, como "um estado constante de ascensão", uma espécie de imperativo evolutivo. Com base no princípio de que não podia haver matéria sem espírito nem espírito sem matéria, "a matéria também é capaz de sofrer intensificação, e não se pode negar ao espírito sua atração e repulsão".[21]

Em sua obra *The World as Will and Idea* (1819), Arthur Schopenhauer afirmou que todas as coisas têm vontade, manifestada por meio de desejos, sentimentos e emoções. Os corpos materiais eram "objetificações" da vontade. As forças físicas, inclusive gravitação, atração magnética e repulsão, eram manifestações da vontade na natureza.

Muitos outros filósofos do século XIX nos países de língua alemã defendiam ideias semelhantes, mas dois deles são especialmente importantes. O austríaco Ernst Mach (1838-1916), filósofo da ciência que influenciou a teoria da relatividade de Albert Einstein, rejeitou categoricamente a concepção mecanicista da matéria e escreveu: "A rigor, o mundo não é constituído de 'coisas'... mas de cores, tons, pressões, espaços, tempos, em suma, o que comumente chamamos de sensações individuais".[22] E Ernst Haeckel, o mais proeminente defensor da teoria da evolução de Darwin na Alemanha, escreveu em 1892: "Considero *toda* matéria *dotada de alma*, ou seja, de *sentimentos* (prazer e dor) e movimento". Ele dizia que todas as criaturas vivas, inclusive os micróbios, tinham "atividade psíquica consciente". A matéria inorgânica também tinha um aspecto mental, mas "para mim, as qualidades psíquicas elementares de sensação e vontade, que podem ser atribuídas aos átomos, são *inconscientes*".[23]

Nos Estados Unidos, William James, pioneiro da psicologia, defendia uma forma de pampsiquismo em que mentes individuais e uma hierarquia de mentes de ordem inferior e superior constituíam a realidade do cosmos.[24] O filósofo Charles Sanders Peirce concebia o físico e o mental como aspectos diferentes da realidade subjacente: "Toda mente mais ou menos partilha da natureza da matéria... Algo visto de fora... aparece como matéria. Visto de dentro... aparece como consciência".[25]

Na França, o filósofo Henri Bergson elevou essa tradição de pensamento a um novo patamar ao enfatizar a importância da memória. Todos os eventos físicos contêm uma memória do passado, que é o que permite que perdurem. Os contemporâneos de Bergson achavam que a matéria inconsciente da física mecanicista permanecia inalterada até sofrer a ação de forças externas; a matéria vivia em um instante eterno e não encerrava tempo. Para Bergson, a física mecanicista tratava as mudanças de maneira cinematográfica, como se fossem uma série de momentos estáticos, congelados, mas para ele esse tipo de física era uma abstração que deixava de fora a característica essencial da natureza viva: "Duração é, basicamente, uma continuação do que não mais existe no que realmente existe. Esse é o tempo real, percebido e vivido... Duração, portanto, implica consciência; e colocamos a consciência no centro das coisas pela exata razão de lhes atribuirmos um tempo que dura".[26]

Nem mesmo alguns dos mais influentes materialistas modernos conseguem resistir à tentação de dotar os sistemas biológicos de subjetividade. Os "genes egoístas" de Richard Dawkins são um exemplo de matéria animada. Mas, enquanto o vitalismo molecular de Dawkins é reconhecidamente um dispositivo retórico, seu colega Daniel Dennett tentou invocar um tipo de consciência primitiva a partir de genes ou replicadores, dotando-os de um "interesse" em autorreplicação: "Quando entra em cena uma entidade capaz de exibir um comportamento, por mais primitivo que seja, de evitar a sua própria dissolução e decomposição, ela traz consigo ao mundo tudo o que tem de 'bom'. Quer dizer, cria um ponto de vista".[27]

Ocasiões de experiência

O principal filósofo pampsiquista dos países de língua inglesa foi Alfred North Whitehead, que iniciou sua carreira como matemático no Trinity College,

Cambridge, onde foi professor de Bertrand Russell. Juntos, eles escreveram *Principia Mathematica* (1910-1913), um dos mais importantes trabalhos de filosofia matemática do século XX. Em seguida, Whitehead elaborou uma teoria da relatividade que fazia previsões praticamente idênticas às de Einstein, e ambas as teorias foram confirmadas pelos mesmos experimentos.

Whitehead foi, provavelmente, o primeiro filósofo a reconhecer as implicações radicais da teoria quântica. Ele percebeu que a teoria ondulatória da matéria jogava por terra a velha ideia de que os corpos materiais eram basicamente espaciais, existindo em determinadas épocas, mas sem encerrar tempo. De acordo com a física quântica, todo elemento primordial de matéria é um "sistema organizado de fluxo vibratório de energia".[28] Uma onda não se forma num instante, leva tempo; suas ondas conectam o passado e o futuro. Para Whitehead, o mundo físico era constituído não de objetos materiais, mas de *entidades* ou *eventos reais*. Um evento é um acontecimento ou um devir. Encerra tempo. Trata-se de um processo, e não de uma coisa. Segundo Whitehead: "Um evento, ao ocorrer, exibe um padrão". O padrão "requer uma duração que envolve um lapso de tempo definido, e não meramente um momento instantâneo".[29]

Como Whitehead deixou claro, a própria física apontava para a conclusão que Bergson já tinha chegado. Não existe matéria atemporal. Todos os objetos físicos são processos que encerram tempo, uma duração interna. A física quântica mostra que existe um período mínimo para os eventos, porque tudo é vibratório, e nenhuma vibração pode ser instantânea. As unidades fundamentais da natureza, como fótons e elétrons, são temporais e espaciais. Não existe "natureza num instante".[30]

Talvez a característica mais surpreendente e original da teoria de Whitehead fosse sua perspectiva sobre a relação entre mente e corpo como uma relação *no tempo*. Essa relação geralmente é concebida como espacial: a sua mente está dentro do seu corpo, enquanto o mundo físico está fora. A sua mente vê coisas de uma perspectiva interna; ela tem uma vida interior. Até mesmo de um ponto de vista materialista, a mente está literalmente "dentro" — dentro do cérebro, isolada na escuridão do crânio. O restante do corpo e todo o mundo exterior estão "fora".

Em contrapartida, para Whitehead mente e matéria estão relacionadas como fases num processo. O tempo, e não o espaço, é o segredo dessa relação. A realidade é constituída de momentos em processo, e um momento informa o seguinte. Para distinguir os momentos é preciso que o experimentador sinta a diferença entre o momento de agora e os momentos passados ou futuros. Toda realidade é um momento de experiência. Quando expira e se torna um momento passado, é sucedido por um novo momento de "agora", um novo sujeito de experiência. Enquanto isso, o momento que acabou de expirar torna-se um objeto passado do novo sujeito – e também um objeto de outros sujeitos. Whitehead resumiu essa ideia da seguinte maneira: "Agora sujeito, depois objeto".[31] A experiência é sempre "agora" e a matéria é sempre "passado". A ligação do passado com o presente é causalidade física, como na física comum, e a ligação do presente com o passado é sentimento ou, empregando o termo técnico de Whitehead, "apreensão", que significa literalmente percepção ou compreensão.

De acordo com Whitehead, toda ocasião real é, portanto, determinada tanto por causas físicas do passado como pelo sujeito autocriativo e autorrenovador que escolhe seu próprio passado e entre seus possíveis futuros. Por intermédio de suas apreensões, ela escolhe quais aspectos do passado trazer para o seu próprio ser físico no presente e também entre as possibilidades que determinam seu futuro. Está conectada ao seu passado por meio de memórias seletivas e ao seu possível futuro por meio de suas escolhas. Até mesmo os menores processos possíveis, como eventos quânticos, são físicos e mentais; são orientados no tempo. A direção da causação física é do passado para o presente, mas a direção da atividade mental é no sentido oposto, do presente para o passado, por meio de apreensões e de possíveis futuros para o presente. Há, portanto, uma polaridade temporal entre os polos mental e físico de um evento: a causação física do passado para o presente e a causação mental do presente para o passado.

Whitehead não estava propondo que os átomos são conscientes do mesmo modo que nós somos, mas que têm experiências e sensações. Sensações, emoções e experiências são mais fundamentais que a consciência humana, e todo evento mental é informado e condicionado causalmente por eventos materiais, estes próprios compostos por experiências expiradas. O conhecimento só é possível porque o passado flui para o presente, formando-o e moldando-o; ao mesmo tempo, o sujeito escolhe entre as possibilidades que ajudam a determinar o seu futuro.[32]

A filosofia de Whitehead é notoriamente difícil de acompanhar, sobretudo em seu respeitado livro *Process and Reality* (1929), mas suas ideias sobre a relação temporal entre mente e matéria indicam o caminho a seguir e vale a pena tentar entendê-las, mesmo que sejam bastante abstratas. Um de seus expoentes modernos, Christian de Quincey, descreveu sua teoria da seguinte maneira:

> Pense em realidade como composta por incontáveis zilhões de "momentos bolha", em que cada bolha é física e mental — uma bolha ou *quantum* de *energia senciente*... Cada bolha existe por um momento e depois *estoura!*, e o borrifo resultante é a "substância" objetiva que compõe o polo físico da próxima bolha momentânea... O tempo é a nossa experiência com a sucessão contínua dessas bolhas momentâneas de Ser (ou bolhas de *devir*) estourando dentro e fora do momento presente de *agora*. Sentimos essa sucessão de momentos como o fluxo do presente entrando no passado, sempre reabastecido por novos momentos de "agora" provenientes de uma fonte evidentemente inesgotável que objetificamos como futuro.... O futuro não existe, exceto como *potenciais* ou possibilidades no momento presente — em experiência — que está sempre condicionada pela pressão objetiva do passado (o mundo físico). Subjetividade (conscientização, percepção), essa é a sensação de vivenciar essas possibilidades e escolher uma delas para criar o próximo novo momento de experiência.[33]

A relação da experiência consciente com o tempo foi investigada experimentalmente, produzindo resultados intrigantes.

Experiência consciente e atividade cerebral

Muitos filósofos teorizaram sobre a relação entre a mente e o cérebro, mas o neurocientista Benjamin Libet e sua equipe, em San Francisco, pesquisaram essa relação experimentalmente avaliando as alterações cerebrais e o momento em que ocorriam as experiências conscientes.

Primeiro, a equipe de Libet estimulava os sujeitos com *flashes* de luz ou uma rápida sequência de leves pulsos elétricos aplicados nas costas da mão. Quando o estímulo era curto, menos de metade de um segundo (500 milissegundos), os sujeitos não tomavam consciência dele, embora seu córtex sensorial respondesse. Mas, quando o estímulo durava mais de 500 milissegundos, os sujeitos tomavam consciência dele. Até aí, tudo bem. A necessidade de uma duração mínima do estímulo, por si só, não surpreende. O que *surpreende* é o fato de que a percepção consciente do estímulo no sujeito não ocorria após 500 milissegundos, mas sim quando o estímulo era iniciado. Em outras palavras, levava meio segundo para o estímulo ser sentido de forma subjetiva, mas essa experiência subjetiva era retroativa ao momento em que o estímulo era aplicado. "Há um encaminhamento subjetivo automático da experiência consciente em sentido retroativo no tempo... A experiência sensorial 'precede' o atraso real de tempo em que o estado neuronal torna-se suficiente para evocá-la; e a experiência parece ocorrer subjetivamente sem atraso significativo."[34]

Em seguida, Libet analisou o que acontecia quando os participantes faziam opções conscientes. Para isso, ele media a atividade elétrica cerebral dos sujeitos com o auxílio de um eletroencefalograma (EEG), por meio de pequenos eletrodos colocados sobre o couro cabeludo. No experimento, os sujeitos permaneciam sentados, imóveis, e eram solicitados a flexionar um dos dedos da mão ou a pressionar um botão toda vez que sentissem vontade. Eles também informavam o momento em que decidiam fazer o movimento ou que sentiam vontade de fazê-lo. Essa decisão consciente ocorria cerca de 200 milissegundos antes do movimento do dedo. Esse fato parecia simples — a escolha precedia a ação. O extraordinário era que as alterações elétricas cerebrais ocorriam cerca de 300 milissegundos *antes* que qualquer decisão consciente fosse tomada.[35] Essas alterações receberam o nome de "potencial de prontidão".

Para alguns neurocientistas e filósofos, a descoberta de Libet parecia ser a prova experimental definitiva de que o livre-arbítrio é uma ilusão. Primeiro o cérebro apresentava alterações e, cerca de um terço de segundo depois, a percepção consciente seguia-se à decisão, em vez de iniciá-la. Portanto, a "decisão" era causada por processos físicos inconscientes, e não por livre-arbítrio.[36]

O próprio Libet tinha uma visão diferente. Para ele, no tempo transcorrido entre a percepção consciente do desejo de agir e a execução do movimento — um intervalo de 200 milissegundos — a mente consciente tinha oportunidade de vetar a decisão. Em vez de livre-arbítrio, temos "livre-veto". Essa decisão consciente dependia do que Libet chamava de "campo mental consciente" (CMC), que emergia das atividades cerebrais, mas não era determinado fisicamente por estas. O campo mental consciente atuava sobre as atividades cerebrais, talvez influenciando eventos neuronais que, de outro modo, seriam aleatórios ou indeterminados. Esse campo também ajudava a integrar as atividades de diferentes partes do cérebro e tinham a propriedade de "recorrer" a experiências subjetivas passadas e, assim, atuava recuando no tempo.[37]

> O campo mental consciente unifica a experiência gerada pelas diversas unidades neurais. Além disso, é capaz de influenciar algumas atividades neurais e formar a base para a vontade consciente. O campo mental consciente é um novo campo "natural". Não é um campo físico, pois não pode ser observado nem medido diretamente por nenhum meio físico externo. Esse atributo é, obviamente, a conhecida característica da experiência subjetiva consciente, que só é acessível ao indivíduo que está passando pela experiência.[38]

Para ir um passo além de Libet, se o campo mental atuasse sobre a atividade nervosa recuando no tempo, então o campo mental consciente poderia *desencadear* o potencial de prontidão que o precedeu. A causação mental se daria do futuro para o passado, enquanto a causação física se daria do passado para o futuro.

A interpretação materialista da descoberta de Libet pressupõe que a causação seja unidirecional, do passado para o futuro. Mas se a causação mental atua em sentido oposto, então a escolha consciente poderia desencadear o potencial de prontidão. No Capítulo 9, analisarei mais detalhadamente as evidências experimentais de um fluxo retrógrado de influências de estados mentais futuros.

Mentes conscientes e inconscientes

A palavra "inconsciente" tem pelo menos dois significados. Um deles é totalmente destituído de consciência, experiência e sentimento, e é isso o que os
materialistas querem dizer quando afirmam que a matéria é inconsciente. Os
físicos e químicos tratam os sistemas que estudam como inconscientes exatamente neste sentido. Mas um significado bastante diferente de "inconsciente"
está implícito na expressão "mente inconsciente". A maioria dos nossos próprios processos mentais é inconsciente, inclusive a maior parte dos nossos
hábitos. Podemos dirigir um carro e conversar ao mesmo tempo, enquanto a
nossa percepção da estrada e dos outros veículos afeta as nossas reações, sem
estar conscientes de todos os nossos movimentos e escolhas. Quando chego
a um cruzamento conhecido, viro à direita automaticamente, porque essa é
minha rota habitual. Estou escolhendo entre possibilidades, mas com base
no hábito. Por outro lado, se estou dirigindo numa cidade que não conheço
e tentando me localizar com o auxílio de um mapa, minha escolha quando
chego a um cruzamento depende de uma deliberação consciente. Mas apenas
uma pequena parte das nossas ações é consciente. A maior parte do nosso
comportamento é habitual, e os hábitos, por sua própria natureza, operam
inconscientemente.

Assim como os seres humanos, os animais, de maneira geral, são criaturas
de hábito. Porém, o fato de não terem consciência da maior parte de suas
ações — como nós também não temos consciência da maior parte dos nossos
atos — não significa que sejam máquinas destituídas de mente. Os animais
têm um aspecto mental e um aspecto físico, e seu aspecto mental é moldado
por seus hábitos, sentimentos e potencialidades, dentre os quais eles fazem
escolhas conscientes ou inconscientes.

Talvez não faça muito sentido afirmar que elétrons, átomos e moléculas
fazem escolhas conscientes, mas eles podem fazer escolhas inconscientes baseadas em hábitos, assim como os animais e nós fazemos. De acordo com a
teoria quântica, até mesmo partículas elementares como os elétrons têm muitas possibilidades futuras. Para calcular o comportamento dessas partículas,
os físicos têm de levar em conta todos os seus possíveis futuros.[39] Os elétrons
são físicos, no sentido de que recriam elementos do seu passado; mas também

têm um polo mental, no sentido de que relacionam essa recriação do passado com suas potencialidades futuras, o que, de certa forma, age retroagindo no tempo.

Mas será que podemos dizer que os elétrons têm experiências, sensibilidades e motivações? Será que podem ser atraídos para um possível futuro ou repelidos por outro? A resposta é "sim". Para começar, eles são carregados eletricamente; eles "sentem" o campo elétrico ao seu redor; são atraídos para corpos com carga positiva e repelidos por aqueles com carga negativa. Os físicos modelam seu comportamento matematicamente sem supor que suas sensações, atrações e repulsões sejam algo mais que forças físicas ou que seu comportamento individual imprevisível seja governado por algo mais que acaso e probabilidade. Os materialistas diriam que apenas por metáforas excêntricas é possível considerar que os elétrons tenham sensações ou experiência. Mas alguns físicos, como David Bohm e Freeman Dyson, não pensam assim. Bohm fez a seguinte observação: "A questão é se a matéria é grosseira e mecânica ou se vai ficando cada vez mais sutil até se tornar indistinguível daquilo que as pessoas chamam de mente".[40] Freeman Dyson fez o seguinte comentário:

Acho que a nossa consciência não é apenas um epifenômeno passivo causado por eventos químicos cerebrais, mas um agente ativo que força os complexos moleculares a escolherem entre um estado quântico e outro. Em outras palavras, a mente já é inerente a cada elétron, e os processos da consciência humana só diferem em grau, mas não em espécie, dos processos de escolha entre estados quânticos que denominamos "acaso" quando são realizados por um elétron.[41]

Essas são questões difíceis e levantam todos os tipos de discussão sobre o significado das palavras "sensação", "experiência" e "atração". Elas são metafóricas quando aplicadas a sistemas quânticos? Talvez. Mas não temos escolha entre pensamento metafórico e não metafórico. Não há zonas livres de metáfora na ciência. Toda a ciência está impregnada por metáforas jurídicas, como em "leis da natureza", e as teorias materialistas da mente, por metáforas de computador, e assim por diante. Mas as questões não são meramente literárias ou retóricas, e sim científicas. Como Bergson e Whitehead deixaram claro, e como Libet demonstrou por meio de experimento, os aspectos físico e mental dos corpos materiais têm relações diferentes com o tempo e com a causação.

No Capítulo 5, voltarei a analisar as influências que fluem do futuro para o passado no contexto dos propósitos da natureza.

Que diferença isso faz?

A pergunta "A matéria é inconsciente?" não é apenas abstrata e intelectual. Ela faz uma enorme diferença. Influencia o modo como nos relacionamos com outras pessoas e com o mundo e molda a nossa experiência de nós mesmos. Se o materialismo estiver certo, o nosso corpo, inclusive o seu e o meu, é basicamente inconsciente. As suas experiências subjetivas emergem do seu cérebro como epifenômeno, ou então são um mero aspecto da sua atividade física cerebral, mas não podem exercer nenhum efeito. Seus pensamentos, desejos e decisões não podem interferir na causalidade física normal. Suas opções são ilusórias. O materialismo promete que, em algum momento no futuro, todo o comportamento e todas as crenças dos seres humanos, inclusive a crença no materialismo, serão totalmente explicados pelos mecanismos físico--químicos do cérebro humano, juntamente com eventos aleatórios dentro e fora dos corpos humanos.

Mas, e se essas crenças materialistas forem ilusões? Talvez você esteja realmente livre para escolher suas crenças com base em argumentos, evidências e experiências. Talvez seja realmente consciente. Talvez outros animais também sejam conscientes e tenham, até certo ponto, capacidade de escolher livremente. Talvez todos os organismos, físicos e biológicos, tenham experiências e sensações, inclusive átomos, moléculas, cristais, células, tecidos, órgãos, plantas, animais, sociedades de organismos, ecossistemas, planetas, sistemas solares e galáxias.

Faz uma grande diferença pensar em si mesmo como um mecanismo semelhante a um zumbi num mundo mecânico inconsciente ou como um ser verdadeiramente consciente capaz de fazer escolhas e viver entre outros seres com sensações, experiências e desejos.

Perguntas para os materialistas

Você acredita que a nossa própria consciência seja simplesmente um aspecto ou epifenômeno da nossa atividade cerebral?

Se a consciência não tem nenhuma função, por que ela evoluiu como uma adaptação evolutiva?

Você concorda com o filósofo materialista Galen Strawson que materialismo implica pampsiquismo?

Sua crença no materialismo é determinada por processos inconscientes no seu cérebro, e não por razão, evidências e escolha?

RESUMO

Na ciência mecanicista do século XVII, a matéria era definida como inconsciente, e as mentes conscientes restringiam-se aos seres humanos, junto com os espíritos, os anjos e Deus. Havia uma dualidade de espírito e matéria. Ninguém conseguia explicar de maneira satisfatória como mentes não físicas podiam interagir com cérebros materiais, e os materialistas rejeitavam a existência dessas entidades imateriais misteriosas, deixando apenas a matéria inconsciente. Mas, como nós mesmos somos conscientes, essa eliminação da mente criou um grande problema para os materialistas, que tentaram negar a existência da consciência humana ou descartá-la como ilusória. Porém, em vez de pressupor que materialismo e dualismo sejam as únicas opções, alguns filósofos exploraram a ideia de que todos os sistemas auto-organizadores têm um aspecto mental e um aspecto físico. Suas mentes estão em sintonia com seus objetivos futuros e são moldadas por memórias do passado, tanto individuais como coletivas. A relação da mente com o corpo tem mais a ver com o *tempo* do que com o espaço. A mente escolhe entre possíveis futuros, e a causação mental atua no sentido oposto ao da causação energética, de futuros virtuais para o passado, e não do passado para o futuro.

5

A natureza é destituída de propósito?

Propósitos estão relacionados com fins, metas ou intenções, conscientes ou inconscientes. Eles ligam os organismos aos seus potenciais futuros. A palavra "propósito" deriva do latim *proponere*, que significa propor ou apresentar; a palavra "intenção" deriva do latim *intendere*, ação de estender para. O termo grego para "fim", *telos*, é a raiz de "teleologia", o estudo dos fins, metas ou objetivos.

Todas essas palavras apontam para um conceito difícil de entender. Os propósitos existem numa esfera virtual, e não numa realidade física. Conectam os organismos com fins e metas que ainda não foram atingidos; são *atratores*, no jargão da dinâmica, um ramo da matemática moderna. Propósitos ou atratores não podem ser pesados; não são materiais. No entanto, influenciam os corpos materiais e têm efeitos físicos. As atividades que você desempenha, à medida que procura atingir suas metas, são fenômenos objetivos que podem ser filmados e medidos. Um cão que puxa a coleira para ir ao encontro de uma cadela no cio exerce uma força que pode ser quantificada incorporando-se uma balança de mola à coleira. O desejo do cão tem força e direção mensuráveis. Propósitos ou motivos são causas, mas agem puxando em direção a um futuro virtual, e não empurrando a partir de um passado real.

De acordo com a tradicional filosofia medieval, influenciada por Aristóteles e Tomás de Aquino, todos os organismos vivos tinham fins ou propósitos próprios, determinados por suas almas. Os propósitos fundamentais dos animais e das plantas eram desenvolver-se, manter-se e reproduzir-se. Seus fins ou metas eram chamados de "causas finais" e atuavam por atração. O *telos*, ou meta, de uma muda de carvalho era ser uma árvore de carvalho, reproduzindo-se. As causas finais puxavam a partir do futuro por atração, enquanto as causas eficientes ou motoras atuavam a partir do passado, empurrando.

A revolução mecanicista que ocorreu na ciência durante o século XVII aboliu os fins, os propósitos, as metas e as causas finais. Tudo devia ser explicado em termos mecânicos, pela matéria sendo empurrada do passado, como na dinâmica da bola de bilhar, ou por forças que atuavam no presente, como na gravitação. Essa doutrina de quatrocentos anos de idade ainda é um artigo de fé no credo da ciência, mas não se adequa nos fatos. Os cientistas, portanto, continuam inventando finalidades ou metas disfarçadas.

Propósitos dos organismos vivos

As máquinas, ao contrário dos organismos vivos, não têm seus próprios propósitos internos. Ao contrário de um cavalo, um carro não tem desejo próprio de ir a um lugar em vez de outro. Um computador não tem propósito próprio, mas executa programas destinados a servir aos propósitos de seu usuário humano. Um míssil guiado não escolhe sua própria meta; ele é programado para atingir um alvo, ao contrário de um pombo de competição, que regressa espontaneamente para casa. As máquinas cumprem os propósitos humanos, que são externos ao maquinário, mas os organismos vivos, inclusive os seres humanos, têm seus próprios propósitos, fins e metas. Como afirmo abaixo, os fins são expressos primeiramente por sua *morfogênese*, a origem de suas formas corporais (do grego *morphe*, forma, e *gênesis*, origem, nascimento), como no desenvolvimento de uma faia a partir de uma semente ou de um martim-pescador a partir de um ovo.

A filosofia mecanicista aboliu as causas finais, e toda a natureza ficou desprovida de propósitos. Os estudantes de biologia aprendem a negar a existência de propósitos do ponto de vista da evolução neodarwinista: o propósito do olho não é possibilitar a visão, é produto de mutações genéticas aleatórias e seleção natural; os olhos evoluíram porque permitiam que os animais capazes de enxergar sobrevivessem e se reproduzissem melhor do que os organismos que não podiam enxergar. O problema desse tipo de interpretação é que não explica o propósito dos organismos vivos, mas sim pressupõe. Os organismos vivos existem porque seus ancestrais já tinham propósito, no sentido de que eram capazes de se desenvolver, sobreviver e se reproduzir. As características que os ajudaram a se sair tão bem foram favorecidas pela seleção natural, mas essas atividades fundamentais direcionadas para metas já estavam presentes nas primeiras células vivas.

Para Descartes e muitos outros cientistas, os seres humanos ainda tinham propósitos, embora o restante da natureza não tivesse. Além da natureza material, tinham alma racional; só eles tinham mente consciente e comportamento proposital. Eram exceções ao restante da natureza. Mas o materialismo rejeita essa doutrina. Os seres humanos não diferem radicalmente do restante da natureza; não existe esse negócio de alma humana imaterial. Só existem cérebros que operam mecanicamente.

No entanto, as pessoas ainda têm propósitos, e o comportamento dos animais e das plantas é direcionado para metas. De modo que os propósitos sempre voltam, travestidos em termos como "teleonomia" ou nos objetivos dos "genes egoístas", que Richard Dawkins imagina serem motivados por um desejo irrefreável de se replicar: "Eles estão em você e em mim; eles nos criaram, corpo e mente; e sua preservação é a razão última da nossa existência".[1]

A maioria dos biólogos está dividida entre a aceitação prática da teleologia ou teleonomia e sua rejeição em nome da ideologia mecanicista. De modo geral, na biologia moderna o sujeito está enredado numa mistura confusa de retórica teleológica e negação zelosa, uma bagunça que fica ainda pior quando se confunde dois significados de propósito: em primeiro lugar, o propósito dos seres vivos de desenvolver-se, manter-se e reproduzir-se, completando seus ciclos vitais e repetindo padrões herdados de seus ancestrais; em segundo, a questão se o processo evolutivo como um todo tem qualquer objetivo ou propósito. Essas são questões distintas, e vou deixar para falar sobre os possíveis propósitos evolutivos no final deste capítulo.

Não são apenas os organismos vivos que têm atividades direcionadas para metas. A atividade de uma pedra que está caindo é direcionada, no sentido de que ela é atraída para o solo, onde vai parar. Um pedaço de ferro é atraído para um ímã até ficar o mais próximo possível dele. Atrações gravitacional, magnética e elétrica dão origem a tipos limitados de atividade direcionada. Os organismos vivos vão além.

Em seu livro clássico *The Directiveness of Organic Activities* (1945), o biólogo Edward Stuart Russell resumiu as características gerais da atividade direcionada para metas nos organismos vivos.

1. Quando a meta é atingida, a ação cessa: a meta normalmente é o término de uma ação.
2. Quando a meta não é atingida, a ação geralmente persiste.
3. Essa ação pode variar, e se a meta não puder ser atingida da maneira usual, poderá ser atingida de outra maneira.
4. A mesma meta pode ser atingida a partir de diferentes começos.
5. A atividade direcionada para metas é afetada pelas condições externas, mas não é determinada por estas.

Um exemplo de como a mesma meta pode ser atingida a partir de começos diferentes é o desenvolvimento do ovo de uma libélula depois que metade dele foi destruída (Figura 5.1). A parte posterior do ovo normalmente dá

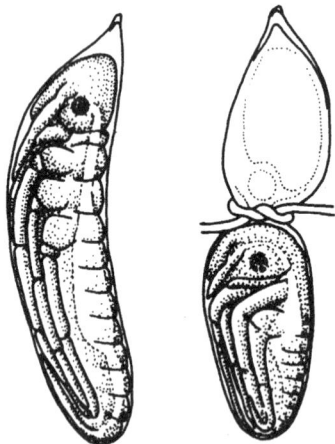

Figura 5.1. À esquerda, um embrião normal de libélula (*Platycnemis pennipes*). À direita, um embrião pequeno, porém completo, formado a partir da metade posterior de um ovo amarrado na altura da sua metade logo depois de ser posto. (Extraído de Weiss, 1939)

origem à parte posterior do embrião, mas se a parte anterior do ovo for destruída, ela dará origem a um embrião pequeno, porém completo. Da mesma forma, na regeneração, um organismo completo pode ser restaurado de uma parte: pense, por exemplo, de que maneira cortes de um salgueiro podem dar origem a uma nova árvore. Se um platelminto for cortado em pedaços, cada pedaço poderá gerar um novo platelminto.

Até mesmo células isoladas têm uma capacidade regenerativa espantosa. A acetabulária, conhecida como taça de vinho de sereia, é uma alga verde unicelular de aproximadamente cinco centímetros de comprimento constituída por três partes principais: rizoides, que fixam a alga às rochas, um talo ou caule e um "chapéu" ou "guarda-chuva" com cerca de um centímetro de diâmetro (Figura 5.2). Essa célula gigante tem um único núcleo em um dos rizoides. Conforme a planta se desenvolve, seu caule se alonga, forma uma série de tufos de pelos que mais tarde caem e, finalmente, forma o chapéu.

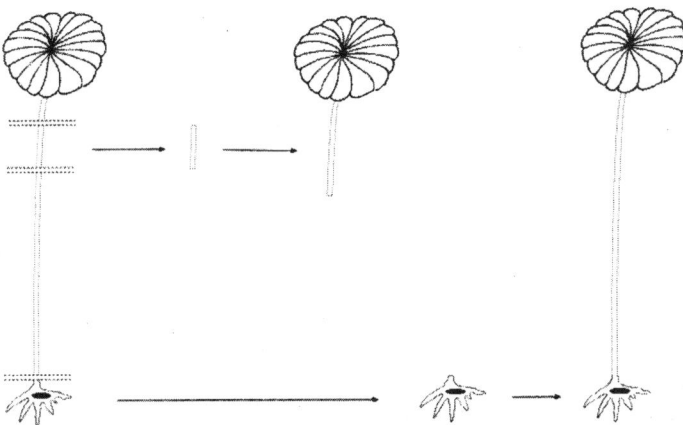

Figura 5.2. Regeneração da alga *Acetabularia mediterranea*, organismo unicelular excepcionalmente grande que mede até cinco centímetros de altura, contendo um chapéu verde no ápice de um longo caule, ancorado em sua base por rizoides. Há um grande núcleo (mostrado como uma figura oval em preto) na base da célula. Quando o caule é cortado próximo à base, forma-se um novo caule e um novo chapéu (mostrado à direita). Quando a parte superior do caule é cortada fora, ocorre o desenvolvimento de mais caule e de um novo chapéu, embora não contenha núcleo.

Se cortarmos fora o chapéu dividindo o caule em dois, após a cicatrização do corte nascerá um novo chapéu, de forma semelhante ao padrão normal de crescimento. Isso pode ocorrer várias vezes se retirarmos o chapéu repetidamente.[2]

Como discuto no próximo capítulo, a pressuposição comum é de que os genes, de alguma forma, controlam ou "programam" o desenvolvimento da forma, como se o núcleo, que contém os genes, fosse uma espécie de cérebro que controla a célula. Mas a acetabulária mostra que a morfogênese pode ocorrer sem genes. Quando um rizoide contendo o núcleo é cortado fora, a alga consegue manter-se viva durante meses, e quando o chapéu é cortado fora ela consegue formar outro chapéu. Ainda mais surpreendente é o fato de que, se um pedaço do caule for cortado, depois que o corte cicatrizar crescerá uma nova ponta na extremidade onde o chapéu estava, que formará um novo chapéu (Figura 5.2).[3] A morfogênese é direcionada para metas e se move na direção de um atrator mórfico mesmo na ausência de genes.

Comportamento animal

Assim como a morfogênese, o comportamento animal é direcionado para metas, e o instinto dos animais pode ser visto como algo que é puxado em direção a atratores que ajudam no seu desenvolvimento, sobrevivência e reprodução, como indivíduos e como membros de grupos sociais, como no caso de uma colmeia. Mas o fato de o comportamento animal ser direcionado para metas não quer dizer que os propósitos dos animais sejam conscientes, assim como o desenvolvimento direcionado para metas da acetabulária não significa que essa alga seja consciente.

O comportamento instintivo consiste em cadeias de padrões mais ou menos estereotipados de comportamento, padrões fixos de ação (PFA). O ponto final de um padrão fixo de ação pode servir como ponto de partida para o seguinte. Os pontos finais de uma cadeia de padrões fixos de ação são chamados de atos consumatórios, como, por exemplo, engolir um alimento.

Assim como no desenvolvimento da forma, os animais têm uma capacidade inerente de ajustar ou regular seu comportamento, de modo que o ponto final seja atingido mesmo quando ocorrem distúrbios. Os etólogos, especialistas em comportamento animal, observaram que muitos padrões fixos de ação apresentam um componente "fixo" e um componente "orientador", relativamente flexível. Por exemplo, um ganso selvagem recupera um ovo que rolou para fora do ninho colocando o bico na frente do ovo e fazendo-o rolar novamente em direção ao ninho. Durante esse processo, os movimentos oscilantes do ovo são compensados pelos movimentos laterais do bico.[4] Esses movimentos compensatórios ocorrem de forma flexível, em resposta aos movimentos do ovo, e são direcionados para a meta fixa de fazer com que o ovo volte para o ninho.

As similaridades da atividade direcionada para metas no comportamento e na morfogênese são mais claras no comportamento de nidificação. Por exemplo, a vespa fêmea da espécie australiana *Paralastor* constrói ninhos subterrâneos escavando um buraco estreito com aproximadamente oito centímetros de comprimento e um centímetro de largura em solo duro e arenoso. Em seguida, forra as paredes do buraco com barro feito de terra encontrada próximo ao ninho e água liberada do seu papo. A vespa forma uma bola de barro com as mandíbulas e a leva para o buraco para revestir as paredes. Depois que a parede está totalmente forrada, a vespa constrói, com várias bolinhas de barro, um grande e elaborado funil sobre o orifício de entrada (Figura 5.3A). Aparentemente, a função desse funil é impedir a entrada de vespas parasitas, que não conseguem agarrar-se à superfície lisa do interior do funil: elas caem ao tentar entrar.

Quando o funil está pronto, a vespa põe um ovo no fundo do ninho e começa a estocar o ninho de lagartas, que são fechadas em células de cerca de dois centímetros de comprimento. A última célula, mais próxima da entrada, é deixada vazia, possivelmente para proteger o ninho contra parasitas. Em seguida, a vespa tampa o ninho com barro e destrói o funil cuidadosamente construído, deixando apenas os pedaços espalhados pelo chão.

Essa é uma sequência de padrões fixos de ação. O ponto final de cada padrão serve de estímulo para o próximo. Assim como no desenvolvimento embrionário, os mesmos pontos finais poderão ser alcançados por uma rota diferente se a rota normal for perturbada. Por exemplo, em alguns experimentos, os pesquisadores destruíram funis quase acabados enquanto as vespas

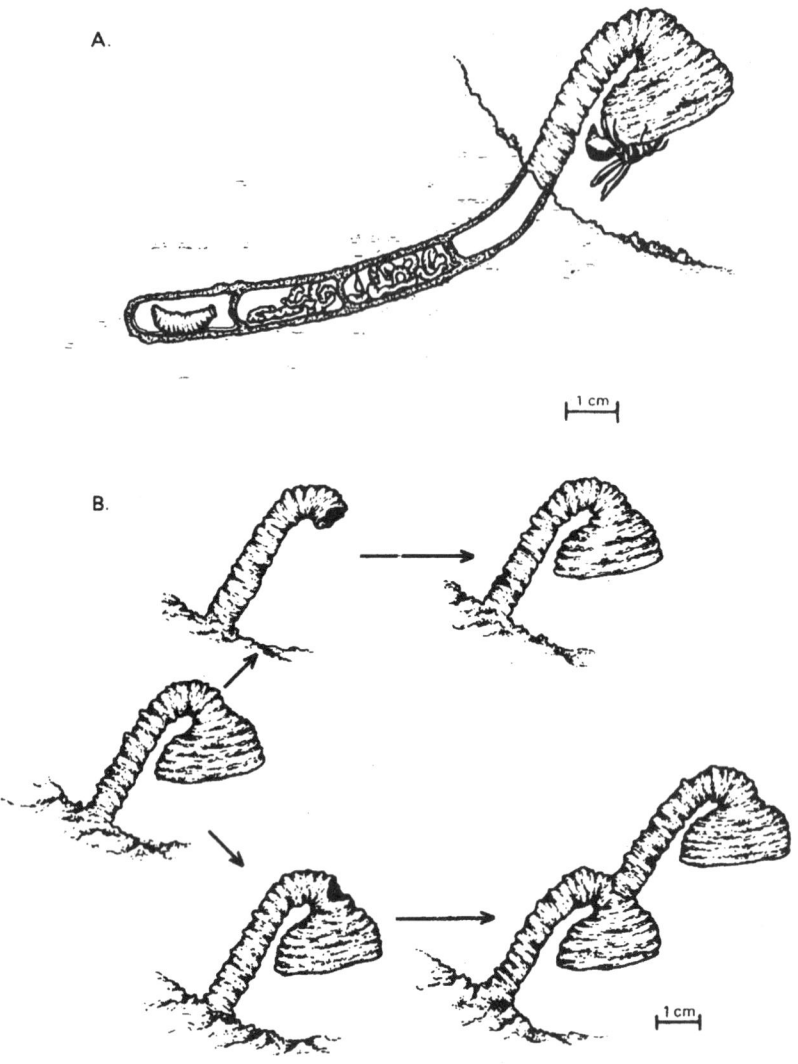

Figura 5.3 A: Ninho estocado de alimentos de uma vespa *Paralastor*. B: Funis repa‑
rados pelas vespas *Paralastor*. Acima, um novo funil é construído depois que o expe‑
rimentador removeu o antigo. Embaixo, funil extra construído pela vespa por causa
do buraco feito na parte superior do funil normal. (Figura extraída de Barnett, 1981)

estavam fora coletando barro. As vespas reconstruíram os funis na sua forma original; eles foram regenerados. Quando os cientistas os destruíam novamente, as vespas os reconstruíam. No caso de uma vespa em particular, esse processo foi repetido sete vezes.[5]

Em segundo lugar, o experimentador roubou funis quase acabados de algumas vespas e os transplantou em outros ninhos, onde as vespas mal haviam começado a construir seus funis e tinham saído para coletar barro. Quando as vespas voltaram com as bolinhas de barro e encontraram os funis prontos, examinaram-nos rapidamente por dentro e por fora e, depois, terminaram de construí-los como se fossem delas próprias.

Em terceiro lugar, o experimentador amontoou areia ao redor do pescoço dos funis que estavam sendo construídos. O pescoço normalmente mede aproximadamente 2,5 centímetros de comprimento. Se um funil quase pronto fosse enterrado até ficar só com uma pontinha para fora, a vespa continuava a construí-lo até que ele voltasse a ficar 2,5 centímetros acima do solo.

Por fim, o pesquisador fez vários buracos nos funis em fases diferentes da construção. As vespas detectavam os danos imediatamente e reparavam o funil com barro.

O comportamento mais interessante foi observado em resposta a um tipo de dano que provavelmente nunca ocorreria em condições normais: o pesquisador fez um buraco circular no pescoço do funil depois que a parte em forma de sino tinha sido construída. As vespas logo notaram esses buracos e os examinaram atentamente por fora e por dentro, mas não conseguiram repará-los por dentro, porque a superfície era muito escorregadia. Depois de algum tempo, começaram a tampar com barro a parte externa do buraco. É isso que elas fazem quando começam a construir um funil sobre o orifício de entrada do ninho. Os buracos no pescoço do funil serviram como um estímulo-sinal para a construção, e as vespas construíram um novo funil completo (Figura 5.3B).

A atividade direcionada para metas permite que os animais alcancem seus objetivos apesar de perturbações inesperadas, assim como os embriões em desenvolvimento podem regular-se depois de sofrerem algum dano e produzir organismos normais, e também como plantas e animais regeneram estruturas perdidas.

Atratores

Em muitos modelos de mudança, o fim ou meta é implicitamente visto como um atrator por analogia à gravitação. Na química, por exemplo, os processos de mudança são modelados em termos de poços de potencial (Figura 5.4). Um sistema é atraído para o ponto mais baixo, que tem a mínima energia. Em modelos matemáticos de dinâmica, metas ou fins são representados por *atratores*. Os atratores estão encerrados em *bacias de atração*, dentro das quais são atiradas pequenas bolas. A metáfora primária se resume a uma bacia na qual pequenas bolas são lançadas. As bolas rolam em volta da bacia em diferentes velocidades e ângulos, mas todas acabam no mesmo lugar, no fundo da bacia, que é o atrator. A plausibilidade dessa metáfora reside no fato de o fundo das bacias ser realmente um atrator — um atrator gravitacional.

Em meados do século XX, o biólogo Conrad Waddington descreveu a natureza direcionada para metas do desenvolvimento embrionário em termos de atratores numa "paisagem epigenética" (Figura 5.5). Cada um dos pontos finais representava um órgão, como um olho ou um rim, em direção ao qual uma parte do embrião se desenvolveu. Os vales representavam as vias usuais de mudança pelas quais o órgão se desenvolveu. O processo de desenvolvimento foi representado por bolas que rolavam ao longo dessas vias

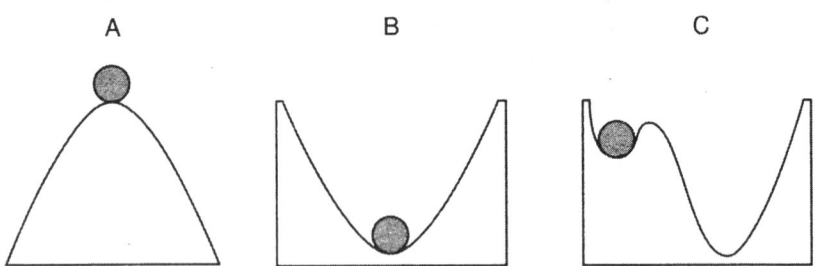

Figura 5.4. Diagrama de um sistema instável (A), de um sistema estável num poço de potencial (B) e de um sistema parcialmente estável (C). A metáfora é gravitacional: a bola tende a rolar para a posição mais baixa, que tem o menor potencial de energia.

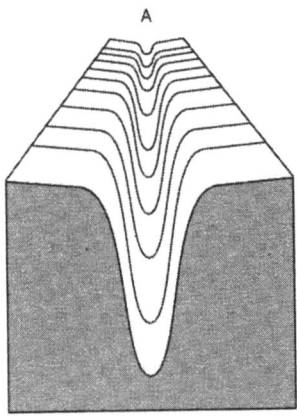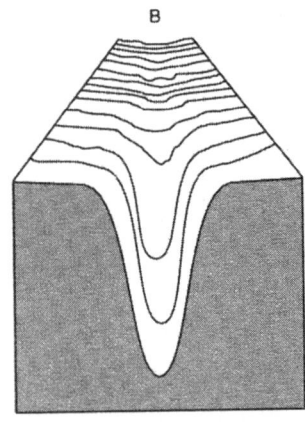

Figura 5.5. Diagrama de um creodo profundamente canalizado (A) e um creodo fracamente canalizado nos estágios iniciais (B). Uma bola desceria pelo vale em direção ao ponto final, que é o atrator.

canalizadas de mudança, ou *creodos* (caminho necessário, em grego), como Waddington as chamava. Uma vantagem desse modelo é que ele explica naturalmente o desenvolvimento de órgãos normais mesmo que o desenvolvimento seja perturbado. Se a bola for empurrada para a lateral de um vale, ela ainda rolará em direção ao atrator quando for liberada. Waddington achava que essas paisagens epigenéticas representavam campos morfogenéticos ou moldadores de forma.

Uma vez mais, a atração nesses modelos epigenéticos é análoga à gravitação. Sistemas em desenvolvimento são atraídos para seus fins ou metas. Eles não são apenas empurrados a partir do passado, mas também puxados a partir do futuro.

Nas décadas de 1970 e 1980, o matemático francês René Thom desenvolveu as ideias de Waddington usando modelos topológicos dinâmicos. Enquanto os modelos de Waddington eram apresentados na forma de diagramas simples, os modelos de Thom eram técnicos e dependiam de um ramo da matemática chamado topologia diferencial, o estudo de superfícies lisas e suas transformações em objetos com diferentes propriedades espaciais. Seus modelos também eram dinâmicos, no sentido técnico de dinâmica como estudo da mudança que ocorre ao longo do tempo, e situavam-se em espaços de fase multidimensionais. Até mesmo muitos matemáticos tinham dificuldade de entender os detalhes técnicos do trabalho de Thom, que ele usou para modelar processos de desenvolvimento em termos de atratores em campos morfogenéticos, desenhando estruturas em desenvolvimento de animais e plantas ao longo de creodos em direção às suas metas de desenvolvimento, como a estrutura de um olho ou de uma folha.[6] Os atratores dentro desses campos ajudavam a explicar a regeneração de estruturas perdidas ou danificadas.

Thom também modelou o comportamento animal em termos de atratores. Por exemplo, no creodo de captura, um predador procura, encontra e obtém alimentos, terminando com a sua ingestão — um ato consumatório, no jargão da etologia.[7]

Os atratores nos campos morfogenéticos são apenas matemática abstrata? Ou será que realmente exercem uma influência causal, arrastando os organismos em direção às suas metas? Existe outro tipo de causação na natureza, além das forças e dos campos já conhecidos pela física? Acho que existe e que está relacionado com o fluxo de influência do futuro virtual para o presente mencionado no Capítulo 4. A ideia de causação de fins ou atratores virtuais que atuam "retroativamente" no tempo encaixa-se muito bem com a distinção temporal entre mente e matéria de Whitehead, sendo que as causas mentais atuam "retroagindo" para o passado. A causação mental flui no sentido retroativo, a partir do domínio das possibilidades latentes no futuro virtual, e interage no presente com a energia que flui no sentido progressivo a partir do passado, resultando em eventos físicos observáveis. O empurrão que impulsiona a energia a partir do passado e o puxão que traciona a energia a partir de futuros virtuais sobrepõem-se no presente, assim como o fazem no caso de uma bola que rola de um lado para o outro na superfície côncava de uma bacia.

Como é que metas virtuais podem exercer influência causal "retroagindo" no tempo? Essa influência causal está confinada ao domínio virtual de potencialidades, em vez de realidades? Ou pode haver também um fluxo de influência de eventos futuros para seus predecessores?

Aparentemente, não vale a pena avaliar a possibilidade de as influências fluírem em sentido retroativo a partir do futuro físico. A maioria das pessoas presume que a causação invertida no tempo é cientificamente impossível. Mas, surpreendentemente, a maioria das leis da física é reversível e opera tão bem do futuro para o passado como do passado para o futuro. Nas equações clássicas das ondas eletromagnéticas de James Clark Maxwell, formuladas em 1864, há duas respostas que descrevem a propagação de ondas leves. Em uma resposta, as ondas propagam-se do presente para o futuro na velocidade da luz, como na compreensão convencional de causação. Mas, na outra resposta, as ondas propagam-se do presente para o passado na velocidade da luz, no sentido oposto ao da causação comum. Essas ondas que se propagam em sentido retroativo no tempo são denominadas "ondas avançadas". Indicam a existência de influências que atuam retroagindo no tempo. As ondas avança-das são parte da matemática do eletromagnetismo, mas os físicos as ignoram por serem consideradas "não físicas".

Entretanto, algumas interpretações da mecânica quântica permitem a exis-tência de influências que atuam em sentido retroativo no tempo ou, em outras palavras, influências causais do futuro. Na interpretação de Richard Feynman, um pósitron, a antipartícula do elétron, pode ser considerado um elétron que "retroage" no tempo. Na interpretação "transacional" da mecânica quânti-ca,[8] os processos quânticos são vistos como ondas interpostas entre emissores e absorvedores, sendo que as ondas avançadas no tempo propagam-se do emissor para o absorvedor e as ondas retardadas no tempo propagam-se do absorvedor para o emissor. Neste exato momento, seu olho absorve um fóton de luz refletido da página deste livro e emite um tipo de antifóton na direção inversa, que atinge a página assim que o fóton é emitido para o seu olho. Há um "aperto de mão" entre a página e o seu olho, com conexões para os dois lados no espaço e no tempo.

Outro modo de encarar os fluxos bidirecionais no tempo da mecânica quântica foi proposto pelo físico quântico Yakir Aharonov e seus colegas. Aharonov é mais conhecido pelo efeito Aharonov-Bohm, aspecto fundamen-tal da teoria quântica relacionado com supercondutividade e vários outros fenômenos quânticos. Em vez da maneira usual de descrever um processo quântico como se propagando apenas para a frente no tempo, Aharonov e seus colegas também incluíram os estados quânticos que se propagam retroativamente: "A evolução temporal é concebida como correlações entre estados progressivos e retroativos, que ocorrem para a frente e para trás no tempo em momentos adjacentes". Embora a maioria de suas análises técnicas envolvesse escalas temporais muito curtas, elas apontavam para uma implicação bastante radical quando os mesmos princípios eram aplicados ao universo como um todo. O estado final do universo — se é que haverá um — atuaria em sentido retroativo, afetando eventos no presente:

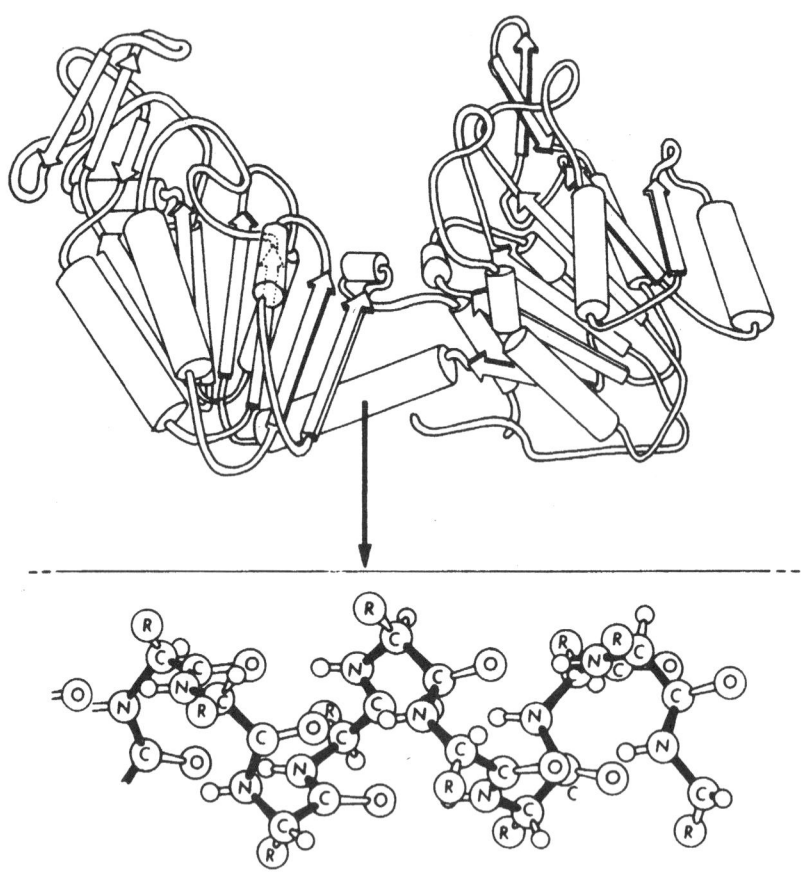

Figura 5.6. Acima: Estrutura da proteína fosfoglicerato quinase, enzima isolada do músculo do cavalo. As hélices alfa são representadas por cilindros, e as folhas beta, por setas. Embaixo: estrutura detalhada de parte de uma hélice alfa, mostrando as posições relativas dos átomos. (Extraído de Banks *et al.*, 1979)

A mecânica quântica leva alguém a deduzir que existe uma verdadeira condição de limite futuro — um suposto estado final do universo. Filosófica ou ideologicamente, pode-se gostar ou não da ideia de um estado cósmico final. É nesse ponto, no entanto, que a mecânica quântica permite especificar um estado inicial *e* um estado final independente. O que seria o estado final, se é que há um, nós não sabemos.[9]

Aharonov e seus colegas afirmaram que os processos invertidos no tempo na mecânica quântica podem ser a ponta do *iceberg* das influências que atuam em sentido retroativo no tempo.

Mas, se os processos invertidos no tempo ocorrem ou não dentro de sistemas físicos a partir de futuros reais, a influência de futuros ou potencialidades *virtuais* é de fundamental importância em todos os padrões de organização em desenvolvimento, inclusive moléculas.

Dobramento de proteínas

Não é só nos organismos vivos que os processos são puxados em direção a atratores. A formação de moléculas químicas também é um tipo de morfogênese; moléculas são formas ou estruturas. Suas formas podem ser representadas por atratores que ficam no fundo de poços potenciais (Figura 5.1.): as moléculas são estáveis porque são estruturas de mínima energia. Se forem perturbadas e afastadas do fundo do poço, logo voltam para ele.

No caso de moléculas simples, como o dióxido de carbono, existe uma estrutura simples na qual a energia livre é mínima. Mas, no caso de moléculas grandes e complexas, como as proteínas, existe uma enorme gama de estruturas possíveis. As moléculas proteicas são compostas por cadeias polipeptídicas, sequências de aminoácidos que se enrolam e se dobram, assumindo formas tridimensionais complexas (Figura 5.6). Um determinado tipo de molécula proteica dobra-se em uma estrutura única. Em laboratório, é possível fazer com que muitas proteínas se desdobrem promovendo modificações em seu ambiente químico. Recolocadas em condições apropriadas, elas se dobram novamente, assumindo sua conformação original.[10] As proteínas retornam a um ponto final estável.

Esse ponto final estável é uma estrutura de energia mínima no fundo de um poço de potencial. Mas isso não prova que seja a única estrutura com energia mínima; pode haver centenas ou milhares de outras possíveis estruturas com a mesma energia mínima. Na verdade, os cálculos para prever a estrutura tridimensional das proteínas, começando da sequência linear de aminoácidos codificados pelo DNA, produzem um grande número de soluções.[11] Na literatura sobre dobramento de proteínas isso é conhecido como "problema dos múltiplos mínimos".[12]

Existem razões persuasivas para se pensar que a proteína só "testa" todos esses mínimos depois de encontrar aquele correto. Christian Anfinsen, que ganhou o Prêmio Nobel por seu trabalho sobre dobramento das proteínas, disse o seguinte:

Se a cadeia explorasse aleatoriamente todas as configurações possíveis por rotações sobre as várias ligações simples da estrutura, levaria muito tempo para atingir a configuração original. Por exemplo, se os resíduos individuais de uma cadeia polipeptídica desdobrada só pudessem existir em dois estados, o que seria uma subestimativa grosseira, o número de conformações possíveis geradas aleatoriamente pelos resíduos de uma cadeia de 150 aminoácidos seria de 10^{45} (embora, obviamente, seja provável que a maioria destes fosse impossível). Se cada conformação pudesse ser explorada à frequência de uma rotação molecular (10^{12} s^{-1}), o que é uma superestimativa, levaria aproximadamente 10^{26} anos para examinar todas as conformações possíveis. Como a síntese e o dobramento de uma cadeia proteica como a da ribonuclease ou da lisozima podem levar cerca de dois minutos, fica claro que no processo de dobramento não são exploradas todas as conformações possíveis. Ao contrário, parece-nos que, em resposta a interações locais, a cadeia peptídica é direcionada para uma variedade de possíveis vias de baixa energia (de número relativamente pequeno), possivelmente passando por estados intermediários únicos até assumir a conformação de energia livre mais baixa.[13]

Mas o processo de dobramento não apenas pode ser "direcionado" para certas vias, mas também atraído para determinada conformação com energia livre mínima, e não para qualquer outra configuração possível com a mesma energia livre mínima. Pode-se dizer que a via de dobramento é um creodo no campo morfogenético de uma proteína, e a estrutura tridimensional final, um atrator. Assim como na morfogênese biológica, a morfogênese química é direcionada para um fim. A energia, sozinha, não pode selecionar entre essas possibilidades e determinar a estrutura específica assumida pelo sistema.[14]

O fracasso do reducionismo

Os materialistas acreditavam que os átomos eram a realidade eterna definitiva e queriam explicar tudo em termos da física e química dessas partículas minúsculas e das interações entre elas. Os átomos eram a base sólida sobre a qual se encontravam todas as explicações materiais. Mas a física do século XX mostrou que os átomos não são partículas inertes de matéria sólida. São estruturas de atividade vibratória constituídas de partículas subatômicas, que são, elas próprias, padrões vibratórios de atividade. Hoje, os reducionistas precisam explicar tudo sob a óptica da física de partículas e das forças físicas fundamentais. Mentes devem ser reduzidas a cérebros, cérebros à química e à física das células nervosas, células a moléculas, moléculas a átomos e átomos a partículas subatômicas. Nesse espírito atomista, muitos cientistas estão convencidos de que, depois que os físicos explicaram os campos e as partículas fundamentais, todo o resto será uma mera questão de detalhes. Stephen Hawking exprimiu a visão clássica:

Como a estrutura das moléculas e suas reações mútuas subjazem toda a química e a biologia, a mecânica quântica nos permite, em princípio, prever quase tudo que vemos ao nosso redor, dentro dos limites estabelecidos pelo princípio da incerteza. (Na prática, porém, os cálculos necessários para sistemas que contenham mais do que alguns elétrons são tão complicados que não podemos fazê-los.)[15]

Até mesmo Lee Smolin, por mais dissidente que possa ser no que se refere à cosmologia do multiverso, é um reducionista convencional, o que fica evidente quando diz: "Doze partículas e quatro forças são tudo de que precisamos para explicar todas as coisas que existem no mundo conhecido".[16] Hawking e Smolin, assim como muitos outros físicos, simplesmente acreditam que, com uma teoria abrangente das partículas fundamentais, todos os fenômenos da química, da vida e da mente podem ser explicados do ponto de vista dessas entidades microscópicas. Essa é a proposta do velho materialismo, mas com um novo disfarce. É relativamente fácil decompor as coisas e analisar suas partes. O problema é compreender o todo; é preciso entender não apenas as partes, mas também suas interações. E essas interações não estão contidas nas partes. Para estudar as moléculas de um pombo de competição é necessário, primeiro, matar o pombo, triturar seus tecidos e células e separar os componentes moleculares. Mas toda a estrutura e todas as atividades do pombo foram destruídas no processo, assim como o *layout* de um prédio é destruído quando este é demolido. A arquitetura do prédio não pode ser calculada a partir da análise química dos escombros, assim como a forma do pombo e sua capacidade de regressar para casa não podem ser reconstruídas a partir da análise de suas moléculas. Mesmo que seus genes fossem minuciosamente analisados e sequenciados, não é possível prever a estrutura do pombo e a organização do seu comportamento, como discutiremos no próximo capítulo.

A abordagem reducionista ignora os campos morfogenéticos, os creodos e atratores. Ela pressupõe que tudo pode ser calculado "de baixo para cima" em termos de interações físicas e colisões aleatórias de partículas, bem como do passado para o futuro. Mas essa tentativa está fadada ao fracasso por causa das explosões combinatórias. Um exemplo é o malogro das tentativas de prever a estrutura tridimensional das proteínas partindo-se do princípio que estas exploram aleatoriamente todos os padrões possíveis de dobramento até encontrar uma estrutura estável com energia mínima. Como acabamos de ver, uma pequena proteína levaria 10^{26} anos para fazer isso, muito mais que a idade do universo, que é de aproximadamente 10^9 anos. Além disso, a proteína não encontraria uma estrutura de energia mínima porque existem múltiplos mínimos.

Como René Thom salientou, o poder explicativo da matemática diminui rapidamente à medida que os sistemas tornam-se mais complexos:

O excelente começo da mecânica quântica com o átomo de hidrogênio vai desaparecendo lentamente nas areias das aproximações à medida que avançamos para situações mais complexas... Essa redução na eficiência dos algoritmos matemáticos acelera-se quando passamos para a química. As interações entre duas moléculas de qualquer grau de complexidade escapam a uma descrição matemática precisa... Em biologia, com exceção da teoria da população e da genética formal, o uso da matemática restringe-se ao modelamento de algumas situações locais (transmissão de impulsos nervosos, fluxo sanguíneo nas artérias, etc.) de pouco interesse teórico e limitado valor prático.... Os especialistas certamente estão cientes da degeneração relativamente rápida nos possíveis usos da matemática quando se passa da física para a biologia, mas relutam em revelá-la ao público em geral... A sensação de segurança fornecida pela abordagem reducionista é, na verdade, ilusória.[17]

Thom alega que, no modelamento de morfogênese e do comportamento, são necessários modelos matemáticos qualitativos, e não quantitativos, como em seus modelos de campos morfogenéticos, creodos e atratores. Os modelos de Thom são topológicos, ou seja, dizem respeito a formas, e não a quantidades. Por exemplo, no creodo de captura, um animal captura sua presa, originalmente separada e externa, e a ingere. A presa agora está dentro do animal, e torna-se parte dele.[18]

Outra abordagem de modelamento é a teoria dos sistemas, que trata células, organismos, sociedades ou ecossistemas como "todos" com "propriedades emergentes" próprias, em vez de tentar explicá-los de baixo para cima. As partes dos sistemas estão relacionadas entre si por meio de teias de relações, inclusive alças de retroalimentação.[19]

Existem, portanto, três principais abordagens holísticas. Em primeiro lugar, os teóricos de sistemas querem elaborar novos tipos de modelos matemáticos das "propriedades emergentes" dos sistemas, mas certamente pressupõem que apenas os tipos conhecidos de campos e forças da física estão envolvidos. Em segundo lugar, outros pensadores holísticos, como René Thom, são platônicos que procuram explicações definitivas em formas ou estruturas matemáticas.[20] Em terceiro lugar, há a abordagem que eu mesmo adoto: campos morfogenéticos, creodos e atratores são fatores causais cujas propriedades ultrapassam as forças e campos familiares da física. Eles encerram tempo; contêm uma memória de sistemas prévios semelhantes, dada pela ressonância mórfica, e atraem organismos para fins ou metas por meio de um tipo de causação que atua "em sentido retroativo" no tempo. Falarei mais detalhadamente sobre isso no próximo capítulo.

A evolução tem algum propósito?

O processo evolutivo como um todo tem metas ou atratores? Os materialistas dizem que "não", por uma questão de princípio. Essa negação é uma consequência histórica inevitável da filosofia materialista.

A negação da existência de propósitos na evolução, por parte do materialismo, não se baseia em evidências, mas em pressuposições. Por uma questão ideológica, os materialistas são forçados a atribuir a criatividade evolutiva ao acaso.

No século XVII, a revolução mecanicista aboliu a alma e o propósito da natureza, com uma única exceção, a mente humana. Tudo o mais, inclusive o corpo humano, era explicado mecanicamente como resultado de empurrões originados no passado, sem que houvesse a necessidade de supor a existência de trações com origem no futuro. Acreditava-se que a natureza, composta por matéria em movimento e regida por leis eternas, continuasse indefinidamente como uma máquina. Os únicos propósitos eram humanos e divinos.

Com a ascensão do materialismo e do ateísmo no início do século XIX, os propósitos divinos foram abolidos, restando apenas os propósitos humanos. E os propósitos humanos assumiram uma grande intensidade à medida que foram coletivamente canalizados para o progresso por intermédio da ciência, da tecnologia e do desenvolvimento econômico. A maioria das pessoas ainda acreditava que a natureza era fixa, embora as primeiras teorias evolutivas, como a de Erasmus Darwin e Lamarck, apontassem para uma visão diferente.

Com *A Origem das Espécies* de Charles Darwin, livro publicado em 1859, a evolução biológica tornou-se popular. Toda a vida parecia estar engajada num desenvolvimento progressivo. Alguns cientistas e filósofos achavam que a evolução mostrava a criatividade da própria natureza; outros, o *imprint* da atividade criativa divina; mas os ateístas negavam a existência de alguma atividade ou propósito divino na evolução.

Na segunda metade do século XX, os neodarwinistas insistiam em afirmar que toda a criatividade era, em última análise, uma questão de mutações aleatórias e das forças cegas da seleção natural: uma interação de acaso e necessidade. Quando a teoria do Big Bang foi aceita, na década de 1960, as pressuposições do materialismo indicavam que todo o processo de evolução cósmica devia ser destituído de propósito, assim como a evolução biológica na Terra.

Assim, a visão científica convencional é de que tanto a evolução cósmica como a evolução biológica não têm propósito. O fato de o universo ser talhado para a vida, pelo menos na Terra, como no Princípio Antrópico Cosmológico, não significa que o universo como um todo tenha algum propósito. Entre os incontáveis universos, acontece que este é o único que tem as condições propícias à vida.

Atração gravitacional para o futuro

Em modelos de atratores, como vimos, a gravidade é a metáfora da atração para fins ou metas — como nos poços de potencial, atratores dinâmicos, atratores em campos morfogenéticos, creodos e atratores do comportamento animal. A plausibilidade de todos esses modelos de atividade proposital deve-se à nossa experiência com a gravidade.

A atração gravitacional é tão básica para a nossa experiência que nem paramos para pensar nela. Vivemos e nos locomovemos no campo de gravidade, como os peixes na água. Se soltarmos um objeto, ele cairá. Caminhamos eretos e mantemos o nosso equilíbrio contra a força da gravidade. Sucumbimos a ela quando nos deitamos para dormir. Se saltarmos de um paraquedas a 9 mil metros de altura, a gravidade nos levará para a Terra. Gravidade é uma força de atração que puxa tudo o que está sob a sua influência. Um objeto no campo gravitacional é puxado para o futuro. A gravidade atrai para fins futuros. Nesse sentido, ela atua retroagindo no tempo.

No caso de uma pedra que rola montanha abaixo, uma força gravitacional do futuro não é uma metáfora, mas uma descrição. Mas, e quanto à evolução do universo? Tudo está sendo atraído para uma meta ou atrator gravitacional? Todo o universo está dentro do campo gravitacional universal, que não está *no* espaço e no tempo, mas *é* espaço-tempo, de acordo com a teoria geral da relatividade de Einstein. A gravidade puxa tudo junto, e quando as forças opostas não são suficientemente fortes, faz com que a matéria caia em buracos negros, como quando estrelas pesadas extinguem-se. Da mesma forma, se a energia que faz o universo se expandir for inferior a um valor crítico, então o universo começará a se contrair e a se encaminhar aceleradamente para o seu fim no buraco negro final, o Grande Esmagamento. Esse é o atrator cósmico final, o fim para o qual a gravitação acaba tendendo. E, então, talvez dê origem a um novo universo.

A energia escura, que faz o espaço se expandir, opõe-se à força de contração gravitacional. Se houver uma quantidade suficiente dessa energia, de acordo com a teoria de Roger Penrose (ver o Capítulo 2), o espaço continuará a se expandir exponencialmente até que todas as estruturas se rompam; a matéria será diluída até que todas as distinções se percam em um oceano de fótons e outras partículas destituídas de massa.[21] Para Penrose, esse estado final, então, de alguma maneira se transforma no Big Bang do universo seguinte.

Em um cenário, tudo é sugado para o buraco negro final. A escuridão triunfa. No outro, é sublimado em luz infinita. A luz triunfa. Enquanto isso, juntas, as forças de contração e expansão sustentam o universo. A energia expansiva, empurrando a partir do passado, dá ao universo uma seta do tempo, enquanto por meio da gravitação tudo é puxado para uma unidade futura, pelo menos uma unidade virtual, e talvez também uma unidade real.

Todos os organismos dentro do universo são como versões em menor escala desse processo cósmico: campos unificadores puxam-nos em direção a atratores no futuro, e a energia que flui do passado impele-os para a frente.

Todos eles são inseridos dentro de "todos" maiores — átomos em moléculas, organelas em células, animais em ecossistemas, a Terra dentro do sistema solar, o sistema solar dentro da galáxia — e todos têm seus próprios fins e atratores.

Multiplicidade e diversidade

O universo inimaginavelmente vasto contém bilhões de galáxias, cada uma com bilhões de estrelas. Ele se estende além dos limites da nossa capacidade de observá-lo, além do horizonte de eventos a partir do qual podemos receber luz ou qualquer outra forma de radiação eletromagnética. Contém incontáveis átomos, moléculas, cristais, estrelas e galáxias. Na Terra, há uma imensa diversidade de formas vivas. Na esfera humana, há uma grande variedade de idiomas, formas culturais, padrões sociais, inovações técnicas, romances e filmes, esportes, *videogames* e assim por diante. Uma característica essencial do universo parece ser fertilidade, multiplicidade e criatividade. No entanto, até o momento do Big Bang não havia essa diversidade. A multiplicidade e a diversidade aumentaram ao longo do tempo, bem como as complexidades de organização.

Os materialistas acreditam que esse processo pode, em última análise, ser explicado pela energia, pelas leis da natureza e pelo acaso, sem que seja necessário recorrer a trações que atuem a partir de fins futuros ou atratores. Mas esse é um ato de fé. Eles não podem provar que toda a evolução seja destituída de propósito; apenas pressupõem isso.

Se a evolução *tiver* propósitos, um deles deve ser a proliferação de variedade e complexidade. Será que a criatividade pode ser um fim em si?

Alguns filósofos evolucionistas, como Henri Bergson, achavam que a meta do processo evolutivo era uma criatividade contínua. A criatividade é real; não é o desdobramento de um plano fixo. O Deus de Bergson era um Deus que se criou por intermédio do processo evolutivo: "Deus nada tem de já feito; Ele é vida, ação e liberdade incessantes. A criação, assim concebida, não é um mistério; nós a experimentamos quando agimos livremente".[22] Por trás dessa criatividade estava o que Bergson chamava de "ímpeto vital" ou "corrente da vida".

Mas a ideia de complexidade crescente para sempre, assim como a ideia de universo ou economia em contínua expansão, não é satisfatória. Estamos acostumados com histórias que têm começo, meio e fim.

Propósitos divinos e humanos

Na tradição judeu-cristã, a história da humanidade é uma jornada com um final, assim como a história cósmica. O começo foi a criação, quando tudo estava em harmonia. Depois veio o pecado original, quando Adão e Eva comeram do fruto da árvore do conhecimento do bem e do mal; a consequência foi labuta, sofrimento, competição, luta e assassinato, bem como atos de bondade e profecia; em outras palavras, a história humana como a conhecemos. Por fim, há um clímax, uma redenção final, uma transformação. No final de uma história comum, o paraíso será restaurado e a harmonia será restabelecida.

A versão proto-histórica dessa história foi a jornada pelo deserto do povo judeu, que fugia da escravidão no Egito para a Terra Prometida, onde o Paraíso seria restabelecido sobre a Terra.

A realidade era muito diferente. Quando os judeus chegaram à Terra Prometida, ela não estava desocupada, mas sim habitada pelos palestinos. Naquela época, assim como agora, surgiram inúmeros conflitos. Portanto, o final da história comum foi projetada para o futuro, com a vinda do Messias. Para os cristãos, Jesus era o Messias. Mas a história continuou. Os visionários cristãos ansiavam por um novo final da história, quando Cristo voltaria e estabeleceria o Paraíso sobre a Terra por mil anos.

Durante toda a Idade Média, houve uma sucessão de movimentos milenaristas nos países cristãos, que foram muito bem descritos pelo historiador Norman Cohn em seu clássico estudo *The Pursuit of the Millennium: Revolutionary Millenarians and Mystical Anarchists of the Middle Ages* (1957) [Na Senda do Milênio: Milenaristas Revolucionários e Anarquistas Místicos da Idade Média].[23] Francis Bacon, o primeiro e maior profeta da ciência moderna, secularizou esse espírito milenarista. Um novo tipo de jornada para a Terra Prometida seria empreendida pelo próprio homem, conquistando a natureza. Na vanguarda estaria um sacerdócio científico, cujo propósito era "o conhecimento das causas e movimentos secretos das coisas e a ampliação do império humano, para a realização de todas as coisas possíveis".[24] Essa visão de progresso por meio da ciência e da tecnologia tornou-se a base da filosofia secular do Iluminismo. Em suas formas capitalista, comunista e socialista, ela domina quase todo o mundo moderno.

A descoberta da evolução da vida no século XIX e da evolução do universo no século XX colocou o progresso humano em um contexto muito mais amplo. Mas essas descobertas também abriram um abismo cada vez maior entre a humanidade e a natureza. A ciência materialista estava impregnada por propósitos humanos, pelo menos pelo desejo de progresso econômico e ecológico, porém ao mesmo tempo negava a vida e os propósitos da natureza. Muitos humanistas seculares acreditavam que a evolução, de alguma maneira, previa — ou até mesmo exigia — o desenvolvimento contínuo da humanidade.[25] Enquanto isso, o materialismo, em suas manifestações econômica e social, triunfou em todo um mundo. Os efeitos sobre outras espécies e sobre o clima da Terra podem ser catastróficos.

A evolução da consciência

Todas as religiões pressupõem que a consciência humana desempenha um papel essencial no mundo e no destino da humanidade. Os seres humanos têm o potencial de partilhar um Ser supremo, ou Deus, consciência cósmica, vida divina ou nirvana. Todas as religiões começaram com uma experiência direta dessa conexão — por meio dos antigos sábios ou "videntes" indianos, ou *rishis*, da iluminação de Buda, dos profetas hebreus, de Jesus Cristo ou de Maomé.

Experiências de unidade com um Ser superior, ou experiências místicas, são surpreendentemente comuns. A Unidade de Pesquisas sobre Experiências Religiosas da Oxford University, fundada em 1963 pelo biólogo Alister Hardy, descobriu que milhares de pessoas na Inglaterra sentiam que estavam "em contato com um Ser superior, maior que elas próprias", e essa experiência mística mudou a vida delas. Além disso, milhares de outras haviam passado por uma experiência de quase morte, na maioria das vezes com efeitos transformadores.

O hinduísmo e o budismo tradicionalmente supõem que as vidas e os universos continuam infinitamente em ciclos. São repetitivos, e não progressivos. Entretanto, os seres humanos podem escapar por uma espécie de "decolagem vertical", estabelecendo uma conexão com a mente ou espírito universal.

Nem o hinduísmo nem as formas originais do budismo são intrinsecamente evolutivas; na verdade, na cosmologia hindu, em cada ciclo cósmico há quatro idades, e estamos atualmente na última, *kali yuga*, um tempo de luta e discórdia, quando a civilização se degenera e as pessoas se distanciam o máximo possível de Deus. Em contrapartida, os budistas tibetanos concebem um processo progressivo: seres iluminados retornam em novas encarnações para trabalhar pela liberação de todos os seres sencientes. Eles continuarão a fazer isso até que todos tenham sido libertados dos ciclos de nascimento e morte. O filósofo indiano Sri Aurobindo (1872-1950) adotou uma visão de evolução espiritual e material e apontou para uma transformação da humanidade, que daria origem a uma "vida divina sobre a Terra".[26]

O biólogo e padre jesuíta Pierre Teilhard de Chardin (1881-1955) achava que todo o processo evolutivo estava caminhando para um ponto final de "complexidade máxima organizada", que chamou de ponto Ômega. Ponto Ômega era o atrator de todo o processo cósmico evolutivo, e, por intermédio da sua consciência, seria transformado.

As religiões tradicionais surgiram em uma época em que o cosmos conhecido era pequeno. Com o auxílio de radiotelescópios e telescópios espaciais, podemos ver muito além da nossa própria galáxia, um universo muito maior do que qualquer um de nós jamais imaginou. Se a meta da evolução é a transformação da consciência humana, então por que é preciso que haja um bilhão de estrelas ao lado do sol na nossa galáxia e bilhões de outras galáxias? A consciência humana é única? Ou está se desenvolvendo em todo o universo? E a nossa consciência acabará fazendo contato com essas outras mentes? Essas perguntas estão em aberto. Nem a ciência convencional nem as religiões tradicionais têm respostas prontas. Ao considerar a consciência essencial ao processo evolutivo, filósofos como Teilhard de Chardin e Sri Aurobindo apontam para novas possibilidades que vão além das especulações dos cientistas. Mas até mesmo para os cientistas mais materialistas, a consciência ocupa uma posição privilegiada como matriz do conhecimento humano, a base da própria ciência.

Que diferença isso faz?

No âmbito pessoal, o reconhecimento da existência de propósitos na natureza indica que os propósitos humanos não são únicos. Assim como os animais e as plantas, nosso corpo tem uma capacidade intrínseca de desenvolver-se, curar-se e manter-se; nós compartilhamos o comportamento direcionado para metas com outros animais. Muitas das nossas metas, como obter alimento, reproduzir e cooperar com outros membros dos nossos grupos sociais são semelhantes às de outras espécies. A nossa própria vida, e das nossas sociedades e culturas, estão encravadas em sistemas maiores, como os da Terra, do sistema solar, das galáxias e, por fim, de todo o universo evolucionário. Sem um sentido mais amplo de propósito nossa vida parece ser vã.

De um ponto de vista científico, o reconhecimento da existência de propósitos ou objetivos nas plantas e animais propicia uma maior compreensão do que a abordagem mecanicista é capaz de oferecer.

Um fluxo causal de influência de futuros virtuais ou até mesmo reais para o presente, de atratores para o sistema que eles estão atraindo, tem importantes implicações para a compreensão da natureza, de modo geral, e das mentes, em particular. As influências do futuro podem até mesmo ser detectadas experimentalmente, como mostramos no Capítulo 9.

De uma perspectiva espiritual, conexões futuras com estados mais elevados ou mais abrangentes de consciência podem servir como atratores espirituais, puxando indivíduos e comunidades em direção a experiências de maior unidade.

Perguntas para os materialistas

Como você sabe que a natureza é desprovida de propósitos? Essa é uma simples pressuposição?

Se não há propósitos na natureza, como você mesmo pode ter propósitos?

Como os atratores atraem?

Existe alguma prova da crença materialista de que todo o processo evolutivo é desprovido de propósito?

RESUMO

Os sistemas auto-organizadores têm seus próprios fins ou metas, atratores em direção ao qual eles se movem. Todos os organismos vivos apresentam desenvolvimento e comportamento direcionados para metas. Plantas e animais são atraídos para fins de desenvolvimento, e quando o seu desenvolvimento é perturbado, em geral eles conseguem alcançar o mesmo fim por uma rota diferente. O comportamento animal é direcionado para fins ou "atos consumatórios". Na física, o comportamento direcionado para metas é modelado em termos de atratores, como se os fins futuros exercessem influência "retroagindo" no tempo, e vários teóricos quânticos propuseram que influências causais atuam do futuro para o passado, bem como do passado para o futuro. Processos químicos como o dobramento das proteínas também parecem ser direcionados para atratores ou fins. O comportamento direcionado para fins geralmente é inconsciente; até mesmo nos seres humanos a maioria dos propósitos e metas é habitual. Propósitos conscientes representam uma exceção, e não a regra. Tanto evolução como progresso podem ser interpretados em termos de atratores, com influências que atuam retroagindo no tempo a partir de metas futuras.

6

Toda herança biológica é material?

"Tal pai, tal filho" era um provérbio da Idade Média; a versão em latim *qualis pater talis filius*" tinha o mesmo significado na Roma Antiga. Os princípios gerais da hereditariedade são conhecidos em todo o mundo há milênios: os filhos geralmente são parecidos com os pais; em geral, são mais parecidos com os parentes próximos do que com estranhos. Sabe-se também que os mesmos princípios aplicam-se aos animais e às plantas. Muito antes da teoria da evolução de Darwin e da pesquisa genética pioneira de Gregor Mendel, as pessoas cultivavam plantas e criavam animais seletivamente, criando uma série impressionante de variedades domésticas, como raças de cães, de galgos afegãos a pequineses, e verduras, de brócolis a couve.

As descobertas de Mendel e Darwin basearam-se nos sucessos práticos de muitas gerações de agricultores e criadores de animais. Darwin estudou o assunto durante anos. Era assinante de publicações especializadas, como *Poultry Chronicle* e *Gooseberry Growers' Register*, e cultivou 54 variedades de groselha espinhosa no quintal da sua casa, conhecida como Down House, no condado de Kent. Ele recorreu à experiência de aficionados de gatos e coelhos, de criadores de cavalos e cães, de apicultores, horticultores e agricultores. Darwin associou-se a dois clubes de columbofilia londrinos, visitou aficionados para ver suas criações e criou, ele próprio, uma grande variedade de raças de pombos. Essa profusão de informações foi reunida em seu livro *A Variação de Animais e Plantas Sob Domesticação* (1868), um dos meus livros de biologia preferidos. O poder da criação seletiva indicava a existência de um processo semelhante na natureza: a seleção natural.

Atualmente, a genética é o centro da biologia. De modo geral, acredita-se que as informações hereditárias estejam codificadas nos genes. Os termos "hereditariedade" e "genética" são tratados como sinônimos. Após a descoberta da estrutura do DNA, em 1953, a natureza da hereditariedade parecia ser totalmente compreendida em termos moleculares, pelo menos em princípio. O projeto genoma humano, concluído no ano 2000, foi um triunfo técnico culminante.

De um ponto de vista materialista, é impossível haver hereditariedade imaterial, com exceção da herança cultural. Todo mundo concorda que herança cultural — digamos, por meio da linguagem — implica transferência de informações que não são genéticas. Mas todas as outras formas de hereditariedade *têm* de ser materiais: não existe outra possibilidade.

Sabe-se que várias formas de herança material não são genéticas. As células herdam padrões de organização e estruturas celulares, como as mitocôndrias, diretamente de suas células-mãe, e não por meio de genes nos núcleos celulares. Essa herança extranuclear é chamada de herança citoplasmática. Os animais e as plantas também são influenciados por características adquiridas por seus ancestrais. A herança de caracteres adquiridos pode ocorrer *epigeneticamente*, em oposição a geneticamente, por intermédio de alterações químicas que não afetam o código genético subjacente, como analisado mais adiante.

Primeiramente, discuto o conceito pouco familiar de transmissão imaterial da forma e da organização. Essa era a concepção convencional; a genética do século XX desenvolveu-se em reação a ela. Porém, até mesmo os materialistas acabaram apresentando explicações não materiais.

Formas imateriais

Na Antiguidade, quase ninguém acreditava que a forma de uma planta, como o acanto, ou de uma ave, como o gavião, era herdada apenas por meio de sementes ou óvulos. Os platonistas achavam que plantas e animais eram, de alguma forma, moldados pela Ideia ou Forma transcendente de suas espécies. Platonistas modernos, como René Thom, concordam. Para eles, a Forma ideal de uma espécie é uma estrutura ou modelo matemático "reificado" em plantas ou animais. O modelo matemático de um acanto não está contido nos genes: ele existe num domínio matemático que transcende o espaço e o tempo. Os modelos matemáticos humanos são meras aproximações desses arquétipos matemáticos definitivos.

Aristóteles, discípulo de Platão, discordava. As formas das espécies não estavam fora do espaço e do tempo, mas dentro do espaço e do tempo. Eram *imanentes*, ou seja, "contidas em", e não *transcendentes*, ou seja, "que vai além de". Em vez de um arquétipo em um domínio transcendente semelhante à mente, a forma do corpo estava na alma, que atraía o animal ou planta em desenvolvimento para a sua forma final (ver as páginas 139-140). A alma servia tanto como sua causa formal, a causa da forma do corpo, com sua causa final, a finalidade ou meta para a qual o organismo era atraído.

Na Europa, durante a Idade Média, a teoria aristotélica, modificada e interpretada por Tomás de Aquino, formou a base da compreensão ortodoxa da causação. Um processo de mudança, como o desenvolvimento de uma nogueira a partir de uma noz, abrangia quatro tipos de causas. A causa material era a matéria da qual a planta era feita, a noz e a matéria que ela retirava do seu meio ambiente à medida que se desenvolvia, como água e sais minerais do solo. A causa motora era a energia que lhe dava força, proveniente da luz solar. A causa formal era a causa da forma ou estrutura, a forma da nogueira na alma da planta. A causa final era a meta ou propósito do desenvolvimento da planta, ou seja, uma árvore madura que produzia nozes para se reproduzir.

Uma analogia com a arquitetura oferece outra maneira de pensar sobre as quatro causas. Para construir uma casa é preciso que haja materiais de construção, como tijolos e cimento. Essas são as causas materiais. Para colocar esses materiais no lugar certo é preciso a energia dos operários e de seus equipamentos: essas são as causas motoras. Os lugares em que os materiais são colocados estão especificados no projeto do arquiteto: essa é a causa formal. Toda essa atividade acontece porque a pessoa que está pagando pela construção da casa quer morar nela: esse é o propósito ou causa final. Todas as quatro causas são necessárias: a casa não existiria sem os materiais da qual é feita, sem a energia dos operários, sem um projeto ou uma motivação para construí--la. Nos organismos vivos, a alma imaterial fornece o projeto e o propósito.

Uma característica essencial da revolução mecanicista do século XVII foi a abolição da alma, junto com as causas formais e finais. Tudo devia ser explicado em termos mecanicistas como causas materiais e motoras. Isso quer dizer que a fonte da forma de um organismo já devia estar presente dentro do óvulo fertilizado como uma estrutura material.

Pré-formação e neoformação

Do século XVII até o início do século XX, os biólogos ficaram divididos entre dois campos principais: os mecanicistas e os vitalistas. Ambos precisavam explicar a hereditariedade. Os vitalistas deram continuidade à tradição aristotélica: os organismos eram moldados por almas ou forças vitais imateriais. O problema era que eles não conseguiam dizer como essas forças imateriais agiam nem como interagiam com o corpo.

Os mecanicistas preferiam uma explicação material, mas logo também enfrentaram problemas. Para começar, eles propuseram que animais e plantas já estavam presentes em miniatura no óvulo fertilizado. Eram *pré-formados*. O desenvolvimento era um crescimento e desdobramento — ou inflação — dessas estruturas materiais pré-formadas. Alguns pré-formacionistas achavam que os minúsculos organismos não expandidos vinham dos óvulos, mas a maioria acreditava que estavam

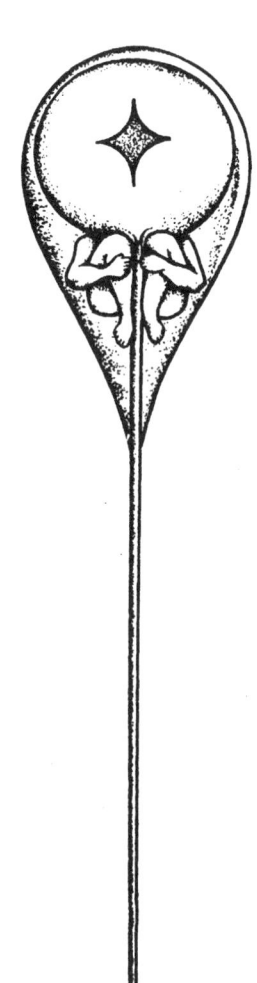

Figura 6.1. Espermatozoide humano contendo um homenzinho, ou homúnculo, visto por um microscopista no início do século XVIII. (Extraído de Cole, 1930)

nos espermatozoides; alguns chegaram a afirmar que haviam comprovado essa teoria. Um microscopista viu cavalos em miniatura em espermatozoides de cavalo e macacos em miniatura em espermatozoides de macaco, com grandes orelhas. Outro, viu homúnculos diminutos em espermatozoides humanos (Figura 6.1).[1]

Embora fosse fácil de entender e aparentemente corroborado por evidências microscópicas, o pré-formacionismo esbarrava em graves dificuldades teóricas em relação à sucessão de gerações. Como seus adversários vitalistas observaram, se um coelho se desenvolve a partir de um coelho em miniatura num óvulo fertilizado, o diminuto coelho no óvulo deve conter coelhos ainda mais diminutos em suas gônadas, e assim por diante indefinidamente.[2]

No final do século XVIII, o pré-formacionismo finalmente foi refutado. Ao analisar detalhadamente embriões em desenvolvimento, os pesquisadores descobriram novas estruturas que não estavam lá antes. Por exemplo, o intestino, formado pela invaginação de uma camada de tecido da superfície ventral, produzia um canal que, com o tempo, se transformava num tubo fechado.[3] Em meados do século XIX, as evidências eram esmagadoras: o desenvolvimento envolvia a formação de novas estruturas que não existiam antes. O desenvolvimento era *epigenético*, do grego *epi*, além de, e *gênesis*, origem. Surgiam novas estruturas que não estavam presentes no óvulo fertilizado.

A epigênese embasava as correntes de pensamento platônica e aristotélica. Nenhuma das duas supunha que a totalidade da forma de um organismo vivo estava contida na matéria do óvulo fertilizado. Sua forma era oriunda de uma Ideia platônica ou uma alma.

Em contrapartida, os mecanicistas enfrentavam o grande desafio de explicar como uma quantidade maior de forma material podia surgir de uma quantidade menor e se desenvolver de modo altamente ordenado. Na década de 1880, August Weismann (1834-1914) achou que tinha encontrado a resposta. Ele fez uma divisão teórica dos organismos em duas partes, o corpo, ou somatoplasma, e o germoplasma, estrutura material presente no óvulo fertilizado. Weismann achava que o germoplasma era um meio ativo que continha os "determinantes" que moldavam o somatoplasma. O germoplasma afetava o somatoplasma, mas não o contrário. Os determinantes "direcionavam" a

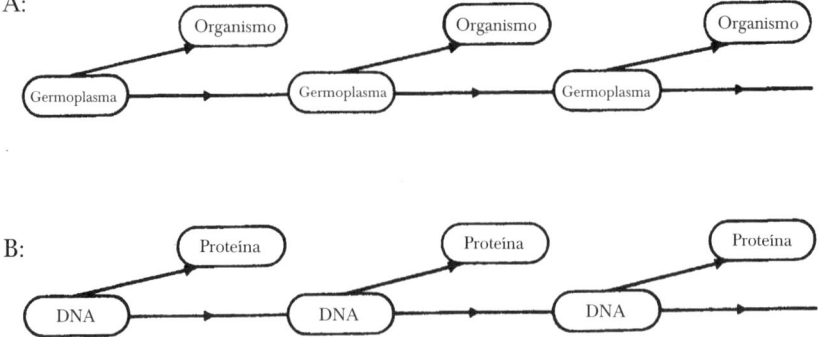

Figura 6.1A: Esquema de Weismann da continuidade do germoplasma de geração para geração e dos organismos como entidades passageiras.

B: "Dogma central" da biologia molecular em que o esquema de Weismann é interpretado em termos de DNA e proteínas.

formação do organismo adulto, mas o próprio germoplasma era transmitido inalterado pelos óvulos e espermatozoides (Figura 6.1A).

Em meados do século XX, a descoberta dos genes localizados nos cromossomos dentro dos núcleos celulares parecia confirmar a teoria de Weismann. Os genes eram o germoplasma, replicados mais ou menos inalterados em cada divisão celular. A descoberta da estrutura do material genético, o DNA, e a decifração do código genético na década de 1950 mostraram como a doutrina de Weismann podia ser reduzida ao nível molecular. O DNA era o germoplasma e as proteínas, o somatoplasma (Figura 6.1B). O DNA codificava a estrutura das proteínas, e não o contrário, o que Francis Crick chamou de "dogma central" da biologia molecular. Enquanto isso, a teoria neodarwinista explicava a evolução do ponto de vista de mutações genéticas aleatórias e alterações nas frequências gênicas das populações como resultado da seleção natural. Os triunfos da genética molecular aliados à teoria neodarwinista pareciam fornecer evidências esmagadoras a favor da teoria da herança material. Mas esse triunfo era mais uma questão de retórica do que realidade.

Por que os genes são superestimados

Existe um grande abismo entre a retórica sobre os poderes dos genes e o que eles realmente fazem. Os investidores em biotecnologia deixam-se levar por metáforas, assim como os leitores de textos populares de ciência. O problema remonta a Weismann, que fez dos determinantes um meio ativo, que controla e direciona o desenvolvimento do organismo. Na verdade, ele dotou um tipo especial de matéria, o germoplasma, das propriedades da alma. Os programas genéticos e os genes egoístas também são dotados de poderes vitais, inclusive a capacidade de "moldar matéria" e "criar forma".[4]

Graças às descobertas da biologia molecular, sabemos o que os genes realmente fazem. Eles codificam as sequências de aminoácidos das cadeias polipeptídicas, que depois se dobram em moléculas de proteínas. Além disso, alguns genes participam do controle da síntese proteica.

Moléculas de DNA são moléculas. Não são "determinantes" de determinadas estruturas, muito embora os biólogos muitas vezes falem de genes "de" estruturas ou atividades, como genes "do" cabelo crespo ou "do" comportamento de nidificação dos pardais. Os genes não são egoístas e impiedosos, como se contivessem gangsterzinhos minúsculos. Nem são planos ou instruções para os organismos. Eles simplesmente codificam as sequências de aminoácidos nas moléculas de proteínas.

Richard Dawkins provavelmente contribuiu mais do que qualquer outro autor para popularizar os genes. Infelizmente, suas metáforas vívidas são altamente enganosas. Por exemplo, é assim que ele descreve como todas as células do corpo humano contêm cópias do conjunto completo de DNA humano:

Esse DNA pode ser considerado um conjunto de instruções sobre como fazer um corpo... É como se em cada cômodo de um prédio gigantesco houvesse uma estante de livros contendo o projeto do arquiteto para todo o prédio. Em uma célula, a "estante" é chamada de núcleo. No ser humano, o projeto arquitetônico ocupa 46 volumes — em outras espécies o número é diferente. Os "volumes" são chamados de cromossomos.[5]

O que Dawkins faz é projetar nas moléculas de DNA os fatores vitais propositais do vitalismo, tentando espremer a alma em genes químicos, que, dessa forma, são dotados de instruções, projetos, propósitos e intenções que possivelmente eles não podem ter. Dawkins admite que essas são metáforas, acrescentando: "A propósito, obviamente não há nenhum "arquiteto".[6] Mas, a despeito de ressalvas ocasionais, toda a força do seu argumento depende de metáforas antropocêntricas e moléculas que adquiriram vida. Ele é um vitalista em trajes moleculares.

A metáfora do programa genético é outro tipo de criptovitalismo. O fator vital proposital é um programa de computador. Essa metáfora tenta reduzir o abismo entre caracteres hereditários — digamos, a forma de um girassol — e as moléculas de DNA e proteínas no seu interior. Se os genes, de alguma maneira, *programam* o desenvolvimento do girassol, então o abismo entre essa complexa estrutura viva e as moléculas de DNA dentro dela parece menos perturbador, muito embora não se saiba quase nada sobre a natureza do programa do girassol e como ele produz um girassol.

A metáfora do programa genético inevitavelmente sugere que o desenvolvimento é organizado por um princípio proposital preexistente semelhante à mente ou projetado por uma mente. Programas de computador são projetados de modo inteligente por mentes humanas para determinados propósitos, e atuam sobre os componentes eletrônicos de um computador e por meio desses componentes. O computador é uma máquina, mas o programa não é.

De forma significativa, a analogia entre programas e almas desempenhou um papel importante no pensamento de um dos fundadores da moderna teoria da computação, Alan Turing. Quando era jovem, ele se preocupava bastante com a questão da sobrevivência, após a morte do seu querido amigo Christopher Morcomb, em 1930. A princípio, Turing adotou uma visão dualista tradicional, defendendo a existência de um espírito imaterial. Mais tarde, descobriu um modelo mais científico da mente como um sistema de programas. Tais programas podiam ser "incorporados" a determinadas máquinas físicas, mas eles próprios não dependiam de encarnação material.[7] O programa podia sobreviver à destruição de qualquer computador e ser incorporado a outro, como uma alma transmigrante.

Se os programas genéticos fossem executados nos genes, então todas as células seriam programadas de maneira idêntica, pois em geral elas contêm exatamente os mesmos genes. As células dos nossos braços e pernas, por exemplo, são geneticamente idênticas. Nossos membros contêm exatamente os mesmos tipos de moléculas proteicas, bem como ossos, cartilagens e nervos quimicamente idênticos. No entanto nossos braços e pernas têm formatos diferentes. Está claro que os genes, sozinhos, não podem explicar essas diferenças. Eles têm de depender de influências formativas que atuam diferentemente em órgãos e tecidos distintos à medida que estes se desenvolvem. Essas influências não podem estar dentro dos genes: elas se estendem para tecidos e órgãos inteiros. Nesse estágio, na maioria das explicações convencionais, o conceito do programa genético desaparece e é substituído por afirmações vagas sobre "complexos padrões espaçotemporais de atividade físico-química ainda não totalmente compreendidos", "mecanismos ainda obscuros" ou "cadeias de operações paralelas e sucessivas que aumentam o nível de complexidade".[8]

Apesar de muitos biólogos reconhecerem atualmente que ele é enganoso, o programa genético continua a desempenhar um grande papel conceitual na biologia moderna. Parece haver uma necessidade dessa ideia. A biologia mecanicista surgiu em oposição ao vitalismo. Ela se definiu negando que os organismos vivos são organizados por princípios propositais semelhantes à mente,[9] mas depois reinventou-os travestidos de programas genéticos e genes egoístas. O paradigma dominante da biologia moderna, embora nominalmente mecanicista, é extraordinariamente semelhante ao vitalismo, em que "programas", "informações", "instruções" ou "mensagens" desempenham o papel anteriormente atribuído à alma.

Os mecanicistas sempre acusaram os vitalistas de tentar explicar os mistérios da vida com termos vagos, como fatores vitais e almas, que "explicam tudo e, consequentemente, não explicam nada". Mas os fatores vitais em seus disfarces mecanicistas têm exatamente essa característica. Como é que uma flor como o cravo nasce de uma semente? Porque ela é geneticamente programada para isso. Como é que uma aranha tece instintivamente a sua teia? Por causa das informações codificadas em seus genes. E assim por diante.

As promessas que a biologia molecular não cumpriu

É difícil lembrar-se da atmosfera de euforia da década de 1980, quando novas técnicas permitiram a clonagem dos genes e a descoberta da sequência de "letras" do seu código genético. Parecia o momento de coroação da biologia: as instruções genéticas da própria vida finalmente eram expostas, oferecendo a possibilidade de os biólogos modificarem geneticamente plantas e animais e ficarem mais ricos do que jamais imaginaram. Quase toda semana as manchetes dos jornais estampavam uma nova descoberta: "Os cientistas descobrem genes que combatem o câncer", "A terapia gênica representa uma esperança para quem sofre de artrite", "Os cientistas descobrem o segredo do envelhecimento", etc.

A nova genética parecia tão promissora que em pouco tempo todos os pesquisadores da área biológica estavam aplicando as técnicas genéticas às suas especialidades. O extraordinário progresso desses pesquisadores levou a uma visão ambiciosa: decifrar todos os genes do genoma humano. Nas palavras de Walter Gilbert da Harvard University: "A busca pelo 'Santo Graal' de quem somos atingiu agora sua fase culminante. O objetivo supremo é a aquisição de todos os detalhes do nosso genoma". O Projeto Genoma Humano foi lançado oficialmente na década de 1990 com um orçamento de 3 bilhões de dólares.

O Projeto Genoma Humano foi uma tentativa deliberada de levar a megaciência ("Big Science") para a biologia, que antes parecia mais uma indústria de fundo de quintal. Os físicos estavam acostumados com orçamentos astronômicos, em parte como resultado da Guerra Fria: havia enormes gastos com mísseis e bombas de hidrogênio, com o projeto Guerra nas Estrelas, com aceleradores de partículas de bilhões de dólares, com o programa espacial e com o telescópio espacial Hubble. Biólogos ambiciosos morriam de inveja da física. Eles sonhavam com o dia em que a biologia teria alta visibilidade, desfrutaria de grande prestígio e conduziria projetos com orçamentos na casa dos bilhões de dólares. O Projeto Genoma Humano foi a resposta.

Ao mesmo tempo, na década de 1990, uma onda especulativa no mercado financeiro gerou um crescimento acelerado da biotecnologia, que atingiu o auge em 2000. Além do Projeto Genoma Humano oficial, a Celera Genomics realizou um projeto genômico privado, chefiado por Craig Venter. A empresa planejava patentear centenas de genes humanos e ter o direito de comercializá-los. O valor de mercado da Celera Genomics, assim como de muitas outras empresas de biotecnologia, atingiu um patamar estratosférico nos primeiros meses de 2000.

Ironicamente, a rivalidade entre os projetos genoma público e privado levou a um estouro da bolha antes que o sequenciamento do genoma nem sequer tivesse sido concluído. Em março de 2000, os líderes do projeto genoma público anunciaram que todas as suas informações seriam disponibilizadas gratuitamente. Esse fato levou Bill Clinton, então presidente dos Estados Unidos, a fazer o seguinte pronunciamento no dia 14 de março de 2000: "O nosso genoma, o livro no qual toda a vida humana está escrita, pertence a todos os membros da raça humana... Temos de garantir que os lucros das pesquisas sobre genoma humano sejam quantificados não em dólares, mas no melhoramento da vida humana".[10] A imprensa disse que o presidente planejava restringir as patentes genômicas. As bolsas de valores reagiram fortemente. Nas palavras de Venter, houve uma "queda vertiginosa". Dois dias depois, a Celera sofreu uma desvalorização de 6 bilhões de dólares, e o mercado de ações de biotecnologia teve uma queda de 500 bilhões de dólares.[11]

Diante dessa crise, um dia depois do seu pronunciamento, o presidente Clinton divulgou uma correção, dizendo que sua declaração não tivera a intenção de ter nenhum efeito sobre a patenteabilidade de genes ou o setor de biotecnologia. Mas o estrago já tinha sido feito. As cotações do mercado de ações nunca se recuperaram. Embora muitos genes humanos fossem patenteados subsequentemente, pouquíssimos produziram lucros para as empresas proprietárias.[12]

Em 26 de junho de 2000, o presidente Clinton e o primeiro-ministro britânico, Tony Blair, junto com Craig Venter e Francis Collins, que chefiava o projeto oficial, anunciaram a publicação do primeiro esboço do genoma humano. Na coletiva de imprensa na Casa Branca, o presidente Clinton fez a seguinte declaração: "Estamos aqui hoje para comemorar a conclusão da primeira pesquisa de todo o genoma humano. Sem dúvida alguma, esse é o mapeamento mais importante e mais extraordinário já produzido pela humanidade. Vai revolucionar o diagnóstico, a prevenção e o tratamento da maioria, se não de todas, as doenças humanas... A humanidade está prestes a ganhar um novo e imenso poder de cura". O ministro da ciência do Reino Unido, Lord Sainsbury, disse: "Temos agora a possibilidade de obter tudo o que sempre sonhamos da medicina".[13] Um dos editores da revista *Nature* proclamou que até o final do século XXI "a genômica nos permitirá alterar organismos inteiros, a ponto de ficarem irreconhecíveis, de acordo com nossas necessidades e gostos...[e] moldar a forma humana em qualquer formato concebível. Teremos membros extras se quisermos, e talvez até mesmo asas para voar".[14]

Esse feito extraordinário do sequenciamento do genoma humano certamente transformou a visão que tínhamos de nós mesmos, mas não como se previa. A primeira surpresa foi de que havia muito poucos genes. Em vez dos 100 mil ou mais previstos, o número final de cerca de 23 mil foi desconcertante, principalmente quando comparado aos genomas de animais muito mais simples que o ser humano. A mosca-da-fruta tinha cerca de 17 mil genes e o ouriço-do-mar, cerca de 26 mil. Muitas espécies de plantas têm um número muito maior de genes do que nós — o arroz, por exemplo, tem perto de 38 mil.

Em 2001, o diretor do projeto do genoma do chimpanzé, Svante Paabo, previu que, quando o sequenciamento do genoma dos símios estivesse concluído, seria possível identificar "os pré-requisitos genéticos interessantíssimos que nos tornam diferentes de outros animais". Quando a sequência completa do chimpanzé foi publicada, quatro anos depois, ele foi mais sucinto: "Não encontramos a explicação para o fato de sermos tão diferentes dos chimpanzés".[15]

O "problema da hereditariedade faltante"

Depois do Projeto Genoma Humano, a atmosfera mudou radicalmente. O otimismo de que a vida seria entendida se os biólogos moleculares conhecessem os "programas" de um organismo deu lugar à constatação de que existe um enorme descompasso entre o sequenciamento de genes e os seres humanos reais. Na prática, o valor preditivo dos genomas humanos acabou sendo pequeno, em alguns casos menor do que o obtido com uma fita métrica.

Pais altos tendem a ter filhos altos e pais baixos tendem a ter filhos baixos. Medindo-se a altura dos pais é possível prever a altura dos filhos com 80% a 90% de precisão. Em outras palavras, a estatura é 80% a 90% hereditária. Estudos recentes de associação genômica compararam o genoma de 30 mil pessoas e identificaram cerca de cinquenta genes associados com alta estatura e baixa estatura. Para surpresa geral, juntos, esses genes representaram apenas cerca de 5% da herança da estatura. Em outras palavras, os genes da "estatura" *não* representam 75% a 85% da hereditariedade da estatura. A maior parte da hereditariedade da estatura estava faltando. Atualmente, conhecem-se muitos outros exemplos de hereditariedade faltante, inclusive hereditariedade de muitas doenças, o que torna bastante questionável o valor da "genômica pessoal". Desde o ano 2008, esse fenômeno tem sido chamado de "problema da hereditariedade faltante" na literatura científica.

Em 2009, 27 respeitados geneticistas, inclusive Francis Collins, ex-diretor do Projeto Genoma Humano, publicaram um artigo na revista *Nature* sobre a hereditariedade faltante de doenças complexas. Nesse artigo, eles reconheciam que, apesar de mais de setecentas publicações sobre varredura genômica e gastos de mais de 100 bilhões de dólares, os geneticistas tinham encontrado apenas uma base genética muito pequena para as doenças humanas.[16] Em 2010, em uma série especial de artigos publicados na *Nature* para comemorar o décimo aniversário da conclusão do primeiro esboço do genoma humano, um tema comum foi o "descompasso" entre a sofisticação da coleta de dados e a compreensão deles. Em um artigo intitulado "A reality check for personalised medicine" [Uma análise realista da medicina personalizada], os autores observaram que "Nunca a disparidade entre o volume de informações e a nossa capacidade de interpretá-las tinha sido tão *grande*".[17]

Em 2011, na comemoração do décimo aniversário da conclusão da publicação real do genoma humano, o tom foi ainda mais modesto: "Embora a genômica já esteja contribuindo para melhorar os diagnósticos e tratamentos em alguns casos, por muitos anos ainda não se pode esperar realisticamente que ocorram melhoras profundas nos cuidados com a saúde".[18] Alguns críticos vão além. Jonathan Latham, diretor do Projeto de Recursos Biocientíficos, fez o seguinte comentário:

A explicação mais provável para o fato de os genes de doenças comuns não terem sido encontrados, com poucas exceções, é de que eles não existem... Parece pouco provável que outras pesquisas consigam reverter essa situação. Seria bom fazer melhor uso do dinheiro: se os genes herdados não são culpados por nossas doenças mais comuns, será que podemos descobrir quem é o culpado?[19]

Nesse meio-tempo, o otimismo dos investidores do mercado de ações sofreu vários golpes. Depois do estouro da bolha da biotecnologia em 2000, muitas empresas de biotecnologia fecharam as portas ou foram compradas por laboratórios químicos ou farmacêuticos. Um artigo publicado no *Wall Street Journal,* em 2004, intitulado "Biotech's Dismal Bottom Line: More than $40 billion in Losses" [Os péssimos resultados da biotecnologia: mais de US$40 bilhões em perdas],[20] chegou a afirmar que "A biotecnologia... ainda pode tornar-se um dínamo do crescimento econômico e curar doenças mortais. Mas é difícil afirmar que esse é um bom investimento. Além de não produzir retornos financeiros durante décadas, o setor de biotecnologia cava um buraco cada vez maior a cada ano".[21]

Em 2006, a Harvard Business School publicou uma análise detalhada do setor. Eles descobriram que "apenas uma pequenina fração" das empresas de biotecnologia tinha obtido algum lucro e que as promessas de grandes descobertas nunca tinham sido cumpridas. Os defensores desse setor argumentaram que era preciso mais tempo, mas a análise da Harvard Business School apontou para a conclusão oposta: "Considerando-se o fraquíssimo desempenho no longo prazo do setor de biotecnologia de modo geral, e de empresas específicas em particular, o capital tem sido, na verdade, paciente demais".[22]

Apesar da sua desastrosa trajetória comercial, esse grande investimento em biologia molecular e biotecnologia teve efeitos de longo alcance no campo da biologia, pelo menos na criação de muitos empregos. A demanda por biólogos moleculares transformou o ensino da biologia. Hoje, a abordagem molecular predomina na maioria das universidades e influenciou profundamente a disciplina de ciências no ensino médio.

Exatamente por causa dessa ênfase tão grande na biologia molecular, suas limitações estão ficando cada vez mais evidentes. Com o sequenciamento do genoma de um número cada vez maior de espécies de animais e plantas, juntamente com a determinação da estrutura de milhares de proteínas, os biólogos moleculares estão se afogando em seus próprios dados. O número de genomas que podem ser sequenciados e de proteínas que podem ser analisadas é praticamente ilimitado. Atualmente, os biólogos moleculares dependem de especialistas em bioinformática, um campo que está se expandindo rapidamente, para armazenar e tentar compreender esse volume sem precedentes de informações, também chamado de "avalanche de dados".[23] O que tudo isso significa?

Os avanços alcançados na área de biologia molecular produziram outras grandes surpresas. Na década de 1980, houve um grande alvoroço quando uma família de genes chamada homeobox foi descoberta na mosca-das-frutas. Os genes homeobox determinam onde os membros e outros segmentos do corpo se formarão num embrião ou numa larva em desenvolvimento; aparentemente, esses genes controlam o padrão de desenvolvimento de diferentes partes do corpo. Mutações nesses genes podem acarretar o desenvolvimento de partes corporais extras não funcionais.[24] Essas mutações são chamadas de homeóticas, como analisado mais adiante. À primeira vista, o gene homeobox parecia fornecer a base para a explicação molecular da morfogênese: aí estavam os principais ativadores. No nível molecular, os genes homeobox atuam como moldes para proteínas que ativam cascatas de outros genes.

Esse estudo dos genes envolvidos na regulação do desenvolvimento faz parte de um campo em expansão chamado biologia evolutiva do desenvolvimento ou, informalmente, evo-devo. Mas, também nesse caso, a biologia molecular é uma vítima do seu próprio sucesso: ela mostrou que a própria morfogênese ainda não tem uma explicação molecular. Os sistemas de controle moleculares são bastante semelhantes em animais muito diferentes. Os genes homeobox são quase idênticos em moscas, répteis, camundongos e seres humanos. Apesar de desempenhar um papel na determinação do plano corporal, esses genes não podem explicar o formato dos organismos. Como são tão semelhantes em moscas-das-frutas e em nós, não podem explicar as diferenças entre moscas e seres humanos. Foi chocante descobrir que a diversidade de planos corporais em grupos de animais muito diferentes não se refletia em diversidade no nível dos genes. Como alguns importantes biólogos moleculares comentaram: "Onde mais esperávamos encontrar variação encontramos conservação, ausência de mudança".[25]

A aposta no genoma

Em 2009, ficou claro que muitas das promessas do projeto genoma não tinham sido cumpridas. Porém, muitos biólogos ainda acreditavam que o genoma, em princípio, explicava o organismo. Por exemplo, Lewis Wolpert, famoso biólogo britânico, declarou sua fé no papel dos genes e na sua força explicativa ao afirmar que, com mais informações e enorme potência de computação, "Um óvulo humano fecundado poderia nos fornecer todos os detalhes do bebê, inclusive a existência de quaisquer anomalias. Seríamos capazes também de programar o óvulo fecundado para se desenvolver em qualquer formato que desejássemos. Chegará o dia em que isso será possível".[26]

Alguns meses depois, Wolpert e eu nos encontramos para discutir sobre "A natureza da vida", no encerramento do Festival de Ciência da Cambridge University, de 2009.[27] Wolpert reafirmou sua fé no poder preditivo do genoma, e eu o desafiei a fazer uma aposta. Eu disse que estava preparado para apostar que sua previsão não se concretizaria nem em dez anos nem em vinte anos. Depois de refletir por um momento, ele disse que poderia levar cem anos. Essa era uma previsão que obviamente não poderia ser confirmada por ninguém que estivesse vivo hoje. Depois do debate público, continuamos nossa discussão e perguntei o que ele achava que poderia ser alcançado em vinte anos. A princípio, ele achou que todos os detalhes do camundongo poderiam ser previstos com base no seu genoma. Depois de pensar mais um pouco, baixou sua previsão de camundongos para frangos, depois para rãs e depois para nematelmintos. Por fim, fizemos uma aposta formal, que foi publicada na revista *New Scientist* em julho de 2009.[28] Apostamos uma garrafa de Quinta do Vesúvio, excelente vinho do Porto, safra de 2005. Nós rachamos o valor da garrafa, que está guardada na adega da *Wine Society*, perto de

Londres. Segundo os especialistas, em 2029 ele terá atingido o estado ideal de maturação. A aposta é a seguinte:

Até o dia 1º de maio de 2029, com base no genoma de um óvulo fertiliza-do de um animal ou planta, seremos capazes de prever, em pelo menos um caso, todos os detalhes do organismo que vai se desenvolver, inclusive quaisquer anomalias.

Wolpert aposta que isso vai acontecer. Eu aposto que não. Se o resultado não for óbvio, a Royal Society será solicitada a julgar o caso.

Acho que a fé de Wolpert na capacidade preditiva do genoma está equi-vocada, pois os genes permitem aos organismos produzirem proteínas, mas não explicam o desenvolvimento dos embriões. Os problemas começam com as próprias proteínas. Os genes codificam sequências lineares de aminoáci-dos em proteínas que, depois, se dobram, assumindo formas tridimensionais complexas. Wolpert pressupõe que, a partir da sequência de aminoácidos es-pecificada pelos genes, o dobramento das proteínas poderá ser calculado com base em princípios fundamentais. Já ficou comprovado que isso é impossível, apesar de mais de quarenta anos de pesquisas intensas e bem financiadas (ver o Capítulo 5). Mesmo que o problema do dobramento das proteínas possa ser solucionado, o estágio seguinte seria tentar prever as estruturas das células com base nas interações de centenas de milhões de proteínas e outras molé-culas, desencadeando uma vasta explosão combinatória, com mais arranjos possíveis do que de todos os átomos do universo.

Permutações moleculares aleatórias simplesmente não podem explicar como os organismos funcionam. Em vez disso, células, tecidos e órgãos de-senvolvem-se de forma modular, moldados pelos campos morfogenéticos, re-conhecidos primeiramente pelos biólogos do desenvolvimento na década de 1920 (ver o Capítulo 5). O próprio Wolpert reconhece a importância desses campos. Entre os biólogos, ele é mais conhecido por seu conceito de "infor-mação posicional", segundo o qual as células "sabem" onde estão dentro do campo morfogenético de um órgão em desenvolvimento, como um membro. Mas ele acredita que os campos morfogenéticos possam ser reduzidos à química e à física convencionais. Eu discordo. Proponho que esses campos têm capacidade de organização ou propriedades sistêmicas que envolvem novos princípios científicos.

O poder preditivo do genoma foi reduzido ainda mais pelo reconhecimento da herança epigenética.

Epigenética e herança de caracteres adquiridos

Uma das maiores controvérsias da biologia no século XX dizia respeito à herança de caracteres adquiridos, a capacidade de animais e vegetais herdarem adaptações adquiridas por seus ancestrais. Por exemplo, se um fisiculturista desenvolvesse músculos enormes, seus filhos tenderiam a ter músculos mais desenvolvidos. A ideia contrária, promovida por August Weismann (Figura 6.1) e pela genética, negava que os organismos pudessem herdar características que seus ancestrais tinham adquirido; eles só podiam transmitir "determinantes" ou genes que eles mesmos haviam herdado.

Na época de Darwin, a maioria das pessoas supunha que os caracteres adquiridos realmente podiam ser herdados. Jean-Baptiste Lamarck partiu desse princípio na sua teoria da evolução publicada mais de cinquenta anos antes da de Darwin, e a herança de caracteres adquiridos muitas vezes era chamada de "herança lamarckista". Darwin tinha essa mesma convicção e citou muitos exemplos para corroborá-la.[29] Nesse aspecto, Darwin era um lamarckista, não tanto por ter sido influenciado por Lamarck, mas porque ele e Lamarck aceitavam a herança de caracteres adquiridos como uma questão de bom senso.[30]

Lamarck ressaltou bastante o papel do comportamento na evolução: o desenvolvimento de novos hábitos nos animais em resposta às necessidades levava ao uso ou desuso de órgãos, que, consequentemente, eram fortalecidos ou enfraquecidos. Depois de várias gerações, esse processo produzia mudanças estruturais que se tornavam cada vez mais hereditárias. O exemplo mais famoso de Lamarck foi o da girafa, cujo longo pescoço foi adquirido pelo hábito que o animal tinha de esticá-lo para comer as folhas das árvores ao longo de muitas gerações (ver o Capítulo 1). Também nesse aspecto, Darwin concordou com Lamarck e deu vários exemplos dos efeitos hereditários dos hábitos de vida. Por exemplo, segundo ele, os avestruzes podem ter perdido a capacidade de voar por falta de uso das asas e adquirido pernas mais fortes por fazer maior uso delas ao longo de gerações sucessivas.[31] Darwin tinha bastante consciência do poder do hábito, que para ele era quase sinônimo de natureza. Francis Huxley resumiu a atitude de Darwin da seguinte maneira:

> Para ele, uma estrutura significava um hábito, e um hábito implicava não apenas necessidade interna, mas também forças externas para as quais, para melhor ou para pior, o organismo teve de se habituar... De certo modo, portanto, Darwin podia muito bem ter intitulado seu livro *A Origem dos Hábitos*, em vez de *A Origem das Espécies.*[32]

O problema era que ninguém sabia como os caracteres adquiridos podiam ser herdados. Darwin tentou explicar essa teoria com sua hipótese da "pangênese". Ele propôs que todas as unidades do corpo emitiam pequeninas "gêmulas" de "matéria formativa" que se dispersavam por todo o corpo e se agregavam nos brotos das plantas e nas células germinativas dos animais, por meio dos quais eram transmitidas aos descendentes.[33]

A teoria neodarwinista da evolução, que se tornou ortodoxa no Ocidente no século XX, diferia da teoria darwiniana no sentido de que negava a herança de caracteres adquiridos a favor dos genes. A herança lamarckista foi tratada como heresia. Em contrapartida, na União Soviética a herança dos caracteres adquiridos tornou-se a doutrina ortodoxa da década de 1930 até a década de 1960. Sob a liderança de Trofim Lysenko, grande parte das pesquisas parecia confirmar a teoria da herança de caracteres adquiridos. Lysenko era apoiado por Stálin, e os geneticistas mendelianos foram perseguidos e alguns até mesmo mortos,[34] o que contribuiu para aumentar ainda mais a oposição à herança de caracteres adquiridos no Ocidente. A questão científica sobre a natureza da hereditariedade tornou-se tão intensamente politizada que o que dominava a discussão era a ideologia, e não as evidências científicas.

O tabu contra a herança de caracteres adquiridos começou a perder força por volta da virada do milênio. Há um reconhecimento cada vez maior de que alguns caracteres adquiridos realmente podem ser herdados. Esse tipo de herança é chamado atualmente de "herança epigenética". Nesse contexto, o termo "epigenético" significa "além da genética". Alguns tipos de herança epigenética dependem de ligações químicas a genes, principalmente de grupos metil. Os genes podem ser "inativados" pela metilação do próprio DNA ou de proteínas que se conjugam ao DNA.

Esse é um campo de pesquisas que está crescendo rapidamente, e há muitos exemplos de herança epigenética em plantas e animais. Por exemplo, os efeitos das toxinas podem ecoar por gerações. Em um estudo, quando ratas prenhes eram expostas a fungicidas agrícolas comumente usados, o desenvolvimento dos testículos dos filhotes era afetado, e eles apresentavam baixa contagem de espermatozoides na idade adulta. Os filhotes desses ratos, por sua vez, também tinham baixa contagem de espermatozoides, e esse efeito foi transmitido de pais para filhos durante quatro gerações.[35] A herança de caracteres adquiridos ocorre em invertebrados, como a *Daphnia*, a pulga-d'água. Na presença de predadores, as pulgas-d'água desenvolvem grandes espinhos protetores. Quando reproduzem, seus descendentes também apresentam esses espinhos mesmo quando não são expostos a predadores.[36]

A herança epigenética também ocorre no ser humano. Um estudo realizado na Suécia com homens nascidos entre 1890 e 1920 revelou que sua alimentação na infância influenciou a incidência de diabetes e doença cardíaca em seus netos. Muitas doenças comuns que são herdadas em famílias também podem ser transmitidas epigeneticamente.[37] Em 2003, foi lançado o Projeto Epigenoma Humano, consórcio internacional público-privado destinado a ajudar a coordenar as pesquisas nesse campo em rápido crescimento.[38]

Embora a herança epigenética derrube o tabu contra a herança de caracteres adquiridos, ela não contesta a pressuposição materialista de que a hereditariedade seja material; trata-se de outro tipo de herança, que afeta quais genes são "ativados" ou "inativados" e, consequentemente, quais proteínas uma célula produz. Mas genes e proteínas não podem, por si sós, explicar a morfogênese ou o comportamento instintivo.

Ressonância mórfica e campos morfogenéticos

A única maneira de entender os padrões de organização herdados é em termos de causação "de cima para baixo" por padrões de nível superior, "propriedades sistêmicas" ou campos.

Uma maneira de entender como a causação de cima para baixo atua por meio de campos é imaginar o campo como um ímã. As influências fluem "para cima" e "para baixo", de um lado para o outro do campo geral. O campo do ímã como um todo emerge do alinhamento dos pequenos domínios magnéticos no seu interior. O campo, por sua vez, atua de volta nesses domínios e os mantém alinhados. Se um ímã for aquecido acima de uma temperatura crítica, perderá seu magnetismo; a ordem é interrompida e os domínios magnéticos microscópicos são orientados aleatoriamente. O campo magnético geral desaparece. É como um organismo moribundo.

Os campos morfogenéticos contêm uma hierarquia aninhada de unidades morfogenéticas ou hólons (ver o Capítulo 1, Figura 1.1). O campo morfogenético de um lêmure coordena os campos dos seus membros, músculos e órgãos, os campos dos órgãos coordenam os campos dos tecidos; os campos dos tecidos coordenam os campos das células, e assim por diante.

Existem duas principais maneiras de imaginar os campos morfonegéticos. A primeira é tratá-los como estruturas essencialmente matemáticas; nesse caso, voltamos à teoria platônica da forma, como René Thom deixou claro. A herança da forma, então, torna-se uma questão de interação química de genes e proteínas com a matemática atemporal. Os genes e as proteínas não fornecem a forma; a matemática fornece.

Uma alternativa é que os campos morfogenéticos possam conter história. Eles herdam suas formas por ressonância mórfica de organismos semelhantes anteriores. Esses campos ainda podem ser modelados matematicamente, mas esses modelos não *explicam* os campos, apenas os modelam. A herança depende dos genes *e* da ressonância mórfica.

A diferença entre a teoria platônica e a hipótese de ressonância mórfica pode ser ilustrada pela analogia com um aparelho de televisão. As imagens que vemos na tela dependem dos componentes materiais do aparelho e da energia que o alimenta, e também das transmissões invisíveis que ele recebe por meio do campo magnético. Um cético que rejeita a ideia de influências invisíveis pode tentar explicar tudo acerca das imagens e dos sons sob a óptica dos componentes do aparelho — os fios, os transistores, etc. — e das interações elétricas entre eles. Por meio de uma pesquisa cuidadosa ele descobriria que, se alguns desses componentes fossem danificados ou removidos, as imagens e os sons que o aparelho produzia seriam afetados, e isso ocorreria repetidamente de modo previsível. Essa descoberta reforçaria a sua crença materialista. Ele não conseguiria explicar exatamente como o aparelho produzia as imagens e os sons, mas teria esperança de que uma análise detalhada dos componentes e dos modelos matemáticos mais complexos de suas interações acabasse fornecendo a resposta.

Algumas "mutações" nos componentes — por exemplo, por um defeito em um dos transistores — afetam as imagens mudando suas cores ou distorcendo suas formas; enquanto "mutações" nos componentes do circuito de sintonia fazem com que o aparelho pule de um canal para outro, produzindo um conjunto de sons e imagens completamente diferentes. Mas isso não prova que o noticiário noturno seja produzido por interações entre os componentes do aparelho de TV. Do mesmo modo, mutações genéticas podem afetar a forma e o comportamento de um animal, mas isso não prova que a forma e o comportamento sejam programados nos genes. Eles são herdados por ressonância mórfica, uma influência invisível sobre o organismo que vem de fora dele, assim como os aparelhos de TV são sintonizados de forma ressoante em transmissões originadas em outro lugar.

Algumas mutações genéticas afetam a sintonia e, consequentemente, uma parte do embrião ressoa com um campo morfogenético, e não com outro, resultando em uma estrutura diferente, como um aparelho de TV sintonizado em outro canal. Por exemplo, as moscas-das-frutas, assim como outras moscas, normalmente têm um par de asas e, por trás delas, um par de balancins, chamados halteres (Figura 6.2A). Mutações em determinados genes (genes do complexo *bitórax*) podem provocar o desenvolvimento de um par de asas extra, no lugar dos balancins (Figura 6.2B). Mutações desse tipo denominam-se mutações homeóticas. Outro tipo de mutação homeótica nas moscas-das-frutas causa o desenvolvimento de pernas em vez de antenas. Em plantas, mutações homeóticas também fazem com que algumas estruturas sejam substituídas por outras — por exemplo, nos pés de ervilhas, um tipo de mutação homeótica produz folhas sem gavinhas: todas as gavinhas são substituídas por folíolos. Em outra mutação, todos os folíolos são substituídos por gavinhas.

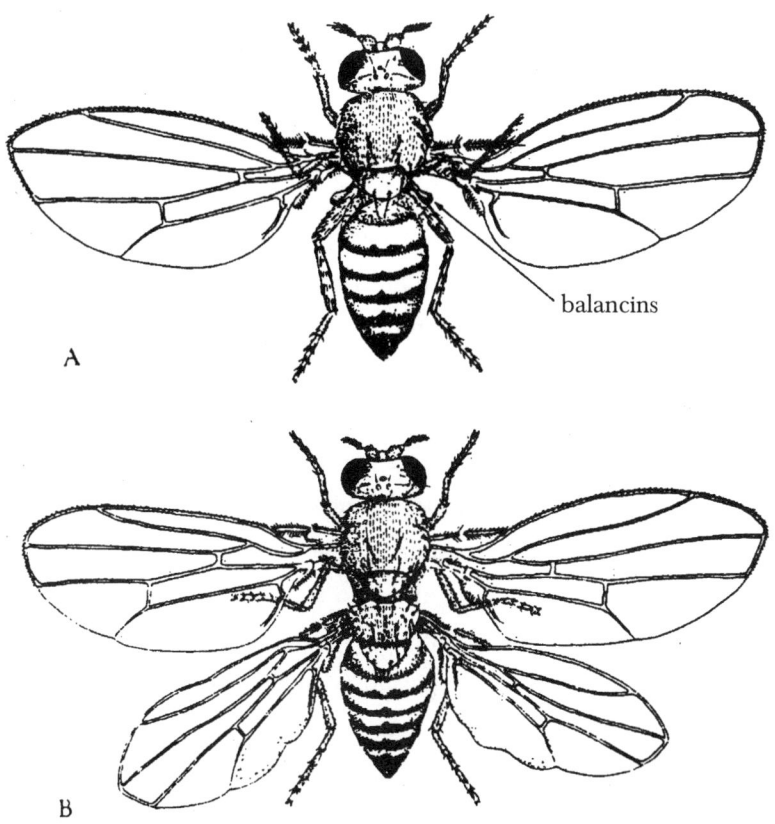

balancins

A

B

Figura 6.2A: Mosca-da-fruta normal. B: Mutante da mosca-da-fruta, em que o segundo segmento torácico foi duplicado no terceiro segmento torácico, de onde sai um par de asas, em vez de balancins. Essas moscas são chamadas de mutantes bitorácicas.

Isso não significa que os genes alterados "programem" folíolos ou gavinhas, nem pernas ou antenas. Pelo contrário, significa que os genes mutantes afetam o sistema de sintonia, fazendo com que estruturas embrionárias que normalmente sintonizam com campos de antenas sintonizem com campos de pernas, ou com campos de gavinhas, em vez de campos de folíolos.

Outros tipos de mutações afetam *detalhes* das estruturas, assim como alguns defeitos nos componentes de um aparelho de TV afetam os detalhes dos sons ou das imagens. Por exemplo, algumas moscas mutantes têm olhos brancos, em vez dos olhos vermelhos normais. Uma mutação num gene que codifica uma enzima que ajuda a sintetizar o pigmento vermelho do olho faz com que as moscas não consigam produzir o pigmento vermelho, de modo que seus olhos são brancos. Há uma explicação simples e satisfatória para esse fenômeno: um gene que sofreu mutação aleatória dá origem a uma enzima defeituosa, produzindo uma mudança na cor do olho. Mas esse detalhe não ajuda em nada a explicar a morfogênese do próprio olho, organizado por uma hierarquia aninhada de creodos nos campos morfogenéticos, puxados em direção aos seus atratores morfogenéticos, ou seja, olhos funcionais maduros.

Os platonistas esperam que um dia esses campos possam ser explicados matematicamente. A única alternativa real é que os campos morfogenéticos sejam herdados por ressonância mórfica de organismos semelhantes anteriores, junto com seus creodos e atratores. Essa herança não é material, porém é física no sentido de que é natural, e não sobrenatural. Envolve uma transferência de forma, ou in-forma-ção, que ressoa do passado para o presente. Essa ressonância de memória do passado ocorre no tempo e no espaço. Ela não é atenuada pela distância, mas atua na base da similaridade: quanto mais similar, mais ressoante.

A hipótese da ressonância mórfica pode ser testada experimentalmente. Se as moscas-da-fruta desenvolverem-se anormalmente em condições anormais, então quanto mais a anormalidade ocorrer maior será a probabilidade de acontecer novamente nas mesmas condições, por intermédio de ressonância mórfica cumulativa. Se animais, como esquilos, aprenderem um novo truque em algum lugar, quanto maior o número de esquilos que aprenderem esse truque, mais fácil será para os esquilos da mesma espécie em todo o mundo. Já existem evidências experimentais de que esses efeitos ocorrem. Eu analiso em detalhes essas evidências em meus livros *A New Science of Life* e *The Presence of the Past*.

Gêmeos

A importância relativa da natureza *versus* criação ou genes *versus* ambiente não é apenas uma questão científica, mas também política. A partir do século

XIX, esse assunto despertou reações apaixonadas. O filósofo liberal John Stuart Mill (1806-1873) pregava um evangelho de progresso social, em que reformas políticas e econômicas mudariam a natureza humana por meio de mudanças no ambiente, ideias que exerceram forte influência em movimentos políticos progressivos como liberalismo, socialismo e comunismo.

Por outro lado, Francis Galton, primo de Charles Darwin, defendia ardorosamente a predominância da hereditariedade, que frequentemente é usada para apoiar uma filosofia política mais conservadora. Em seu livro *Hereditary Genius* (1869), ele afirmou que a proeminência das famílias britânicas mais conceituadas dependia mais da natureza do que da criação. Galton foi o primeiro defensor da eugenia, termo cunhado por ele. Ele também percebeu que a questão da natureza *versus* criação poderia ser estudada com o auxílio de gêmeos idênticos. Galton afirmava que gêmeos idênticos tinham uma constituição hereditária semelhante, enquanto gêmeos fraternos não eram mais semelhantes do que irmãos e irmãs comuns. Certamente ele descobriu semelhanças extraordinárias entre gêmeos idênticos em uma grande variedade de características, como a manifestação de doenças e até mesmo a época da morte.[39]

Alguns filósofos políticos usaram as ideias de Galton sobre hereditariedade para justificar o sistema de classes britânico, e o próprio Galton propôs que o Estado deveria controlar a fertilidade da população de modo a favorecer o aprimoramento da natureza humana por meio de reprodução seletiva. O movimento em prol da eugenia teve um grande número de seguidores nos Estados Unidos e atingiu seu apogeu na Alemanha nazista. Não admira que os cientistas nazistas tivessem bastante interesse em gêmeos. O projeto favorito do famigerado Josef Mengele no campo de concentração de Auschwitz era um estudo de gêmeos idênticos, que eram mantidos em barracões especiais. Mengele disse a um de seus colegas que "Seria um pecado, um crime... não aproveitar a chance que Auschwitz oferecia para a pesquisa de gêmeos. Jamais haveria outra chance desta".[40]

Nesse meio-tempo, os psicólogos behavioristas usavam a abordagem contrária. Eles acreditavam na promoção do progresso humano por meio de condicionamento ambiental. Como disse John B. Watson, fundador do behaviorismo:

Suponha que levássemos dois gêmeos para o laboratório e começássemos a condicioná-los rigidamente desde o nascimento até os 20 anos de idade em linhas totalmente diferentes. Poderíamos até mesmo condicionar uma das crianças a crescer sem linguagem. Todos aqueles que passaram anos trabalhando com condicionamento de crianças e animais não podem deixar de perceber que os dois produtos finais seriam tão diferentes quanto o dia e a noite.[41]

Após a Segunda Guerra Mundial, o mais eminente pesquisador sobre gêmeos idênticos foi o psicólogo educacional Cyril Burt, que afirmou ter estudado 53 pares de gêmeos que tinham sido criados separados. Burt concentrou-se na herança da inteligência, medida por testes de QI, e afirmou que a genética tinha uma influência muito maior do que o ambiente. Infelizmente para os deterministas genéticos, Burt foi acusado de ter falsificado alguns de seus dados.[42] Porém, com a decifração do código genético e o desenvolvimento da biologia molecular na década de 1960, o determinismo genético passou a desfrutar de influência cada vez maior e foi reforçado por novos estudos sobre gêmeos, mais notavelmente no Estudo de Minnesota de Gêmeos, realizado em 1989.

A equipe da Universidade de Minnesota estudou 1.400 pares de gêmeos idênticos e gêmeos fraternos, inclusive gêmeos que foram separados logo após o nascimento. Esses pesquisadores descobriram que gêmeos idênticos criados separadamente apresentavam similaridades extraordinárias em diversas características, como sensação de bem-estar, dominância social, alienação, agressividade e conquistas. Descobriram também uma alta correlação de QI, quase idêntica aos números que Burt foi acusado de inventar.[43] Algumas similaridades eram excepcionalmente impressionantes. Por exemplo, a história de vida dos gêmeos "Jim" (ambos foram batizados como James por suas famílias adotivas), que foram separados logo após o nascimento, revelava similaridades extraordinárias. Ambos moravam na única casa do quarteirão, com um banco branco embaixo de uma árvore no quintal; ambos se interessavam por corrida de *stock car*; ambos faziam miniaturas de mesas de piquenique ou de cadeiras de balanço.[44] O histórico de saúde dos dois também era semelhante.[45]

A ressonância mórfica lança uma nova luz sobre os estudos de gêmeos univitelinos. Como são geneticamente idênticos e dividem o mesmo útero durante todo o desenvolvimento embrionário, são muito mais semelhantes entre si do que qualquer outro par de seres humanos. Quanto maior a similaridade, maior a ressonância mórfica. Logo, a ressonância mórfica entre gêmeos idênticos será mais forte do que entre outras pessoas quaisquer. Consequentemente, seus padrões de atividade, hábitos e problemas de saúde podem influenciá-los por ressonância mórfica, mesmo que sejam separados logo após o nascimento. Muitas das similaridades extraordinárias entre gêmeos idênticos podem depender da ressonância mórfica, e não dos genes.

Memes e campos mórficos

Na concepção materialista tradicional, toda herança é material, exceto a herança cultural. Esta, todo mundo concorda que funciona de outra maneira, sobretudo por meio do aprendizado por imitação dos animais e seres humanos. Em 1976, Richard Dawkins propôs o termo "meme" para uma unidade de herança cultural, por analogia com o gene:

> Alguns exemplos de memes são melodias, ideias, expressões, moda, maneiras de fazer potes ou de construir arcos. Assim como os genes propagam-se no acervo gênico pulando de corpo em corpo por intermédio de espermatozoides ou óvulos, os memes propagam-se no acervo de memes pulando de cérebro em cérebro por meio de um processo que, em sentido amplo, pode ser chamado de imitação.[46]

Essa ideia propriamente dita já provou ser um meme de sucesso, mostrando que esse conceito é necessário.[47] O filósofo materialista Daniel Dennett usou o conceito de meme como "pedra angular" da sua teoria da mente.[48] Mas o termo meme é demasiadamente atomista e reducionista, e vários autores propuseram um novo termo para se referir a complexos de memes reunidos em estruturas maiores, como "complexo de memes coadaptados" ou "meme-plexo".[49]

Os ateus, em particular, gostam de pensar que as religiões são complexos de memes, e os imaginam como vírus que infectam o cérebro das outras pessoas.[50] Eles se consideram imunes. Mas o próprio materialismo deve ser um complexo de memes semelhante a um vírus que infecta o cérebro dos materialistas. Quando é particularmente virulento, o memeplexo materialista transforma suas vítimas em ateus proselitistas, de modo que podem pular de seus cérebros para o maior número possível de cérebros.

Apesar de toda a especulação sobre memes e seu papel na cultura e na religião, sua natureza ainda é obscura. Os materialistas gostam de imaginá-los como estruturas materiais no interior de cérebros materiais, mas ninguém jamais encontrou memes dentro de um cérebro, nem viu um meme pulando de um cérebro para outro. Eles são invisíveis. São, na verdade, padrões de organização ou informação, e acho que é melhor imaginá-los como campos mórficos, transferidos de cérebro para cérebro por ressonância mórfica.[51] Do ponto de vista materialista, existe uma diferença fundamental entre herança genética e herança cultural, uma vez que a primeira é material e a última não. Pensar em memes como se fossem objetos materiais é uma tentativa de superar esse problema, mas essa é uma manobra retórica, e não uma hipótese que pode ser cientificamente testada.

Certa vez, tentei discutir esse ponto de vista com Richard Dawkins. Eu lhe disse que os memes e os campos mórficos pareciam desempenhar um papel semelhante na herança cultural. Ele respondeu que "Eles não têm absolutamente nada em comum. Os memes são reais porque são materiais. Eles existem dentro de cérebros materiais. Campos mórficos não são materiais e, portanto, não existem".[52] E fim de papo. Mas assim como os campos mórficos, os memes só poderiam atuar por meio de padrões de atividade cerebral. Eles não podem ser objetos materiais, como pequenos *chips* de computador ou CDs em miniatura.

Do ponto de vista da ressonância mórfica, só existe uma diferença em grau, mas não em espécie, entre a transmissão hereditária de forma e comportamento e a transmissão cultural de padrões de comportamento. Ambas dependem de ressonância mórfica. Os campos mórficos não são atomísticos e particulados, mas organizados em hierarquias aninhadas ou holarquias, que se encaixam muito mais naturalmente com a estrutura dos padrões herdados culturalmente. A linguagem, por exemplo, é constituída de uma hierarquia aninhada de níveis: em fonemas, palavras, sílabas, orações, sentenças (Figura 1.1). No Capítulo 7, voltarei a falar sobre o papel dos campos mórficos na mente e na memória.

Que diferença isso faz?

A crença de que os genes são a base de quase toda a herança não é apenas uma teoria intelectual, mas tem tido também enormes consequências econômicas e políticas. Já resultou no investimento de centenas de bilhões de dólares em projetos genômicos e biotecnológicos. Se os genes são a chave da vida, então as pessoas querem tê-los e explorá-los. Mas se estiverem sendo gritantemente superestimados, a genômica nunca atenderá às grandes expectativas que um dia gerou. Algumas empresas fabricam produtos úteis, mas muitas fazem promessas que nunca se transformam em realidade.

A visão da vida centrada nos genes tem dominado a ciência desde a década de 1960, com efeitos desastrosos na cultura geral. Jeffrey Skilling, CEO da Enron, corporação caracterizada por ganância e comportamento predatório, disse que seu livro preferido era *O Gene Egoísta*[53] e que a teoria do gene egoísta era parte importante da cultura corporativa da Enron até a falência da empresa em 2001. Skilling, que está cumprindo uma longa pena na prisão, achava que o neodarwinismo significava que o egoísmo, no final das contas, era bom até mesmo para suas vítimas, porque eliminava os perdedores e forçava os sobreviventes a se tornarem fortes.[54]

Os genes não são individualistas e egoístas, apesar da retórica que afirma o contrário. Como partes de todos maiores, eles atuam de forma cooperativa no desenvolvimento e funcionamento dos organismos. Se eles têm alguma mensagem moral para os seres humanos, é de que a vida depende de trabalho conjunto, e não de competição implacável.

Uma compreensão mais abrangente de hereditariedade, que inclua genes, alterações genéticas e ressonância magnética, suscita muitas novas perguntas e ajuda a libertar as ciências biológicas da visão estreita da biologia molecular. Faz uma grande diferença em termos científicos. Para começar, a palavra "hereditariedade" não é mais sinônimo de "genética": os genes são parte da hereditariedade, mas não toda a hereditariedade. A ressonância mórfica pode estar por trás da herança da forma e do comportamento. Essa ressonância é física, mas não material. Da mesma forma, a ressonância mórfica pode desempenhar um importante papel na herança cultural.

Por intermédio da ressonância mórfica, animais e plantas estão conectados com seus predecessores. Cada indivíduo faz uso da memória coletiva da espécie e contribui para essa mesma memória. Animais e plantas herdam os hábitos da sua espécie e da sua raça. O mesmo se aplica ao ser humano.

Uma maior compreensão da hereditariedade muda a forma como pensamos em nós mesmos, na influência dos nossos predecessores e em todos os efeitos nas gerações que ainda estão por vir.

Perguntas para os materialistas

Você concorda com Lewis Wolpert de que "Até o dia 1º de maio de 2029, com base no genoma de um óvulo fertilizado de um animal ou planta, seremos capazes de prever, em pelo menos um caso, todos os detalhes do organismo que vai se desenvolver, inclusive quaisquer anomalias"? Se concorda, quanto você estaria disposto a apostar nisso?

Se você acredita que os genes "programam" os organismos, como acha que os programas funcionam?

Você acha que modelos matemáticos acabarão explicando a herança da forma e do comportamento? Em caso afirmativo, organismos são "reificações" da matemática?

Como você acha que o problema da hereditariedade faltante pode ser resolvido?

RESUMO

Os genes são superestimados, uma vez que não "codificam" nem "programam" a forma e o comportamento dos organismos. Eles especificam a sequência de aminoácidos nas moléculas de proteínas, e alguns participam do controle da síntese proteica. O Projeto Genoma Humano e outros projetos genômicos foram decepcionantes, tanto em termos científicos como financeiros, porque se basearam numa falsa concepção do que os genes fazem. A herança do desenvolvimento e do comportamento pode depender de campos organizadores que têm uma memória inerente. Além disso, os caracteres adquiridos por plantas e animais podem ser transmitidos aos seus descendentes epigeneticamente por meio de modificações da expressão gênica, em vez de mutação. Hábitos de crescimento e comportamento podem ser herdados por meio da memória coletiva da espécie, da qual cada indivíduo faz uso e para a qual também contribui: os organismos herdam hábitos de forma e comportamento, que não estão codificados nos genes, pelo processo de ressonância mórfica. A ressonância mórfica também pode estar por trás da herança cultural, que difere em grau, mas não em espécie, da herança de formas e instintos.

7

As memórias são armazenadas
como traços materiais?

Nós prestamos atenção na nossa memória, assim como no ar que respiramos. Tudo o que fazemos, vemos e pensamos é moldado por hábitos e memórias. Minha capacidade de escrever este livro, e a sua de lê-lo, pressupõem a memória de palavras e seus significados. Minha capacidade de andar de bicicleta depende da memória inconsciente de hábitos. Consigo recordar fatos que aprendi, como o ano da Batalha de Hastings — 1066; consigo reconhecer pessoas que conheci há anos; consigo me lembrar de episódios específicos que aconteceram no verão passado, quando eu estava de férias no Canadá. Existem diferentes tipos de memória, mas todos envolvem influências do passado que me afetam no presente. Nossas memórias subjazem todas as nossas experiências. E, obviamente, os animais também têm memória.

Como a memória funciona? Em geral, as pessoas acham que as memórias, de alguma maneira, estão armazenadas no cérebro como traços materiais. Na Grécia antiga, esses traços eram comparados a impressões em cera. No início do século XX, eram comparados às conexões entre os fios de uma central telefônica e, atualmente, são comparados, por analogia, a sistemas de armazenamento de memória em computadores. Embora as metáforas mudem, quase todos os cientistas, e quase todas as outras pessoas, acreditam na teoria do traço mnêmico.

De um ponto de vista materialista, as memórias *têm* de ser armazenadas como traços materiais no cérebro. Onde mais poderiam estar? O neurocientista Steven Rose expressou as pressuposições tradicionais da seguinte forma:

As memórias estão, de alguma forma, "localizadas na" mente e, portanto, para um biólogo, também "no" cérebro. Mas como? O termo memória deve abranger pelo menos dois processos distintos. Deve implicar, por um lado, o processo de aprender alguma coisa nova sobre o mundo à nossa volta; e, por outro, mais tarde, o processo de *se recordar*, ou lembrar-se, dessa coisa. Nós inferimos que entre o aprendizado e a lembrança deva haver algum registro permanente, um *traço mnêmico*, dentro do cérebro.[1]

Isso parece simples e óbvio. Aparentemente, não tem sentido questionar. No entanto, a teoria do traço mnêmico certamente é bastante questionável. Ela suscita problemas espantosos de lógica. Todas as tentativas de localizar traços mnêmicos não deram em nada, apesar de mais de cem anos de pesquisas que consumiram muitos bilhões de dólares. Para os adeptos do materialismo promissório, esse fracasso não significa que a teoria do traço mnêmico esteja errada; significa simplesmente que precisamos dedicar mais tempo e dinheiro na busca por esses misteriosos traços.

Mas os traços mnêmicos não são a única opção. Vários filósofos da antiguidade, notavelmente Platão, encaravam com ceticismo a ideia de que as memórias fossem impressões materiais[2] e alegavam que eram imateriais, e não materiais, que eram aspectos da alma, e não do corpo.[3] Da mesma maneira, filósofos mais recentes, como Henri Bergson e Alfred North Whitehead, concebiam as memórias como conexões diretas ao longo do tempo, e não estruturas materiais no cérebro (ver o Capítulo 4).

Na minha opinião, as memórias dependem da ressonância mórfica. Todos os indivíduos são influenciados pela ressonância mórfica do seu próprio passado. A ressonância mórfica depende de similaridade; como os organismos são mais semelhantes consigo mesmos no passado do que com outros membros da sua espécie, a autorressonância é altamente específica. Tanto a memória individual como a memória coletiva dependem da ressonância mórfica; elas diferem entre si em grau, mas não em espécie.

Começo falando sobre a teoria do traço mnêmico, depois analiso a hipótese da ressonância e, por fim, descrevo as maneiras pelas quais essa hipótese pode ser testada.

Problemas lógicos e químicos

Vários filósofos modernos afirmaram que a teoria do traço mnêmico esbarra num problema lógico insolúvel, muito diferente das várias tentativas frustradas de encontrá-los.

Para que um traço mnêmico seja consultado ou reativado, é preciso que haja um sistema de recuperação, e esse sistema precisa identificar a memória armazenada que está procurando. Para isso, precisa reconhecê-la, o que significa que o próprio sistema de recuperação tem de ter uma memória. Há, portanto, uma regressão infinita: se o sistema de recuperação é dotado de um estoque de memória, este, por sua vez, requer um sistema de recuperação com memória e assim sucessivamente *ad infinitum*.[4]

Existe também um problema estrutural. As memórias podem persistir por décadas, mas o sistema nervoso é dinâmico e está continuamente mudando, assim como as moléculas que o compõem. Como diz Francis Crick, "Quase todas as moléculas do nosso corpo, com exceção do DNA, o material genético, renovam-se em questão de dias, semanas ou, no mais tardar, alguns meses. Então, como a memória é armazenada no cérebro, de modo que seu traço seja relativamente imune à renovação molecular?". Ele aventou a hipótese da existência de um mecanismo complexo por meio do qual as moléculas eram substituídas uma a uma para preservar o estado geral das estruturas de armazenamento da memória.[5] Tal mecanismo nunca foi identificado.

Durante décadas, a teoria mais popular foi de que a memória depende das alterações que ocorrem nas conexões entre os neurônios, as sinapses. No entanto, as tentativas de localizar os estoques de memória nunca deram em nada.

A busca infrutífera por traços mnêmicos

Na década de 1890, Ivan Pavlov estudou a maneira pela qual animais como cães podiam aprender a associar um estímulo, como o som de uma campainha, ao ato de serem alimentados. Depois de vários treinamentos, o simples som da campainha fazia os cães salivarem. Pavlov chamou essa reação de reflexo condicionado. Para muitos cientistas da época, essa pesquisa indicava que a memória do animal dependia de arcos reflexos, em que as fibras nervosas eram como fios, e o cérebro, como uma central telefônica. Mas o próprio Pavlov relutava em afirmar que havia traços específicos localizados. Ele descobriu que o condicionamento era mantido após extensa lesão cirúrgica cerebral.[6] Aqueles que sabiam menos sobre o assunto eram menos cautelosos; e, nas primeiras décadas do século XX, muitos biólogos presumiram que *toda* a atividade psicológica, inclusive os fenômenos da mente humana, no final podiam ser reduzidos a cadeias de reflexos conectadas entre si no cérebro.

Em uma épica série de experimentos que duraram mais de trinta anos, Karl Lashley (1890-1958) tentou localizar traços mnêmicos específicos, ou "engramas", no cérebro de ratos, macacos e chimpanzés. Ele treinava os animais em uma série de tarefas, desde simples reflexos condicionados até a resolução de problemas difíceis. Depois do treinamento, secionava cirurgicamente os tratos nervosos, ou removia partes do cérebro, dos animais e avaliava os efeitos da intervenção na memória deles. Para seu espanto, descobriu que os animais ainda conseguiam se lembrar do que haviam aprendido mesmo depois que grande parte do seu tecido cerebral tinha sido removida.

A princípio, Lashley ficou cético em relação à suposta via de arcos reflexos condicionados no córtex motor, ao constatar que ratos treinados para reagir de maneiras específicas à luz apresentaram um desempenho quase tão bom quanto os ratos de controle, mesmo depois de terem quase todo o córtex motor removido. Em experimentos semelhantes realizados com macacos, ele removeu a maior parte do córtex motor desses animais depois de tê-los treinado a abrir caixas com trincos. Essa cirurgia causou paralisia temporária. Depois de dois ou três meses, quando recobraram a capacidade de se movimentar de modo coordenado, os animais foram novamente expostos às caixas. Os macacos abriram as caixas prontamente, sem movimentos aleatórios de exploração.

Em seguida, Lashley demonstrou que os hábitos aprendidos eram preservados após a destruição das áreas associativas cerebrais. Os hábitos também resistiam a uma série de incisões profundas no córtex cerebral que destruía as conexões existentes. Além disso, se o córtex estivesse intacto, a remoção de estruturas subcorticais, como o cerebelo, também não destruía a memória.

Lashley começou como um defensor entusiasmado da teoria reflexa da aprendizagem, mas foi forçado a abandoná-la:

O objetivo do programa original de pesquisa era rastrear os arcos reflexos condicionados por todo o córtex... Os achados experimentais nunca confirmaram essa teoria. Pelo contrário, enfatizaram o caráter unitário de cada hábito, a impossibilidade de conceber a aprendizagem como concatenações de reflexos, bem como a participação de grandes massas de tecidos nervosos nas funções, em vez do desenvolvimento de vias restritas de condução.[7]

Lashley afirmou que:

As características da rede nervosa são tais que, ao ser submetida a qualquer padrão de excitação, pode desenvolver um padrão de atividade que é reduplicado por toda a área funcional pela disseminação das excitações, assim como a superfície de um líquido desenvolve um padrão de interferência de ondas que se alastram quando essa superfície é perturbada em vários pontos.

Segundo ele, a lembrança envolvia "algum tipo de ressonância entre um grande número de neurônios".[8] Essas ideias foram desenvolvidas por seu ex-aluno Karl Pribram em sua proposta de que as memórias estão armazenadas de maneira distribuída por todo o cérebro, análoga aos padrões de interferência de um holograma.[9]

Até mesmo nos invertebrados, traços mnêmicos específicos provaram ser um mistério. Em uma série de experimentos realizados com polvos treinados, os hábitos aprendidos persistiram após a remoção de várias partes do cérebro dos animais, o que levou à conclusão aparentemente paradoxal de que "a memória está localizada em toda parte e em nenhum lugar em particular".[10]

Apesar desses resultados, novas gerações de pesquisadores tentaram reiteradamente encontrar memórias localizadas. Na década de 1980, Steven Rose e seus colegas acharam que tinham finalmente encontrado vestígios de memória no cérebro de pintinhos com um dia de idade. Eles treinavam os pintinhos a não bicar em pequenas lâmpadas coloridas fazendo com que eles adoecessem, e os pintinhos realmente evitavam esses estímulos quando deparavam com eles novamente. Em seguida, Rose e seus colegas estudaram o cérebro desses pintinhos e constataram que os neurônios de determinada região do prosencéfalo esquerdo apresentavam maior crescimento e desenvolvimento ativo quando havia aprendizagem do que quando não havia aprendizagem.[11]

Esses achados confirmaram os resultados de estudos de cérebros em desenvolvimento de filhotes de ratos, gatos e macacos, que revelaram que os neurônios ativos desenvolviam-se mais do que os neurônios inativos no cérebro. Mas o maior desenvolvimento das células ativas não provava que elas continham traços específicos de memória. Quando a região de células ativas era removida cirurgicamente do prosencéfalo esquerdo dos pintinhos um dia depois do treinamento, estes ainda conseguiam se lembrar do que tinham aprendido. Portanto, a região do cérebro implicada no processo de aprendizagem não era necessária à retenção da memória. Mais uma vez, comprovou-se que era dificílimo encontrar os hipotéticos traços mnêmicos, e mais uma vez os pesquisadores foram forçados a postular a existência de "sistemas de armazenamento" não identificados em alguma outra parte do cérebro.[12]

Em uma série de estudos mais recentes, os pesquisadores estudaram camundongos que aprenderam a se locomover por um labirinto. A formação de memórias implicava atividade na região medial dos lobos temporais, principalmente no hipocampo. A capacidade de formar memórias de longo prazo dependia de um processo denominado potenciação de longo prazo, que envolvia a síntese de proteínas nos neurônios hipocampais. Mas, novamente, as memórias provaram constituir um mistério. Uma vez estabelecidas, não eram eliminadas com a destruição bilateral do hipocampo. Assim, os pesquisadores concluíram que, de alguma forma, os hipotéticos traços mnêmicos deviam ter migrado de uma parte do cérebro para outra.

Erik Kandel, que ganhou o Prêmio Nobel em 2000 por seu trabalho com a lesma-do-mar, *Aplysia*, chamou a atenção para alguns desses problemas em seu discurso na cerimônia de recebimento do prêmio:

> Como é que diferentes regiões do hipocampo e o lobo temporal medial... interagem no armazenamento da memória explícita? Não entendemos, por exemplo, por que o armazenamento inicial da memória requer o hipocampo, enquanto essa estrutura não é necessária depois que a memória foi armazenada por semanas ou meses. Que informações importantíssimas o hipocampo transmite para o neocórtex? Sabemos muito pouco também sobre a recordação da memória explícita (declarativa)... Essas propriedades sistêmicas do cérebro exigirão mais do que a abordagem de baixo para cima da biologia molecular.[13]

No Projeto Conectoma, pesquisadores do Instituto de Tecnologia de Massachusetts (MIT) e de outras instituições estão tentando mapear alguns dos trilhões de conexões neuronais dos cérebros de mamíferos. Para isso, usam delgadas fatias de tecido cerebral e sofisticadas análises computadorizadas das imagens. O cérebro humano contém cerca de 100 bilhões de neurônios. Como ressaltou Sebastian Seung, chefe da equipe do MIT: "Acredita-se que um neurônio esteja conectado a 10 mil outros neurônios no córtex cerebral". Esse é um projeto bastante ambicioso, mas parece improvável que esclareça alguma coisa sobre o armazenamento de memórias. Em primeiro lugar, é preciso que a pessoa esteja morta para que seu cérebro seja cortado, portanto as mudanças que ocorrem antes e depois da aprendizagem não podem ser estudadas dessa maneira. Em segundo lugar, existem grandes diferenças no cérebro de uma pessoa para outra; não temos circuitos idênticos.

O mesmo se aplica aos animais de pequeno porte, como camundongos. Um projeto experimental do Max Planck Institute, na Alemanha, analisou, em diagramas de circuitos cerebrais, apenas quinze neurônios que controlam dois pequenos músculos das orelhas dos camundongos. Apesar de ser uma proeza técnica, esse trabalho não revelou um diagrama único de circuitos. Os padrões de conexão diferiam até mesmo entre as orelhas direita e esquerda do mesmo animal.[14]

Os mais impressionantes desvios da normalidade na estrutura cerebral são observados em pessoas que tinham hidrocefalia quando bebês. Nesse quadro, também chamado de "água no cérebro", grande parte do crânio é preenchido por líquido cerebrospinal. O neurologista inglês John Lorber descobriu que alguns portadores de hidrocefalia extrema eram surpreendentemente normais, o que o levou a fazer uma pergunta provocadora: "O cérebro é realmente necessário?". Ele obteve neuroimagens de mais de seiscentos portadores de hidrocefalia e descobriu que cerca de sessenta tinham mais de 95% da cavidade craniana cheia de líquido cerebrospinal. Alguns sofriam de grave retardamento, mas outros eram relativamente normais e outros, ainda, tinham QI muito acima de 100. Um rapaz com 126 de QI e diploma de matemática pela Sheffield University, onde se formou com distinção, "praticamente não tinha cérebro". Seu crânio era revestido por uma camada de cerca de um milímetro de células cerebrais, e o restante do espaço era preenchido por líquido.[15] Qualquer tentativa de explicar seu cérebro em termos de "conectoma" convencional estaria fadada ao fracasso. Sua atividade mental e sua memória ainda eram mais ou menos normais, embora seu cérebro tivesse apenas 5% do tamanho normal.

As evidências existentes mostram que as memórias não podem ser explicadas por mudanças localizadas em sinapses. A atividade cerebral envolve padrões rítmicos de atividade elétrica ao longo de milhares ou milhões de neurônios, e não simples arcos reflexos como fios em uma central telefônica ou diagramas de fiação de computadores. Esses padrões de atividade nervosa estabelecem — e respondem a — mudanças nos campos eletromagnéticos do cérebro.[16] Os campos oscilantes de todo o cérebro são medidos rotineiramente em hospitais com o auxílio de eletroencefalograma (EEG), e dentro desses ritmos globais há muitos padrões subsidiários em diferentes regiões do cérebro. Para que esses padrões, ou propriedades sistêmicas, sejam lembrados, a teoria da ressonância através do tempo parece mais provável do que a do armazenamento de substâncias químicas nas terminações nervosas.

Mais de um século de pesquisas intensas e bem financiadas não conseguiram identificar traços mnêmicos no cérebro. Pode ser que a razão seja muito simples: os hipotéticos traços não existem. Por mais que os pesquisadores procurem, talvez nunca os encontrem. Em vez disso, as memórias podem depender de ressonância mórfica do próprio passado do organismo. Pode ser que o cérebro seja mais como um aparelho de TV do que como um disco rígido. O que você vê na TV depende da sintonia do aparelho com campos invisíveis. Ninguém poderá descobrir que programas você assistiu ontem examinando os fios e transistores do aparelho para ver se encontra algum vestígio da programação de ontem.

Pela mesma razão, o fato de lesões e degeneração cerebral, como na doença de Alzheimer, causarem perda de memória não prova que as memórias estejam armazenadas no tecido lesado. Se eu cortasse um fio ou removesse alguns componentes do circuito de som da sua TV, eu poderia fazer com que ela ficasse muda, ou afásica. Mas isso não significa que todos os sons estavam armazenados nos componentes danificados.

Uma mariposa pode se lembrar do que aprendeu quando era uma lagarta?

Insetos que sofrem uma metamorfose completa passam por enormes mudanças anatômicas e de estilo de vida. É difícil acreditar que uma lagarta mastigando uma folha é o mesmo organismo que a mariposa que mais tarde surge da pupa. Na pupa, quase todos os tecidos larvais são dissolvidos antes que se desenvolvam as novas estruturas adultas. A maior parte do sistema nervoso também é dissolvido.

Num estudo recente, Martha Weiss e colegas da Georgetown University, em Washington, descobriram que as mariposas conseguiam se lembrar do que aprenderam na fase larval apesar de todas as mudanças que haviam sofrido durante a metamorfose. Esses pesquisadores treinaram lagartas da folha do fumo, *Manduca sexta*, a evitar o odor de acetato de etila, associando, para isso, a exposição a esse odor com um leve choque elétrico. Depois de duas mudas larvais e uma metamorfose dentro das pupas, as mariposas adultas eram avessas ao acetato de etila, apesar da transformação radical do seu sistema nervoso. Controles cuidadosos realizados por Weiss e sua equipe mostraram que essa era uma verdadeira transferência de aprendizagem, não apenas um efeito residual dos odores absorvidos pelas lagartas testadas.[17]

Essa capacidade que as mariposas tinham de se lembrar de suas experiências como larvas pode muito bem ter um significado evolutivo. Se as plantas que as mariposas ingerem na fase larval influenciarem seu comportamento na fase adulta, as mariposas fêmeas tenderão a evitar pôr ovos em plantas nocivas, preferindo as nutritivas, mesmo que os membros da espécie nunca tenham se deparado com essas plantas antes. Novos padrões de preferência de determinadas plantas hospedeiras poderiam ser estabelecidos em uma única geração e persistiriam em seus descendentes; uma espécie poderia desenvolver novos hábitos alimentares muito rapidamente.

A transferência de aprendizagem da lagarta para a mariposa após a dissolução da maior parte do sistema nervoso seria realmente bastante intrigante se todas as memórias estivessem armazenadas como traços materiais, mas já existem evidências provenientes de animais superiores e seres humanos de que as memórias não estão armazenadas em traços e podem persistir após danos cerebrais substanciais.

Lesão cerebral e perda de memória

Uma lesão cerebral pode provocar dois tipos de perda de memória: amnésia retrógrada (para trás), o esquecimento do que aconteceu antes da lesão, e amnésia anterógrada (para a frente), a perda da capacidade de se lembrar do que acontece após a lesão.

Os exemplos mais conhecidos de amnésia retrógrada ocorrem após uma concussão. Em decorrência de um golpe repentino na cabeça, a pessoa perde a consciência e fica paralisada por alguns segundos ou por muitos dias, dependendo da intensidade do impacto. Quando recobra a consciência e recupera a capacidade de falar, ela pode parecer normal em muitos aspectos, mas é incapaz de se lembrar do que aconteceu antes do incidente. Em geral, à medida que o processo de recuperação avança, os primeiros eventos a serem lembrados são os mais antigos; a memória dos eventos mais recentes retorna progressivamente.

Nesses casos, a amnésia não pode ser devida à destruição de traços de memória, uma vez que as lembranças perdidas voltam. Karl Lashley chegou a uma conclusão semelhante anos atrás:

Acredito que existem fortes evidências de que a amnésia causada por lesão cerebral raramente, ou nunca, é devida à destruição de traços mnêmicos específicos. Pelo contrário, a amnésia representa uma redução do nível de vigilância, uma maior dificuldade de ativar o padrão organizado de traços ou uma perturbação de algum sistema mais amplo de funções organizadas.[18]

Embora muitas memórias retornem, pode ser que os eventos que ocorreram imediatamente antes de um golpe na cabeça nunca sejam recuperados: pode haver um branco permanente. Por exemplo, um motorista pode lembrar-se de estar se aproximando do cruzamento onde houve o acidente, mas nada mais. Uma "amnésia retrógrada momentânea" também ocorre em consequência de terapia eletroconvulsiva, administrada a pacientes psiquiátricos por meio de descargas de corrente elétrica na cabeça. Em geral, os pacientes não conseguem se lembrar do que aconteceu imediatamente antes da administração do choque.[19]

Os eventos e as informações da memória de curto prazo são esquecidos porque a perda de consciência impede que sejam interconectados em padrões de relação capazes de serem lembrados. A incapacidade de fazer essas conexões e, consequentemente, de transformar as memórias de curto em memórias de longo prazo, costuma persistir por algum tempo após a vítima de concussão ter recuperado a consciência. Esse quadro às vezes é descrito como "problema de memorização"; nesse caso, as pessoas esquecem-se dos eventos praticamente assim que eles ocorrem.

Todo mundo concorda que a formação de memórias é um processo ativo. A incapacidade de construí-las impede a formação de novos traços mnêmicos ou de novos campos mórficos, padrões ressonantes de atividade; e, se esses padrões não forem formados, não poderão ser lembrados por ressonância mórfica.

Alguns tipos de lesão cerebral têm efeitos bastante específicos na capacidade que as pessoas têm de reconhecer e se lembrar,[20] enquanto outros causam distúrbios específicos, como afasias (transtornos da linguagem), resultantes de lesões em várias partes do córtex no hemisfério esquerdo. Esses tipos de lesão perturbam os padrões organizados de atividade cerebral[21] e impedem o cérebro de se sintonizar com aptidões e memórias por ressonância mórfica.

Hologramas e a ordem implicada

Em uma famosa série de pesquisas realizadas durante cirurgias cerebrais em pacientes despertos, Wilder Penfield e seus colegas testaram os efeitos de leve estimulação elétrica em várias regiões do córtex cerebral. Quando o eletrodo tocava partes do córtex motor, os membros se moviam. A estimulação elétrica do córtex auditivo ou visual evocava alucinações auditivas ou visuais, como zumbidos ou *flashes* de luz. A estimulação do córtex visual secundário, por exemplo, produzia alucinações de flores, animais ou pessoas familiares. Quando algumas regiões do córtex temporal eram estimuladas, alguns pacientes recordavam-se de memórias como se fossem sonhos, como de um concerto ou uma conversa telefônica.[22]

A princípio, Penfield supôs que a evocação elétrica de memórias indicava que elas estavam armazenadas no tecido estimulado, que denominou "córtex da memória". Depois de refletir mais, ele mudou de ideia: "Isso era um erro... O registro não é no córtex".[23] Assim como Lashley e Pribram, ele desistiu da ideia de traços mnêmicos localizados a favor da teoria de que as memórias estavam mais amplamente distribuídas em outras partes do cérebro.

A mais popular analogia para a distribuição da memória é em termos holográficos, uma forma de fotografia sem lente na qual padrões de interferência são armazenados como hologramas, a partir dos quais a imagem original pode ser reconstruída em três dimensões. Se uma parte do holograma for destruída, a imagem ainda poderá ser reconstruída na sua totalidade a partir das partes remanescentes, embora com menor definição. O todo está presente em cada parte. Isso pode parecer misterioso, mas o princípio básico é simples e familiar. Se você olhar à sua volta neste momento, seus olhos captarão a luz de todas as partes da cena que está diante de você. A luz absorvida pelos seus olhos é apenas uma pequena parte da luz disponível, mas ainda assim você consegue visualizar toda a cena. Se você se mover alguns passos, ainda poderá ver toda a cena, apesar de estar captando as ondas luminosas em outro lugar. De maneira semelhante, o todo está contido em cada parte de um holograma. Isso não acontece com uma fotografia normal: se você rasgar uma fotografia ao meio, perderá a metade da imagem. Se rasgar a metade de um holograma, a imagem inteira ainda poderá ser recriada.

Mas, e se os padrões holográficos de onda não estiverem armazenados no cérebro? Mais tarde, Pribram chegou a essa conclusão e imaginou o cérebro como um "analisador de formas de ondas", em vez de um sistema de armazenamento, comparando-o a um receptor de rádio que captava formas de onda da "ordem implicada" e explicava-as, ou seja, desdobrava-as.[24] Esse aspecto do pensamento foi influenciado por David Bohm, físico quântico, para quem todo o universo é holográfico, no sentido de que a totalidade está envolvida ou dobrada em cada parte.[25]

De acordo com Bohm, o mundo observável ou visível é a ordem explicada ou desdobrada, que emerge da ordem implicada ou dobrada.[26] Bohm achava que a ordem implicada continha um tipo de memória. O que acontece em um lugar é "introjetado" ou "injetado" na ordem implicada, que está potencialmente presente em todos os lugares; daí em diante, quando a ordem implicada se desdobra em ordem explicada, essa memória afeta os acontecimentos, conferindo ao processo propriedades bastante semelhantes à ressonância mórfica. Segundo Bohm, cada momento "contém uma projeção da reinjeção dos momentos prévios, que é um tipo de memória; de modo que isso resultaria em uma replicação geral de formas passadas".[27]

Talvez um dia a ressonância mórfica seja incluída em uma versão ampliada da teoria quântica, como sugeriu Bohm. Quem sabe? A pergunta "Como a ressonância mórfica pode ser explicada?" está em aberto. No contexto de um debate sobre a realidade dos traços mnêmicos, a ressonância mórfica — ou memória na ordem implicada — encaixa-se melhor nos fatos do que a teoria de traços?

A ressonância através do tempo

Segundo a teoria de traços mnêmicos, as memórias estão armazenadas materialmente no cérebro, por exemplo, como substâncias químicas nas sinapses. A alternativa é a teoria da ressonância: as memórias são transferidas pela ressonância de padrões de atividade semelhantes no passado. Nós nos sintonizamos conosco no passado; não carregamos nossas memórias por aí dentro da cabeça.

A ressonância de memória faz parte de uma hipótese muito mais ampla. A hipótese da ressonância mórfica propõe uma ressonância, no tempo e no espaço, de padrões de atividade vibratória em todos os sistemas auto-organizadores.[28] A ressonância mórfica está por trás dos hábitos de cristalização, do dobramento das proteínas (ver o Capítulo 3) e também da herança de campos morfogenéticos e dos padrões de comportamento instintivo (ver o Capítulo 6). Ela desempenha um papel essencial na transferência de aprendizagem, como mencionado anteriormente. A ressonância mórfica representa uma nova maneira de encarar as memórias. Há pelo menos cinco tipos de memória: habituação, sensibilização, memória comportamental, reconhecimento e lembrança.

Habituação e sensibilização

Habituação significa ficar acostumado às coisas. Se você ouvir um novo som ou sentir um cheiro novo, prestará atenção a ele, mas, se ele não fizer nenhuma diferença, logo deixará de notá-lo. Na maior parte do tempo, você não repara no contato da roupa com seu corpo, no contato do seu traseiro com o assento da cadeira, no tique-taque do relógio ou em todos os outros ruídos de fundo à sua volta.

A habituação é um dos tipos mais fundamentais de memória que está por trás de todas as nossas respostas ao ambiente. De modo geral, não notamos aquilo que permanece inalterado; notamos mudanças ou diferenças. Todos os nossos sentidos operam de acordo com esse princípio. Se você estiver olhando uma paisagem, qualquer coisa que se mover chamará imediatamente a sua atenção. Se houver uma mudança no ruído de fundo, você notará. Toda

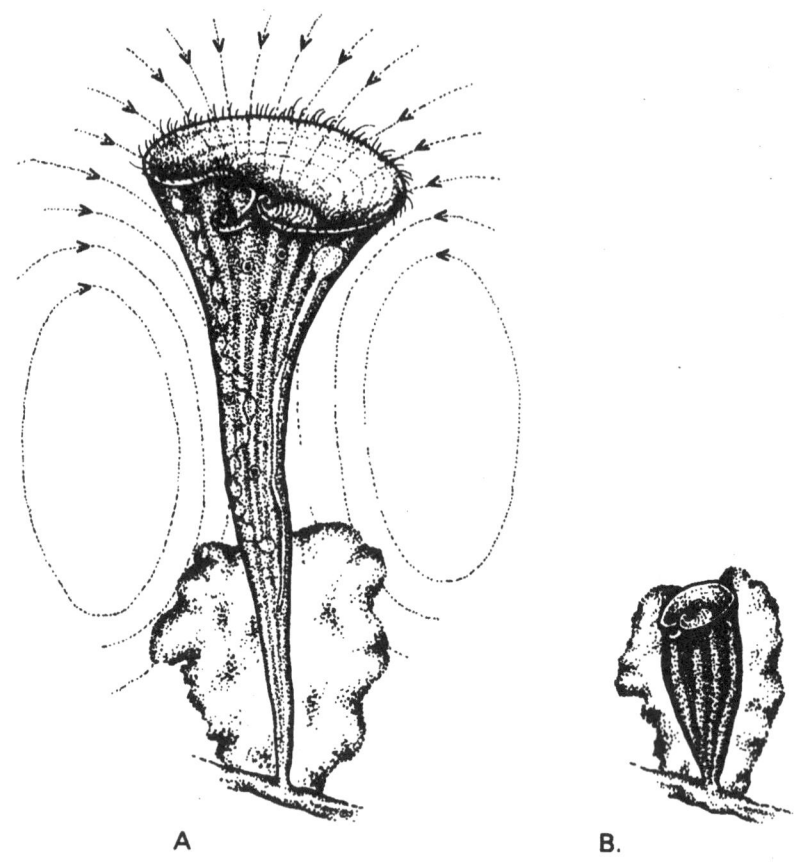

A   B.

Figura 7.1A: O organismo unicelular *Stentor raesilii* mostrando as correntes de água ao seu redor causadas pelos movimentos dos cílios. Em resposta a um estímulo desconhecido, ele se contrai rapidamente dentro do seu tubo (B). (Extraído de Jennings, 1906)

a nossa cultura opera de acordo com esse princípio; é por isso que as fofocas e os jornais raramente tratam de coisas que permanecem inalteradas. Eles se ocupam de mudanças ou diferenças.

Outros animais, da mesma forma, ficam acostumados ao ambiente em que vivem. Em geral, reagem a algum fato novo porque não estão acostumados a ele, muitas vezes demonstrando alarme ou esquiva. Esse tipo de reação ocorre até mesmo em organismos unicelulares como o *Stentor*, que vive em charcos. O *Stentor* é uma célula em forma de corneta coberta por fileiras de pelos finos que se movimentam, chamados cílios. A atividade dos cílios produz correntes ao redor da célula, transportando partículas suspensas até a boca do organismo, que se localiza na extremidade inferior de um minúsculo vórtice (Figura 7.1). Essas células são fixadas à sua base por um "pedúnculo", e a parte inferior da célula é rodeada por um tubo mucoso. Se a superfície ao qual estiver preso for ligeiramente balançada, o *Stentor* se contrairá rapidamente dentro do tubo. Se nada ocorrer após mais ou menos meio minuto, ele se estenderá novamente e os cílios retomarão sua atividade. Se o mesmo estímulo se repetir, ele não se contrairá, mas continuará suas atividades normais. Esse comportamento não é resultado de fadiga, pois a célula reage a um novo estímulo, como o toque, contraindo-se novamente.[29]

As membranas celulares do *Stentor* são eletricamente carregadas, assim como as células nervosas. Quando estimuladas, um potencial de ação é deflagrado sobre a superfície celular, de forma muito semelhante a um impulso nervoso, fazendo com que a célula se contraia.[30] Quando o *Stentor* fica habituado, os receptores distribuídos sobre a membrana celular tornam-se menos sensíveis à estimulação mecânica, e o potencial de ação não é deflagrado.[31] Como o *Stentor* é unicelular, sua memória não pode ser explicada pelas alterações nas terminações nervosas, ou sinapses, uma vez que ele não tem nenhuma.

Habituação implica um tipo de memória que permite que estímulos inofensivos e irrelevantes sejam reconhecidos quando se repetem. A ressonância mórfica apresenta uma explicação simples. O organismo está em ressonância com seus próprios padrões de atividade no passado, inclusive com seu retorno à normalidade depois de se contrair diante de um estímulo inofensivo. Quando o estímulo se repete, o organismo entra em ressonância com seu padrão de resposta anterior, inclusive com a volta à atividade normal. Ele retorna à atividade normal mais cedo e reage cada vez menos, até passar a ignorar os estímulos inofensivos. Um novo estímulo sobressai exatamente por ser novo e desconhecido.

A habituação ocorre em todos os animais, de grande e pequeno porte, com e sem sistema nervoso. Os efeitos da habituação foram estudados em detalhes na lesma-do-mar gigante, *Aplysia*, que tem mais de 30 centímetros de comprimento. Seu sistema nervoso é relativamente simples e semelhante em diferentes indivíduos. Geralmente a guelra da lesma é estendida mas, quando a lesma é tocada, sua guelra se retrai. Esse reflexo logo cessa diante da repetição de estímulos inofensivos; a lesma se habitua, assim como o *Stentor*. Erik Kandel e sua equipe demonstraram que o reflexo de retração da guelra é mediado por apenas quatro neurônios motores. Quando ocorre habituação, os neurônios sensitivos deixam de excitar os neurônios motores, pois liberam uma quantidade cada vez menor de transmissores químicos nas sinapses com os neurônios motores. Mas o fato de o funcionamento das sinapses ser alterado em consequência da habituação não prova que a memória esteja armazenada quimicamente nas sinapses. Todo o sistema pode se habituar como resultado de autorressonância, como no *Stentor*. A autorressonância pode ser responsável pela habituação em animais de todos os níveis de complexidade, inclusive nós, seres humanos.

Sensibilização é o contrário de habituação: os animais reagem de maneira mais intensa aos estímulos com efeitos danosos. Também nesse caso, até mesmo organismos unicelulares como o *Stentor* exibem esse tipo de comportamento. Se um fluxo de partículas nocivas se deslocar em direção ao *Stentor*, ele se contrairá dentro do seu tubo. Da próxima vez que for exposto às mesmas partículas, ele se contrairá mais rapidamente e, depois de várias exposições, se contrairá até seu pedúnculo se desprender. Em seguida, o *Stentor* se deslocará até encontrar um lugar mais pacífico para se instalar, onde desenvolverá um novo tubo e retomará sua vida normal. A *Aplysia* apresenta um tipo semelhante de sensibilização, e Kandel e sua equipe descreveram uma série de alterações que ocorrem nas células nervosas quando isso acontece. Enquanto a habituação resulta em menor liberação de neurotransmissores pelos neurônios sensitivos em suas sinapses com os neurônios motores, a sensibilização resulta no aumento da liberação de neurotransmissores.[32]

Também nesse caso, não devemos supor que a memória que subjaz a sensibilização esteja armazenada na forma de alterações químicas dentro das células. Assim como na habituação, a sensibilização se encaixa bem no modelo de autorressonância. Quando um estímulo que provou ser danoso no passado ocorre novamente, o organismo entra em ressonância com ele mesmo, respondendo ao mesmo estímulo com mais intensidade. Além disso, a sensibilização pode atingir um limiar em que o organismo age de maneira diferente. O *Stentor* muda de lugar.[33] A *Aplysia* libera tinta tóxica contendo peróxido de hidrogênio.[34]

Aprendizagem ressonante

Muitos animais aprendem padrões de comportamento com outros membros do seu grupo por meio de imitação. Por exemplo, algumas espécies de pássaros, como os melros, aprendem partes de melodias ouvindo o canto dos pássaros adultos das redondezas. Esse é um tipo de herança cultural.

A herança cultural atinge o seu nível mais elevado de desenvolvimento na humanidade, pois todos os seres humanos aprendem uma grande variedade de comportamentos, inclusive o uso da linguagem, bem como muitas habilidades físicas e mentais, como fazer contas, tocar flauta ou tricotar. Do ponto de vista da ressonância mórfica, a transferência dessas habilidades é um tipo de processo ressonante.

Na década de 1980, os neurocientistas descobriram que, quando os animais observavam outros animais executando determinada ação, as alterações que ocorriam na parte motora do seu cérebro eram iguais às observadas no cérebro dos animais que eles estavam observando. Essas respostas geralmente são descritas sob a óptica dos "neurônios-espelho": a atividade cerebral espelha a dos animais que estão sendo observados e sofre os mesmos tipos de alterações que ocorrem durante a realização da própria ação. Mas o termo neurônio-espelho é enganoso se sugerir que essa atividade requer tipos especiais de nervos. Pelo contrário, é melhor imaginá-lo como um tipo de ressonância. Na verdade, Vittorio Gallese, um dos descobridores dos neurônios-espelho, refere-se à imitação dos movimentos ou ações por outros indivíduos como "comportamento ressonante".[35]

Comportamento ressonante é uma expressão nova, mas o fenômeno em si não é uma descoberta nova. Toda a indústria da pornografia depende dele. Observar outras pessoas praticando atividade sexual estimula a excitação erótica por um tipo de ressonância.

Alguns neurocientistas ampliaram a ideia de sistema de neurônios-espelho para o que denominam "teoria da ressonância motora de leitura da mente", em que o sistema nervoso responde "à execução e observação de ações direcionadas para metas".[36] Essa ressonância não se restringe ao cérebro, mas também a todo o padrão de movimentos do corpo, e sem dúvida alguma desempenha parte importante na aprendizagem de habilidades, como andar de bicicleta, e em outras formas de "aprender fazendo".

Por meio da repetição, padrões de comportamento e habilidades são aprimorados e tornam-se cada vez mais habituais. Tanto a aquisição de novos padrões de comportamento como a lembrança desses padrões encaixam-se bem no modelo de ressonância.

Reconhecimento

Reconhecimento implica percepção de que uma experiência do presente também é lembrada: *sabemos* que já estivemos neste lugar antes, que conhecemos esta pessoa de algum lugar ou que já deparamos com este fato ou esta ideia. Mas não conseguimos nos lembrar onde ou quando, ou do nome da pessoa ou do lugar. Reconhecimento e lembrança são tipos distintos de memória: o reconhecimento depende de uma semelhança entre a experiência atual e uma experiência anterior. Lembrança implica reconstrução ativa do passado com base em conexões ou significados lembrados.

É mais fácil reconhecer do que se lembrar. Por exemplo, em geral é mais fácil reconhecer pessoas do que se lembrar de seus nomes. Quase todos nós temos uma capacidade extraordinária de reconhecimento, mas nem percebemos isso. Muitos experimentos de laboratório têm demonstrado o poder dessa capacidade. Por exemplo, num estudo, os sujeitos foram solicitados a memorizar uma forma sem significado. Mas, quando lhes pediram para reproduzir essa forma por meio de desenho, sua capacidade de fazê-lo diminuiu rapidamente em poucos minutos. Em contrapartida, semanas depois, a maioria deles conseguiu identificar essa forma entre uma série de formas semelhantes.[37]

O reconhecimento, assim como a habituação, depende da ressonância mórfica com padrões de atividade semelhantes anteriores. O padrão de atividade vibratória observado nos órgãos dos sentidos e no sistema nervoso quando você vê uma pessoa que conhece é semelhante ao padrão de quando você viu a mesma pessoa antes. Os estímulos sensoriais são semelhantes e têm efeitos semelhantes sobre os órgãos dos sentidos e o sistema nervoso. Quanto maior a semelhança, maior a ressonância.

Lembrança

Lembrança consciente é um processo ativo. A capacidade de se lembrar de determinada experiência depende, sobretudo, da maneira como fizemos conexões. Na medida em que usamos a linguagem para categorizar e conectar os elementos da experiência, podemos usá-la para ajudar a reconstruir esses padrões passados. Mas não podemos nos lembrar de conexões que não foram feitas.

A nossa memória de curto prazo de palavras e frases nos permite lembrá-las tempo suficiente para entender suas conexões e seus significados. Geralmente nos lembramos dos significados — padrões de conexão —, e não das palavras reais. É relativamente fácil resumir a essência de uma conversa recente, mas a maioria de nós não consegue reproduzi-la literalmente. O mesmo se aplica à linguagem escrita: você consegue se lembrar de alguns fatos e ideias dos capítulos anteriores deste livro, mas provavelmente se lembrará de pouquíssimas passagens palavra por palavra.

As memórias de curto prazo oferecem uma oportunidade para que os elementos da nossa experiência recente estabeleçam conexões entre si mesmos, bem como com experiências passadas. Aquilo que não é conectado é esquecido. A memória de curto prazo, que costuma ser comparada à memória RAM de um computador (Memória de Acesso Aleatório), tem uma capacidade bastante limitada, em geral de 7±2 itens. Na década de 1940, o neurocientista Donald Hebb observou que dificilmente essas memórias de curto prazo, que duram menos de um minuto, seriam armazenadas quimicamente, e sugeriu que podem depender de circuitos reverberantes de atividade elétrica — o que novamente implica um processo de ressonância.

No caso de lembrança espacial — por exemplo, lembrar-se da disposição de determinada casa —, as conexões entre diferentes espaços estão relacionadas com movimentos do corpo; por exemplo, andar por um corredor, subir escadas e entrar num cômodo.

Os princípios de memorização e lembrança foram compreendidos há muito tempo; os princípios básicos dos sistemas mnemônicos eram bem conhecidos na Antiguidade Clássica e ensinados aos alunos de retórica, fornecendo técnicas para o estabelecimento de conexões que permitem que os itens sejam lembrados mais facilmente.[38] Alguns métodos baseiam-se em conexões verbais e implicam a codificação de informações em rimas, frases ou expressões. Por exemplo, "Vermelho lá vai violeta" é uma técnica mnemônica conhecida que ajuda a lembrar a sequência de cores do arco-íris, em que l, a, v, a, i representam laranja, amarelo, verde, azul e índigo. Outros sistemas são espaciais e baseiam-se em imagens visuais. Por exemplo, no "método dos *loci*", também chamado de "palácio da memória", primeiro a pessoa memoriza uma sequência de lugares; por exemplo, os vários cômodos e armários da sua própria casa. Em seguida, visualiza cada item a ser lembrado num desses locais e imagina que está andando de um lugar para outro e encontrando o objeto lá. Sistemas mnemônicos modernos, como os sistemas para aumentar a capacidade de memorização anunciados em revistas populares, são os herdeiros dessa antiga e rica tradição.[39]

Em muitos animais, a memorização de padrões espaciais depende da atividade do hipocampo, como mencionado anteriormente. Aparentemente, é necessária que haja atividade cerebral nessa e em outras regiões para fazer uma conexão entre os itens a serem lembrados. Entre serem estabelecidas e lembradas, as memórias devem ser codificadas em traços mnêmicos de longo prazo. A hipótese de ressonância é mais compatível com os fatos. O padrão das conexões estabelecidas quando as memórias são formadas é associado a padrões rítmicos de atividade cerebral. As memórias são lembradas por meio de padrões de atividade semelhantes estabelecidos por ressonância mórfica. Elas não são armazenadas como traços no cérebro.

Testes experimentais

Se as memórias são armazenadas no cérebro dos animais, então qualquer coisa que um animal aprende fica confinada ao seu próprio cérebro. Quando ele morre, a memória se extingue. Porém, se a memória for um fenômeno ressonante por meio do qual os organismos entram em ressonância especificamente consigo mesmos no passado, então memória individual e memória coletiva são diferentes aspectos do mesmo fenômeno; elas diferem em grau, mas não em espécie.

Essa hipótese pode ser testada. Se os ratos aprenderem um novo truque em algum lugar, então ratos do mundo todo deverão ser capazes de aprender o mesmo truque mais rapidamente. Quanto mais ratos aprenderem esse truque, mais fácil será para os ratos de outros lugares. Uma das mais longas séries de experimentos realizados na história da psicologia revelou evidências de que os ratos realmente parecem aprender mais rápido aquilo que outros ratos já aprenderam. Quanto mais ratos aprendiam a escapar de um labirinto de água, mais fácil ficava para outros ratos fazerem o mesmo. Esses experimentos, realizados primeiramente na Harvard University e depois nas universidades de Edimburgo e Melbourne, mostraram que os ratos escoceses e australianos começaram mais ou menos de onde os ratos de Harvard haviam terminado, e seus descendentes aprenderam ainda mais rápido. Alguns se saíram bem da primeira vez, sem necessidade de aprendizagem alguma. No experimento realizado na Universidade de Melbourne, uma linhagem de ratos de controle, cujos pais nunca haviam sido treinados, exibiu o mesmo padrão de aprimoramento que os filhos de pais treinados, revelando que esse efeito não era transmitido pelos genes nem por modificações epigenéticas dos genes. Todos os ratos semelhantes aprenderam mais rápido, assim como a hipótese da ressonância mórfica preveria.[40]

Da mesma forma, os seres humanos deveriam ser capazes de aprender mais facilmente o que outros já aprenderam. De modo geral, novas habilidades, como *snowboarding,* uma espécie de surfe na neve, e jogos de computador, devem ficar mais fáceis de aprender. É claro que sempre haverá aqueles que aprendem mais rápido e aqueles que demoram mais, mas a tendência geral é de um aprendizado mais rápido. Existem muitas evidências empíricas dessa tendência. Mas, para evidências concretas e quantitativas, o melhor lugar para analisar essa tendência é por meio de testes padronizados que permaneceram mais ou menos inalterados ao longo de décadas. Os testes de

Quociente de Inteligência (QI) são um bom exemplo. Por meio de ressonância mórfica, as perguntas devem ficar mais fáceis de serem respondidas, porque muitas pessoas já as responderam antes. As pontuações dos testes deverão subir não porque as pessoas estão ficando mais inteligentes, mas porque está ficando mais fácil fazer os testes. Esse efeito realmente tem sido observado e é conhecido como efeito Flynn, em homenagem ao psicólogo James Flynn, que tanto fez para documentar esse fenômeno.[41] A pontuação média do teste de

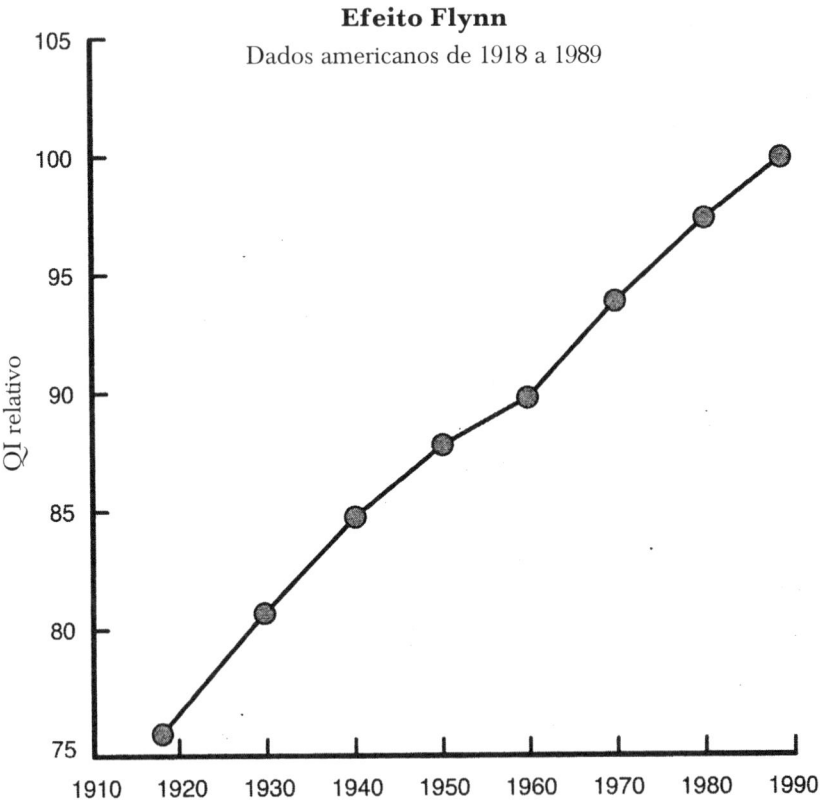

Figura 7.2. Efeito Flynn: mudanças na média do QI nos Estados Unidos em relação aos valores de 1989.[42]

QI subiu 30% ou mais ao longo de algumas décadas. A Figura 7.2 apresenta os dados dos Estados Unidos.

Há muito tempo os psicólogos discutem as possíveis razões do efeito Flynn. As tentativas de explicação do ponto de vista de nutrição, urbanização, exposição à TV e prática com os exames parecem responder por apenas uma pequena parte desse efeito. A princípio, James Flynn confessou ter ficado perplexo, e tentou encontrar explicações cada vez mais complexas. Sua mais recente tentativa atribui esse efeito à mudança na cultura geral:

> A melhor descrição resumida que posso oferecer é a seguinte. Durante o século XX, as pessoas investiram sua inteligência na solução de novos problemas cognitivos. A educação formal desempenhou um papel causal mais próximo, mas para fazer uma avaliação completa das causas é preciso entender o impacto total da revolução industrial.[43]

O problema é que essa hipótese é vaga, obscura e não pode ser testada. A ressonância mórfica oferece uma explicação mais simples.

Cientistas em universidades europeias e americanas já realizaram uma série de testes concebidos especificamente para testar a ressonância mórfica no aprendizado humano, sobretudo em relação às linguagens escritas. A maioria desses testes produziu resultados positivos e com significância estatística.[44] Essa é inevitavelmente uma área controversa das pesquisas, mas, ao contrário da hipótese de Flynn, a ressonância mórfica é relativamente fácil de testar em animais e seres humanos.

Que diferença isso faz?

Acho que faz uma grande diferença pensar em me sintonizar com minhas memórias, em vez de recuperá-las de dentro do meu cérebro por mecanismos moleculares obscuros. A ressonância parece mais plausível e se encaixa melhor com a experiência. Além disso, é mais compatível com as descobertas das pesquisas sobre o cérebro: os traços mnêmicos não são encontrados em nenhum lugar.

No campo das pesquisas, haveria uma mudança de foco, que passaria de detalhes moleculares dos neurônios para a transferência de memória por ressonância. Essa mudança também poria em xeque a questão da memória coletiva, que o psicólogo C. G. Jung concebia como o inconsciente coletivo.

Se a aprendizagem envolver um processo de ressonância não apenas com o professor que está transmitindo a habilidade, mas também com todos aqueles que a aprenderam antes, os métodos educacionais poderiam ser aprimorados por meio de um aprimoramento deliberado do processo de ressonância, o que levaria a uma transferência de habilidades mais rápida e mais eficaz.

A teoria de ressonância da memória também põe em xeque uma questão religiosa. Todas as religiões pressupõem que alguns aspectos da memória da pessoa sobrevivem à morte. Nas teorias hindus e budistas de reencarnação ou renascimento, memória, hábitos e tendências são levados de uma vida para a outra. Essa transferência de memória é parte da ação do *karma*, um tipo de causação através do tempo; as ações produzem efeitos no futuro, até mesmo em vidas posteriores. No cristianismo, há diversas teorias de sobrevivência, mas todas implicam sobrevivência da memória. De acordo com a doutrina católica romana de purgatório, após a morte as pessoas entram num processo contínuo de desenvolvimento, comparável ao ato de sonhar. Esse processo não faria sentido a menos que as memórias da pessoa desempenhassem uma função nesse processo. Alguns protestantes acreditam que após a morte todo mundo adormece e, depois, ressuscita antes do Juízo Final. Mas essa teoria não teria sentido se a pessoa que está sendo julgada tivesse se esquecido de quem era e o que tinha feito.

Em contrapartida, a teoria materialista é simples. As memórias estão alojadas no cérebro; o cérebro se deteriora após a morte; portanto, todas as memórias desaparecem para sempre. Para um ateu, poderia haver prova melhor da insensatez da crença religiosa? Todas as teorias religiosas de sobrevivência são inviáveis, porque todas se baseiam na sobrevivência de memórias pessoais, que desaparecem quando o cérebro se decompõe. A teoria materialista dá por encerrada a questão da sobrevivência à morte do corpo. Em comparação, a teoria da ressonância deixa a questão em aberto. As próprias memórias não se deterioram, mas continuam a agir por ressonância, desde que exista um sistema vibratório com o qual possam entrar em ressonância. Elas contribuem para a memória coletiva da espécie. Mas, se existe ou não uma parte imaterial do "eu" que ainda possa acessar essas memórias na ausência do cérebro, essa é outra história.

Perguntas para os materialistas

Você acredita que as memórias são armazenadas como traços materiais no cérebro? Se acredita, poderia resumir as evidências a esse respeito?

Como você acha que os sistemas de recuperação de memória reconhecem as memórias que estão tentando recuperar?

Você já pensou na possibilidade de que a memória possa depender de algum tipo de ressonância, e não de traços materiais?

Se a teoria de traços mnêmicos é uma hipótese que pode ser testada, e não um dogma, como poderia ser estabelecido experimentalmente que a memória depende de traços, e não de ressonância?

RESUMO

As diversas tentativas frustradas de se encontrar traços mnêmicos se encaixam bem na ideia de memória como um fenômeno ressonante, em que padrões de atividades semelhantes no passado afetam as atividades no presente na mente e no cérebro. A memória individual e a memória coletiva dependem de ressonância, mas a autorressonância do próprio passado de um indivíduo é mais específica e, portanto, mais eficaz. O aprendizado dos animais e dos seres humanos pode ser transmitido por ressonância mórfica através do espaço e do tempo. A teoria da ressonância ajuda a explicar a capacidade de as memórias sobreviverem a graves lesões cerebrais, e é coerente com todos os tipos de lembrança conhecidos. Essa teoria prevê que, se animais, digamos, os ratos, aprenderem um novo truque em algum lugar, digamos, em Harvard, ratos do mundo todo deverão ser capazes de aprender esse truque mais rápido daí em diante. Já existem evidências de que isso realmente acontece. Princípios semelhantes aplicam-se à aprendizagem humana. Por exemplo, se milhões de pessoas fizerem testes padronizados, como o teste de QI, de maneira geral, os testes deverão ficar progressivamente mais fáceis para outras pessoas. Mais uma vez, aparentemente é isso o que acontece. Memória individual e memória coletiva são aspectos distintos do mesmo fenômeno e diferem em grau, mas não em espécie.

8

A mente está confinada ao cérebro?

O materialismo é a doutrina segundo a qual só a matéria é real. Logo, a mente está dentro do cérebro, e a atividade mental nada mais é do que atividade cerebral. Essa pressuposição contradiz a nossa própria experiência. Quando olhamos um melro, vemos um melro; o nosso cérebro não passa por alterações elétricas complexas. Porém, a maioria de nós aceitou a teoria de que a mente está localizada dentro do cérebro antes mesmo de ter tido oportunidade de questioná-la. Partimos do princípio de que essa teoria estava correta quando éramos crianças, pois parecia ser respaldada por toda a autoridade da ciência e pelo sistema educacional.

Em seus estudos sobre o desenvolvimento intelectual das crianças, o psicólogo suíço Jean Piaget descobriu que, antes dos 10 ou 11 anos de idade, as crianças europeias eram como os povos "primitivos". Elas não sabiam que a mente estava restringida ao cérebro; achavam que se estendia para o mundo ao seu redor. Mas, por volta dos 11 anos, a maioria delas já tinha assimilado o que Piaget chamava de concepção "correta": "As imagens e os pensamentos estão localizados na cabeça".[1]

Pessoas instruídas raramente questionam essa concepção "cientificamente correta" em público, talvez por medo de serem consideradas burras, infantis ou primitivas. No entanto, a concepção "correta" conflita com a nossa experiência mais imediata toda vez que olhamos à nossa volta. Vemos coisas fora do nosso corpo; não observamos imagens dentro da nossa cabeça. A teoria materialista dominou a psicologia acadêmica durante a maior parte do século XX. A corrente behaviorista, que predominou por um longo tempo, negava categoricamente a realidade da consciência. O famoso behaviorista americano B. F. Skinner proclamou, em 1953, que mente e consciência eram entidades inexistentes "inventadas com o único propósito de oferecer explicações falsas... Uma vez que se diz que os eventos mentais ou psíquicos não têm as dimensões da ciência física, temos mais uma razão para rejeitá-los".[2] Como mencionei no Capítulo 4, os filósofos contemporâneos da corrente conhecida como "materialismo eliminativo" também negam a experiência consciente. Paul Churchland, por exemplo, afirma que estados mentais subjetivos devem ser considerados inexistentes, pois as descrições desses estados não podem ser reduzidas à linguagem da neurociência.[3]

Da mesma forma, muitos cientistas influentes acham que a experiência consciente nada mais é que a experiência subjetiva da atividade cerebral (ver o Capítulo 4). Francis Crick chamou essa teoria de Hipótese Espantosa:

> "Você", suas alegrias e tristezas, suas lembranças e ambições, sua noção de identidade pessoal e livre-arbítrio nada mais são, na verdade, do que o comportamento de um vasto conjunto de células nervosas e de suas moléculas associadas... Essa hipótese é tão diferente das ideias da maioria das pessoas vivas atualmente que pode muito bem ser chamada de espantosa.[4]

Essa é uma afirmação realmente espantosa, embora seja lugar-comum na ciência institucional. Crick não era um revolucionário: ele falava para a maioria. Susan Greenfield, neurocientista de renome, examinou um cérebro exposto em uma sala de cirurgia e refletiu: "Aquilo era tudo o que havia de Sarah e, na verdade, de qualquer um de nós... Nada mais somos que um amontoado pastoso de massa cerebral, e... de algum modo, um caráter e uma mente são gerados nessa massa amorfa".[5]

A alternativa tradicional ao materialismo é o dualismo, doutrina segundo a qual mente e cérebro diferem radicalmente: a mente é imaterial e o cérebro é material; a mente está fora do tempo e do espaço, a matéria está dentro do tempo e do espaço. O dualismo compreende melhor a nossa experiência, mas não faz sentido sob a óptica da ciência mecanicista; é por isso que os materialistas o rejeitam com tanta veemência (ver o Capítulo 4).

Não precisamos ficar presos a essa contradição materialista-dualista. Há uma saída: uma teoria de campos da mente. Estamos acostumados ao fato de que existem campos dentro e fora dos objetos materiais. O campo de um ímã está dentro dele e também se estende além da sua superfície. O campo gravitacional da Terra está dentro da Terra e também muito além dela, mantendo a lua na sua órbita. O campo eletromagnético de um telefone celular está dentro dele e em toda a sua volta. Neste capítulo, afirmo que os campos da mente estão dentro do cérebro e se estendem para além dele.

A mente expandida

Se fizermos como Francis Crick e tratarmos o materialismo como uma hipótese, e não como um dogma filosófico, então deveria ser possível testá-la. Como Carl Sagan costumava dizer: "Afirmações extraordinárias exigem evidências extraordinárias". Onde estão as evidências extraordinárias da afirmação materialista de que a mente não passa de atividade cerebral?

Há muito poucas. Ninguém jamais viu um pensamento ou uma imagem dentro do cérebro de outra pessoa nem dentro do próprio cérebro.[6] Quando olhamos à nossa volta, as imagens dos objetos que vemos estão fora de nós, e não dentro da nossa cabeça. Nossas experiências corporais estão no nosso corpo. As sensações nos meus dedos estão nos meus dedos, e não na minha cabeça. A experiência direta não corrobora essa afirmação extraordinária de que todas as experiências estão dentro do cérebro. A experiência direta não é alheia à natureza da consciência: é a *própria* consciência.

A mente expandida está implícita na nossa linguagem. As palavras "atenção" e "intenção" derivam da raiz latina *tendere*, estender, assim como em "tenso" e "tensão". "Atenção" vem de *ad* + *tendere*, "estender em direção a"; "intenção" vem de *in* + *tendere*, "estender para dentro de".

Como funciona a visão?

O debate sobre a natureza da visão começou na Grécia antiga, há 2.500 anos, foi retomado no Império Romano e nos países islâmicos e prosseguiu na

Europa durante toda a Idade Média e o Renascimento. Esse debate teve um papel importante no surgimento da ciência moderna e ainda hoje está vivo.

Havia três principais teorias sobre a visão. A primeira era de que a visão implica projeção de raios invisíveis através dos olhos. Essa teoria costuma ser chamada de "extramissão", que significa literalmente "enviar para fora". A segunda era a ideia de que a luz "envia as imagens para dentro do olho", a teoria da "intromissão". A terceira teoria da visão, uma combinação das outras duas, afirma que existe tanto um movimento de luz para dentro como um movimento de atenção para fora.

A teoria da extramissão bate com a experiência que as pessoas têm da visão como um processo ativo. Nós olhamos *para* as coisas e podemos decidir para onde dirigir a nossa atenção. A visão não é passiva. Platão defendia essa teoria que, por volta de 300 a.C., foi explicada em detalhes matemáticos por Euclides, famoso por seus trabalhos no campo da geometria. Euclides mostrou como a projeção de imagens virtuais do olho podia explicar a forma como vemos as imagens em espelhos. Ao contrário da própria luz, que é refletida por espelhos, as projeções visuais passam direto através deles. Elas não são materiais.

Isaac Newton aceitou a teoria de Euclides e ilustrou-a em seu livro *Óptica* (Figura 8.1), publicado em 1704. Esse mesmo diagrama é usado nos livros de ciências atuais. Os livros de física britânicos do ensino médio descrevem o processo da seguinte maneira: "Os raios que partem de um ponto no objeto são refletidos no espelho e parecem sair de um ponto localizado atrás do espelho, onde o olho imagina que os raios se cruzam quando são produzidos para trás".[7] Ele não explica como o olho "imagina" que os raios se cruzam nem como os produz para trás. Essa é basicamente a teoria de extramissão de imagens virtuais de Euclides, mas suas implicações ficam implícitas.

Desde o início do século XVII, a teoria da intromissão tornou-se cientificamente ortodoxa, em grande parte graças ao trabalho de Johannes Kepler (1571-1630), mais conhecido por suas descobertas no campo da astronomia. Kepler percebeu que a luz que entrava no olho através da pupila era focalizada pelo cristalino, que produzia uma imagem invertida na retina. Em 1604, ele publicou sua teoria da imagem retiniana. Embora fosse um grande triunfo,

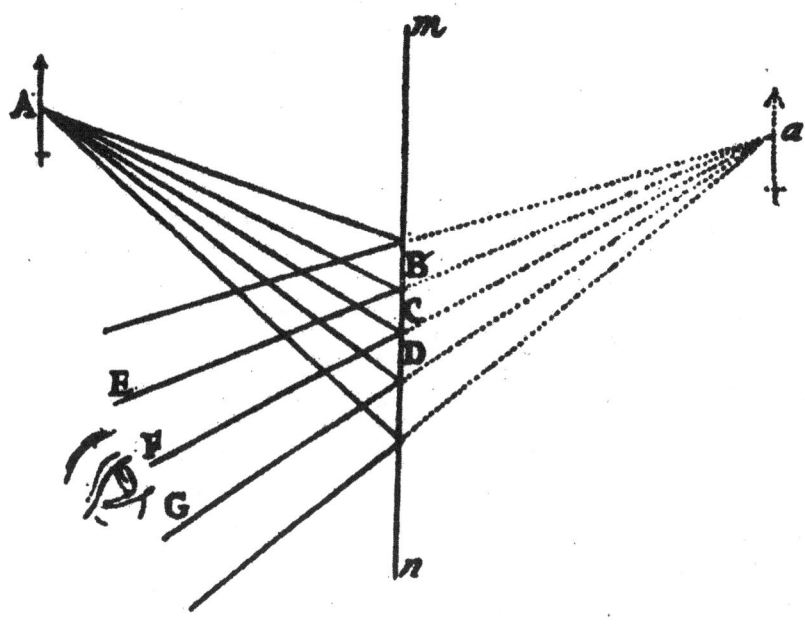

Figura 8.1. Diagrama de Isaac Newton da reflexão em um espelho plano. "Se um objeto A pode ser visto pelo reflexo de um espelho mn, ele não aparecerá no seu lugar apropriado em A, mas atrás do Espelho em a". (Newton, 1704, Fig. 9)

e um marco no desenvolvimento da ciência moderna, essa teoria levantava questões que Kepler não conseguia responder, e ainda hoje não foram respondidas. O problema era que as imagens na retina eram invertidas nos dois sentidos; em outras palavras, de cabeça para baixo e o lado esquerdo no lado direito e vice-versa. No entanto, não vemos duas pequenas imagens invertidas.[8]

Kepler só conseguiu lidar esse problema excluindo-o da óptica. Uma vez formada a imagem sobre a retina, alguém mais se encarregava de explicar como realmente a enxergamos.[9] A visão em si era "misteriosa". Ironicamente, o triunfo da teoria da intromissão foi obtido deixando-se a experiência da visão sem explicação. Desde então esse problema tem assombrado a ciência.

Galileu Galilei (1564-1642), contemporâneo de Kepler, também retirou as percepções do mundo exterior e comprimiu-as dentro do cérebro. Ele fez uma distinção entre o que chamou de qualidades primárias e qualidades secundárias dos objetos. As qualidades primárias eram aquelas que podiam ser medidas e tratadas matematicamente, como tamanho, peso e formato. Essas qualidades eram estudadas pela ciência objetiva. As qualidades secundárias, como cor, sabor, textura e odor, não faziam parte da própria matéria. Eram subjetivas, e não objetivas. E subjetivo significava dentro do cérebro. Desse modo, nossa experiência direta do mundo dividia-se em dois polos separados, o objetivo, lá fora, e o subjetivo, dentro do cérebro.

Depois de quatrocentos anos de ciência mecanicista, não houve quase nenhum avanço na compreensão de como o cérebro produz experiência subjetiva, embora muitos detalhes sobre as atividades de diferentes regiões do cérebro tenham sido descobertos. A pressuposição ortodoxa é de que o cérebro constrói dentro dele mesmo uma figura ou um modelo do mundo. Um conceituado livro didático, chamado *Essentials of Neural Science and Behavior*, descreve o processo da seguinte maneira:

> O cérebro constrói uma representação interna dos eventos físicos externos depois de analisar seus componentes. Ao varrer o campo visual, o cérebro analisa separadamente, porém ao mesmo tempo, a forma dos objetos, seus movimentos e suas cores, para depois formar uma imagem de acordo com suas próprias regras.[10]

Quase todas as metáforas atuais para a atividade cerebral derivam da área de informática, e as "representações internas" geralmente são concebidas como exibições de "realidade virtual". Como resumiu o psicólogo Jeffrey Gray: "O 'lá fora' da experiência consciente não está realmente lá fora; está dentro da cabeça". Nossas percepções visuais são uma "simulação" do mundo real, simulação essa que é "feita pelo cérebro e existe dentro dele".[11]

A ideia de experiências visuais como simulações dentro da cabeça tem estranhas consequências, como observou o filósofo Stephen Lehar.[12] Significa que quando olho o céu, o céu que vejo está dentro da minha cabeça. Meu crânio está além do céu!

Proponho que, além dos objetos mais distantes que você pode perceber em todas as direções, isto é, acima da abóbada celeste e abaixo da terra firme sob seus pés, ou além das paredes e do teto do cômodo que você vê à sua volta, localiza-se a superfície interna do seu verdadeiro crânio físico, além do qual há um mundo inimaginavelmente imenso do qual o mundo que você vê ao seu redor é uma mera réplica interna em miniatura. Em outras palavras, a cabeça que você conhece como sua não é sua verdadeira cabeça física, mas apenas uma cópia perceptiva em miniatura da sua cabeça em uma cópia perceptiva do mundo, tudo estando contido dentro da sua verdadeira cabeça.[13]

Apesar das teorias de cientistas e filósofos acadêmicos, a maioria das pessoas não aceita a ideia de que todas as suas experiências estão localizadas dentro da cabeça. Elas acham que as experiências estão onde parecem estar, fora da cabeça delas.

Na década de 1990, Gerald Winer e seus colegas do departamento de psicologia da Universidade Estadual de Ohio sondaram a opinião das pessoas sobre a natureza da visão por meio de uma série de questionários e testes. Esses pesquisadores ficaram surpresos ao constatar que a crença na extramissão era comum entre as crianças, e também "chocados" ao descobrir que era popular também entre estudantes universitários, inclusive entre os alunos de psicologia, que haviam aprendido a teoria "correta" da visão.[14] Mais de 70% dos alunos da quinta à oitava série e 59% dos estudantes universitários[15] acreditavam numa teoria combinada de intromissão e extramissão. Winer e sua equipe chamaram esse fato de "exemplo impressionante de concepção científica errônea".[16] O ensino não tinha conseguido converter a maioria dos estudantes à crença correta:

Como, em nossos estudos, os extramissionistas confirmam a crença na extramissão mesmo tendo aprendido sobre a visão, queremos saber agora se o ensino será capaz de erradicar essas estranhas, porém aparentemente poderosas, intuições sobre a percepção.[17]

Winer e sua equipe parecem fadados ao fracasso em sua cruzada por uma limpeza intelectual. Essas "estranhas" intuições sobre a percepção persistem porque estão mais próximas da experiência do que a doutrina oficial, que deixa muita coisa sem explicação — inclusive a própria consciência.

Imagens fora do corpo

Nem todos os filósofos e psicólogos acreditam na teoria de que a mente está dentro do cérebro, e ao longo dos anos uma minoria já admitiu que as nossas percepções podem estar exatamente onde parecem estar, no mundo externo, fora da nossa cabeça, em vez de serem representações dentro do nosso cérebro.[18] Em 1904, William James escreveu o seguinte:

> Toda a filosofia da percepção da época de Demócrito em diante tem sido apenas uma longa contenda sobre o paradoxo de que o que é evidentemente uma realidade deveria estar em dois lugares ao mesmo tempo, tanto no espaço externo como na mente de uma pessoa. As teorias "representativas" da percepção evitam o paradoxo lógico, mas, por outro lado, transgridem a noção de vida do leitor que não conhece uma imagem mental interposta, mas parece ver instantaneamente o quarto e o livro da forma como eles existem fisicamente.[19]

Como disse Alfred North Whitehead, em 1925, "as sensações são projetadas pela mente de modo a vestir os corpos apropriados na natureza externa".[20]

Um recente proponente da mente expandida é o psicólogo Max Velmans. Em seu livro *Understanding Consciousness* (2000), ele propôs um "modelo reflexivo" da mente, que ilustrou por meio da análise de um sujeito que olha para um gato:

> De acordo com os reducionistas, parece haver um gato fenomenal "na mente do sujeito", mas isso nada mais é do que um estado do seu cérebro. De acordo com o modelo reflexivo, embora o sujeito esteja olhando para o gato, sua única experiência visual do gato é o gato que ele vê lá fora no mundo. Se lhe pedíssemos que apontasse para esse gato fenomenal (a

sua "experiência de gato"), ele não apontaria para o próprio cérebro, mas para o gato como ele o percebia, no espaço, fora da superfície corporal.[21]

Para Velmans, essa imagem poderia ser "uma espécie de holograma de projeção neural. Uma interessante qualidade do holograma de projeção é que a imagem tridimensional que ele codifica é percebida como se estivesse fora, no espaço, *diante* da sua superfície bidimensional"[22]. Mas Velmans era ambíguo em relação à natureza dessa projeção. Um holograma, afinal de contas, é um fenômeno de campo. Ele disse que essa projeção era "psicológica", e não "física", e no final confessou que não sabia como ela acontecia. Mas acrescentou, "o fato de não compreendermos totalmente *como* ela acontece não significa que não aconteça".

Em minha opinião, a projeção de imagens visuais para fora é psicológica *e* física. Ocorre através de campos perceptivos. Esses campos são psicológicos, pois subjazem nossas percepções conscientes, e também físicos ou naturais, pois existem fora do cérebro e têm efeitos detectáveis. A percepção humana não é a única expandida por meio da visão e da audição. Outros animais veem as coisas através de campos projetados além da sua superfície corporal e ouvem os sons através de campos auditivos projetados. Somos como qualquer outro animal.

Os sentidos não são estáticos. Quando olhamos para as coisas, os nossos olhos e a nossa cabeça se movem e todo o nosso corpo se movimenta pelo ambiente. Quando nos movemos, os nossos campos perceptivos mudam. Os campos perceptivos não estão separados do nosso corpo, mas sim o abrangem. Podemos ver a nossa própria superfície externa, a nossa pele, o nosso cabelo e a roupa que vestimos. Estamos dentro do nosso campo de visão e ação. A nossa consciência do espaço tridimensional inclui o nosso próprio corpo dentro dele, bem como nossos movimentos e intenções em relação a tudo o que nos cerca. Assim como outros animais, não nos restringimos a perceber as coisas passivamente, mas também agimos, e existe uma estreita relação entre as nossas percepções e o nosso comportamento.[23]

Alguns neurocientistas e filósofos concordam que as percepções dependem de uma estreita relação entre percepção e atividade, ligando um animal ou pessoa ao ambiente. Uma corrente de pensamento defende uma abordagem "atuacionista", "incorporada" ou "sensoriomotora". As percepções não são representadas num modelo de mundo dentro da cabeça, mas "produzidas" como resultado da sua inter-relação com o organismo e seu ambiente. Nas palavras de Francisco Varela e seus colegas, "a percepção e a ação evoluíram juntas... percepção é sempre uma *atividade guiada perceptivamente*".[24] Nas palavras do filósofo Arva Noë, "Estamos fora da nossa cabeça. Estamos no mundo e somos do mundo. Somos padrões de engajamento ativo com fronteiras fluidas e componentes dinâmicos. Estamos distribuídos".[25] O psicólogo Kevin O'Regan, materialista militante, prefere essa abordagem à teoria da mente localizada dentro do cérebro exatamente porque quer eliminar toda a magia do cérebro. Ele não aceita a ideia de que a visão esteja no cérebro, pois isso "nos colocaria numa situação terrível de ter de postular a existência de algum mecanismo mágico que dota o córtex visual de visão e o córtex auditivo de audição".[26]

Há mais de um século, Henri Bergson previu as abordagens atuacionista e sensoriomotora. Ele ressaltou que a percepção está voltada para a ação. Por meio da percepção, "Os objetos que rodeiam o meu corpo refletem a possível ação do meu corpo sobre eles".[27] As imagens não estão dentro do cérebro:

A verdade é que o ponto P, os raios que ele emite, a retina e os elementos nervosos afetados formam um único todo; que o ponto P luminoso faz parte desse todo; e que é exatamente em P, e não em algum outro lugar, que a imagem de P é formada e percebida.[28]

Minha própria interpretação é de que a visão ocorre através de campos perceptivos estendidos, que estão dentro do cérebro e também se estendem para além dele.[29] A visão tem sua raiz na atividade cerebral, mas não está confinada ao cérebro. Assim como Velmans, digo que a formação desses campos depende da ocorrência de mudanças em várias regiões do cérebro quando a visão ocorre, influenciada por expectativas, intenções e memórias. Esses são uma espécie de campo mórfico e, assim como outros campos mórficos, reúnem partes dentro de "todos" e têm uma memória inerente dada pela ressonância mórfica de campos semelhantes no passado (ver o Capítulo 3). Quando olho uma pessoa ou um animal, meu campo perceptivo interage com o campo da pessoa ou do animal que estou olhando, permitindo que meu olhar seja detectado.

Nossa experiência certamente indica que a mente expande-se além do cérebro. Vemos e ouvimos coisas no espaço à nossa volta. Mas existe um grande tabu contra qualquer coisa que sugira que o ato de ver e ouvir possa envolver qualquer tipo de projeção para fora. Essa questão não pode ser resolvida somente com argumentos teóricos, caso contrário teria havido mais progressos no último século — ou até mesmo nos últimos 2.500 anos.

Estou convencido de que o melhor a fazer é tratar os campos da mente como uma hipótese científica testável, e não como uma teoria filosófica. Quando olho alguma coisa, meu campo perceptivo "veste" aquilo que estou olhando. E a minha mente toca o que vejo. Portanto, sou capaz de afetar outra pessoa só com o olhar. Se eu olho uma pessoa por trás quando ela não pode me ouvir nem me ver, e não sabe que estou lá, ela pode sentir o meu olhar?

A detecção do olhar

A maioria das pessoas já sentiu que estava sendo observada por trás, virou-se e deparou com os olhos de alguém. A maioria das pessoas também já passou pela experiência inversa: fez com que alguém se virasse para trás ao olhar fixamente para ela. Em extensas pesquisas realizadas na Europa e nos Estados Unidos, entre 70% e 97% dos adultos e crianças relataram experiências desse tipo.[30]

Em minhas pesquisas na Inglaterra, Suécia e Estados Unidos, essas experiências pareciam ser mais comuns quando as pessoas estavam sendo observadas por estranhos em lugares públicos, como ruas e bares. E aconteciam com mais frequência quando as pessoas se sentiam vulneráveis do que quando se sentiam seguras.

Tanto os homens como as mulheres disseram que o que os levavam a olhar fixamente para outras pessoas para que elas se virassem para trás era, em primeiro lugar, a curiosidade, e, em segundo, o desejo de atrair a atenção da outra pessoa. Outros motivos foram atração sexual, raiva e afeição.[31] Em suma, a capacidade de detectar a atenção de alguém estava associada a vários motivos e emoções.

Em algumas artes marciais, os alunos são treinados para aumentar a sensibilidade de ser observado por trás.[32] E algumas pessoas ganham a vida observando outras. A sensação de estar sendo observado é bastante conhecida por muitos policiais, funcionários de vigilância e soldados, como descobri por intermédio de uma série de entrevistas com profissionais. A maioria sentia que algumas pessoas que eles estavam observando pareciam saber disso, embora os observadores estivessem bem escondidos. Por exemplo, um funcionário da divisão de narcóticos em Plain, no Texas, disse: "Em muitas ocasiões, percebi que o criminoso simplesmente pressente que tem algo de errado, que está sendo vigiado. Muitos olham bem na nossa direção, embora não possam nos ver. Muitas vezes estamos dentro de um veículo". Durante o curso para detetive, os alunos recebem orientação para não olhar mais do que o necessário para as costas da pessoa que estão seguindo, caso contrário ela poderá se virar e descobrir que está sendo seguida.[33]

De acordo com profissionais de vigilância experientes, essa sensação também funciona a distância quando as pessoas são observadas por binóculos. Vários soldados me disseram que algumas pessoas podiam dizer quando estavam sendo observadas através de mira telescópica. Por exemplo, um soldado do corpo de fuzileiros navais americano serviu como atirador de elite na Bósnia, em 1995, com a missão de atirar em "terroristas conhecidos". Enquanto centralizava o alvo através da mira telescópica do seu fuzil, ele percebia que as pessoas pareciam saber quando isso acontecia. "Um segundo antes de disparar, o alvo, de alguma forma, parecia fazer contato visual comigo. Estou convencido de que essas pessoas, de algum modo, sentiam a minha presença a mais de 1.600 metros de distância. Elas faziam isso com uma precisão incrível, praticamente olhando na minha direção."

Muitos fotógrafos de celebridades já tiveram experiências semelhantes. Um fotógrafo que trabalhava para o *Sun*, o mais popular tabloide da Inglaterra, disse que ficava impressionado com o número de vezes que as pessoas que estava tentando flagrar "viravam-se e olhavam na direção da câmera", mesmo se, antes, estivessem olhando no sentido oposto. Ele não achava que elas conseguiam vê-lo ou detectar seus movimentos. "Estou falando de fotos tiradas de até oitocentos metros de distância, em situações em que é absolutamente impossível que a pessoa me veja, embora eu possa vê-la. Isso é muito intrigante".[34]

Muitas espécies de animais também conseguem detectar olhares. Alguns caçadores e fotógrafos especializados em animais silvestres estão convencidos de que os animais conseguem detectar o olhar deles, mesmo quando eles estão escondidos e observando-os através de lentes ou visores telescópicos. Um caçador de veados da Inglaterra descobriu que os animais pareciam detectar a sua intenção, principalmente quando ele demorava um pouco a atirar depois que os tinha na mira do seu rifle: "Se você esperar uma fração de tempo a mais, ele simplesmente fugirá. Ele sentirá a sua presença".

Vários fotógrafos de pássaros me disseram que, mesmo que estivessem escondidos e não pudessem ser vistos, os pássaros sabiam quando estavam sendo observados. Um deles disse: "Passo grande parte do tempo escondido, e é estranho como os pássaros simplesmente parecem sentir que você está lá; eles ficam agitados, apesar de você não ter se mexido. No caso das garças, percebe-se na hora que elas estão alertas ao perigo. Mesmo que a lente da máquina fotográfica esteja totalmente imóvel, elas parecem perceber, de repente, que alguma coisa está olhando para elas; então, as garças levantam o pescoço, ficam bastante rígidas e esperam para ver se conseguem ver alguma coisa".[35]

Em contrapartida, alguns fotógrafos e caçadores sentiram que estavam sendo observados pelos animais.[36] O naturalista William Long escreveu que, quando estava sentado na floresta, sozinho,

Eu tinha a impressão de que "alguma coisa estava me observando". Quantas e quantas vezes, nada se mexia à minha frente, mas eu tinha essa sensação curiosa; e, quase invariavelmente, ao olhar em volta, eu descobria um pássaro, uma raposa ou um esquilo, que provavelmente percebeu um leve movimento da minha cabeça e parou para me observar inquisitivamente.[37]

Alguns donos de animais de estimação dizem que conseguem acordar seus cães ou gatos olhando fixamente para eles. Outros descobriram que o contrário também é verdadeiro, que seus animais conseguem acordá-los da mesma maneira.

Na pesquisa feita por Winer e seus colegas, em Ohio, mais de um terço dos pesquisados disseram que sentiam quando os animais estavam olhando para eles. Aproximadamente a metade acreditava que os animais podiam sentir seu olhar, mesmo que não pudessem ver seus olhos.[38]

Se a sensação de estar sendo observado for real, então ela deve ter sido sujeita à evolução por seleção natural. Como teria evoluído? A possibilidade mais óbvia está associada à relação entre presas e predadores. As presas que podiam detectar o olhar dos predadores teriam mais chance de sobreviver do que as que não podiam.[39]

Testes experimentais

Desde a década de 1980, a sensação de estar sendo observado tem sido investigada experimentalmente tanto por meio do olhar direto como de circuito fechado de televisão (CFTV). Na literatura científica, esse fenômeno é chamado de "detecção do olhar não visto", "atenção remota" ou "escopestesia" (uma junção dos vocábulos gregos *skopein*, olhar, observar, e *aisthetiko*s, sensibilidade.

Nos experimentos com olhar direto, os participantes trabalham aos pares: um faz o papel de observador e o outro, de observado. Em uma série de estudos aleatorizados, pessoas vendadas sentam-se de costas para outras, que olham fixamente para a nuca de quem está à sua frente ou, então, para outro ponto qualquer e pensam em alguma outra coisa. O início do teste é marcado por um breve sinal sonoro. Depois de alguns segundos, as pessoas vendadas dizem se acham ou não que estão sendo observadas. As respostas, certas ou erradas, são registradas imediatamente. Em geral, um estudo consiste de vinte testes.

Esses testes são tão simples que podem ser feitos por crianças, e milhares de crianças já fizeram. Na década de 1990, essa pesquisa foi popularizada pela revista *New Scientific* e pelos canais BBC e Discovery Channel, e muitos testes foram realizados em escolas e projetos universitários. Foram realizados dezenas de milhares de testes.[40] Os resultados obtidos foram extraordinariamente consistentes. Em geral, 55% das respostas estavam corretas, em oposição aos 50% de acertos que poderiam ser atribuídos ao acaso. Embora o efeito fosse pequeno, como foi amplamente reproduzido teve uma grande significância estatística. Em experimentos mais rigorosos, observadores e observados eram separados por janelas ou painéis de vidro espelhado, o que eliminava a possibilidade de dicas sutis por meio de som ou até mesmo cheiro. Ainda assim, os participantes foram capazes de dizer quando estavam sendo observados.[41]

O maior experimento sobre a sensação de estar sendo observado foi iniciado em 1995 no Centro de Ciências NEMO, em Amsterdã. O estudo contou com a participação de mais de 18 mil pares e produziu resultados positivos com grande significância estatística.[42] Os participantes mais sensíveis foram as crianças com menos de 9 anos de idade.[43]

Surpreendentemente, a sensação de estar sendo observado existe até mesmo quando as pessoas são observadas em telas, e não diretamente. Sistemas de circuito fechado de televisão (CFTV) são usados rotineiramente em *shopping centers*, aeroportos, ruas e outros espaços públicos. Meus assistentes e eu entrevistamos vigilantes e seguranças cujo trabalho é observar pessoas em telas. Em sua maioria, eles estavam convencidos de que algumas pessoas conseguem sentir que estão sendo vigiadas.[44] O chefe de segurança de uma grande firma de Londres não tem nenhuma dúvida de que algumas pessoas têm sexto sentido: "Elas podem estar de costas para as câmeras ou serem inspecionadas por dispositivos ocultos, mas, ainda assim, ficam agitadas quando são focalizadas pela câmera. Algumas mudam de lugar, outras olham em volta à procura da câmera".

Em testes realizados em laboratório, muitas pessoas reagem fisiologicamente ao fato de serem observadas por circuito fechado de televisão, embora não tenham consciência disso. Nesses experimentos, os pesquisadores colocavam um sujeito em uma sala e um observador em outra, onde podia observar o sujeito por CFTV. A resposta galvânica da pele do sujeito era registrada, como nos testes do detector de mentiras, permitindo que suas alterações emocionais fossem detectadas por meio de alterações na transpiração; a pele molhada conduz melhor a eletricidade que a pele seca. Em uma série de estudos aleatorizados, os observadores olhavam as imagens do sujeito no monitor de TV ou viravam o rosto para o outro lado e pensavam em qualquer outra coisa. A resistência da pele do sujeito mudava significativamente quando eles estavam sendo observados.[45]

O fato de a detecção do olhar funcionar por CFTV mostra que as pessoas conseguem detectar a atenção de outras mesmo quando não estão sendo observadas diretamente.

Os efeitos da atenção a distância revelam que a mente não está confinada ao cérebro.

Mentes expandidas no tempo

A mente se estende para além do cérebro no tempo e no espaço. Estamos conectados ao passado por memórias e hábitos e ao futuro por desejos, planos e intenções. Será que todas essas memórias e futuros virtuais estão contidos materialmente dentro do cérebro no presente ou a mente está conectada ao passado e ao futuro por vínculos imateriais?

Em geral, a resposta é que as nossas memórias e intenções devem estar dentro do cérebro no presente. Onde mais poderiam estar? A metáfora do computador reforça essa linha de raciocínio. As memórias de um computador estão armazenadas em discos magnéticos ou ópticos ou em sistemas de memória de estado sólido. Essas memórias são estruturas materiais ou padrões no presente. E, assim como as memórias de um computador existem fisicamente no presente, suas metas programadas também estão presentes nele. Tanto o passado como o futuro estão fisicamente presentes. Por analogia, memórias, metas, planos e intenções estão fisicamente presentes no cérebro.

A pressuposição de que as memórias estão armazenadas materialmente dentro do cérebro foi discutida no capítulo anterior. A pressuposição de que as metas futuras estão dentro do cérebro é igualmente questionável. Elas existem em uma esfera de possibilidade; são futuros virtuais. Possibilidades não são materiais. Na física quântica, a função de onda que descreve a maneira como os elétrons ou outras partículas podem se comportar é um modelo matemático num espaço multidimensional baseado em "números complexos" que incluem um número imaginário, a raiz quadrada de – 1. A função de onda mapeia os possíveis estados futuros do sistema em termos de probabilidades. Por exemplo, quando uma partícula quântica como um elétron interage com um sistema físico durante uma mensuração em laboratório, a função de onda colapsa para um de seus muitos possíveis resultados. As diversas possibilidades são reduzidas a um fato objetivamente observável, assim como quando uma pessoa toma uma decisão e age. Mas a função de onda em si não é material; é uma descrição matemática de possibilidades.

Como observou o filósofo Alfred North Whitehead, mente e matéria estão relacionadas como processos no tempo, e não no espaço (ver o Capítulo 4). O sujeito escolhe entre seus possíveis futuros, e a direção da causação mental se dá dos possíveis futuros para o presente. Nem o futuro nem o passado são materiais, mas ambos têm efeitos no presente por meio de memórias, hábitos e escolhas.

De acordo com a hipótese da ressonância mórfica, processos semelhantes ocorrem em todos os níveis de organização, inclusive a morfogênese biológica. À medida que a semente da cenoura se desenvolve em um pé de cenoura, ela é moldada por seus campos morfogenéticos, herdados de pés de cenoura anteriores por ressonância mórfica. Esses campos morfogenéticos contêm os atratores e creodos que canalizam o seu desenvolvimento para a forma de uma planta madura (veja os Capítulos 5 e 6). Nem os hábitos herdados nem as metas futuras são estruturas materiais presentes na planta; pelo contrário, são padrões de atividade direcionada para metas. De modo semelhante, nem as memórias nem os propósitos estão contidos no cérebro, apesar de influenciarem a atividade cerebral.

A maior parte da nossa atividade mental é habitual e inconsciente. A atividade mental consciente está, de modo geral, relacionada com ações possíveis, inclusive a fala. A mente consciente habita a esfera da possibilidade, e as linguagens expandem bastante as possibilidades que ela pode levar em consideração. Pense em quando ouvimos uma história. A nossa mente acata possibilidades que vão muito além da nossa própria experiência. A mente consciente escolhe entre possibilidades, e suas escolhas reduzem as possibilidades a ações objetivamente observáveis no mundo físico. O sentido da seta da causação é do futuro virtual "retroagindo" no tempo. Nesse sentido, a mente age como causas finais, estabelecendo metas e propósitos.

Para fazer escolhas, a mente deve conter possibilidades alternativas coexistentes. Na linguagem da física quântica, essas possibilidades são "superpostas". O físico Freeman Dyson fez a seguinte afirmação: "Os processos da consciência humana diferem apenas em grau, mas não em espécie, dos processos de escolha entre estados quânticos que chamamos de 'acaso' quando são feitos por elétrons".[46]

De acordo com a hipótese da ressonância mórfica, todos os sistemas auto-organizadores, inclusive moléculas de proteína, algas acetabulárias, pés de cenoura, embriões humanos e bandos de pássaros, são formados pela memória de sistemas prévios semelhantes transmitidos por ressonância mórfica e puxados na direção de atratores por meio de creodos. A própria existência desses sistemas auto-organizadores implica a presença invisível do passado e do futuro. A mente se expande no tempo não porque seja milagrosamente diferente da matéria comum, mas porque é um sistema auto-organizador. Todo sistema auto-organizador expande-se no tempo, moldado por ressonância mórfica do passado e puxado em direção a atratores no futuro.

Que diferença isso faz?

Libertar a mente do confinamento na cabeça é como ser libertado da prisão. Muitas pessoas já se libertaram secretamente. Nem mesmo os próprios materialistas, em sua maioria, acreditam realmente nisso; na verdade, eles ignoram a teoria materialista na sua vida particular. Não levam a sério a ideia de que seu crânio está além do céu. Na prática, são dualistas que acreditam que fazem escolhas livremente.

Aqueles que levam a sua fé materialista a sério devem achar que são como robôs sem livre-arbítrio. E alguns materialistas realmente *querem* ser autômatos. Por exemplo, o psicólogo Kevin O'Regan disse o seguinte à sua colega materialista Susan Blackmore: "Desde criança eu queria ser um robô. Acho que uma das grandes dificuldades da vida humana é que ela é habitada por desejos incontroláveis, e que se pelo menos a pessoa conseguisse ter o controle desses desejos e se tornar mais como um robô, seria muito melhor para ela". Ele achava que todo mundo também era robô, mas "apenas tinham a ilusão de que não eram". Mas, como observou Blackmore, um robô com emoções que pudesse controlar seria um tipo inusitado de robô.[47] O'Regan estendeu as teorias materialistas para a esfera da vida privada, porém, dotou o seu eu-robô do desejo de controlar suas emoções, o que implica experiência consciente e opção.

O materialismo não é persuasivo se levarmos a nossa própria experiência em conta. Mas, como é o credo da ciência estabelecida, tem grande autoridade. É por isso que tantas pessoas instruídas tentam resolver esse dilema adotando uma *persona* materialista no discurso científico, enquanto na vida pessoal aceita a realidade da experiência consciente e da opção.

Uma teoria de campos da mente e do corpo nos tira desse impasse. A mente está estreitamente conectada a campos que se estendem para além do cérebro no espaço e no tempo e está ligada ao passado por ressonância mórfica e aos futuros virtuais por meio de atratores.

Perguntas para os materialistas

Quando você olha o céu, pensa que o céu que está vendo está dentro do seu crânio e que o seu crânio está além do céu?

Alguma vez você já sentiu que alguém estava olhando você por trás ou já fez com que alguém se virasse para trás só por olhá-lo fixamente?

Você acredita que toda a sua vida consciente e todas as suas experiências corporais estão dentro do seu cérebro?

Na física quântica, os elétrons são descritos por equações de onda que incluem todas as possibilidades futuras dos elétrons, que não são materiais. Você acha que as possibilidades entre as quais você escolhe são mais materiais do que as dos elétrons?

RESUMO

A nossa mente se expande a cada ato de percepção, chegando a atingir as estrelas. A visão é uma via de mão dupla: o movimento da luz para dentro dos olhos e a projeção das imagens para fora. Tudo o que vemos ao nosso redor está na nossa mente, e não no nosso cérebro. Quando olhamos alguma coisa, de certo modo a nossa mente toca aquilo que vemos. Isso pode ajudar a explicar a sensação de estar sendo observado. A maioria das pessoas diz que já sentiu que estava sendo observada por trás. Como revelaram muitos testes científicos, a capacidade de detectar olhares parece ser real e funcionar até mesmo por meio de circuito fechado de televisão. A mente se estende para além do cérebro não apenas no espaço, mas também no tempo, e nos conecta ao nosso próprio passado por meio da memória e a futuros virtuais, os quais escolhemos.

9

Os fenômenos psíquicos são ilusórios?

De modo geral, os dogmas materialistas quase não são questionados. Mas a afirmação de que os fenômenos psíquicos são ilusórios é inegavelmente controversa. Quase todo mundo já passou por experiências aparentemente telepáticas ou precognitivas. Muitas pessoas sentiram que estavam sendo observadas por trás e viraram-se, ou então fizeram outras se virar ao olhá-las fixamente, como mencionado no Capítulo 8. Vários donos de animais de estimação notaram que seus cães e gatos parecem captar suas intenções, mesmo quando estão longe de suas vistas. Essas ocorrências costumam ser chamadas de intuitivas, psíquicas ou parapsicológicas, ou então são atribuídas a um sexto ou sétimo sentido, à percepção extrassensorial (PES) ou à "psi", forma abreviada de psique.

Para os materialistas ferrenhos, todos esses fenômenos são ilusórios. A mente está dentro do cérebro, e a atividade cerebral nada mais é do que atividade eletroquímica do cérebro. Logo, pensamentos e intenções não podem ter efeitos diretos a distância; tampouco a mente pode estar aberta a influências do futuro. Embora *pareçam* ocorrer, esses fenômenos paranormais devem ter explicações normais, como coincidência, dicas sensoriais sutis, autossugestão ou fraude.

Essa controvérsia persiste há gerações e levanta a questão da natureza da própria ciência. A ciência é um sistema de crenças ou um método de questionamento? Desde o final do século XIX o materialismo tem sido a doutrina clássica, mas uma pequena minoria de pesquisadores continuou a investigar os fenômenos psíquicos, pois, se forem reais, eles nos ajudarão a compreender melhor a mente e ampliarão o escopo da ciência.

A primeira organização dedicada à investigação desses fenômenos, a Sociedade Britânica de Pesquisas Psíquicas, foi fundada em 1882. Seu objetivo ainda é impresso em todas as edições do *Journal of the Society for Psychical Research*: "Examinar sem preconceito ou pressuposição, e com espírito científico, as faculdades do homem, reais ou supostas, que parecem inexplicáveis por quaisquer hipóteses geralmente reconhecidas". Desde o início, essa iniciativa foi objeto de controvérsia. Ao comentar sobre essa nova organização, o fisiologista Hermann von Helmholtz, que desempenhou um papel importantíssimo no estabelecimento dos princípios de conservação de energia nos organismos vivos (ver o Capítulo 2), descartou imediatamente a existência da telepatia. "Nem o testemunho de todos os membros da Royal Society nem evidências dos meus próprios sentidos me levariam a acreditar na transmissão de pensamentos de uma pessoa para outra de modo independente dos canais sensoriais reconhecidos. É absolutamente impossível."[1]

As coisas não mudaram muito. Embora evidências crescentes provenientes das pesquisas científicas e da parapsicologia indiquem que telepatia, precognição e outros fenômenos psíquicos sejam reais, os materialistas ainda acreditam que são impossíveis e que as pesquisas psíquicas são inerentemente pseudocientíficas. Em 2010, James Alcock, um cético veterano, declarou o seguinte:

A busca parapsicológica não é motivada pela teoria científica, nem por dados anômalos produzidos no curso da ciência tradicional. Pelo contrário, é motivada por crenças profundamente arraigadas dos pesquisadores — crença de que a mente é mais do que um reflexo epifenomênico do cérebro físico, crença de que ela é capaz de transcender os limites físicos impostos normalmente pelo tempo e pelo espaço. É essa crença na possibilidade de coisas tão impossíveis que mantém a parapsicologia e a deixa relativamente firme diante dos duros ataques (sim, às vezes revoltantes) da crítica.[2]

Essa situação lembra a história de um espirituoso sacerdote inglês, Sydney Smith. Por volta de 1800, ele caminhava por uma rua estreita na companhia de um amigo quando passaram embaixo de duas mulheres debruçadas na janela, uma de cada lado da rua, trocando insultos. "Essas duas senhoras nunca chegarão a um acordo", comentou Smith, enquanto a discussão corria solta acima da sua cabeça, "pois eles estão partindo de premissas diferentes"[3].

A premissa materialista é que, em princípio, a natureza da mente já é compreendida: atividade mental é atividade cerebral e está localizada dentro da cabeça. Logo, não existem fenômenos psíquicos. A premissa dos pesquisadores psíquicos é que os fenômenos psíquicos existem, embora ainda não sejam compreendidos; e a única maneira de compreendê-los melhor é estudando-os.

Essas diferentes premissas também estão refletidas nos termos "normal" e "paranormal". Os fenômenos psíquicos são normais no sentido de serem comuns: por exemplo, a maioria de nós já fez alguém se virar para trás ao olhar fixamente essa pessoa ou teve uma experiência aparentemente telepática com chamadas telefônicas, como menciono a seguir. Mas, como essas experiências não se encaixam na teoria materialista de que a mente está dentro do cérebro, elas são classificadas como paranormais, palavra que significa literalmente "além do normal". Nesse sentido, o "normal" não é definido pelo que realmente acontece, mas pelas pressuposições dos materialistas.

Da mesma forma, o termo parapsicologia significa "além da psicologia", o que significa que não faz parte da psicologia normal. Considero esse um termo infeliz e prefiro o antigo termo "pesquisa psíquica" ou "pesquisa psi". Se os fenômenos psíquicos existem, e acho que existem, eles são normais, e não paranormais; são naturais, e não sobrenaturais. Fazem parte da natureza humana e da natureza animal e podem ser cientificamente investigados.

Os céticos sempre repetem o bordão de que "afirmações extraordinárias exigem evidências extraordinárias", que é outra expressão da pressuposição materialista. A sensação de estar sendo observado e a telepatia são fenômenos comuns, pois a maioria das pessoas já passou por essas experiências. Não são "extraordinários", ou seja, "fora do comum" ou "extremamente excepcionais":[4] são comuns. Deste ponto de vista, a alegação dos *céticos* é extraordinária e exige evidências extraordinárias. Onde estão as evidências extraordinárias de que a maioria das pessoas está enganada com a própria experiência? Os céticos só podem recorrer a argumentos genéricos sobre a falibilidade do discernimento humano – ou melhor, do discernimento dos outros.

Neste capítulo, eu analiso as pesquisas sobre telepatia e precognição ou pressentimento. Para ser mais conciso, omito as duas outras áreas das pesquisas psíquicas: clarividência, a capacidade de ver ou vivenciar coisas a distância, chamada também de visão remota; e psicocinese, ou os efeitos da mente sobre a matéria.[5] Em seguida, volto a falar sobre as opiniões dos céticos.

Como um cientista de mentalidade aberta abriu a minha mente

A palavra telepatia significa literalmente "sensação a distância", do grego *tele*, "distante", como em telefone e televisão, e *pathe*, "sentimento", como em simpatia e empatia.

Durante a minha educação científica na escola e na universidade, fui convertido à concepção de mundo materialista e adotei a atitude tradicional em relação à telepatia e a outros fenômenos psíquicos. Rejeitei todos eles. Não estudei as evidências, pois presumi que não havia nada que valesse a pena ler. Mas, quando eu estudava bioquímica na Cambridge University, alguém mencionou telepatia durante um bate-papo na sala de chá do laboratório. Descartei imediatamente essa ideia. Mas, um dos decanos da bioquímica inglesa, *Sir* Rudolph Peters, estava por perto. Ex-professor de bioquímica de Oxford, depois de se aposentar ele continuou a fazer suas pesquisas no nosso laboratório em Cambridge. Homem educado e com um brilho nos olhos, ele era mais curioso que a maioria das pessoas com metade da sua idade. Peters perguntou se algum de nós já tinha analisado as evidências a favor da telepatia. Nenhum de nós tinha. Então ele nos disse que tinha feito algumas pesquisas sobre esse assunto e que chegara à conclusão de que realmente estava acontecendo alguma coisa inexplicada. Mais tarde, contou-me a história em detalhes e me deu um artigo sobre o assunto que publicara no *Journal of the Society for Psychical Research.*[6]

Um amigo dele, E. G. Recordon, oftalmologista, tinha um paciente gravemente incapacitado, com retardo mental e quase cego. No entanto, nos exames oftalmológicos de rotina, o menino conseguia identificar as letras muito bem, aparentemente devido a uma "capacidade extraordinária de adivinhação". "Aos poucos, percebi que essa 'adivinhação' era particularmente interessante e cheguei à conclusão de que devia funcionar por intermédio da mãe", disse Recordon. Acontece que o menino só conseguia ler as letras quando a mãe estava olhando para elas, o que levantava a hipótese de telepatia.

Peters e Recordon fizeram alguns experimentos preliminares na casa da família. Mãe e filho foram separados por um biombo, para impedir que o menino captasse qualquer dica visual. Quando os pesquisadores mostraram uma série de números ou palavras para a mãe, o menino conseguiu adivinhar várias vezes o que ela estava vendo. Peters e seus colegas não notaram nenhum sinal de comunicação por meio de som ou movimentos sutis. Em seguida, fizeram dois experimentos por telefone, que foram gravados. A mãe foi levada para um laboratório localizado a dez quilômetros de distância, enquanto o menino ficou em casa, em Cambridge. Os pesquisadores misturaram uma série de cartões com números e letras numa sequência aleatória. Um dos pesquisadores virava um cartão e mostrava para a mãe. O menino, do outro lado da linha, adivinhava o que o cartão continha, e a mãe respondia se estava "certo" ou "errado". Depois, o pesquisador mostrava outro cartão, e assim por diante. Cada teste durava apenas alguns segundos.

Nos testes realizados com letras, a probabilidade de acerto ao acaso era de 1 para 26 (3,8%). O menino acertou 38% dos testes. Quando errava, tinha outra chance. Nessas segundas tentativas, ele acertou 27% das vezes. Nos experimentos com números aleatórios ele também acertou muito mais do que poderia ser atribuído ao acaso. A probabilidade de que esses resultados tivessem sido obtidos ao acaso era de 1 para bilhões. Peters concluiu que esse era realmente um caso de telepatia, que se desenvolvera em um grau excepcional por causa das necessidades extremas do menino e do desejo da mãe de ajudá-lo.[7] Como disse ele: "Em todos os aspectos, a mãe estava emocionalmente empenhada em ajudar o filho retardado".

Como compreendi mais tarde, a telepatia geralmente ocorre entre pessoas com vínculos afetivos, como pais e filhos, casais e amigos íntimos.[8] A pesquisa de Peters foi atípica, pois ele estudou um caso em que os vínculos entre o "transmissor" e o "receptor" eram excepcionalmente fortes. Em contrapartida, a maioria dos pesquisadores e parapsicólogos usou duplas de estranhos, entre os quais os efeitos eram muito menores. Porém, de modo geral, esses experimentos produziram um grande volume de dados.

Telepatia no laboratório

Entre 1880 e 1939, dezenas de pesquisadores publicaram um total de 186 artigos descrevendo 4 milhões de testes de adivinhação de cartas, em que os sujeitos tentavam adivinhar para que carta selecionada a esmo um "transmissor" estava olhando. Os acertos da maioria desses testes ficaram ligeiramente acima do nível que poderia ser esperado por puro acaso. Porém, quando foram combinados em um procedimento estatístico chamado metanálise, os resultados de todos os testes foram altamente significantes do ponto de vista estatístico.[9]

Os céticos costumam alegar que esse enorme volume de dados é enganoso, pois os pesquisadores podem publicar apenas os resultados positivos e deixar os estudos com resultados negativos guardados na gaveta do arquivo, produzindo o chamado "efeito gaveta". Essa objeção é plausível, mas se aplica a todos os ramos da ciência, inclusive à física, química e biologia, nos quais a maior parte dos dados não é publicada. Os pesquisadores da área psíquica passam por um escrutínio cético muito maior do que os cientistas das áreas convencionais, e também têm mais consciência da importância de publicar os resultados que não alcançaram significância estatística, e realmente o fazem. De qualquer modo, os cálculos mostram quantos estudos malsucedidos seriam necessários para que os resultados desses testes de adivinhação de cartas fossem atribuídos ao acaso. Seriam necessários 626 mil estudos não publicados ou, em outras palavras, 3.300 estudos não publicados para cada estudo publicado.[10] Isso não é plausível.

Muitos testes de adivinhação de cartas foram realizados no famoso laboratório de parapsicologia da Duke University, na Carolina do Norte, Estados Unidos, da década de 1920 à década de 1960. Esses testes eram realizados com cinco cartas especialmente preparadas contendo símbolos abstratos. Pelo acaso, a porcentagem de acertos seria de 20%. Em centenas de milhares de testes, a média de acertos foi de 21%, uma porcentagem ligeiramente acima da que se esperaria pelo acaso, porém altamente significativa do ponto de vista estatístico devido ao grande número de testes realizados.[11]

Infelizmente, o desejo de empregar uma metodologia rigorosamente científica levou os experimentadores a adotarem procedimentos muito distantes da maneira como a telepatia ocorre na vida real. Esses testes repetitivos e maçantes de laboratório, realizados entre estranhos e com estímulos abstratos, não podiam ser mais artificiais.

Na década de 1960, uma nova geração de pesquisadores tentou encontrar maneiras de realizar pesquisas mais próximas das condições em que a telepatia ocorre espontaneamente, sobretudo em sonhos. Uma equipe chefiada por Stanley Krippner realizou uma série de testes de sonhos telepáticos, em que os participantes dormiam em um laboratório de sonhos à prova de som. Durante o sono, os pesquisadores mediam suas ondas cerebrais por meio de eletroencefalograma (EEG) e monitoravam seus movimentos oculares. Os movimentos rápidos dos olhos (REM) geralmente ocorrem durante o sonho e, portanto, os pesquisadores podiam dizer quando os sujeitos estavam sonhando. Antes de ir para a cama, o sujeito se encontrava com o transmissor, que, depois, ficava em outro quarto e, às vezes, em outro prédio, a quilômetros de distância. Quando ele estava adormecido e os movimentos dos seus olhos indicavam que ele estava sonhando, o transmissor abria um envelope selado contendo uma imagem selecionada aleatoriamente e se concentrava nela, tentando influenciar o sonho do sujeito. Em seguida, o sujeito era despertado por uma campainha e solicitado a descrever seu sonho. Seus comentários eram gravados e depois transcritos. Um grupo de juízes independentes comparava a descrição do sonho com as imagens selecionadas para o teste e verificava qual delas correspondia mais com as descrições.

Em alguns casos, a concordância era espantosa: um sujeito sonhou que estava comprando ingressos para uma luta de boxe, enquanto o transmissor olhava a imagem de uma luta de boxe. Às vezes a conexão era mais simbólica: por exemplo, um sujeito sonhou com um rato morto dentro de uma caixa de cigarros, enquanto o transmissor olhava a imagem de um *gangster* morto dentro de um caixão.[12] De modo geral, os resultados dos 450 testes de sonhos telepáticos ficaram bem acima do nível que poderia ser atribuído ao acaso.[13]

Na década de 1970, vários parapsicólogos desenvolveram um novo tipo de teste telepático realizado com os sujeitos em leve estado de privação sensorial. Os pesquisadores achavam que os sujeitos se sairiam melhor se estivessem relaxados. O sujeito sentava-se numa poltrona confortável em um quarto com isolamento acústico e colocava fones de ouvido que tocavam continuamente "ruído branco". Seus olhos eram cobertos por metades de bolas de pingue--pongue fixadas com fita adesiva, e seu rosto era banhado por uma suave luz vermelha. Essa técnica era chamada de *ganzfeld*, que significa "campo total" em alemão. Enquanto isso, o transmissor, em um quarto separado e também à prova de som, olhava uma fotografia ou assistia a um vídeo escolhido a esmo entre uma série de quatro. O sujeito falava sobre suas impressões, e seu relato era gravado. No final da sessão de quinze ou trinta minutos, ele via todas as quatro imagens em ordem aleatória e tinha de colocá-las em ordem conforme mais se aproximassem da sua experiência. Se ele colocasse a imagem selecionada em primeiro lugar, o resultado era considerado positivo.

Pelo acaso, a porcentagem de acerto seria de uma em quatro, ou seja, de 25%. Até 1985, foram realizados 28 estudos *ganzfeld* em dez laboratórios diferentes, com média de acerto de 35%, porcentagem altamente significativa do ponto de vista estatístico. Um famoso acadêmico cético, Ray Hyman, admitiu que os dados revelaram um efeito significativo, mas achava que esse efeito poderia ser atribuído a diversas falhas no procedimento. Ele e um importante pesquisador da área, Charles Honorton, emitiram um comunicado conjunto especificando critérios rigorosos para os testes futuros com o intuito de eliminar possíveis falhas.[14]

As pesquisas subsequentes adotaram esses critérios, e em uma nova série de estudos a média de acertos foi de 34%, novamente bem acima da taxa de acaso de 25%.[15] Na maioria dos estudos, os transmissores e receptores eram estranhos. Quando os testes foram feitos entre pessoas que se conheciam bem, como mães e filhas, as pontuações foram ainda mais elevadas.[16]

Telepatia animal

Sir Rudolph Peters abriu a minha mente para a possibilidade da telepatia, e sou-lhe muito grato por isso. Mas, quando comecei a me interessar pelo assunto, logo percebi que quase todas as pesquisas psíquicas e a parapsicologia estavam relacionadas com seres humanos. Será que era porque os poderes psíquicos eram atributos especiais dos seres humanos? Ou era simplesmente um reflexo dos interesses centrados nos seres humanos dos pesquisadores? Será que os animais também tinham capacidade telepática? Parecia-me que, se a telepatia existia nos seres humanos, poderia muito bem existir em outros animais.

Nessa época, conheci um livro excepcional escrito por Willian Long, chamado *How Animals Talk*, publicado em 1919.[17] Alguns de seus mais fascinantes estudos foram realizados com lobos, que ele observou por meses a fio no Canadá. Long descobriu que os membros da alcateia permaneciam em contato entre si e respondiam às atividades uns dos outros mesmo estando separados por vários quilômetros. Os lobos separados pareciam não apenas saber o que os outros estavam fazendo como também onde estavam. Essa percepção envolvia mais do que seguir rotas habituais, farejar o rastro deixado por outros lobos e ouvir uivos ou outros sons.

Como observou Long, os animais domésticos também podem ter as mesmas habilidades. Ele tinha especial interesse pela capacidade que alguns cães têm de saber quando seus donos estão chegando em casa, e descreveu alguns experimentos simples realizados por um amigo cujo cão previa a chegada do dono. O cão começava a esperar logo depois que seu dono tinha iniciado sua jornada de volta para casa e esperava mais de meia hora até que ele chegasse, mesmo que a rotina fosse quebrada.

Infelizmente, ninguém seguiu seus passos. O assunto telepatia era tabu, e os biólogos o evitavam. Comecei perguntando aos amigos, parentes e vizinhos se alguma vez eles tinham notado que seus animais podiam prever quando alguém da família estava prestes a chegar em casa. E ouvi algumas histórias muito interessantes. Por exemplo, eu tinha uma vizinha na minha cidade natal, Newark-on-Trent, em Nottinghamshire, que era viúva. O gato dela era muito apegado ao seu filho, um marinheiro da Marinha Mercante. O rapaz não avisava à mãe quando voltaria para casa de licença, pois temia que ela ficasse preocupada caso ele se atrasasse. Mas, de qualquer maneira ela sabia, pois o gato sentava-se no capacho da porta de entrada e miava durante uma ou duas horas até ele chegar. Graças ao comportamento do gato, ela tinha tempo para arrumar o quarto do filho e lhe preparar uma refeição.

Coloquei um anúncio na imprensa procurando pessoas que pudessem contar suas experiências com cães e gatos que previam a sua chegada em casa, e logo recebi dezenas de relatos. Até 2011, meu banco de dados continha mais de mil histórias sobre cães e gatos que previam o retorno de seus donos. Muitas dessas histórias deixavam claro que as respostas dos animais não eram meras reações aos sons familiares de um carro ou de passos na rua. Elas ocorriam com muita antecedência, mesmo quando os donos voltavam para casa de ônibus ou trem. Tampouco era apenas uma questão de rotina. Algumas pessoas tinham horários irregulares, como encanadores, advogados e motoristas de táxi; no entanto, a família sabia que elas estavam chegando porque o cão ou o gato esperava na porta ou na janela, às vezes meia hora ou mais antes que elas chegassem. Mais de vinte outras espécies de animais apresentaram comportamento antecipatório semelhante, principalmente papagaios e cavalos, mas também um furão, várias ovelhas alimentadas com mamadeira e gansos de estimação. Em pesquisas por telefone realizadas na Inglaterra e nos Estados Unidos, com números escolhidos aleatoriamente, descobri que em cerca de 50% das casas que tinham cães e 30% das que tinham gatos os animais previam a chegada de um dos membros da família.[18]

Fiz experimentos com cães para descobrir se eles realmente sabiam que seus donos estavam chegando em casa, mesmo que não pudessem ter sabido disso por meios "normais". Os primeiros testes, e os mais longos, foram feitos com um *terrier* chamado Jaytee, que morava com sua dona, Pam Smart, perto de Manchester, Inglaterra. Observações preliminares revelaram que Jaytee começava a esperar por Pam antes mesmo que ela se pusesse a caminho de casa, aparentemente quando tomava a decisão de ir. O cão fazia isso a qualquer hora do dia 85% a 100% das vezes. Em algumas ocasiões, quando não reagia era porque estava doente; em outras, a cadela do apartamento ao lado estava no cio, o que mostra que Jaytee podia ser distraído. Mas, em 85% das vezes, ele parecia prever a chegada de Pam.[19]

Em testes formais aleatorizados, Pam afastava-se pelo menos oito quilômetros de casa. Enquanto ela estava fora, o lugar onde Jaytee esperava era filmado continuamente. Pam não sabia a que horas iria para casa; ela só voltava quando recebia uma mensagem por *pager* num horário escolhido ao acaso. Ela ia para casa de táxi, cada vez num tipo de carro diferente, para evitar qualquer som familiar. Em média, durante o principal período de ausência de Pam, Jaytee passava apenas 4% do tempo na janela, mas 55% do tempo em que ela estava a caminho de casa. Essa é uma diferença altamente significativa do ponto de vista estatístico.[20]

Filmei muitas outras vezes o comportamento de Jaytee,[21] e fiz experimentos semelhantes com outros cães, principalmente com Kane, um *ridgeback* rodesiano, raça conhecida também como leão da Rodésia.[22] Todas as vezes, em filmagens ou condições controladas, esses cães previram o retorno de seus donos.

Aparentemente, os animais domésticos captam os pensamentos e intenções de seus donos de outras maneiras: por exemplo, muitos gatos parecem adivinhar que serão levados ao veterinário e se escondem. Outros parecem saber que seus donos sofreram um acidente ou morreram em lugares distantes. Meu banco de dados contém 177 histórias de cães que, aparentemente, reagiram à morte ou ao sofrimento de seus companheiros humanos, sobretudo uivando e ganindo, e 62 histórias de gatos que exibiram sinais de sofrimento. Em contrapartida, em 32 casos, as pessoas sabiam quando seu animal de estimação tinha morrido ou estava precisando deles.[23]

O animal mais extraordinário que deparei foi um papagaio-cinzento chamado N'kisi. Seu vocabulário, de cerca de 1.500 palavras, provavelmente é o maior já registrado. Quando ele tinha apenas 2 anos de idade, sua dona, Aimée Morgana, percebeu que ele parecia reagir aos seus pensamentos ou intenções dizendo o que ela estava pensando. O papagaio dormia no quarto dela, e várias vezes a acordou ao falar em voz alta o que ela estava sonhando.

Aimeé e eu organizamos um experimento controlado em que ela ficava em outro quarto, em outro pavimento da casa, olhando uma série de fotografias enquanto era filmada continuamente. As fotos estavam em sequência aleatória e representavam vinte palavras do vocabulário de N'kisi, como "flor", "abraço" e "telefone". Enquanto isso, N'kisi, que estava sozinho, também era filmado continuamente. Muitas vezes ele dizia palavras que correspondiam à imagem que ela estava vendo, e com uma frequência muito maior do que poderia ser atribuído ao acaso. Os resultados foram altamente significativos do ponto de vista estatístico.[24]

História natural da telepatia humana

As pesquisas laboratoriais sobre telepatia feitas por parapsicólogos fornecem evidências de que esse fenômeno existe, mas lançam pouca luz sobre a telepatia em situações da vida real.

Quando vivia com os bosquímanos no deserto do Calaári, no sul da África, Laurens van der Post descobriu que eles pareciam manter regularmente um contato telepático. Certa ocasião, ele foi caçar com um grupo e eles mataram um antílope a aproximadamente oitenta quilômetros da aldeia. Quando estavam retornando em uma Land Rover repleta de carne, van der Post perguntou a um dos bosquímanos como o povo reagiria ao saber do sucesso da caçada. Ao que ele respondeu: "Eles já sabem. Sabem pelo fio... Nós, bosquímanos, temos um fio aqui" — e bateu no peito — "que nos traz notícias". Ele estava comparando o método de comunicação deles com o telégrafo ou "fio" do homem branco. Realmente, quando se aproximaram da aldeia, as pessoas já estavam cantando a "canção do antílope" e se preparando para receber os caçadores com grande entusiasmo.[25]

Em quase todas as sociedades tradicionais, se não em todas elas, a telepatia parece ser vista com a maior naturalidade e colocada em uso prático. Muitos viajantes africanos disseram que as pessoas pareciam saber quando seus entes queridos estavam voltando para casa. O mesmo ocorria na zona rural da Noruega, onde há uma palavra especial para a previsão de chegadas: *vardøger*. Em geral, alguém em casa ouvia uma pessoa se aproximando da casa e entrando, mas na verdade não chegava ninguém. Logo depois, a pessoa realmente chegava. Da mesma maneira, a "segunda visão" de alguns habitantes da região montanhosa da Escócia incluía a visão da chegada de alguém antes que essa pessoa realmente aparecesse.

Infelizmente, a maioria dos antropólogos que viveram com povos tradicionais não estudou esses aspectos do comportamento, ou pelo menos não publicou os estudos. Os tabus materialistas inibiram o seu espírito de questionamento. Consequentemente, sabe-se muito pouco sobre a história natural da telepatia e de outros fenômenos psíquicos em outras culturas.

Numa tentativa de descobrir mais sobre telepatia nas sociedades modernas, lancei uma série de apelos por informações nos meios de comunicação na Europa, na América do Norte e na Austrália. Ao longo de quinze anos, montei um banco de dados de experiências humanas, semelhante ao meu banco de dados sobre poderes inexplicados dos animais, com mais de 4 mil histórias, classificadas em mais de sessenta categorias.

Muitos casos de evidente telepatia ocorriam em resposta às necessidades de outras pessoas. Por exemplo, centenas de mães me disseram que, ainda no período de amamentação, sabiam quando o bebê precisava delas, mesmo que estivessem a quilômetros de distância. Elas sentiam o leite descer. (O reflexo de descida do leite é mediado pelo hormônio ocitocina, chamado também de hormônio do amor, e geralmente é desencadeado pelo som do choro do bebê. Os mamilos começam a vazar leite, e muitas mulheres sentem uma sensação de formigamento nos seios.) Quando as mães que estavam longe de seus bebês sentiam o leite descer, a maioria tinha certeza de que o filho precisava delas. Em geral, estavam certas. O leite delas não descia porque elas começavam a pensar no bebê; elas começavam a pensar no bebê porque o leite descia sem razão óbvia. A reação dessas mães era fisiológica.

Com o auxílio de uma parteira, realizei um estudo com nove mães lactantes no norte de Londres. A duração do estudo foi de dois meses. Nós registrávamos todas as vezes em que o leite das mães descia enquanto elas estavam longe de seus bebês; enquanto isso, as babás observavam quando os bebês mostravam sinais de angústia. Depois de eliminar eventos que poderiam ter sido atribuídos a ritmos sincronizados em mães e bebês nas horas regulares das mamadas, a maioria das descidas de leite inesperadas realmente coincidia com a angústia do bebê. As probabilidades estatísticas de que esse resultado tivesse sido obtido por puro acaso eram mais de um bilhão para uma. Em outras palavras, é extremamente improvável que a reação das mães não passasse de mera coincidência.

A existência de uma conexão telepática entre as mães e seus bebês faz sentido em termos evolutivos. Os bebês de mães que, mesmo de longe, podiam dizer quando eles precisavam delas teriam mais probabilidade de sobreviver que os bebês de mães que não tinham essa capacidade.

Aparentemente, as conexões telepáticas entre mães e filhos são mantidas mesmo depois que os filhos crescem. Meu banco de dados contém muitas histórias de mães que foram para junto dos filhos ou telefonaram para eles quando não poderiam ter sabido por nenhum meio convencional que eles estavam sofrendo.

Antes do advento das comunicações modernas, a telepatia era a única maneira pela qual as pessoas podiam entrar em contato instantaneamente a distância. Em muitos aspectos, ela agora foi suplantada pelo telefone — mas não desapareceu. Hoje, a telepatia ocorre com mais frequência em conexão com chamadas telefônicas.

Telepatia por telefone

As histórias mais comuns de telepatia estão relacionadas com chamadas telefônicas. Centenas de pessoas me disseram que pensaram em alguém sem nenhuma razão aparente e, logo em seguida, estranhamente, essa pessoa ligou. Ou que sabiam quem estava ligando antes mesmo de atenderem ao telefone ou olharem no identificador de chamadas. Acompanhei essas histórias com uma série de pesquisas na Europa e nas Américas do Norte e do Sul. Em média, 92% dos entrevistados disseram que pensaram em alguém quando o telefone tocou, ou pouco antes, de forma aparentemente telepática.[26]

Quando conversei com amigos e colegas sobre esse fenômeno, a maioria concordou que parecia ser real. Alguns simplesmente aceitaram que se tratava de telepatia ou intuição; outros tentaram dar uma explicação "normal". Quase todos apresentaram um dos seguintes argumentos, ou ambos. Em primeiro lugar, disseram eles, nós pensamos em outras pessoas com frequência; então, algumas vezes, por acaso, alguém liga enquanto estamos pensando nele; imaginamos que seja telepatia, mas nos esquecemos dos milhares de vezes em que estávamos errados. O segundo argumento era de que, quando conhecemos bem uma pessoa, estamos familiarizados com a sua rotina e com suas atividades e, portanto, sabemos quando ela poderá ligar, embora esse conhecimento possa ser inconsciente.

Fiz uma busca na literatura científica para ver se descobria se esses argumentos clássicos eram embasados por quaisquer dados ou observações. Não encontrei absolutamente nenhuma pesquisa sobre o assunto. Os argumentos céticos usuais eram especulações sem nenhuma evidência. Na ciência, não basta formular uma hipótese: é preciso testá-la.

Elaborei um procedimento simples para testar experimentalmente a teoria de acaso ou coincidência e a teoria do conhecimento inconsciente. Recrutei sujeitos que afirmaram saber com frequência quem estava do outro lado da linha antes de atender ao telefone. Pedi que dessem o nome e o número de telefone de quatro pessoas que conheciam bem, amigos ou parentes. Os sujeitos permaneciam sozinhos em um quarto, com um telefone fixo sem sistema de identificador de chamadas, e eram filmados durante todo o período do experimento. Se houvesse um computador no local, ele era desligado, e não era permitido o uso de telefone celular. Meu assistente ou eu lançávamos um dado para escolher uma das quatro pessoas indicadas. Em seguida, ligávamos para a pessoa selecionada e pedíamos que telefonasse para o sujeito nos próximos minutos. Ela seguia as instruções. O telefone do voluntário tocava e, antes de atender, ele tinha de falar para a câmera qual das quatro pessoas achava que estava ligando. Ele não poderia ter sabido por meio de conhecimento dos hábitos e rotinas diárias da pessoa porque, nesse experimento, os horários dos telefonemas eram selecionados aleatoriamente pelo experimentador.

Se tivessem apenas "chutado", os sujeitos teriam acertado um de cada quatro telefonemas, ou seja, 25% das vezes. Na verdade, a média de acertos foi de 45%, porcentagem muito acima da que seria esperada apenas pelo acaso. Nenhum dos voluntários acertou todos os telefonemas, mas eles acertaram muito mais do que teriam se a teoria de acaso ou coincidência estivesse correta. Esse efeito foi reproduzido em testes de telepatia por telefone realizados nas universidades de Freiburg, na Alemanha, e Amsterdã, na Holanda.[27]

Em alguns dos nossos testes, duas das pessoas eram conhecidas do sujeito e duas eram estranhas, pessoas que ele não conhecia pessoalmente, mas apenas de nome. A taxa de acerto com as pessoas desconhecidas foi próxima da taxa de acaso; no caso das pessoas conhecidas, foi de 52%, cerca do dobro da taxa de acaso. Esse experimento confirmou a ideia de que a telepatia ocorre mais entre pessoas que têm algum tipo de vínculo do que entre estranhos.

Para alguns dos experimentos, recrutamos jovens australianos, neozelandeses e sul-africanos que residiam em Londres. Algumas das pessoas que lhes telefonavam estavam em seus respectivos países, a milhares de quilômetros de distância, enquanto outras eram novos conhecidos da Inglaterra. Nesses testes, as taxas de acerto foram mais altas com as pessoas mais próximas e mais queridas que ligaram de longe do que com os novos conhecidos da Inglaterra; isso demonstra que o vínculo afetivo é mais importante que a proximidade física.[28]

Outros pesquisadores também descobriram que a telepatia não parece depender da distância.[29] À primeira vista, isso parece surpreendente, pois a maioria das influências físicas, como gravitação e luz, diminui com a distância. Mas o fenômeno físico mais análogo à telepatia é o emaranhamento quântico, conhecido também como não localidade quântica, que não diminui com a distância.[30] Quando duas partículas quânticas que fazem parte do mesmo sistema se separam, elas permanecem interconectadas ou emaranhadas de tal forma que uma mudança numa delas está associada a uma mudança imediata na outra. Albert Einstein descreveu esse efeito como "ação fantasmagórica a distância".[31]

A telepatia evoluiu junto com as modernas tecnologias. Muitas pessoas dizem que já passaram pela experiência de pensar em alguém e, logo em seguida, receber um *e-mail* dessa pessoa. Experimentos com *e-mails* e mensagens de texto realizados com métodos semelhantes aos dos testes telefônicos também produziram resultados positivos e altamente significativas do ponto de vista estatístico.[32] Assim como nos testes telefônicos, o efeito ocorreu mais com pessoas conhecidas e não diminuiu com a distância. Esse também foi o caso dos testes de telepatia pela Internet.[33]

Eu não sei até que ponto as pessoas podem aprender a ter mais sensibilidade telepática, mas hoje existem vários testes automáticos, inclusive um teste feito com telefones celulares, para aqueles que querem descobrir por si sós.[34]

Telepatia implica captar sentimentos, necessidades ou pensamentos a distância, através do espaço. Outros fenômenos também são espaciais, como a sensação de estar sendo observado e a visão remota. Por outro lado, premonições, precognições e pressentimentos estão relacionados com eventos futuros e implicam ligações através do tempo, do futuro para o presente.

Premonições de desastres por animais

Premonição significa aviso antecipado; precognição significa conhecimento antecipado; e pressentimento significa sentimento antecipado.

Existem muitos exemplos de animais que, aparentemente, sentem quando um desastre está prestes a acontecer. Desde a Antiguidade Clássica, as pessoas relatam comportamentos inusitados de animais antes de terremotos. Eu reuni um grande volume de dados sobre esse fenômeno antes de terremotos recentes, inclusive os de 1987 e 1994 na Califórnia; de 1995 em Kobe, Japão; de 1997 nas proximidades de Assis, Itália; de 1999 em Izmit, Turquia; e de 2001 perto de Seattle, Washington. Em todos esses casos, houve muitos relatos de animais silvestres e animais domésticos que demonstraram medo e ansiedade ou comportaram-se de modo estranho horas ou até mesmo dias antes do terremoto. Cães uivaram durante horas antes do sismo, e muitos gatos e pássaros exibiram comportamento fora do normal.[35]

Uma das pouquíssimas observações sistemáticas do comportamento animal antes, durante e depois de um terremoto está relacionada com sapos na Itália. No início de 2009, uma bióloga inglesa, Rachel Grant, estava estudando o comportamento de acasalamento dos sapos para o seu projeto de Doutorado no lago de San Ruffino, Itália. Para sua surpresa, logo após o início do período de acasalamento, no final de março, o número de sapos machos do grupo caiu repentinamente. Dos mais de noventa que estavam ativos no dia 30 março, não restava quase nenhum no dia 31 de março e início de abril. Como Grant e seu colega Tim Halliday observaram: "Esse comportamento é bastante atípico em sapos; uma vez que chegam para se reproduzir, os sapos geralmente continuam ativos em grande número no local de reprodução até o final da desova". No dia 6 de abril, a Itália foi sacudida por um terremoto de 6,4 graus na escala Richter, seguido de uma série de tremores secundários. Os sapos só retomaram seu comportamento normal de acasalamento dez dias depois, dois dias depois do último tremor secundário. Grant e Halliday analisaram em detalhes os registros meteorológicos desse período, mas não encontraram nada de extraordinário. Esses pesquisadores chegaram à conclusão de que os sapos, de alguma maneira, detectaram o terremoto iminente com aproximadamente seis dias de antecedência.[36]

Ninguém sabe como alguns animais sentem a proximidade de um terremoto. Talvez consigam captar ruídos ou vibrações sutis no solo. Porém, se os animais conseguem prever desastres relacionados com terremotos ao sentir leves tremores, por que os sismólogos não conseguem? Ou talvez os animais respondam aos gases subterrâneos liberados antes dos terremotos ou a mudanças no campo elétrico da Terra. Porém, pode ser também que sintam antecipadamente o que está prestes a acontecer de uma maneira que escape à compreensão científica atual, por meio de alguma espécie de pressentimento.

Da mesma forma, aparentemente muitos animais previram o *tsunami* asiático no dia 26 de dezembro de 2004, embora suas reações fossem muito mais próximas do evento real. Elefantes no Sri Lanka e em Sumatra deslocaram-se para áreas mais altas antes da chegada das ondas gigantescas; eles fizeram o mesmo na Tailândia, anunciando antecipadamente a chegada do *tsunami*. De acordo com habitantes de Bang Koey, Tailândia, uma manada de búfalos pastava perto da praia quando, "de repente, os animais ergueram a cabeça e olharam para o mar, com as orelhas em pé". Em seguida, viraram-se e correram em disparada até o alto da colina, seguidos por nativos perplexos, cuja vida, consequentemente, acabou sendo salva. Na praia de Ao Sane, perto de Phuket, proprietários de cães ficaram surpresos quando seus animais se recusaram a sair para o passeio matinal pela praia. No distrito de Cuddalore, sul da Índia, búfalos, cabras e cães escaparam deslocando-se para áreas mais altas, assim como uma colônia de nidificação de flamingos. Nas ilhas Andamão, golfo de Bengala, na Índia, tribos primitivas afastaram-se da costa antes do desastre, alertadas pelo comportamento dos animais.[37]

Como eles sabiam? A hipótese mais aventada é que os animais tenham captado tremores causados pelo terremoto no fundo do mar. Mas essa explicação não é convincente. Houve tremores em todo o sudeste asiático, e não apenas nas áreas costeiras afligidas.

Alguns animais preveem outros tipos de desastres naturais, como avalanches,[38] e até mesmo de catástrofes causadas pelo homem. Durante a Segunda Guerra Mundial, muitas famílias inglesas e alemãs observavam o comportamento de seus animais de estimação para ficar sabendo de ataques aéreos iminentes antes que soassem os alarmes oficiais. Essas reações dos animais eram observadas quando os aviões inimigos ainda estavam a centenas de quilômetros de distância, muito antes que os animais pudessem ouvi-los. Em Londres, alguns cães previam a explosão de foguetes V-2 alemães. Esses mísseis eram supersônicos e não podiam ser ouvidos com antecedência.[39]

Com pouquíssimas exceções, a capacidade de os animais preverem desastres tem sido ignorada pelos cientistas ocidentais; o assunto é tabu. Em contrapartida, desde a década de 1970, nas regiões propensas a terremotos da China, as autoridades estimulam a população a comunicar comportamentos atípicos dos animais, e os cientistas chineses têm um histórico impressionante de previsão de terremotos. Em vários casos, eles emitiram alertas que levaram à evacuação de cidades horas antes da ocorrência de terremotos devastadores, salvando dezenas de milhares de vidas.[40]

Prestando atenção ao comportamento atípico dos animais, como fazem os chineses, seria possível instalar sistemas de alarme de terremoto e tsunami nas partes do mundo mais suscetíveis a esses desastres. Através dos meios de comunicação, milhões de pessoas poderiam ser convidadas a fazer parte desse projeto. Elas seriam informadas do tipo de comportamento que seus animais de estimação e outros animais podem exibir antes de um desastre iminente — em geral, sinais de ansiedade e medo. Caso observassem esses sinais, ou qualquer outro comportamento estranho, elas telefonariam imediatamente para uma linha direta, com um número fácil de memorizar. Na Califórnia, por exemplo, é 1-800 PET QUAKE. Ou poderiam enviar uma mensagem pela Internet.

Um sistema computadorizado analisaria os locais de origem das mensagens. Em caso de um volume excepcionalmente grande de mensagens, soaria um alarme e os locais de onde as mensagens foram enviadas seriam exibidos em um mapa. Provavelmente haveria alarmes falsos de pessoas cujos animais de estimação estivessem doentes, por exemplo, e também alguns trotes. Mas, se houvesse um surto repentino de chamadas de determinada região, isso indicaria iminência de terremoto ou tsunami.

É relativamente barato explorar a possibilidade de usar sistemas de alarme baseados em animais. De um ponto de vista prático, não importa como os animais sabem: seja qual for a explicação, eles podem dar avisos úteis. Se ficar comprovado que, na verdade, eles reagiram a alterações físicas sutis, então os próprios sismólogos serão capazes de fazer previsões mais acertadas com seus instrumentos. Se ficar comprovado que o pressentimento tem uma função, aprenderemos algo importante sobre a natureza do tempo e da causação. Ignorando ou negando as premonições dos animais, não aprenderemos nada.

Premonições e precognições humanas

Carole Davies, de 16 anos de idade, estava saindo de um fliperama, em Londres, com algumas amigas quando caiu um temporal. A entrada da casa ficou congestionada, pois as pessoas procuravam abrigo da chuva. Carole disse o seguinte:

> Enquanto eu estava ali parada, olhando a noite, tive uma sensação de perigo. Vi então o que parecia ser uma imagem à minha frente mostrando pessoas caídas no chão sob telhas e vigas de metal. Olhei à minha volta e para cima e percebi que isso ia acontecer ali. Comecei a gritar para as pessoas saírem. Ninguém deu atenção. Saí correndo debaixo de chuva até um café próximo, seguida das minhas amigas. Depois de algum tempo, ouvimos sirenes e vimos que os carros pararam na frente do fliperama. Corremos até lá para ver o que tinha acontecido. Tudo estava exatamente como eu tinha visto. Um homem para quem eu havia gritado que saísse de lá estava sendo retirado dos escombros.

Em tempos de guerra, as pessoas tendem a ser mais alertas ao perigo, e certamente o risco é maior. Por exemplo, Charles Bernuth, que servia no Sétimo Exército americano na Segunda Guerra Mundial, participou da invasão da Alemanha. Logo depois de cruzar o rio Reno, ele dirigia por uma rodovia à noite na companhia de outros dois oficiais, quando:

De repente, ouvi uma vozinha surda. Tinha alguma coisa errada com a estrada. Eu simplesmente sabia disso. Parei em meio às reclamações e zombarias dos meus companheiros. Comecei a andar pela estrada. Aproximadamente cinquenta metros de onde eu tinha deixado o jipe, descobri o que havia de errado. Estávamos prestes a passar por uma ponte — só que a ponte não estava mais lá. Ela tinha sido explodida, e tudo o que havia era uma queda de mais de vinte metros.

As pessoas que tiveram essas premonições sobreviveram porque deram ouvido à sensação de perigo.

Meu banco de dados contém 842 casos de premonições, precognições ou pressentimentos humanos. Setenta por cento desses casos são sobre perigos, desastres ou mortes; 25% são sobre acontecimentos neutros; e apenas 5% são sobre acontecimentos felizes, como conhecer o futuro cônjuge ou ganhar na loteria. Predominam perigos, mortes e catástrofes. Esses dados batem com os resultados de uma pesquisa de casos bem autenticados de precognição feita pela Sociedade de Pesquisas Psíquicas, em que 60% dos casos relacionavam-se a mortes ou acidentes. Muito poucos eram de acontecimentos felizes. O restante, em sua maioria, era sobre assuntos banais ou neutros, embora alguns fossem bastante incomuns.[41] Num desses casos, a esposa do bispo de Hereford sonhou que estava fazendo as orações matinais no salão do Palácio Episcopal e que, assim que terminou as orações, entrou na sala de jantar e viu um enorme porco ao lado da mesa. Achou o sonho engraçado e contou-o aos filhos e à preceptora deles. Em seguida, foi para a sala de jantar e deu de cara com um porco fujão exatamente no lugar em que o tinha visto no sonho.[42]

Muitas precognições ocorrem em sonhos, embora geralmente as pessoas só se lembrem dos mais dramáticos ou bizarros. No início do século XX,

J. W. Dunne, engenheiro aeronáutico britânico, fez uma descoberta surpreendente, que resumiu em seu livro *An Experiment With Time*.[43] Ele descobriu que sonhava frequentemente com fatos que estavam prestes a acontecer, mas geralmente se esquecia desses sonhos. Só depois que passou a registrar cuidadosamente os sonhos, tomando nota deles assim que acordava, é que o fenômeno ficou claro. Ele descobriu também que algumas vezes passava por experiências que lhe pareciam familiares — conhecidas como *déjà-vu*, termo francês que significa "já visto". Consultando seus registros, viu que essas experiências correspondiam a sonhos recentes que ele se esquecera.

Estudos subsequentes confirmaram as observações de Dunne. Os parapsicólogos também encontraram evidências estatísticas de precognição em testes laboratoriais. Embora nesses experimentos bastante artificiais os efeitos em geral tenham sido pequenos, quando tomados em conjunto foram bastante significativos do ponto de vista estatístico.[44]

Pressentimentos

Pressentimento é uma *sensação* de que algo está prestes a acontecer, mas sem qualquer percepção consciente do que seja. Algumas das pesquisas mais inovadoras na moderna parapsicologia mostraram que os pressentimentos podem ser detectados fisiologicamente.

Em meados da década de 1990, nos Estados Unidos, Dean Radin e seus colegas idealizaram um experimento para testar os pressentimentos. Nesse experimento, o grau de excitação emocional do sujeito era monitorado automaticamente medindo-se as alterações na resistência da sua pele por meio de eletrodos colocados em seus dedos, como num detector de mentiras. Quando os estados emocionais das pessoas mudam, a atividade das glândulas sudoríparas também é alterada, produzindo mudanças na atividade eletrodérmica. Essas mudanças são registradas em um aparelho de gravação computadorizado.

Em laboratório, é relativamente fácil produzir alterações emocionais mensuráveis em sujeitos expondo-os a cheiros ruins, leves choques elétricos, palavras cheias de emoção ou fotografias provocativas. Os experimentos de Radin usavam fotografias. A maioria continha imagens emocionalmente calmas, como paisagens, mas algumas eram chocantes, como imagens de cadáveres abertos para autópsia; outras, ainda, eram pornográficas. Havia uma grande quantidade dessas imagens "calmas" e "emocionalmente intensas" armazenadas no computador.

Nos experimentos de Radin, quando surgiam imagens calmas na tela, os sujeitos permaneciam calmos, e quando surgiam imagens emocionalmente intensas, eles ficavam emocionalmente excitados, o que era demonstrado pelo aumento na atividade eletrodérmica. Até aí, tudo bem. Mas quando as imagens emocionalmente intensas estavam *prestes* a aparecer, o aumento na atividade eletrodérmica ocorria três ou quatro segundos *antes* de a imagem aparecer na tela. A imagem que aparecia na tela era selecionada aleatoriamente pelo computador apenas um milissegundo antes. Ninguém, nem mesmo o pesquisador, sabia qual imagem seria exibida quando os sujeitos começavam a reagir.[45] Outros pesquisadores obtiveram resultados semelhantes.[46]

Uma das descobertas mais interessantes das pesquisas sobre precognição e pressentimento é que as pessoas parecem ser influenciadas por *si próprias* no futuro, e não por eventos objetivos. Precognições são como memórias do futuro. Pressentimentos parecem envolver um fluxo retrógrado fisiológico de estados futuros de alarme ou excitação, um fluxo de causação que se move no sentido oposto ao da causação energética. Essa descoberta está em conformidade com a maneira como os atratores puxam os organismos para suas metas herdadas ou aprendidas, com fluxos de influência de futuros virtuais do presente para o passado (ver o Capítulo 5). Concorda também com a teoria de Alfred North Whitehead de que a mente atua a partir do futuro (ver o Capítulo 4).

O que dizem os céticos

Os "céticos organizados" da Inglaterra usam a grafia americana, com "k", em vez da grafia inglesa com "c".

Os céticos bem informados não negam que há muitas evidências experimentais de que os fenômenos psíquicos existem, mas ressaltam que nenhum experimento é perfeito, que as evidências não são 100% positivas e que, para uma proposição tão improvável, é necessário um volume muito maior de evidências da ciência mais ortodoxa.[47] Eles se sentem à vontade para aumentar o nível de exigência para comprovação científica ao seu bel-prazer. Ainda não há evidências suficientes, dizem eles, e para alguns, nunca haverá.[48]

As organizações céticas são as principais defensoras da crença de que os fenômenos psíquicos são ilusórios: elas procuram refutar ou negar qualquer evidência de que possam estar erradas. O mais estabelecido desses grupos é o Comitê para a Investigação Cética americano (CSI – Committee for Skeptical Inquiry), que se chamava Comitê para a Investigação Científica de Alegações do Paranormal (CSICOP – Committee for the Scientific Investigation of Claims of the Paranormal). A revista do CSI, *Skeptical Inquirer*, tem uma tiragem de cerca de 50 mil exemplares. Os membros das organizações céticas consideram-se defensores solitários da ciência e da razão contra as forças da superstição e da credulidade; eles encaram suas atividades desmistificadoras como "batalhas" contra as forças insidiosas do irracionalismo. Seus adversários os veem como autodenominados justiceiros.[49]

Os efeitos dessas campanhas céticas bem organizadas e bem financiadas não são apenas intelectuais, mas também políticos e econômicos. Ao manter o tabu contra a "paranormalidade", elas garantem que a maioria das universidades evite totalmente essa área controversa, a despeito do grande interesse público pelo assunto. A principal ênfase das campanhas é combater as "alegações de paranormalidade" nos meios de comunicação sérios, atacando jornalistas ou publicações que divulguem qualquer evidência positiva ou insistindo para que um cético tenha a oportunidade de negar que as evidências tenham qualquer validade científica.[50]

Já tive muitos embates com céticos, que descrevi detalhadamente em outros trabalhos.[51] Em quase todos os casos eles não estavam a par das evidências nem tinham interesse em conhecê-las. Eis três exemplos:

Em 2004, participei de um debate sobre telepatia com Lewis Wolpert na Royal Society of Arts, em Londres, presidida por um eminente advogado. Wolpert era professor de biologia da Universidade de Londres e ex-presidente do Comitê Britânico para a Compreensão Pública da Ciência (COPUS – Commitee on the Public Understanding of Science). Durante anos, esteve sempre a postos para falar contra a paranormalidade para os jornalistas, sempre pronto a fazer um comentário cético. Cada um de nós teve trinta minutos para apresentar seus argumentos. Wolpert foi o primeiro a falar. Primeiro, ele disse que a pesquisa sobre telepatia era uma "ciência patológica", mas depois de dizer que "Tudo é uma questão de evidências", ele não apresentou nenhuma. Ele simplesmente afirmou: "Não há nenhuma evidência de que os pensamentos possam ser transmitidos de uma pessoa para um animal, de um animal para uma pessoa, de uma pessoa para outra nem de um animal para outro". Ele só usou metade do tempo a que tinha direito.

Eu apresentei evidências a favor da telepatia produzidas por milhares de estudos científicos e mostrei um vídeo de experimentos recentes. Wolpert estava sentado no palco, na frente da tela, olhando para a frente, tamborilando um lápis na mesa e suspirando como se estivesse entediado. Ele não se virou para ver as evidências atrás dele. Segundo um artigo sobre o debate publicado na revista *Nature*, "poucos membros da plateia pareciam impressionados com seus argumentos [de Wolpert]... Muitos dos presentes acusaram Wolpert de 'desconhecer as evidências' e ser 'anticientífico'".[52]

Em segundo lugar, fui convidado a fazer uma palestra no 12º Congresso Europeu de Céticos realizado em Bruxelas, Bélgica, em 2005. Participei de um debate sobre telepatia com Jan Nienhuys, secretário de uma organização cética holandesa, a Stichting Skepsis. Apresentei evidências da existência de telepatia, analisando pesquisas realizadas por outros pesquisadores e por mim mesmo. Nienhuys retrucou que, teoricamente, era impossível haver telepatia e que, portanto, as evidências eram deficientes. Disse também que, quanto mais estatisticamente significativos fossem meus resultados experimentais, maiores seriam meus erros. Pedi que especificasse esses erros, mas ele não conseguiu. Nienhuys admitiu que não lera meus artigos nem analisara as evidências. Ao comentar o debate, um observador independente, Richard Hardwich, cientista da Comissão Europeia, escreveu o seguinte: "Aparentemente, o dr. Nienhuys não havia feito o dever de casa. Ele não tinha sequer um dado ou uma análise à mão, e seu ataque fracassou".

Em 2006, o Canal 4 da TV britânica transmitiu uma diatribe de Richard Dawkins contra a religião, chamada *A Raiz de Todo o Mal?* Logo depois, a mesma empresa produtora, a IWC Media, disse-me que Dawkins queria me visitar para discutir minhas pesquisas sobre capacidades inexplicadas de pessoas e animais para uma nova série televisiva. Relutei em participar, pois achava que essa série seria tão unilateral quanto a série anterior de Dawkins. Mas a representante da empresa, Rebecca Frankel, garantiu-me que eles seriam mais abertos. Ela me disse o seguinte: "Queremos que seja uma discussão entre dois cientistas sobre modelos científicos de questionamento". Crente que Dawkins estava interessado em discutir evidências, e com uma garantia por escrito de que o material seria editado de modo justo, concordei em encontrá-lo e marcamos uma data. Eu ainda não tinha certeza do que esperar. Será que Dawkins seria dogmático, com uma "parede" mental que bloquearia qualquer evidência contra suas crenças? Ou será que seria divertido falar com ele?

Dawkins compareceu conforme combinado. O diretor, Russell Barnes, pediu que ficássemos de frente um para o outro; seríamos filmados por uma câmera portátil. Dawkins começou dizendo que provavelmente nós concordávamos em muitas coisas, "Mas o que me preocupa é que você está preparado para acreditar em quase tudo. A ciência deveria basear-se em um número mínimo de crenças".

Eu concordei que tínhamos muito em comum, "Mas o que me preocupa é que você é um dogmático e passa às pessoas uma má impressão da ciência, afastando-as".

Dawkins disse então que, num espírito romântico, ele mesmo gostaria de acreditar em telepatia, mas que não havia nenhuma evidência sobre esse fenômeno. Ele rejeitou de imediato todas as pesquisas sobre o assunto, sem entrar em nenhum detalhe. Disse que se a telepatia realmente existisse "viraria as leis da física de cabeça para baixo" e acrescentou: "Afirmações extraordinárias exigem evidências extraordinárias".

"Isso depende do que você considera extraordinário", repliquei. "Muitas pessoas dizem que já tiveram experiência telepática, principalmente em relação a chamadas telefônicas. Neste sentido, a telepatia é um fenômeno comum. A afirmação de que a maioria das pessoas está enganada a respeito de suas próprias experiências é que é extraordinária. Onde estão as evidências extraordinárias a esse respeito? Ele não pôde apresentar nenhuma, a não ser argumentos genéricos sobre a falibilidade do discernimento humano.

Na opinião dele, as pessoas querem acreditar em "paranormalidade" porque querem se enganar.

Ambos concordamos com a necessidade de realizar experimentos controlados. Eu disse que era exatamente por isso que estava fazendo tais experimentos, inclusive testes para descobrir se as pessoas realmente conseguiam dizer quem estava telefonando para elas quando a pessoa do outro lado da linha era selecionada aleatoriamente. Na semana anterior, eu havia enviado a Dawkins cópias de alguns trabalhos meus publicados em revistas científicas para que ele pudesse analisar os dados antes do nosso encontro. Sugeri, então, que discutíssemos as evidências. Ele pareceu inquieto e disse: "Não quero discutir evidências".

"Por que não?", perguntei.

"Não há tempo. É complicado demais, e o programa não é sobre isso", respondeu ele. A câmera parou de filmar.

O diretor confirmou que ele também não estava interessado em evidências. O filme que estava fazendo era sobre outra polêmica de Dawkins contra crenças irracionais. Então eu disse: "Se você está tratando a telepatia como uma crença irracional, certamente as evidências sobre a sua existência ou não são essenciais para a discussão. Se a telepatia ocorre, não é irracional acreditar nela. Pensei que era sobre isso que falaríamos. Eu deixei claro desde o início que não estava interessado em participar de outro exercício de desmistificação de baixo nível".

Dawkins disse: "Isso não é um exercício de desmistificação de baixo nível. É um exercício de desmistificação de alto nível".

Eu disse que haviam me assegurado que aquela seria uma discussão científica equilibrada sobre evidências. Russell Barnes pediu para ver os *e-mails* que eu havia recebido da sua assistente. Depois de lê-los visivelmente nervoso, ele disse que as garantias que ela me dera estavam erradas. Nesse caso, eu disse, eles tinham me procurado com más intenções. A equipe pegou os equipamentos e foi embora. A série, transmitida em 2007, chamou-se *Inimigos da Razão*.

Há muito tempo Richard Dawkins declarou que "A paranormalidade é uma tapeação. Aqueles que querem nos vendê-la são impostores e charlatães".

O objetivo da série *Inimigos da Razão* foi popularizar essa crença. Mas será que a sua cruzada realmente promove a Compreensão Pública da Ciência, disciplina que ele lecionava em Oxford? A ciência deveria ser um sistema de crenças fundamentalista? Ou deveria basear-se em um questionamento imparcial do desconhecido?

Em nenhum outro campo da ciência pessoas inteligentes sentem-se livres para fazer afirmações públicas baseadas em preconceito e ignorância. Ninguém denunciaria pesquisas de físico-química, digamos, se não soubesse nada sobre o assunto. No entanto, em relação aos fenômenos psíquicos os materialistas militantes sentem-se livres para menosprezar as evidências e se comportar de modo irracional e anticientífico, enquanto afirmam falar em nome da ciência e da razão. Eles abusam da autoridade da ciência e desprestigiam o racionalismo.

Que diferença isso faz?

Se o tabu contra os fenômenos psíquicos fosse derrubado, isso teria um efeito liberador sobre a ciência. Os cientistas não sentiriam mais necessidade de fingir que esses fenômenos não existem. A palavra "ceticismo" não seria mais associada com negação dogmática. As pessoas se sentiriam livres para falar abertamente sobre suas próprias experiências. Pesquisas abertas para novas ideias poderiam ser realizadas dentro de universidades e instituições científicas, e algumas poderiam ser aplicadas de maneiras proveitosas, por exemplo, no desenvolvimento de sistemas, baseados em animais, de alerta de terremotos e tsunamis. O financiamento público de pesquisas sobre ciência psíquica e parapsicologia poderia refletir o amplo interesse nessas áreas de pesquisa e aumentar o interesse pela ciência. O sistema educacional ficaria livre para falar aos alunos sobre as pesquisas psíquicas, em vez de ignorá-las e repudiá-las. Os antropólogos se libertariam do tabu que os impede de estudar capacidades psíquicas que são mais desenvolvidas nas sociedades tradicionais do que na nossa. Acima de tudo, as pesquisas sobre esses fenômenos contribuiriam para um maior entendimento da natureza da mente, dos vínculos sociais, do tempo e da causação.

Perguntas para os materialistas

Se você acha teoricamente impossível, ou bastante improvável, a existência de telepatia e precognição, pode explicar por quê?

Você já analisou as evidências a favor dos fenômenos psíquicos? Em caso afirmativo, pode resumi-las e explicar o que há de errado com elas?

Alguma vez você já teve uma experiência aparentemente telepática?

O que poderia fazê-lo mudar de ideia?

RESUMO

Muitas pessoas dizem que já tiveram experiências telepáticas. Inúmeros experimentos estatísticos demonstraram que é possível transmitir informações de uma pessoa para outra de uma maneira que não pode ser explicada pelos sentidos normais. A telepatia geralmente acontece entre pessoas que têm uma ligação estreita, como mães e filhos, maridos e esposas e amigos íntimos. Aparentemente, muitas lactantes conseguem saber se seus bebês estão sofrendo mesmo estando a quilômetros de distância. No mundo moderno, o tipo mais comum de telepatia envolve chamadas telefônicas: as pessoas pensam em alguém quando o telefone toca ou sabem quem está ligando. Inúmeros testes experimentais demonstraram que esse é um fenômeno real e que não diminui com a distância. Os animais sociais parecem ser capazes de manter contato telepático com membros do seu grupo a distância, e animais domésticos como cães, gatos e papagaios, captam com frequência as emoções e intenções de seus donos a distância, como demonstraram experimentos com cachorros e papagaios. Outras capacidades psíquicas são premonições e precognições, como mostram os casos de animais que previram terremotos, tsunamis e outros desastres. As premonições humanas geralmente ocorrem em sonhos ou por intuições. Nas pesquisas experimentais sobre pressentimentos humanos, eventos emocionais futuros parecem ser capazes de agir "retroagindo" no tempo, produzindo efeitos fisiológicos detectáveis.

10

A medicina mecanicista é a única que realmente funciona?

A medicina moderna é admiravelmente bem-sucedida. Cem anos atrás, suas conquistas pareceriam milagrosas. Transplantes cardíacos, cirurgias laparoscópicas, artroplastias de quadril e fertilização *in vitro* são apenas algumas das intervenções que mudaram a vida de milhões de pessoas. Juntamente com os programas de imunização e os avanços alcançados na área de saúde pública, "medicamentos milagrosos", como os antibióticos, afetaram toda a humanidade, reduzindo a mortalidade infantil e aumentando a expectativa de vida.

Não há dúvida que a medicina moderna é bastante eficaz. Não obstante, ela tem importantes limitações que estão ficando cada vez mais evidentes. Os grandes avanços alcançados pela medicina ao longo do último século estão perdendo fôlego. O número de descobertas está diminuindo, apesar dos investimentos cada vez maiores em pesquisas. Existe uma escassez de novos medicamentos, e os tratamentos estão ficando proibitivamente caros.

A abordagem mecanicista é melhor para lidar com os aspectos mecânicos do corpo, como problemas articulares, cáries dentárias, valvopatias, obstruções arteriais ou infecções curáveis com antibióticos. Mas sofre de "visão tubular, ou seja, de um olhar limitado": todos os organismos vivos, inclusive o ser humano, são máquinas físico-químicas ou "robôs desajeitados". Logo, o sistema médico materialista restringe a sua atenção aos aspectos físicos e químicos dos seres humanos, tratando-os com cirurgias e medicamentos, ao mesmo tempo que ignora qualquer coisa que não se encaixe nesse contexto.

Em geral, os médicos ficam bastante contrariados com a existência de outros sistemas terapêuticos, como homeopatia, quiropraxia e medicina tradicional chinesa, que alegam ser capazes de curar doenças. Do ponto de vista de um materialista militante, nenhum desses sistemas pode realmente funcionar. Ou os pacientes teriam melhorado de qualquer maneira ou os benefícios das terapias alternativas e complementares são simplesmente um produto do efeito placebo.

A crença de que apenas a medicina mecanicista é verdadeiramente eficaz tem enormes consequências políticas e econômicas. Na maioria dos países, o financiamento governamental das pesquisas médicas, da ordem de bilhões de dólares, é destinado exclusivamente à medicina mecanicista. A maior parte dos serviços de saúde e convênios médicos emprega essa mesma abordagem mecanicista.

Neste capítulo, eu analiso os pontos fortes e as limitações da medicina mecanicista. Para ser mais eficaz, ela tem de trabalhar com a capacidade natural de cura e resistência à doença inerente a todos os seres humanos e certamente a todas as formas de vida. Sua ênfase mecanicista produz curas químicas e físicas espetaculares com o uso de medicamentos e intervenções cirúrgicas. Mas, como não reconhece o poder da mente, é menos eficaz quando lida com os efeitos curativos de crenças, expectativas, relações sociais e fé religiosa. No entanto, as próprias pesquisas médicas têm revelado frequentemente a importância da crença por meio das respostas ao placebo. Encerro explorando a possibilidade de uma abordagem mais abrangente à saúde e à cura.

Adoto uma abordagem histórica, pois creio ser essa a melhor maneira de compreender a nossa situação atual. Essa abordagem ajuda a revelar quais aspectos da medicina baseiam-se na visão de mundo materialista e quais resultam de descobertas pragmáticas que não dependem de nenhuma filosofia da natureza em particular.

Capacidade natural de cura e resistência a doenças

Para colocar qualquer sistema terapêutico em perspectiva é importante lembrar-se de que, durante toda a história da vida na Terra, os animais e as plantas têm se regenerado, curando-se e defendendo-se contra infecções. Todos nós descendemos de animais ou seres humanos que sobreviveram e se reproduziram por centenas de milhões de anos antes do advento dos médicos. Não estaríamos aqui se não fosse pela capacidade inata de cura e resistência a doenças dos nossos ancestrais. A medicina pode ajudar a aumentar essa capacidade, mas baseia-se em princípios que evoluíram ao longo de bilhões de anos e que estavam continuamente sujeitos à seleção natural.

A capacidade de curar-se de lesões e regenerar-se de danos é comum a quase todas as formas de vida. Quando sofrem danos ou são atacadas por doenças, as plantas geralmente isolam a área danificada e compensam desenvolvendo novos tecidos. Pequenas partes das plantas podem transformar-se em organismos inteiramente novos: cortes de um salgueiro podem dar origem a novas árvores. Da mesma maneira, muitos animais têm uma capacidade impressionante de se regenerar. Se um platelminto for cortado em pedaços, cada pedaço poderá se transformar num novo platelminto. Se a perna de uma salamandra for arrancada, crescerá uma nova perna; se o cristalino for removido do seu olho, um novo cristalino se formará a partir da margem da íris.[1] Até mesmo nos seres humanos, a pele se regenera de uma lesão, assim como o fígado; e as células do epitélio intestinal e do sangue são continuamente substituídas (ver o Capítulo 5).

Muitos organismos conseguem resistir a doenças por meio de uma resposta imunológica. O sistema enzimático das bactérias ataca os vírus invasores; o sistema imunológico das plantas identifica a presença de patógenos e produz substâncias químicas capazes de matá-los ou inibir seu desenvolvimento.[2] Da mesma forma, o sistema imunológico dos animais invertebrados, como os insetos, ataca e destrói os organismos invasores. O sistema imunológico dos vertebrados vai ainda mais longe e lembra-se de patógenos específicos, montando um ataque mais forte da próxima vez que se depara com o organismo invasor.

Há muito tempo as pessoas sabem que a exposição a uma doença pode conferir imunidade a essa mesma doença mais tarde. Em sua descrição da peste que assolou Atenas no ano de 430 a.C., o historiador grego Tucídides foi o primeiro a notar que as pessoas que se recuperavam da peste podiam cuidar dos doentes sem contrair novamente a doença.[3] Com base em observações como essa, pelo menos seiscentos anos atrás, alguns árabes e chineses inocularam pessoas com material retirado das pústulas de portadores de uma forma branda de varíola. Consequentemente, a maioria das pessoas inoculadas contraiu a forma branda da doença e escaparam ilesas quando foram expostas novamente à doença.[4]

Em 1718, a esposa do embaixador britânico em Istambul, Lady Mary Wortley Montagu, inoculou os próprios filhos dessa maneira. Seu irmão havia morrido de varíola, e ela mesma tinha sido desfigurada pela doença que contraíra alguns anos antes. Por esse motivo, quando soube desse procedimento por intermédio de mulheres turcas, ficou muito interessada. Ao retornar à Inglaterra, promoveu o método entusiasticamente. Vários membros da família real foram inoculados, e a prática se disseminou, embora 3% dos que foram inoculados tenham sucumbido à doença.

Na década de 1790, Edward Jenner, médico inglês, modificou a técnica de imunização ao observar que as jovens que ordenhavam leite não contraíam varíola humana depois de terem sido infectadas com varíola bovina, forma muito mais branda da doença. Jenner desenvolveu a técnica de vacinação (do latim *vaccinia*, "de vaca") retirando líquido das pústulas dessas mulheres infectadas e infectando deliberadamente crianças através de uma pequena ferida na pele. Em 1853, uma lei na Inglaterra e no País de Gales exigia a vacinação universal contra varíola, e inoculações para outras doenças foram desenvolvidas e aplicadas amplamente no século XX, muito antes que o sistema imunológico fosse descrito em detalhes moleculares e celulares.

Em 1979, a Organização Mundial da Saúde declarou que a varíola estava erradicada em todo o mundo.

Higiene e saúde pública

No início do século XIX, diversos epidemiologistas e outros médicos chegaram à conclusão de que doenças como febre puerperal e cólera eram transmitidas por germes microscópicos e que podiam ser combatidas por meio de melhor higiene e saneamento básico. A descoberta de micro-organismos específicos por Louis Pasteur, na década de 1860, e o desenvolvimento subsequente da teoria microbiana das doenças estão por trás de uma série de medidas preventivas e políticas de saúde pública que reduziram extraordinariamente as mortes causadas por epidemias.

As melhorias promovidas na saúde pública por meio da prevenção de doenças infecciosas foram triunfos das pesquisas científicas, da engenharia sanitária, de iniciativas de políticas públicas e educação em saúde. Nem a descoberta de que os micro-organismos eram agentes causadores de doenças nem o reforço da imunidade por meio de vacinação basearam-se em qualquer dogma específico. Nenhum dos avanços baseou-se especificamente na teoria mecanicista da vida nem na visão de mundo materialista.

Grande parte do sucesso da medicina no século XX deveu-se à prevenção de doenças por meio de imunização e melhor higiene. Como essas medidas preventivas foram disseminadas por todo o mundo, houve uma redução global na mortalidade infantil e uma grande queda no número de epidemias. Uma das consequências foi um aumento extraordinário na população mundial, que passou de 1 bilhão em 1800 para 3 bilhões em 1960 e 7 bilhões em 2012.

Cura de infecções

Uma das descobertas mais icônicas da medicina no século XX foi a penicilina, encontrada acidentalmente por um bacteriologista, Alexander Fleming, em 1928. Ele fazia cultura de bactérias em placas de Petri quando uma das placas foi contaminada com um fungo, *Penicillium notatum*. Fleming notou que em toda a área ao redor do fungo as bactérias estavam morrendo. Constatou, então, que o suco extraído do fungo, ao qual denominou penicilina, poderia inibir o crescimento de diversas outras bactérias. Porém, presumiu que a penicilina poderia ser tóxica demais para ter alguma utilidade médica e não levou adiante a pesquisa.

O trabalho de Fleming foi redescoberto dez anos depois por Howard Florey e Ernst Chain, em Oxford, e só em 1941 todo o seu potencial ficou evidente. Era um medicamento milagroso que produzia efeitos espetaculares rapidamente. Não curava apenas infecções agudas potencialmente letais, como septicemia, pneumonia e meningite, mas também infecções crônicas sinusais, articulares e ósseas. Com os outros antibióticos que vieram depois da penicilina, houve uma mudança na percepção pública e da comunidade médica acerca do que a medicina poderia fazer.[5] Mas os cientistas não *inventaram* os antibióticos: o *Penicillium notatum* e outros micro-organismos produziram-nos para fins próprios. Os antibióticos foram uma dádiva da natureza.

Juntamente com as melhorias na área de higiene e os programas de imunização em massa, a descoberta dos antibióticos fez com que a taxa de mortalidade por doenças infecciosas caísse vertiginosamente. Doenças temidas como cólera, febre tifoide, tuberculose e poliomielite não mais matavam aos milhões. Esses tremendos avanços mudaram a própria condição da vida humana.

No final do século XX, o poder dos antibióticos foi ampliado ainda mais pela surpreendente descoberta de que as úlceras gástricas, que antes se pensava serem causadas por acidez estomacal excessiva ou estresse, eram, na verdade, consequência de infecção por uma bactéria ainda desconhecida, a *Helicobacter pylori*, e podiam ser curadas com antibióticos.[6]

Os jovens foram os maiores beneficiários do controle de doenças infecciosas por meio de imunização e antibióticos. A mortalidade infantil, antes comum, hoje em dia é rara. Atualmente, os problemas de saúde mais graves entre os jovens são as doenças hereditárias, como fibrose cística, alergias, como asma, e acidentes. Os principais desafios que a medicina enfrenta hoje são as doenças da velhice, como câncer e doenças do sistema circulatório, bem como doenças "degenerativas" crônicas, como artrite e demência. De modo geral, a maioria dos adultos desfruta de excelente saúde até a quinta ou sexta década de vida. Porém, ainda existem várias doenças graves que acometem pessoas de meia-idade, como diabetes, artrite reumatoide, esclerose múltipla, mal de Parkinson e esquizofrenia. Ainda não se sabe qual é a causa da maior parte dessas doenças.[7]

Enquanto isso, os micro-organismos que causam doenças infecciosas continuam a se desenvolver. O surgimento de novas doenças como Aids e o surgimento de bactérias resistentes aos antibióticos ainda representam grandes problemas.

Novos medicamentos

Ao longo de toda a história da humanidade, pessoas do mundo todo têm usado plantas para fins fitoterápicos, mas só no século XIX é que os químicos começaram a isolar os "princípios ativos" das plantas medicinais: morfina da papoula; cocaína das folhas de coca; nicotina do tabaco; quinina da casca da quina; ácido salicílico da casca do salgueiro e uma infinidade de outros compostos farmacologicamente ativos.[8] Os efeitos desses princípios ativos purificados eram mais confiáveis e previsíveis do que os das próprias plantas. Uma vez identificados, os fármacos puros também podiam ser modificados quimicamente para produzir novas substâncias mais potentes ou com menos efeitos colaterais que os compostos naturais, como ácido acetilsalicílico (aspirina) a partir do ácido salicílico e diacetilmorfina (heroína) a partir da morfina. Em alguns casos, criou-se uma série de compostos com estruturas semelhantes, conhecidas como análogos: por exemplo, lidocaína, amilocaína e procaína, análogos da cocaína, usados amplamente como anestésicos locais.

A descoberta da penicilina e de outros antibióticos levou esse processo adiante, e seu espetacular sucesso estimulou a pesquisa de novos medicamentos. Se essas substâncias químicas naturais atóxicas podiam curar doenças terríveis e fazer toda a diferença entre a vida e a morte, por que outras doenças não poderiam ceder a soluções químicas simples? Será que a cura química do câncer ou da esquizofrenia não estava aguardando para ser descoberta?

Assim como os medicamentos derivados de plantas medicinais, os antibióticos foram uma dádiva da natureza, mas sua identificação, purificação e modificação dependiam da arte da química. Medicamentos provenientes de plantas, fungos e bactérias continuaram a ser isolados a um ritmo crescente, e os compostos químicos derivados de fontes naturais, juntamente com suas variantes sintéticas, respondem por 70% dos medicamentos utilizados na medicina moderna.[9]

Outro importante método de descoberta de medicamentos é por tentativa e erro. Os laboratórios farmacêuticos testam grandes números de substâncias químicas isoladas de plantas ou sintetizadas por químicos para descobrir se alguma delas tem efeitos úteis, ao mesmo tempo que é suficientemente atóxica. Esse processo, denominado triagem, geralmente é realizado em animais, embora alguns testes atualmente usem células de animais ou seres humanos cultivadas *in vitro*, que significa literalmente "em vidro", ou seja, em tubo de ensaio. Desde a década de 1950, os laboratórios farmacêuticos já analisaram dezenas de milhares de compostos e descobriram vários medicamentos importantes, como o paclitaxel, isolado da casca do teixo do Pacífico e usado no tratamento de câncer de mama.

Durante muito tempo os pesquisadores da área médica tiveram esperanças de que, em vez do método de tentativa e erro, fosse possível desenvolver novos medicamentos com base numa compreensão razoável da fisiologia do corpo humano e da biologia molecular. A descoberta de vitaminas e a identificação de hormônios como a insulina representaram passos importantes nessa direção e, a partir da década de 1980, houve grandes esperanças de que a compreensão dos genomas e dos detalhes moleculares das células elevasse a descoberta de medicamentos "racionais" a um novo patamar. Com esse objetivo em mente, governos, laboratórios farmacêuticos e empresas de biotecnologia investiram centenas de bilhões de dólares. Mas os resultados foram bastante decepcionantes. O retorno dos investimentos está diminuindo, e os laboratórios farmacêuticos estão enfrentando uma escassez de novos medicamentos. Ao mesmo tempo, as patentes sobre alguns dos principais medicamentos "líderes de venda" como Lípitor, estatina usada no controle dos níveis de colesterol, e Prozac, antidepressivo, estão expirando, o que significa que as indústrias farmacêuticas perderão bilhões de dólares em receitas anuais. Muitos dos novos medicamentos que estão sendo desenvolvidos são apenas variantes mais caras de medicamentos já existentes.[10]

O processo que compreende a descoberta e os testes de novos medicamentos é longo e cada vez mais caro, e os laboratórios farmacêuticos tentam lucrar o máximo possível com seus medicamentos durante a vigência das patentes. Inevitavelmente, gastam quantias enormes com publicidade e promoção. Alguns laboratórios não medem esforços para fazer seus medicamentos parecerem mais seguros e mais eficazes do que realmente são, criando uma ilusão de respeitabilidade científica para suas alegações. Para reforçar a credibilidade científica dos medicamentos, oferecem uma boa gratificação para os cientistas assinarem artigos redigidos por autores pagos pelo próprio laboratório ou outros incentivos para que emprestem seus nomes a estudos que não fizeram.[11]

O uso de "escritores fantasmas" na área médica assume várias formas, mas um caso recente lança alguma luz sobre o que está por trás dessa prática. Em 2009, aproximadamente 14 mil mulheres que contraíram câncer de mama enquanto tomavam Prempro, terapia de reposição hormonal (TRH), entraram com uma ação contra o fabricante do medicamento, o laboratório Wyeth. No tribunal, acabou vindo à tona que muitos dos trabalhos de pesquisas médicas que defendiam o uso de TRH tinham sido redigidos por uma empresa de comunicação chamada DesignWrite, cujo site na Internet gabava-se de, ao longo de doze anos, ter "planejado, criado e/ou gerenciado centenas de conselhos consultivos, mil resumos e pôsteres de artigos científicos, 500 artigos sobre estudos clínicos, mais de 10 mil palestras, mais de 200 simpósios via satélite, 60 programas internacionais, dezenas de *websites* e uma grande série de materiais auxiliares impressos e eletrônicos.[12] Revelou-se que a DesignWrite organizou um "programa planejado de publicação" para o Prempro, que consistia de artigos de revisão, relatos de casos, editoriais e comentários, e que usava a literatura médica como instrumento de marketing. Como Ben Goldacre relatou no jornal britânico *The Guardian*:

A DesignWrite redigia os primeiros rascunhos e enviava-os para o Wyeth, que recomendava a elaboração de um segundo rascunho. Só então o artigo era enviado para o acadêmico que constaria como "autor"... A DesignWrite vendeu para o laboratório Wyeth mais de 50 artigos sobre TRH publicados em revistas científicas e um número semelhante de pôsteres para congressos, conjuntos de *slides*, simpósios e suplementos de revistas. Adrienne Fugh-Berman (professora-adjunta de fisiologia da Universidade de Georgetown) descobriu que esses artigos promoviam benefícios não comprovados e não aprovados do medicamento para TRH do laboratório Wyeth, desacreditavam seus concorrentes e minimizavam seus danos... Publicações científicas não são consideradas uma atividade promocional, portanto tudo isso era legal. O pior de tudo era a cumplicidade dos acadêmicos.... "As pesquisas mostram que os médicos confiam bastante nas informações sobre produtos fornecidas pelas revistas científicas", disse a DesignWhite. Eles estão certos: quando você lê um artigo acadêmico, você confia que foi escrito pela pessoa que o assinou.[13]

As indústrias farmacêuticas também têm uma grande influência sobre os governos e sobre o financiamento público de pesquisas médicas. Nos Estados Unidos, entre 1998 e 2004, os laboratórios farmacêuticos e seus grupos comerciais, a Pharmaceutical Research and Manufacturers of America (PhRMA) e a Biotechnology Industry Organization, gastaram mais de US$900 milhões com *lobby*, inclusive doações de US$ 90 milhões para partidos políticos e campanhas eleitorais, principalmente de Republicanos. Eles fizeram *lobby* para pelo menos 1.600 textos legislativos, com mais de 1.200 lobistas registrados em Washington, DC.[14]

No Reino Unido, a Medicines and Healthcare Products Regulatory Agency, agência que regulamenta a indústria farmacêutica, é financiada pela própria indústria farmacêutica. Os financiadores invariavelmente influenciam as ações do órgão regulador. Por exemplo, em fevereiro de 2008, a agência decidiu que, diante das evidências recentes, uma nova advertência sobre efeitos colaterais deveria ser incluída na bula das estatinas. Mas durante 21 meses nada foi feito, pois um dos laboratórios farmacêuticos "não concordava com a redação do texto". Como Ben Goldacre comentou no *The Guardian*, "Um laboratório farmacêutico conseguiu adiar durante 21 meses a inclusão de advertências sobre segurança num medicamento prescrito para 4 milhões de pessoas, pois não concordava com a redação do texto. Isso é inconcebível".[15]

Às vezes, os laboratórios farmacêuticos simplesmente ignoram o processo regulatório e vendem medicamentos para "uso extraoficial", ou seja, para usos que não foram aprovados porque o medicamento não demonstrou ser seguro, necessário e eficaz. Um caso flagrante veio à tona em 2010, quando o Departamento de Justiça americano multou o laboratório AstraZeneca em US$520 milhões por vender o antipsicótico Seroquel, um campeão de vendas, para o tratamento de doenças para as quais não havia sido aprovado. Esse medicamento foi aprovado apenas para tratamento a curto prazo de esquizofrenia e transtorno bipolar agudo. Porém, durante cinco anos o AstraZeneca empregou uma estratégia de marketing agressiva para o Seroquel, apresentando-o como uma panaceia de uso prolongado e promovendo a sua venda para asilos de idosos, hospitais de veteranos de guerra e presídios, bem como no tratamento de agitação e agressividade em crianças, embora os estudos clínicos tivessem revelado "efeitos colaterais graves e debilitantes", sobretudo em idosos e crianças.[16] O mesmo laboratório foi multado em US$ 355 milhões pela venda fraudulenta de Zoladex, medicamento usado no tratamento de câncer de próstata. Embora essas multas estivessem entre as mais altas impostas pelo Departamento de Justiça americano a laboratórios farmacêuticos, os críticos observam que representavam menos de 20% das receitas obtidas com a venda do medicamento para usos não aprovados. Ao celebrar acordos extrajudiciais, os laboratórios evitaram condenações criminais, ninguém foi para a prisão e as multas foram tratadas como parte do negócio.[17]

Obviamente, o interesse das empresas farmacêuticas é vender a maior quantidade possível de medicamentos caros, embora o interesse dos pacientes e daqueles que pagam pelo tratamento seja outro. Esse conflito de interesses precisa ser mediado por governos, agências reguladoras independentes e pesquisadores independentes. Infelizmente, o *lobby* junto aos governos, o controle financeiro das agências reguladoras e o financiamento de pesquisas médicas pela indústria fazem com que as corporações farmacêuticas tenham uma enorme influência em todo o sistema de saúde e reforçam a sua dependência dos medicamentos.

O efeito placebo e o poder da esperança

Até que ponto o sucesso dos medicamentos realmente deve-se aos próprios medicamentos e até que ponto depende das crenças e expectativas das pessoas?

Nas pesquisas científicas e médicas, assim como no cotidiano, nossas crenças, desejos e expectativas podem influenciar, muitas vezes subconscientemente, a maneira como observamos e interpretamos as coisas.[18] Existem evidências experimentais esmagadoras de que as atitudes e expectativas dos cientistas podem influenciar o resultado dos experimentos.[19] Na psicologia experimental e nas pesquisas clínicas, esses princípios são amplamente reconhecidos; é por isso que esses experimentos são realizados de maneira "cega".

Na medicina, as expectativas dos pacientes também influenciam os resultados, e, para se precaver contra as expectativas dos participantes e dos pesquisadores, são empregados procedimentos duplos-cegos. Por exemplo, num típico estudo clínico duplo-cego de um medicamento, alguns pacientes, selecionados aleatoriamente, recebem comprimidos do medicamento que está sendo testado, enquanto outros recebem comprimidos iguais, porém de placebo, ou seja, farmacologicamente inertes. O objetivo desses estudos é descobrir se o novo medicamento é mais eficaz que o placebo. Somente se isso se confirmar é que ele poderá ser aprovado para comercialização como um tratamento eficaz. Nem os médicos nem os pacientes sabem quem está tomando o quê. Nesses experimentos, muitas vezes o placebo funciona de maneira semelhante ao medicamento testado, embora geralmente com menor intensidade.

Os maiores efeitos placebo tendem a ocorrer em estudos nos quais os pacientes e os médicos acreditam que um potente novo tratamento está sendo testado. Os comprimidos de placebo funcionam porque os pacientes que os tomam e os médicos que os administram acham que eles contêm o novo medicamento milagroso.[20] Se os pacientes e os médicos souberem quem está tomando o medicamento real e quem está tomando placebo, o efeito placebo será bastante reduzido. Nem os pacientes nem os médicos esperarão que o placebo faça muito efeito, e não fará.[21] Esse pode representar um grave problema mesmo nos estudos duplos-cegos. Se o medicamento testado tiver efeitos colaterais observáveis, tanto os pacientes como os médicos poderão descobrir quem está recebendo o quê, e, consequentemente, o placebo será menos eficaz, o que fará com que o medicamento real seja mais eficaz que o placebo.[22] Esses detalhes técnicos podem parecer maçantes, mas têm enormes consequências econômicas.

Por exemplo, em vários estudos clínicos, o efeito do antidepressivo Prozac foi ligeiramente maior do que o do placebo, e o medicamento foi aprovado para uso, gerando mais de US$ 2 bilhões em receita anual para o fabricante. Mas será que ele é realmente melhor que um placebo? Talvez não. Embora os estudos fossem duplos-cegos, o Prozac tem alguns efeitos colaterais bastante conhecidos, como náusea e insônia. Tanto os pacientes como os médicos podem ter percebido quem estava tomando Prozac e quem estava tomando placebo pela presença ou ausência desses efeitos colaterais. Isso se chama "quebra do caráter cego". Depois que alguns pacientes perceberam que estavam tomando o medicamento real e outros perceberam que estavam tomando placebo, o placebo teria sido menos eficaz e, consequentemente, o Prozac teria parecido mais eficaz. Num estudo em que perguntaram aos médicos e aos pacientes se eles tinham recebido o medicamento real ou o placebo, 80% dos pacientes e 87% dos médicos estavam certos, contra os 50% de acertos que se esperaria por puro acaso.[23]

Entretanto, em vários outros estudos clínicos o Prozac não foi mais eficaz que o placebo. Talvez porque, nesses estudos, os pacientes tinham menos experiência com antidepressivos e não eram capazes de reconhecer os efeitos colaterais. No entanto, o laboratório farmacêutico Eli Lilly não publicou os resultados dos estudos malsucedidos, que só foram revelados porque um pesquisador independente, Irving Kirsch, conseguiu obter os dados por meio da Lei de Liberdade de Informação (Freedom of Information Act, FOIA). Ele descobriu que, quando todos os dados foram computados, e não apenas os resultados positivos publicados pelos fabricantes, o Prozac e vários outros antidepressivos não foram mais eficazes que os placebos ou um medicamento fitoterápico, a erva-de-são-joão (*Hypericum perforatum*), que é muito mais barato.[24] Ironicamente, a supressão dos dados que mostravam que o Prozac não era melhor que o placebo provavelmente ajudou a aumentar a sua eficácia como medicamento de venda com receita, pois médicos e pacientes tiveram mais convicção na sua eficácia, aumentando o efeito placebo.

A avaliação cega começou a ser empregada no final do século XVIII como instrumento para detectar fraude. Os cientistas e médicos tradicionais inventaram essa metodologia para pôr em xeque o suposto charlatanismo da medicina alternativa.[25] Alguns dos primeiros experimentos desse tipo foram usados para avaliar o mesmerismo, e foram literalmente feitos com pessoas vendadas. Foram realizados na França, na casa de Benjamin Franklin, representante americano em Paris que chefiava uma comissão de investigação instituída pelo rei Luís XVI. Os homeopatas adotaram a avaliação cega em meados do século XIX, e os psicólogos e médicos pesquisadores, antes de 1900, para evitar que as crenças e expectativas dos sujeitos influenciassem suas respostas. Mas, na medicina tradicional, os métodos cegos raramente eram usados antes da década de 1930. Só depois da Segunda Guerra Mundial é que os estudos duplos-cegos passaram a ser a técnica tradicional empregada pelos pesquisadores da área médica para comparar medicamentos e placebos.

Embora a palavra "placebo" em geral evoque a imagem de um comprimido inerte feito de açúcar, qualquer tratamento que os pacientes acreditem que os farão melhorar pode produzir uma resposta ao placebo, até mesmo uma cirurgia simulada. Na década de 1950, muitos cirurgiões realizavam operações para aliviar a angina do paciente, forte dor no peito decorrente de falta de irrigação sanguínea para o músculo cardíaco. Nessa operação, eles faziam a ligadura de algumas das artérias que transportavam sangue para o coração. Em um estudo controlado por placebo, alguns pacientes foram submetidos apenas a uma cirurgia simulada, em que tiveram o tórax aberto e fechado novamente. Para sua grande surpresa, os médicos descobriram que a cirurgia simulada era quase tão eficaz quanto a cirurgia real. A simples crença de que tinham sido devidamente operados aliviava a dor no peito dos pacientes.[26]

Da mesma forma, a administração de solução salina muitas vezes produz curas, muito embora não tenha sido usado nenhum medicamento. Injeções de placebo são especialmente eficazes quando os pacientes creem firmemente em seus efeitos, como nas áreas rurais da África e da América Latina.[27] As injeções de placebo também produzem maiores respostas que comprimidos de placebo nos Estados Unidos, mas não na Europa.

As respostas ao placebo dependem dos significados que as pessoas atribuem às doenças e às curas,[28] e variam de uma cultura para outra, como revelaram as pesquisas da antropologia médica. Por exemplo, numa comparação de estudos clínicos em diversos países, os alemães apresentaram a taxa mais alta de cura de úlceras e a taxa mais baixa de cura de hipertensão por efeito placebo.[29] Uma possível razão para a resposta mais baixa ao placebo dos alemães nos estudos clínicos de hipertensão é a grande preocupação dos alemães com o coração e seus mecanismos. Embora os índices de doença cardíaca sejam os mesmos na Alemanha, na França e na Inglaterra, os alemães tomam seis vezes mais medicações cardíacas que seus vizinhos, e os médicos alemães são praticamente os únicos a receitar medicamentos para pressão *baixa*. O medo dos pacientes alemães de que a pressão arterial baixasse demais pode ter reduzido a resposta ao placebo nos estudos de medicamentos para baixar a pressão, comparado com os pacientes de outros países que não tinham essa preocupação.[30]

Durante muitos anos, a maior parte dos pesquisadores da área médica considerava a resposta ao placebo uma complicação incômoda nos estudos clínicos que acabava impedindo a descoberta de curas reais. Mas essa atitude está mudando. A resposta ao placebo mostra que as crenças e esperanças dos pacientes desempenham um papel importante no processo de cura.

A princípio, os defensores da medicina mecanicista menosprezavam os efeitos das terapias complementares e alternativas, considerando-os "meros" efeitos placebo. Mas as respostas ao placebo desempenham um papel importante também na medicina convencional. Como observaram Simon Singh e Edzard Ernst:

O impacto de um tratamento comprovadamente eficaz é sempre aumentado pelo efeito placebo. O tratamento não produzirá apenas o benefício convencional, mas também um benefício extra, pois o paciente espera que ele seja eficaz... Os melhores médicos exploram totalmente o impacto do efeito placebo, enquanto os piores só adicionam um pouquinho dos benefícios do efeito placebo aos seus tratamentos.[31]

Em 2009, ficou claro que as respostas ao placebo estavam aumentando — sobretudo nos Estados Unidos. Nos estudos clínicos, o número de medicamentos que se mostrava mais eficaz que os placebos era cada vez menor. Em outras palavras, um número cada vez maior de medicamentos não produzia bons resultados nos estudos clínicos, causando grandes problemas para os laboratórios farmacêuticos.

Por que as respostas ao placebo aumentaram nos Estados Unidos, mas não em outros países? Talvez porque os laboratórios farmacêuticos sejam vítimas do seu próprio sucesso. Em 1997, a publicidade de medicamentos direta ao consumidor foi legalizada nos Estados Unidos e, por conseguinte, os cidadãos americanos foram bombardeados com propagandas de remédios. Muitos desses comerciais faziam associações entre comprimidos e paz de espírito. A publicidade da indústria farmacêutica conseguiu aumentar as expectativas em relação aos novos medicamentos, aumentando a resposta ao placebo nos estudos clínicos e, consequentemente, reduzindo a diferença entre o placebo e o medicamento que estava sendo testado.[32]

Se o materialismo fosse uma base adequada para a medicina, não ocorreriam respostas ao placebo. O fato de ocorrerem mostra que crenças e esperanças podem ter efeitos positivos na saúde e na cura das pessoas. Por outro lado, desespero e desesperança podem ter efeitos negativos. Há inclusive um campo de pesquisas dedicado a esse assunto: a psiconeuroimunologia. Estresse, ansiedade e depressão suprimem a atividade do sistema imunológico e reduzem a sua capacidade de resistir a doenças e de inibir o crescimento de células cancerosas.[33] Portanto, pessoas ansiosas ou deprimidas têm maior propensão a adoecer ou desenvolver câncer.

As respostas ao placebo mostram que saúde e doença não são apenas uma questão de física e química, mas dependem também de esperanças, significados e crenças. Essas respostas são parte integrante do processo de cura.

Vesicação hipnótica e remoção de verrugas

Por meio de sugestão, é possível direcionar os pensamentos ou sentimentos de outra pessoa. Esse é um fato corriqueiro. Porém, "o poder da sugestão" pode produzir efeitos excepcionalmente fortes por hipnose. A natureza da hipnose tem sido discutida há décadas, mas não resta dúvida que existe e que produz ilusões visuais e outros efeitos subjetivos. Mas a hipnose pode afetar também o corpo.

Quando eu estudava em Cambridge, um dos meus professores de fisiologia, Fergus Campbell, fez uma demonstração dos poderes da hipnose num dos meus colegas. Campbell disse a ele que estava realizando um experimento científico sobre a resposta da pele ao calor e que iria encostar um cigarro aceso em seu braço. Na verdade, ele encostou a ponta chata de um lápis no braço dele. Logo depois, a pele naquele local ficou avermelhada e produziu uma bolha. Mais tarde, eu soube que muitos outros hipnotizadores tinham feito a mesma demonstração, que fora estudada, mas não explicada, por pesquisadores da área médica.[34]

Os nervos que controlam as arteríolas na pele medeiam essa resposta à queimadura. As pessoas não podem ativar esses nervos por vontade própria, uma vez que eles são controlados pelo sistema nervoso autônomo ou involuntário. Porém, a indução hipnótica de queimaduras mostra que a sugestão pode funcionar por meio do sistema nervoso autônomo. As funções que normalmente são involuntárias estão potencialmente sujeitas à influência mental.[35] Esse mesmo princípio é demonstrado também pelo treinamento de retroalimentação biológica (*biofeedback*). Por exemplo, as pessoas aprendem a aumentar o fluxo sanguíneo para as mãos prestando atenção à temperatura dos dedos; essas informações são transmitidas visual ou auditivamente, de modo que elas recebem *feedback* contínuo. Se a temperatura for indicada pela velocidade com que as pessoas ouvem cliques, a tarefa delas será acelerar os cliques. Sem saber como, a maioria das pessoas logo aprende a aumentar o fluxo sanguíneo para os dedos e, consequentemente, elevar a temperatura deles. Com a prática, elas conseguem fazer isso sozinhas sem o auxílio do equipamento.[36]

A hipnose também pode produzir "curas milagrosas", como no caso de um menino em Londres, na década de 1950, que nasceu com uma pele escura e espessa. À medida que ele cresceu, a maior parte do seu corpo ficou recoberta por uma crosta preta e áspera. Os médicos disseram que ele tinha ictiose congênita, ou "doença da escama de peixe". O menino foi submetido a diversos tratamentos nos melhores hospitais londrinos, mas que de nada adiantaram. Até mesmo um transplante de pele do tórax, que era normal, para suas mãos piorou ainda mais a situação: a pele escureceu e depois encolheu, enrijecendo seus dedos. Albert Mason, jovem médico que se interessava por hipnose, ouviu falar do caso e, sob o olhar de uma dezena de colegas céticos, colocou o garoto em transe hipnótico. Ele lhe disse: "Seu braço esquerdo vai clarear". E foi o que aconteceu. Cerca de cinco dias depois, a camada áspera da pele amoleceu e desprendeu-se. A pele de baixo logo ficou rosada e macia. Por meio de várias sessões de hipnose, Mason clareou outras partes do corpo do garoto, membro por membro.[37] No estudo de acompanhamento, três anos depois Mason e uma equipe de dermatologistas confirmaram "não apenas que não houvera recidiva, mas também que a pele continuava a apresentar melhora".[38]

As influências mentais geralmente são eficazes na cura de verrugas. As verrugas cutâneas são constituídas de tecidos anormais infectados por vírus. Os médicos convencionais costumam removê-las com bisturi, queimá-las com corrente elétrica, congelá-las com nitrogênio líquido ou dissolvê-las com ácido corrosivo. Esses métodos são grosseiros, às vezes dolorosos e muitas vezes ineficazes: em muitos casos as verrugas voltam, algumas vezes em diversos agrupamentos. No entanto, curas "milagrosas" podem funcionar com muito mais rapidez e eficácia. Algumas pessoas curam verrugas só de tocá-las. Outras o fazem aplicando plantas curativas. Outro método consiste em friccionar a verruga com uma batata e, depois, enterrar a batata sob uma árvore em determinada fase da lua. Algumas pessoas conseguem se livrar das verrugas vendendo-as para um dos irmãos. Em geral, alguns dias depois de um desses tratamentos a verruga cai, deixando a pele clara. Outras vezes, ela encolhe pouco a pouco e some em uma ou duas semanas.[39]

Existem muitos métodos "mágicos" para curar verrugas. Apesar de não terem efeitos diretos significativos sobre o vírus ou o tecido anormal, produzem curas rápidas e duradouras. O que esses métodos têm em comum é a crença. O dono da verruga espera que o método funcione, e geralmente funciona.[40]

Os efeitos do estilo de vida, das redes sociais e das práticas espirituais

Todo mundo concorda que os hábitos e estilos de vida afetam a saúde. O exemplo mais claro é o papel do tabagismo no câncer de pulmão. Até a década de 1950, a maioria das pessoas não sabia que o cigarro tinha efeitos nocivos. As pesquisas epidemiológicas que elucidaram os fatos foi uma das grandes conquistas da medicina moderna. Por exemplo, em 1953 foi iniciado um estudo em grande escala com médicos ingleses. Primeiro, o estudo documentou os hábitos de fumo dos médicos e, ao longo das décadas subsequentes, a taxa de mortalidade. Esse é um exemplo do que os pesquisadores chamam de estudo prospectivo, em oposição a retrospectivo, em que grupos identificados no começo do estudo são acompanhados ao longo do tempo. Esse estudo revelou que os médicos que fumavam mais de 25 cigarros por dia corriam um risco 25 vezes maior de morrer de câncer de pulmão do que os não fumantes.[41]

Com as campanhas antitabagistas, as restrições da publicidade de cigarros e a proibição de fumar em lugares públicos, houve uma queda na porcentagem de fumantes e uma redução na incidência de câncer de pulmão. No Reino Unido, a incidência de câncer de pulmão entre os homens atingiu o pico no final da década de 1970, e em 2011 havia caído mais de 45%. Estimulados por esse sucesso, a partir da década de 1980 os formuladores de políticas de saúde adotaram a "teoria social" da doença, inicialmente em relação às doenças cardíacas e, mais recentemente, em relação à epidemia de obesidade e aos problemas de saúde associados a ela. Esses formuladores de políticas têm chamado a atenção para a importância de uma alimentação saudável e da prática de exercício físico e, como consequência, algumas pessoas mudaram seu estilo de vida. Porém, muitas não fizeram isso.[42] Obviamente, muitos fatores influenciam essas tendências, como sedentarismo e consumo de alimentos altamente calóricos e sem nenhum valor nutritivo, bem como de bebidas adoçadas; e o problema da obesidade está aumentando em muitas outras partes do mundo. Calcula-se que mais de 1 bilhão de pessoas estejam acima do peso, inclusive mais de 300 milhões que são clinicamente obesas. Os apelos da comunidade médica e dos governos não conseguiram reverter essa tendência.

Os aspectos sociais e econômicos da medicina mostram que o modelo materialista que considera as pessoas como máquinas é excessivamente limitado. As motivações e atitudes das pessoas, os efeitos das redes sociais e a influência da publicidade não são forças físicas e químicas mensuráveis: elas agem por intermédio da mente. Muitas outras linhas de evidências mostram que a saúde é influenciada por fatores sociais, espirituais e emocionais. Por exemplo, em estudos realizados nos Estados Unidos, os homens que sofreram infarto do miocárdio tinham quatro vezes mais probabilidade de morrer nos três anos seguintes quando eram isolados socialmente. Homens e mulheres que haviam se submetido a cirurgias coronarianas tinham três vezes mais probabilidade de sobreviver por cinco anos quando eram casados ou tinham um amigo íntimo.[43] Outros estudos revelaram que o número de pessoas que sobreviviam a um infarto era maior entre as que tinham animais de estimação do que entre as que não tinham, e que pessoas idosas e de luto que tinham cães ou gatos gozavam de mais saúde e precisavam de menos medicação do que as que não tinham animais de estimação para lhes fazer companhia.[44]

Inúmeros estudos realizados nos Estados Unidos e em outros países demonstraram que pessoas religiosas, sobretudo aquelas que frequentam serviços religiosos, vivem significativamente mais, têm mais saúde e sofrem menos de depressão que pessoas sem fé religiosa. Esses efeitos foram observados em grupos de cristãos e não cristãos.[45] Alguns dos benefícios podem ser consequência do apoio da comunidade e de outros fatores sociais, mas as próprias práticas espirituais também podem ser importantes.

Os efeitos da oração e da meditação na saúde e na sobrevida foram investigados por meio de estudos prospectivos. Neles, pessoas que rezavam ou meditavam e pessoas que não rezavam nem meditavam, mas tinham outros pontos em comum, foram identificadas no início do estudo e observadas ao longo de anos para verificar se havia alguma diferença em relação à saúde ou à taxa de mortalidade. E houve. Em média, aquelas que rezavam ou meditavam permaneceram saudáveis mais tempo e viveram mais.[46] Por exemplo, num estudo realizado na Carolina do Norte, Estados Unidos, Harold Koenig e seus colegas acompanharam 1.793 sujeitos que tinham mais de 65 anos de idade e não apresentavam problemas de saúde no começo do estudo. Seis anos depois, a taxa de sobrevivência daqueles que rezavam era 66% maior do que a dos que não rezavam, após a diferença de idade entre os dois grupos ter sido corrigida (sem essa correção, a diferença foi de 73%). Em seguida, os pesquisadores analisaram os efeitos das "variáveis de confusão", termo científico para se referir a outros fatores que possam ter influenciado a sobrevivência, como acontecimentos estressantes, depressão, relações sociais e estilo de vida saudável. Mesmo após o controle dessas variáveis, aqueles que rezavam sobreviveram 55% mais. "Portanto, os sujeitos saudáveis que rezavam tinham quase dois terços a mais de probabilidade de sobreviver, e apenas uma pequena porcentagem desse efeito podia ser explicada com base em fatores mentais, sociais ou comportamentais."[47]

Se um novo medicamento ou procedimento cirúrgico tivesse efeitos tão extraordinários sobre a saúde e a sobrevivência quanto as práticas espirituais, ele seria aclamado como uma conquista revolucionária.

Mudanças na maneira de pensar

Num artigo publicado na revista *Nature*, em 2011, Michael Crow, reitor da Universidade Estadual do Arizona, propôs uma reforma radical dos Institutos Nacionais de Saúde dos Estados Unidos (NIH). A maior parte do orçamento anual de US$30 bilhões desses institutos é destinada à descoberta dos aspectos genéticos e moleculares das doenças, e não a análises do comportamento humano. Ele propôs enxugar a estrutura atual, substituindo os 27 institutos e centros por três novos institutos. Um deles analisaria questões fundamentais relacionadas à saúde humana, inclusive perspectivas sociológicas e comportamentais. Um segundo se dedicaria a pesquisas sobre resultados na área de saúde, definidos como melhoras mensuráveis na saúde da população:

> Esse instituto deverá basear-se em ciência comportamental, economia, tecnologia, comunicações e educação, bem como em pesquisas fundamentais na área biomédica... Se o objetivo for reduzir os níveis nacionais de obesidade — atualmente cerca de 30% da população americana é obesa — para menos de 10% ou 15%, por exemplo, os líderes do projeto avaliariam o progresso em relação a essa meta, e não em relação a algum marco

científico, como a descoberta de uma causa genética ou microbiana da obesidade.[48]

O terceiro instituto se dedicaria a uma transformação na área da saúde: "Em vez de ser recompensado por maximizar a produção de conhecimentos, esse instituto receberia verbas com base no seu êxito na promoção de melhoras com boa relação custo-benefício na área de saúde pública".[49]

Obviamente, as tentativas de mudar o comportamento das pessoas gerarão muitas controvérsias políticas e baterão de frente com poderosos interesses financeiros, como os dos setores de alimentação e bebidas. Mas os problemas de saúde pública não serão solucionados apenas por meio de medicamentos e cirurgias, e os custos médicos relacionados com a obesidade, estimados em cerca de US$160 bilhões por ano nos Estados Unidos, deverão dobrar até 2020.[50]

Mudanças semelhantes no modo de pensar estão ocorrendo em outros países. Em 2010, o governo do Reino Unido publicou um relatório oficial sobre política de saúde, um documento intitulado *Healthy Lives, Healthy People* [Vida Saudável, Pessoas Saudáveis] que destacava os fatores sociais que afetam a saúde e a doença. Assim como nos Estados Unidos, as questões econômicas estavam em primeiro plano, sobretudo em relação aos aspectos aparentemente voluntários da saúde e da doença. O Ministro da Saúde, Andrew Lansley, escreveu no prefácio:

Temos de ser corajosos, pois muitos dos problemas atuais de saúde causados pelo estilo de vida já atingiram níveis alarmantes. Hoje, a Inglaterra é a nação mais obesa da Europa. Temos os maiores índices de doenças sexualmente transmissíveis, uma população relativamente grande de usuários de drogas e níveis crescentes de danos causados pelo álcool. O tabagismo mata mais de 80 mil pessoas por ano. Segundo os especialistas, se enfrentarmos o problema de saúde mental poderemos reduzir o ônus das doenças em quase um quarto... Precisamos de uma nova abordagem que permita aos indivíduos fazer escolhas mais saudáveis.[51]

O fato de administradores influentes e ministros de governo estarem propondo reformas radicais é sinal de uma nova atitude em relação à saúde e à doença, uma mudança do foco em medicamentos e cirurgias para um modelo social que leva em conta o comportamento e as motivações das pessoas, bem como os fatores econômicos e motivacionais que fogem ao escopo da velha medicina mecanicista.

Terapias complementares e alternativas

Um dos paradoxos da medicina moderna é que, a despeito de seus grandes triunfos e êxitos, a partir da década de 1980 as terapias alternativas, que antes só interessavam a uma pequena minoria e eram consideradas fraudulentas por muitos, passaram a desfrutar de enorme popularidade. Em parte, isso se deve ao fato de muitos terapeutas alternativos passarem mais tempo com seus pacientes e terem um maior interesse por eles que os médicos ortodoxos, que trabalham sob maior pressão de tempo. Outra razão é que a preocupação dos médicos com medicamentos levou-os a desprezar os remédios mais simples e mais tradicionais e a rejeitar qualquer coisa que não se encaixe na concepção mecanicista da doença. Por exemplo, como salientou James Le Fanu em relação ao problema de articulações, músculos e ossos:

> Após a descoberta da cortisona e de outros agentes anti-inflamatórios, os reumatologistas passaram a empregar vários esquemas farmacológicos tóxicos na esperança de que os benefícios possam superar os efeitos colaterais às vezes graves. Enquanto isso, todas as outras terapias para doenças reumatológicas — como massagem, manipulação e orientação alimentar — foram abandonadas literalmente por atacado e "redescobertas" por terapeutas alternativos na década de 1980.[52]

Existem diversas terapias alternativas e complementares. Algumas, como homeopatia, naturopatia e quiropraxia, surgiram no século XIX em oposição à prática da medicina ortodoxa, que muitas vezes era nociva; entre os procedimentos tradicionais estava a sangria de pacientes por meio de incisões ou sanguessugas. Depois, vieram vários casos de cura pelo poder da mente ou pelo poder da fé, inclusive curas milagrosas em santuários católicos, como a Gruta de Lourdes; curas pela fé por evangelistas protestantes; e a Ciência Cristã, igreja fundada nos Estados Unidos por Mary Baker Eddy (1821-1910), que pregava que doença, lesão, dor e até mesmo a morte eram ilusões de mentes que estavam em desarmonia com Deus. Em resposta, os médicos tradicionais muitas vezes se opunham a esses sistemas rivais e os denunciavam como charlatanismo perigoso.[53] Além do grande número de terapias alternativas desenvolvidas no Ocidente, hoje em dia muitos terapeutas praticam sistemas tradicionais de outras partes do mundo, como rituais xamanísticos de cura, a medicina ayurvédica da Índia e a medicina tradicional chinesa, como acupuntura.

A maioria dessas práticas alternativas baseia-se em sistemas de pensamento não materialistas e, portanto, os materialistas dogmáticos as consideram supersticiosas ou fraudulentas. No entanto, todos esses sistemas alegam ter curado pessoas. Alguns obtiveram níveis extraordinários de sucesso em estudos clínicos, o que indica que "realmente" funcionam. Por exemplo, em 2003, a Organização Mundial da Saúde publicou uma revisão de 293 estudos clínicos controlados sobre acupuntura e chegou à conclusão de que esse método de tratamento era eficaz para diversas doenças, como enjoos matinais e acidente vascular cerebral (AVC).[54] Inevitavelmente, essas evidências geraram polêmica. Para aqueles que não acreditavam que a acupuntura produzisse efeitos reais, essas evidências *deviam* estar erradas. Por exemplo, os críticos achavam que todos os estudos sobre acupuntura realizados na China deveriam ser excluídos, pois os resultados eram positivos demais.[55] No entanto, revisões importantes de estudos realizados fora da China também revelaram os efeitos benéficos da acupuntura, por exemplo, no alívio da dor e no tratamento de náusea.[56] Mas as discussões continuam, pois é impossível realizar estudos duplos-cegos de acupuntura. O acupunturista tem de saber se vai aplicar acupuntura "placebo" com agulhas falsas.

Porém, todo mundo admite que as terapias alternativas podem funcionar como placebo. E, como as próprias respostas ao placebo realmente funcionam, fica a dúvida se algumas terapias funcionam melhor que outras, mesmo que na verdade sejam placebos. Algumas podem produzir maiores respostas ao placebo e, portanto, têm maior poder de cura.

Medicina baseada em evidências e pesquisas comparativas de eficácia

De modo geral, parte-se do princípio de que o único tipo de estudo clínico com validade científica é o estudo aleatorizado, duplo-cego e controlado por placebo, considerado "critério de referência". Esses estudos realmente ajudam a distinguir os efeitos de um tratamento dos efeitos de um placebo, mas não fornecem as informações que muitos pacientes e organizações de saúde precisam. Por exemplo, se eu sofro de lombalgia, não quero saber se o medicamento X funciona melhor que um placebo para aliviar esse problema, mas sim que tipo de tratamento devo escolher entre as diversas terapias disponíveis, tradicionais e alternativas: fisioterapia, medicamentos receitados pelo médico, acupuntura, osteopatia ou alguma outra.

A melhor maneira de responder a essa pergunta é comparando os resultados de diversos tipos de tratamento e fazendo o estudo da maneira mais justa possível e em condições de igualdade. A pergunta seria puramente pragmática: o que funciona? Por exemplo, números iguais de portadores de dor lombar poderiam ser designados aleatoriamente para receber diversos métodos de tratamento, como fisioterapia, osteopatia, quiropraxia, acupuntura e quaisquer outros métodos terapêuticos que afirmam ser capazes de tratar esse problema; haveria também um grupo que não receberia tratamento algum, sendo colocados em uma lista de espera. Dentro de cada grupo de tratamento haveria diversos terapeutas, de modo que não apenas os métodos seriam comparados, mas também a variabilidade entre terapeutas de qualquer método em particular.

Os resultados de todos os pacientes seriam avaliados da mesma maneira em intervalos regulares após o tratamento. Os critérios de avaliação seriam previamente definidos junto com os terapeutas que fazem parte do estudo. Os dados seriam, então, analisados estatisticamente para se descobrir:

1. Que tratamento funcionou melhor, se é que algum funcionou.
2. Que métodos de tratamento apresentaram a maior variabilidade entre os terapeutas.
3. Que métodos apresentaram a melhor relação custo-benefício.

Essas informações seriam de grande valia para os pacientes e também para os provedores de saúde, como o Serviço Nacional de Saúde do Reino Unido. Uma abordagem semelhante poderia ser adotada para diversas outras doenças comuns, como enxaqueca e herpes labial. Esse tipo de pesquisa, também chamada de Pesquisa Comparativa de Eficácia, é relativamente simples e barata.

Imagine, por exemplo, que a homeopatia tenha sido o melhor tratamento para herpes labial. Os céticos alegariam que isso só ocorreu porque a homeopatia teve um efeito placebo mais forte que os outros tratamentos. Mas, se a homeopatia realmente produzisse uma resposta mais forte ao placebo, então essa seria uma vantagem, e não uma desvantagem. A homeopatia realmente funcionaria, e o tratamento provavelmente seria mais barato.

Pesquisas de resultados desse tipo já são empregadas pela medicina, de forma limitada, especialmente no caso de transtornos mentais, como depressão e esquizofrenia. Embora muitos psiquiatras e a indústria farmacêutica acreditem que os modernos medicamentos antidepressivos e antipsicóticos "curem" os desequilíbrios químicos cerebrais, outros alegam que esses medicamentos funcionam porque são psicoativos, e não curas específicas; eles alteram o estado mental, e um de seus efeitos é suprimir as emoções e a atividade intelectual.[57] Os medicamentos são úteis, mas não são curas químicas. Por outro lado, a psicoterapia tem efeitos mais duradouros, combinada ou não com medicamentos. Já foram realizados centenas de estudos de resultados sobre tratamento de depressão com psicoterapia, e não com medicamentos, e os resultados são claros. Irving Kirsch resumiu-os da seguinte maneira:

A psicoterapia é eficaz no tratamento de depressão, e seus benefícios são substanciais. Em estudos que comparam os efeitos no curto prazo da psicoterapia e dos antidepressivos, a psicoterapia mostra-se tão eficaz quanto a medicação. Isso ocorre independentemente do grau de depressão inicial do paciente... A psicoterapia parece ainda melhor quando sua eficácia no longo prazo é avaliada. Os pacientes que tiveram depressão têm muito mais probabilidade de apresentar recidiva depois do tratamento com antidepressivos do que após psicoterapia.[58]

Teria sido impossível chegar a essas importantes conclusões se a eficácia de diferentes tipos de tratamento não tivesse sido comparada. Jamais se poderia chegar a elas por meio de pesquisas que se concentrassem apenas em estudos clínicos de medicamentos realizados com controle por placebo.

Um dos problemas da medicina mecanicista é a sua "visão bitolada" e a sua obsessão por métodos químicos e cirúrgicos com exclusão de todos os outros. Durante décadas, a visão de mundo materialista influenciou o ensino das faculdades de medicina, distorceu o financiamento das pesquisas médicas e moldou as políticas dos serviços nacionais de saúde e dos planos de saúde privados. Enquanto isso, a medicina ficou ainda mais cara.

As pesquisas comparativas de eficácia poderiam levar a um sistema médico genuinamente baseado em evidências que incluiria, em vez de excluir, terapias que não se encaixam no sistema de crenças materialistas.

Fantasias de imortalidade

A maioria das pessoas, assim como a maioria dos médicos, é pragmática, mas há uma diferença entre as expectativas realistas em relação ao que a ciência e a medicina podem fazer e o sonho de imortalidade física. A meta suprema daqueles que transformaram o progresso da ciência num tipo de religião é a conquista científica da morte. Os alquimistas não conseguiram descobrir o lendário elixir da vida eterna ou da juventude eterna, mas os maiores entusiastas da salvação científica da humanidade acreditam que a própria ciência permitirá que alguns seres humanos vivam para sempre.

A ideia de imortalidade física era bastante difundida nos primeiros anos da União Soviética, pois alguns dos intelectuais mais visionários eram obcecados com a ideia de "construção de Deus". Por meio da ciência, a humanidade se tornaria onipotente. O homem seria semelhante a Deus e aboliria a morte física.[59] Um desses chamados "construtores de Deus" era Leonid Krasin (1870--1926), que ocupou o cargo de Comissário do Povo para o Comércio Exterior no governo de Lênin. Em 1921, três anos antes da morte de Lênin, ele afirmou que "Chegará o dia em que a humanidade, usando todo o poder da ciência e da tecnologia... será capaz de ressuscitar grandes personagens da história".[60]

Quando Lênin morreu, ele foi embalsamado e depois congelado, com o uso de um sistema idealizado por Krasin. Uma comissão oficial, chamada "Comissão de Imortalização", supervisionou a construção do mausoléu de Lênin, que se tornou um local de peregrinação dos comunistas, assim como os santuários de santos foram locais de peregrinação dos cristãos. Mas, apesar de todos os esforços de Krasin, o corpo de Lênin se decompôs.

Atualmente, várias empresas americanas oferecem sistemas mais avançados de refrigeração para a mesma finalidade. Em 2011, o preço da preservação do corpo inteiro em nitrogênio líquido girava em torno de US$150 mil. A "neuropreservação" era mais barata: cabeças decepadas eram congeladas por cerca de US$90 mil.[61] Seis empresas oferecem esse serviço, e dezenas de americanos já estão congelados e aguardando a ressurreição.

O congelamento é apenas um "quebra-galho", e algumas pessoas esperam que em breve a própria morte seja sobrepujada. Em 2009, o futurista Ray Kurzweil afirmou que, em apenas vinte anos, os seres humanos seriam imortais, graças às nanotecnologias e aos nanorrobôs, ou "nanobots", que permitiriam a substituição de órgãos vitais:

Eu e muitos outros cientistas acreditamos que daqui a uns 20 anos poderemos reprogramar o arcaico *software* do nosso corpo para que possamos deter e reverter o envelhecimento. A nanotecnologia nos permitirá viver para sempre. No futuro, nanorrobôs substituirão as células sanguíneas e farão o seu trabalho com uma eficiência milhares de vezes maior. Dentro de 25 anos, seremos capazes de correr por 15 minutos sem respirar ou mergulhar por quatro horas sem oxigênio... Se quisermos passar para o modo de realidade virtual, os nanorrobôs desligarão os nossos sinais cerebrais e nos levarão para onde quisermos. O sexo virtual será corriqueiro.[62]

Enquanto isso, para retardar o processo de envelhecimento de modo que possa sobreviver tempo suficiente para se beneficiar desses avanços, Kurzweil toma 250 cápsulas de suplementos por dia.[63] Mas, a menos que seus sonhos se transformem em realidade, todos nós teremos de morrer de alguma coisa, e quanto mais tempo a morte for adiada, mais cara será a nossa vida e mais tratamentos médicos exigirá.

A maioria dos médicos tem uma visão pragmática de suas capacidades e admite que o poder da medicina tem limites. A conquista de uma doença, ou pelo menos a sua diminuição, deverá inevitavelmente aumentar a taxa de mortalidade de outras doenças. Se todas as doenças cardíacas pudessem ser evitadas ou curadas, a taxa de mortalidade de câncer subiria. Se todos os tipos de câncer pudessem ser curados, a taxa de mortalidade de outras causas aumentaria. E à medida que novas técnicas e novos medicamentos ficam cada vez mais caros, e um número cada vez maior de pessoas chega à velhice, os custos do tratamento estão ficando cada vez mais inacessíveis, mesmo nos países mais ricos.

Maneiras de morrer

Os cirurgiões podem operar pacientes com câncer de pulmão, mas não podem fazer as pessoas pararem de fumar e aumentar a sua probabilidade de contrair câncer de pulmão. Podem operar pessoas idosas para substituir órgãos deficientes, mas essas cirurgias ficam cada vez mais arriscadas e mais caras, além de proporcionar uma sobrevida muito limitada. Nos Estados Unidos, aproximadamente 30% do orçamento do Medicare, programa que cobre as despesas de saúde dos cidadãos com mais de 65 anos de idade, é gasto nos últimos anos de vida dos pacientes, e 78% desse montante é desembolsado no último mês de vida.[64]

Um estudo custeado pelo Instituto Nacional de Câncer dos Estados Unidos comparou formas alternativas de tratar portadores de câncer avançado. Alguns foram tratados da maneira tradicional, sem que lhes fosse perguntado suas preferências. Outros tiveram uma conversa sobre "o fim da vida" com seus médicos, em que uma das perguntas era: "Se você pudesse escolher, preferiria (1) um curso de tratamento que se concentrasse em prolongar o máximo possível a sua vida, mesmo que isso significasse mais dor e desconforto ou (2) um plano de tratamento que se concentrasse em aliviar a dor e o desconforto pelo maior tempo possível, mesmo que isso significasse não viver tanto? Muitos pacientes preferiram a segunda opção: eles não queriam morrer em um respirador artificial na unidade de terapia intensiva. "Os custos com tratamento dos pacientes que puderam fazer essa escolha foram significativamente mais baixos na última semana de vida. Custos mais altos foram associados com pior qualidade de morte".[65] Em outro estudo, portadores de câncer pulmonar metastático que receberam cuidados paliativos logo após o diagnóstico disseram que tinham melhor qualidade de vida e que sofriam menos de depressão e, em média, realmente sobreviveram mais tempo do que os que receberam terapia antineoplásica agressiva.[66]

Hospitais para doentes terminais e cuidados paliativos representam uma maneira muito diferente de lidar com a morte. O objetivo dos cuidados paliativos é aliviar a dor e evitar o sofrimento. Em vez de encarar a doença terminal como uma crise médica que requer intervenções extremas, os pacientes são tratados de uma maneira que os ajuda a se preparar para a morte, emocional, social e espiritualmente, bem como fisicamente.

Que diferença isso faz?

Atualmente, temos um sistema de saúde patrocinado pelo Estado que é caro, restritivo e fortemente influenciado por poderosas corporações farmacêuticas, cuja principal preocupação é obter grandes lucros. Esse sistema tem obtido um sucesso espetacular, mas a maior parte dos seus avanços é anterior à década de 1980. O ritmo de inovação está diminuindo, e a maioria das promessas da medicina genética e da biotecnologia ainda não foram cumpridas. Enquanto isso, os custos dos tratamentos e das pesquisas estão aumentando.

Se o monopólio do materialismo patrocinado pelo Estado fosse reduzido, as pesquisas clínicas e científicas poderiam analisar o papel que as crenças, a fé, as esperanças, os temores e as influências sociais desempenham na saúde e na cura. As terapias poderiam ser comparadas com base na sua eficácia, e, com a ajuda de profissionais bem informados, as pessoas escolheriam aquelas que poderiam funcionar melhor para elas. Os programas de alimentação, exercícios e medicina preventiva também seriam comparados com base na sua eficácia. A natureza das respostas ao placebo e o poder da mente se tornariam campos de pesquisa válidos, assim como os efeitos da oração e da meditação.

Com um sistema de saúde integrativo, as pessoas teriam uma vida mais saudável. Médicos e pacientes teriam mais consciência da capacidade inata de cura do corpo e reconheceriam a importância da esperança e da fé. Muitas pessoas poderiam ser consultadas sobre a maneira como elas preferem morrer: em casa, num hospital para doentes terminais ou sob cuidados intensivos.

Uma abordagem integrativa à medicina se beneficiaria dos enormes avanços alcançados nos últimos dois séculos e os incluiria em um tipo mais abrangente de medicina que seria mais eficaz e mais barata.

Perguntas para os materialistas

Alguma vez você consultou um terapeuta alternativo? Se não consultou, pensaria na possibilidade de fazê-lo?

Como você explica a resposta ao placebo?

Como você acha que os governos e planos de saúde deveriam lidar com os custos cada vez mais altos da medicina?

Você acha que os governos deveriam financiar pesquisas comparativas de eficácia sobre diferentes tipos de terapia, inclusive terapias alternativas?

RESUMO

A medicina moderna tem sido extremamente bem-sucedida. Juntamente com programas de imunização e medidas de saúde pública, ela reduziu a mortalidade infantil, transformou vidas humanas e aumentou a expectativa de vida. Seu foco nos aspectos físicos e químicos do corpo humano produziu grandes avanços em medicamentos e técnicas cirúrgicas. Porém, devido aos seus preconceitos materialistas, ela ignora o máximo possível as influências mentais. As esperanças e expectativas das pessoas afetam a sua recuperação de uma doença, lesão ou cirurgia, como revelaram as respostas ao placebo. O poder da crença também é mostrado pela indução hipnótica de bolhas ou por curas "mágicas" de verrugas. Por outro lado, sentimentos de desespero e desesperança podem suprimir a atividade do sistema imunológico, reduzindo as taxas de recuperação de lesões e cirurgias. Em média, pessoas que tiveram infarto sobrevivem melhor quando são casadas, têm uma grande amizade ou um animal de estimação. As pessoas que frequentam cultos religiosos geralmente têm mais saúde e vivem mais do que as que não frequentam. Portanto, muitos fatores psicológicos, emocionais, sociais e espirituais influenciam a saúde e a doença, assim como a alimentação e o estilo de vida. A "pandemia de obesidade" e os custos crescentes dos tratamentos de saúde estão forçando mudanças nas políticas governamentais, mas apelos e orientação pouco podem fazer para mudar a motivação e a conduta das pessoas. Terapias alternativas e complementares curam alguns pacientes parte do tempo, e nem todos os seus efeitos podem ser atribuídos apenas às respostas ao placebo. Pesquisas comparativas de eficácia representam uma maneira de descobrir o que funciona melhor. Todos os tratamentos médicos envolvem respostas ao placebo, mas alguns podem produzir mais do que outros. Quando as pessoas estão próximas da morte, as tentativas heroicas de mantê-las vivas por meio de intervenções cirúrgicas de emergência são caras e muitas vezes inapropriadas. Se pudessem escolher, muitas delas prefeririam receber tratamento paliativo e também ficar num hospital para doentes terminais do que num hospital comum, mesmo que possam morrer mais cedo. Um sistema de saúde abrangente e integrativo provavelmente seria mais barato e mais eficaz do que um sistema exclusivamente mecanicista.

11

Ilusões de objetividade

Para aqueles que idealizam a ciência, os cientistas são o epítome da objetividade, elevando-se acima das divisões sectárias e ilusões que afligem o restante da humanidade. As mentes científicas estão livres das limitações normais do corpo, das emoções e das obrigações sociais, e podem viajar para além da esfera terrena dos sentidos e ver toda a natureza como se estivessem de fora, destituídas de qualidades subjetivas. Elas têm um conhecimento matemático divino dos vastos confins do espaço e do tempo, e até mesmo de incontáveis universos além do nosso próprio. Ao contrário da religião, mergulhada em conflitos e discussões intermináveis, a ciência oferece uma verdadeira compreensão da natureza material, a única realidade que existe. Os cientistas constituem um sacerdócio superior aos sacerdócios das religiões, que mantêm seu prestígio e poder explorando a ignorância e o medo do ser humano. Os cientistas estão na vanguarda do progresso humano, levando a humanidade adiante, rumo a um mundo melhor.

A maioria dos cientistas não tem consciência dos mitos, das alegorias e pressuposições que moldam seus papéis sociais e seu poder político. Essas crenças são implícitas, e não explícitas. Mas são mais poderosas por serem tão habituais. Como são inconscientes, não podem ser questionadas; e, na medida em que são coletivas, compartilhadas pela comunidade científica, não há estímulo para questioná-las.

Ao longo deste livro, mostrei que a filosofia materialista ou "visão científica do mundo" não é uma visão objetiva e inegável. Trata-se de um sistema de crenças questionável suplantado pelo desenvolvimento da própria ciência. Neste capítulo, eu analiso os mitos do conhecimento desvinculado do corpo e da objetividade científica, bem como as maneiras como eles conflitam com o fato óbvio de que os cientistas são seres humanos. A ciência é uma atividade humana. A pressuposição de que a ciência é singularmente objetiva não apenas distorce a percepção pública a respeito dos cientistas como afeta a percepção dos próprios cientistas. A ilusão de objetividade os torna propensos a enganar os outros e a si mesmos e choca-se com o nobre ideal de buscar a verdade.

Jornadas xamanísticas e mentes separadas do corpo

Desde o início, a capacidade de persuasão da ciência dependia não apenas de cálculos quantitativos, razão e poder, mas também do uso da imaginação. Ninguém ilustrou esse fato com mais clareza que Johannes Kepler em seu excepcional livro *Somnium, sive astronomia lunaris*, que significa "Sonho ou astronomia lunar", escrito em 1609. Segundo o autor, o objetivo do livro era "formular, por meio do exemplo da lua, um argumento para o movimento da Terra".[1] Um dos maiores problemas enfrentados por Kepler e outros defensores da ideia de que a Terra girava em torno do sol — em outras palavras, o sistema copernicano de astronomia — era que a Terra parece imóvel e realmente vemos o sol girando ao seu redor.

No livro, Kepler narrou uma jornada à lua e descreveu o universo visto da sua superfície. "Para seus habitantes, a lua parece imóvel, enquanto as estrelas giram ao seu redor, assim como a Terra nos parece imóvel."[2] Seu viajante viu a Terra flutuando no espaço e girando sobre o próprio eixo. Dessa maneira, imaginando uma viagem à lua, ele tornou imaginável a nova astronomia. Essa concepção foi corporificada em globos. Todo mundo que olha um globo numa aula de geografia pode passar pela experiência de ver a Terra de um ponto de vista externo, o que nenhum ser humano tinha realmente feito antes que o primeiro astronauta observasse a Terra do espaço. Mas o ponto de vista extraterrestre é muito anterior à revolução copernicana. No século III a.C. os astrônomos gregos já tinham concluído que a Terra era esférica e faziam globos.[3] A característica inédita da concepção de Kepler não foi visualizar a Terra de fora, mas vê-la girando.

O observador de Kepler conseguiu ir para a Lua porque era um espírito fora do corpo, um demônio que viajou para lá por força de vontade, levando consigo seres humanos acostumados a voar, principalmente "velhas encarquilhadas que desde a infância percorriam grandes distâncias na Terra durante a noite com suas capas surradas e montadas em bodes ou forcados".[4] Na história de Kepler, o narrador foi apresentado ao demônio por uma sábia que colhia ervas nas escarpas do vulcão Hekla, na Islândia, de onde os viajantes partiram em direção à lua durante um eclipse lunar, viajando na sombra da Terra para evitar os abrasadores raios solares.

Essa história causou grandes problemas para Kepler. Na época que ele estava escrevendo o livro, as bruxarias eram levadas muito a sério e, em geral, acreditava-se que as bruxas podiam voar como espíritos. Na verdade, foi essa crença que fez Kepler pensar que esse seria um dispositivo literário persuasivo. Em sua cidade natal na Alemanha, Leonberg, várias mulheres tinham acabado de ser queimadas como bruxas quando vazou a notícia do livro ainda não publicado. Sua mãe, Katherina, foi acusada de bruxaria e presa, e Kepler passou vários anos impedindo que ela fosse executada.[5]

A ideia de mente separada do corpo logo se tornou uma característica importante da ciência mecanicista. René Descartes, no livro *Meditações* (1641), assumiu como primeiro princípio filosófico "Penso, logo existo" e imediatamente inferiu que essa mente pensante estava separada do corpo.

Com isso, eu soube que era uma substância cuja única essência ou natureza é pensar, e que para existir não necessita de nenhum lugar nem depende de nada material. Consequentemente, esse "eu" — isto é, a alma por meio da qual sou o que sou — é inteiramente distinta do corpo, e até mais fácil de conhecer que o corpo, e não deixaria de ser o que é mesmo que o corpo não existisse.[6]

Sua mente era divina e imortal. Ele podia conhecer as leis da natureza por meio da razão e participar da mente matemática de Deus. Em compensação, seu corpo era material e, assim como todas as outras matérias, inconsciente e mecânico.

A ciência tornou-se uma visão a partir de lugar nenhum. A mente dos cientistas estava, de alguma maneira, desvinculada do corpo. É por isso que Stephen Hawking é uma figura tão icônica no imaginário popular. Por meio do infortúnio da sua doença, ele é tão próximo de uma mente desvinculada do corpo quanto um ser humano pode ser. Segundo uma citação na capa da revista *Time* sobre seu *best-seller Uma Breve História do Tempo* (1988): "Mesmo quando ele está desvalidamente sentado em sua cadeira de rodas, sua mente parece voar ainda mais alto pela vastidão do espaço e do tempo para desvendar os segredos do universo". Ao mesmo tempo, essa imagem de mente separada do corpo remonta às jornadas visionárias dos xamãs, cujo espírito podia viajar para o mundo inferior, ou submundo, na forma de animal ou voar para o firmamento como uma ave. Assim como o espírito dos xamãs, a mente do cientista pode viajar até o céu; ele pode olhar para trás e observar a Terra, o sistema solar, a nossa galáxia e até mesmo todo o universo. Pode também viajar na outra direção, para o domínio do muito pequeno, entrando nos recessos mais diminutos da matéria.

Os experimentos mentais representaram uma parte importante na ciência, mais notavelmente quando Albert Einstein imaginou-se correndo lado a lado com uma onda luminosa. Ele percebeu que, se a mente separada do corpo viajasse à velocidade da luz, a luz pareceria imóvel e o tempo não transcorreria. Essa experiência imaginária o preocupou durante anos; ele começou a pensar nela em 1896, aos 16 anos de idade, e ela desempenhou um papel fundamental no desenvolvimento da teoria da relatividade.[7]

Embora apenas cientistas excepcionais pudessem usar a imaginação como Kepler e Einstein, o conhecimento objetivo e desvinculado do corpo era um ideal que distinguia a ciência de outras formas de conhecimento humano. Para enfatizar o *status* especial da ciência, os cientistas adotaram um estilo peculiar de escrever que se tornou popular no final do século XIX e ainda é encontrado em muitos artigos científicos. Eles escreviam na voz passiva, como se fossem observadores desapaixonados e desvinculados do corpo, perante os quais os eventos se desenrolavam espontaneamente. Em vez de dizer "Peguei o tubo de ensaio", eles escreviam "Pegou-se um tubo de ensaio". Em vez de observar que..., "Foi observado que..." Em vez de alguém pensar sobre os resultados, "Considerou-se que..."

No século XIX, os materialistas acreditavam que a física era capaz de definir claramente a matéria, deixando a mente totalmente fora de cena, mas com o desenvolvimento da teoria quântica, a partir da década de 1920, essa pressuposição passou a ser insustentável. Observações exigem observadores, e o modo como os experimentos são feitos afeta os resultados produzidos. Isso é óbvio, mas, até o desenvolvimento da teoria quântica, os físicos tentavam fingir que não estavam envolvidos em seus próprios experimentos. Como disse o físico Bernard d'Espagnat em 1976, na segunda parte do século XIX:

Os físicos achavam que eram capazes de definir matéria (como uma coleção de átomos mais os campos) e acreditavam que podiam formular sua ciência sem nenhuma referência, nem mesmo uma referência implícita, aos estados de consciência dos observadores. Consequentemente, os pensadores daquela época acreditavam legitimamente que a "matéria", assim definida, era realmente a única realidade primeira. Hoje em dia, porém, a situação é completamente diferente... Os princípios da própria física passaram por tal evolução que não podem nem mesmo ser formulados sem referência (embora em alguns casos apenas implicitamente) às impressões — e, portanto, à mente — dos observadores. Portanto, o materialismo está predestinado a mudar.[8]

No entanto, os físicos e outros cientistas continuaram a usar a voz passiva em seus trabalhos. As coisas estão mudando, como analiso a seguir, mas na imagem popular da ciência, e em grande parte do ensino da ciência, a voz passiva ainda é empregada para manter a ilusão de objetividade desvinculada do corpo.

A alegoria da caverna

Na famosa alegoria da caverna de Platão, os prisioneiros estão acorrentados à parede e veem apenas sombras confusas projetadas nela. Eles estão sujeitos a todos os tipos de opinião, ilusão e conflito. O filósofo é como um prisioneiro que se liberta da caverna e vê a realidade como ela realmente é.

Como Bruno Latour, sociólogo da ciência, observou em seu livro *The Politics of Nature* (2009), essa alegoria trouxe vida nova à ciência. Para Platão, a alegoria da caverna implicava uma jornada além dos domínios do corpo e dos sentidos para os domínios das Ideias imateriais. Mas seu significado foi "sequestrado". Para os materialistas, a realidade objetiva não é o domínio das Ideias, mas sim matéria matematicizada. Na moderna versão dessa alegoria, os cientistas podem sair da caverna, observar a realidade como ela é, voltar para dentro da caverna e transmitir alguns desses conhecimentos ao resto da humanidade, confundida por subjetividades conflitantes. Só os cientistas podem enxergar a realidade e a verdade. "O Filósofo, e mais tarde o Cientista, têm de se libertar da tirania da dimensão social, da vida pública, da política, dos sentimentos subjetivos, da agitação popular — em suma, da Caverna escura — se quiserem aceder à realidade." Dentro da caverna, o restante da humanidade está trancado na dimensão do multiculturalismo, do conflito e da política. Nas palavras de Latour:

> Com a alegoria da Caverna é possível criar de uma vez só certa ideia de ciência e certa ideia do mundo social que realçará a ciência... Os contrários acabaram sendo combinados em uma figura única e heroica, a do Filósofo-Cientista, ao mesmo tempo Legislador e Salvador. Embora o mundo da verdade difira de forma absoluta, mas não relativa, do mundo social, o Cientista sempre pode passar de um mundo para o outro: a passagem, fechada a todos os demais, está aberta apenas para ele... No mito original, como o conhecemos, só com grande dificuldade o Filósofo conseguiu soltar os grilhões que o prendiam ao mundo de sombras... Hoje, bons orçamentos, grandes laboratórios, negócios imensos e equipamentos potentes permitem que os pesquisadores transitem em completa segurança entre o mundo social e o mundo das Ideias, e das Ideias para a caverna escura onde entram para trazer a luz. A porta estreita transformou-se em uma larga avenida.[9]

Juntamente com a fantasia do conhecimento desvinculado do corpo, a alegoria da caverna confirma de modo indiscutível o ideal de objetividade científica. Mas o comportamento dos próprios cientistas é mais ambíguo.

A humanidade dos cientistas

Entre os muitos cientistas que conheço, alguns são implacavelmente ambiciosos, outros, afáveis e generosos; alguns são chatos e pedantes, outros, estimulantemente especulativos; alguns são tacanhos, outros, visionários; alguns são covardes, outros, corajosos; alguns são meticulosos, outros, descuidados; alguns são honestos, outros, fingidos; alguns são reservados, outros, abertos; alguns são originais, outros não. Em outras palavras, são seres humanos e variam exatamente como outros tipos de pessoas variam.

Os sociólogos da ciência estudaram os cientistas em ação e revelaram que estes, na verdade, são pessoas como quaisquer outras. Eles estão sujeitos às forças sociais e às pressões dos colegas e precisam da aceitação destes, de financiamento e, se possível, de influência política. Seu sucesso não depende simplesmente da engenhosidade de suas teorias nem dos fatos que descobrem. Os fatos não falam por si. Para ter sucesso os cientistas precisam de habilidades retóricas, a fim de formar alianças e obter apoio.[10]

O historiador da ciência Thomas Kuhn mostrou que a "ciência normal" é praticada dentro de uma estrutura compartilhada de pressuposições e práticas acordadas, um paradigma. Os fenômenos que não se encaixam nessa estrutura — anomalias — são rotineiramente descartados ou negados. Os cientistas são bastante dogmáticos e preconceituosos quando confrontados com evidências ou ideias que vão contra suas convicções. Geralmente ignoram aquilo com o qual não querem lidar. "Fechar os olhos é uma maneira objetiva de lidar com ideias potencialmente problemáticas", observaram os sociólogos da ciência Harry Collins e Trevor Pinch.[11] "O significado de um resultado experimental não... depende apenas do cuidado com que ele foi projetado e realizado, mas também do que as pessoas estão prontas para acreditar."[12]

Em disputas entre cientistas rivais, os resultados experimentais raramente são decisivos por si próprios. Os fatos não falam por si só, porque não há consenso em relação a eles. Talvez o método tivesse falhas, o equipamento estivesse com defeito ou os dados tenham sido mal interpretados. Quando se atinge um consenso, essas discórdias desaparecem e os resultados "corretos" são aceitos, o que torna mais fácil que resultados semelhantes sejam considerados corretos.

A determinação das constantes fundamentais é um exemplo representativo. Quando a velocidade da luz, c, caiu 20 quilômetros por segundo de 1928 a 1945, laboratórios de todo o mundo relataram medidas próximas do valor consensual. Mas, quando o valor de c subiu novamente, os laboratórios concordaram com o novo valor consensual (ver o Capítulo 3). Será que a velocidade da luz realmente mudou? Os dados dizem que sim. Mas, por razões teóricas, não poderia realmente ter mudado, uma vez que é considerada uma constante fundamental. Portanto, os dados consensuais deviam estar errados. Os cientistas provavelmente descartaram as medidas que não se enquadravam e "corrigiram" os dados restantes até que convergissem para o valor esperado em consequência do "bloqueio de fase intelectual" (veja as páginas 101-02).

Em 1972, uma comissão internacional fixou a velocidade da luz por definição, pondo um ponto final nas constrangedoras variações. Porém, outras constantes continuaram a variar, sobretudo a Constante de Gravitação Universal, G. Portanto, será que G realmente varia? Os fatos não podem falar por si próprios, pois a maioria das mensurações não foi publicada. Em laboratórios individuais, os pesquisadores descartaram os dados inadequados e chegaram ao valor final calculando a média de medidas selecionadas. Então, uma comissão internacional de especialistas seleciona, ajusta e calcula a média dos dados provenientes de diferentes laboratórios para chegar a um "melhor valor" de G reconhecido em todo o mundo. Os "melhores valores" anteriores são enviados ao arquivo de ciências, onde acumulam pó.[13]

Qualquer um que tenha realmente feito uma pesquisa científica sabe que os dados são incertos, que muita coisa depende da maneira como eles são interpretados e que todo método tem limitações. Os cientistas estão acostumados a ter seus dados e interpretações escrutinados e criticados por revisores científicos anônimos. Em geral, eles têm plena consciência das incertezas e limitações dos conhecimentos da sua própria área.

A ilusão de objetividade é reforçada pela distância. Sabe-se que biólogos, psicólogos e cientistas sociais invejam a física, pois a consideram muito mais objetiva e precisa que seus próprios campos bagunçados e repletos de incerteza. Vista de fora, a metrologia, ramo da física que trata das constantes fundamentais, parece um oásis de certeza. Mas os próprios metrologistas não afirmam isso: eles estão preocupados com variações nas medidas, com argumentos sobre a confiabilidade de diversos métodos e com contendas entre laboratórios. Eles atingem um nível mais alto de precisão do que os cientistas que estudam plantas, ratos ou mentes, mas seus "melhores valores" ainda são números consensuais obtidos por meio de processos de avaliação subjetiva.

Quanto maior a distância, maior a ilusão. Aqueles mais propensos a idealizar a objetividade dos cientistas não sabem quase nada sobre ciência, são pessoas para as quais a ciência tornou-se uma espécie de religião, sua esperança de salvação.

A voz ativa

A objetividade idealizada da ciência reflete-se no uso da voz passiva em muitos textos científicos: "Pegou-se um tubo de ensaio...". Todos os cientistas sabem que a escrita na voz passiva é artificial; afinal, eles não são meros observadores, mas sim pessoas que fazem pesquisas. Os tecnocratas também usam a voz passiva para dar um ar de autoridade científica aos seus relatórios, burilando opiniões como fatos objetivos.

O estilo passivo só entrou em voga na área da ciência no final do século XIX. Antes, cientistas como Isaac Newton, Michael Faraday e Charles Darwin usavam a voz ativa. A voz passiva foi adotada para fazer a ciência parecer mais objetiva, impessoal e profissional. Seu apogeu na literatura científica foi de 1920 a 1970. Mas os tempos estão mudando. Muitos cientistas abandonaram essa convenção nas décadas de 1970 e 1980.

Em 1999, fiquei admirado ao ler no livro de ciências do meu filho de 11 anos de idade: "O tubo de ensaio foi aquecido e cuidadosamente cheirado". No curso primário os textos de ciências eram claros e vibrantes, mas no ensino secundário ficaram pomposos e artificiais. Seus professores lhe ensinaram a escrever dessa forma e lhe deram um modelo de estilo para copiar.

Pensei que as escolas tinham abandonado essa prática havia anos, e fiquei curioso em descobrir até que ponto ainda era difundida. Em 2000, realizei uma pesquisa de 172 escolas de ensino secundário na Inglaterra e descobri quantas insistiam no estilo passivo. De modo geral, 42% das escolas ainda promoviam a voz passiva, 45% promoviam a voz ativa e 13% não tinham preferência.[14]

A maioria dos professores que exigiam o uso da voz passiva disse que estava simplesmente seguindo a convenção. Nenhum deles realmente gostava desse estilo. Achavam que era a sua obrigação, pois acreditavam que os mais importantes cientistas e as principais revistas científicas exigiam esse estilo. Alguns achavam que as bancas examinadoras insistiam no uso da voz passiva, mas isso não era verdade. Descobri que todas as bancas examinadoras do Reino Unido aceitavam artigos na voz ativa ou na voz passiva.[15]

Descobri também que quase todas as revistas científicas aceitavam artigos na voz ativa; algumas, como a *Nature*, até estimulavam o uso desse estilo. Pesquisei 55 revistas das áreas de física e biologia e só encontrei duas que exigiam construções passivas.

Quando Lord May, presidente da Royal Society, leu os resultados da minha pesquisa sobre ensino de ciências nas escolas, ficou "horrorizado" ao ver que tantas favoreciam a voz passiva. "Eu me atreveria a dizer que o uso da voz passiva em artigos de pesquisa nos dias de hoje é uma característica de trabalho de segunda classe", disse ele. "No longo prazo, a abordagem direta será mais respeitada do que o fingimento pretensioso de que alguma força impessoal está realizando a pesquisa."[16] Outros importantes cientistas, como o astrônomo real Martin Rees, que sucedeu Lord May na presidência da Royal Society, e Bruce Alberts, então presidente da Academia Nacional de Ciências dos Estados Unidos, são da mesma opinião de May.

No entanto, velhos hábitos custam a desaparecer, e os professores de ciências de muitas escolas ainda insistem que seus alunos escrevam na voz passiva. Em uma pesquisa realizada em 2010, os professores de ciências de 30% das escolas secundárias da Inglaterra ainda insistiam no uso da voz passiva.[17] Essa é uma prática ultrapassada. "Os professores de escolas primárias e secundárias deveriam estimular, sem nenhuma reserva, os alunos a escreverem na voz ativa", disse Lord May.[18]

Fazer com que os textos científicos passem a ser redigidos na voz ativa, em vez de na voz passiva, é uma reforma simples que não custa nada e que tornará os artigos científicos mais confiáveis e mais agradáveis de ler.

Fingimentos científicos comuns

Peter Medawar era um biólogo inglês bastante articulado que ganhou o Prêmio Nobel de Medicina. Em um bate-papo descontraído na rádio BBC, em 1963, ele perguntou: "O artigo científico é uma fraude?", e respondeu, "Sim, é". Ele não estava se referindo a dados fraudulentos, mas ao modo como os artigos científicos são tradicionalmente redigidos. Nas revistas científicas, o formato padronizado dos artigos, tanto naquela época como agora, consiste em uma Introdução neutra, em que o autor apresenta o problema e cita pesquisas anteriores, seguida das seções Método, Resultados e, finalmente, Discussão. Medawar descreveu esse processo da seguinte maneira:

> A seção chamada "resultados" consiste em uma série de informações factuais em que é considerado um estilo extremamente ruim discutir o significado dos resultados obtidos. Você tem de fingir com firmeza que a sua mente é, por assim dizer, um receptáculo virgem, um recipiente vazio, para o qual fluem informações do mundo exterior sem nenhum motivo que você mesmo tenha revelado. Você reserva todas as avaliações das evidências científicas para a seção "Discussão", e na discussão finge de maneira ridícula perguntar-se se as informações que reuniu realmente têm algum significado.

Medawar ressaltou que esse procedimento, que ainda vigora atualmente, dá uma impressão totalmente falsa da maneira como a ciência funciona, sugerindo que os cientistas reúnem fatos e depois tiram conclusões gerais a partir deles. De fato, os cientistas começam com uma expectativa ou uma hipótese que fornece o incentivo para o questionamento. Apenas diante dessas expectativas é que algumas observações são consideradas relevantes e outras não;

que alguns métodos são escolhidos e outros descartados; que alguns experimentos são realizados em vez de outros. Medawar sugeriu a adoção de uma abordagem mais honesta: colocar a discussão no início:

> Os fatos científicos e os atos científicos deveriam vir após a discussão, e os cientistas não deveriam ter vergonha de admitir, como muitos evidentemente têm, que as hipóteses surgem na mente deles por rotas desconhecidas de pensamento; que essas hipóteses têm caráter imaginativo e inspirativo; que, na verdade, são aventuras da mente.[19]

Como os experimentos afetam os resultados

A maior parte dos pesquisadores tem bastante consciência de que suas crenças e expectativas podem influenciar os resultados dos experimentos. É por isso que muitos estudos clínicos são duplos-cegos: nem os pesquisadores nem os pacientes sabem quem recebeu qual tratamento (ver o Capítulo 10).

O efeito do experimentador, ou efeito do pesquisador, também é bastante conhecido na área da psicologia experimental. Esse princípio foi ilustrado num experimento clássico em que os pesquisadores treinaram um grupo de estudantes de psicologia para administrar o teste de Rorschach. Nesse teste, os participantes eram solicitados a identificar padrões de manchas de tinta. Os experimentadores disseram à metade dos estudantes que os psicólogos experientes obtinham dos participantes mais imagens de seres humanos do que de animais. À outra metade, disseram o contrário. Certamente, quando administraram o teste, o segundo grupo encontrou mais imagens de animais que o primeiro.[20]

Até mesmo em experimentos com animais, as expectativas dos pesquisadores podem influenciar os resultados. Em um clássico experimento realizado em Harvard, Robert Rosenthal e seus colegas instruíram os alunos a testar ratos em labirintos comuns. Eles lhes pediram para comparar o desempenho de duas linhagens de ratos produzidas por gerações de reprodução seletiva. Porém, enganaram deliberadamente os alunos. Na verdade, os ratos eram provenientes de uma linhagem comumente usada em laboratório e foram dividos aleatoriamente em dois grupos rotulados como "ratos inteligentes" e "ratos burros".

Confiando nas informações que receberam, os alunos esperavam que os ratos inteligentes se saíssem melhor do que os ratos burros e, certamente, descobriram que os ratos "inteligentes" aprenderam muito mais rápido que os ratos "burros".[21] Como os ratos eram mais ou menos idênticos, essas diferenças extraordinárias devem ter sido consequência das expectativas dos alunos.

Embora os efeitos das expectativas do experimentador sejam amplamente reconhecidos na psicologia e na medicina, nas ciências "exatas" a maioria dos cientistas parte do princípio que são irrelevantes. Eles têm como certo que suas próprias expectativas não influenciam seus experimentos nem os registros dos dados.

De 1996 a 1998, pesquisei mais de 1.500 artigos publicados em importantes revistas científicas para descobrir com que frequência os cientistas usavam métodos cegos. Mais tarde, Caroline Watt e Marleen Nagtegaal fizeram essa mesma pesquisa com outras revistas (Tabela 11.1).

Tabela 11.1. Comparação da porcentagem de artigos que relataram o emprego de metodologias cegas em diferentes áreas da ciência em duas pesquisas independentes, uma de Sheldrake[22] (1999c) e outra de Watt e Nagtegaal (2004).

Área de pesquisa	Porcentagem de metodologias cegas, 1999	Porcentagem de metodologias cegas, 2004[23]
Física	0	0,5
Biologia	0,8	2,4
Etologia	2,8	9,3
Psicologia	7,0	22,5
Medicina	24,2	36,8
Parapsicologia	85,2	79,1

Watt e Nagtegaal encontraram uma porcentagem maior de artigos com metodologias cegas na maioria das áreas do que a que eu encontrei, e uma porcentagem ligeiramente inferior na parapsicologia; mas em nossas duas pesquisas, na área da física quase nenhuma pesquisa usava metodologias cegas, e a área de biologia usava muito pouco, menos de 2,5%. Mesmo em psicologia experimental, etologia e medicina, em que os efeitos das expectativas dos pesquisadores são amplamente reconhecidos, uma minoria de estudos usava métodos cegos. A porcentagem mais elevada foi, disparadamente, a da parapsicologia.

Organizei também uma pesquisa por telefone com professores catedráticos de 55 departamentos de onze universidades inglesas, inclusive Oxford, Cambridge, Edinburgh e Imperial College, em Londres. Minha assistente de pesquisa, Jane Turney, fez as entrevistas por telefone. Ela perguntou aos professores ou outros cientistas se alguém em seu departamento usava metodologias cegas e também se ensinavam esses métodos aos alunos.

Alguns cientistas não sabiam o que significava a expressão "metodologia cega". A maioria conhecia essa técnica, mas disseram que só era necessária nas pesquisas clínicas e na psicologia. Achavam que era usada para evitar os vieses introduzidos pelos sujeitos que participavam dos estudos. A opinião mais frequente dos físicos e biólogos era de que a metodologia cega era desnecessária porque "A própria natureza é cega", segundo informou um dos pesquisadores. Um professor de química acrescentou: "A ciência já é suficientemente difícil do jeito que é, e ficará ainda mais difícil se você não souber com o que está trabalhando".

Dos 23 departamentos de física e química, apenas um usava métodos cegos e os ensinava aos alunos. Dos 42 departamentos de biologia, 12 (29%) algumas vezes usavam métodos cegos e os ensinavam aos alunos.[24] Mas só eram usados rotineiramente em casos excepcionais. Minha pesquisa revelou três exemplos, e todos envolviam contratos industriais que exigiam que os cientistas das universidades avaliassem amostras codificadas sem conhecer sua identidade.[25]

Testes experimentais para detectar efeitos do experimentador

A pressuposição de que as técnicas cegas são desnecessárias na maioria das áreas da ciência é tão fundamental que merece ser testada.[26] Em todos os ramos da ciência experimental podemos perguntar: será que as expectativas dos experimentadores podem agir como profecias autorrealizáveis, produzindo viés, consciente ou inconsciente, no modo como os dados são coletados, analisados e interpretados?

Uma maneira simples de descobrir a resposta é fazendo experimentos sobre experimentos. Pense num experimento típico envolvendo uma amostra de teste e um controle; por exemplo, a comparação de uma enzima inibida com uma enzima de controle não inibida num experimento bioquímico. Em seguida, faça o experimento da maneira usual, em que o pesquisador sabe quais são as amostras. Faça também o experimento em condições "cegas" com as amostras rotuladas como A e B. Numa aula prática, por exemplo, metade da classe faria o experimento cego e a outra metade saberia identificar as amostras. Se não houvesse diferenças significativas entre os resultados do estudo em aberto e do estudo cego, isso mostraria que as técnicas cegas eram desnecessárias. Diferenças significativas revelariam a existência do efeito do experimentador. Nesse caso, seriam necessárias outras pesquisas para descobrir como esses efeitos funcionaram.

Esse experimento não tem custo algum e requer apenas amostras com rótulos diferentes. Seria fácil realizá-lo em aulas práticas de laboratório de escolas e universidades. A primeira vez que propus esse experimento simples,[27] presumi inocentemente que os céticos, que passavam tanto tempo insistindo na objetividade da ciência, ficariam particularmente interessados nessa questão. Por esse motivo, lancei um apelo nas revistas *Skeptical Inquirer*[28] e *Skeptic*,[29] pedindo que as pessoas que trabalhavam em universidades colaborassem com essa pesquisa. Não obtive nenhuma resposta. Richard Wiseman, ele próprio um cético, e Caroline Watt lançaram outro apelo na *Skeptical Inquirer*[30] e também não obtiveram resposta.

Certa vez, achei que fosse possível fazer esse teste quando um professor de física de uma das mais destacadas escolas inglesas concordou em aplicá-lo aos seus alunos do último ano. Mas ele precisava da permissão do chefe do departamento de ciências, que pediu que eu me encontrasse com ele para explicar o que tinha em mente. Sua resposta foi iluminadora. Ele disse: "É claro que os alunos ficarão influenciados pelas próprias expectativas. É disso que trata o ensino de ciências. É óbvio que tentarão obter os resultados certos. Esse experimento abrirá uma lata de vermes, e eu não quero que ela seja aberta na minha escola".

Essas palavras foram valiosas por sua franqueza e honestidade. Percebi que todos os cientistas profissionais passaram anos fazendo aulas práticas em escolas e universidades e sendo treinados para obter os resultados esperados.

Durante dez anos na Cambridge University (nas disciplinas de biologia celular e bioquímica) e um ano em Harvard (em introdução à biologia), dei aulas práticas em que os alunos faziam experimentos tradicionais cujos resultados eram previstos. Mas havia sempre alguns alunos que não obtinham os resultados "certos". Todo mundo supunha que eles simplesmente tinham cometido erros. Outros tinham dificuldade de obter os resultados convencionais: "Suponho que se formaram com notas baixas e, consequentemente, não conseguiram ingressar na carreira de pesquisas científicas. Os que se tornaram cientistas profissionais foram aqueles que mostraram uma capacidade confiável de obter os resultados corretos ao longo de muitos anos de aulas práticas em laboratório.

Embora o efeito do experimentador possa produzir vieses na observação e no registro dos resultados, os experimentadores podem afetar o próprio sistema experimental. É fácil compreender isso quando esses experimentos contam com a participação de seres humanos, que podem muito bem responder às expectativas e atitudes do experimentador. O clássico experimento de Rosenthal com os estudantes de Harvard que testaram ratos mostra que os animais também podem ser influenciados pela maneira como são tratados. Mas há uma outra possibilidade mais radical. Nas circunstâncias incertas da pesquisa, as expectativas do experimentador podem afetar diretamente o sistema que está sendo investigado por meio dos efeitos da mente sobre a matéria, ou psicocinese. Por exemplo, se centenas de físicos altamente qualificados esperam encontrar uma partícula evanescente entre os eventos indeterminados que ocorrem em determinado acelerador, será que essas expectativas podem afetar esses eventos quânticos? As esperanças dos cientistas poderiam influenciar também os resultados de experimentos mais mundanos?

Essas possibilidades parecem descabidas, e normalmente evita-se discuti-las por causa do tabu contra os fenômenos psíquicos. Porém, creio que é importante investigar essa questão, em vez de suprimi-la. Circulam muitas histórias em laboratórios de que algumas pessoas produzem efeitos misteriosos. Às vezes, esses efeitos são negativos, ou azar. Um dos mais famosos exemplos é o chamado efeito Pauli, que leva o nome de Wolfgang Pauli (1900-1958), ganhador do Prêmio Nobel de Física. Supostamente, a simples presença de Pauli em um laboratório era suficiente para causar defeitos nos equipamentos. Com medo desse efeito, seu amigo Otto Stern, físico experimental, baniu Pauli do seu laboratório em Hamburg. O próprio Pauli estava convencido de que o efeito era real e ficou preocupado de que pudesse ter contribuído involuntariamente para o incêndio do cíclotron na universidade de Princeton quando estava por perto.[31]

Às vezes, os evidentes efeitos da mente sobre a matéria são positivos. Um professor de bioquímica de uma importante universidade americana contou-me que parte do segredo do seu sucesso era que ele conseguia obter melhores purificações de moléculas proteicas que seus colegas. Segundo ele, quando uma amostra de proteínas misturadas estava sendo separada, ele permanecia com o aparelho na câmara fria "torcendo" para obter separações mais nítidas e repetindo "Separe!".

Será que essa era uma superstição pessoal ou realmente surtia algum efeito? Essa pergunta poderia ser investigada experimentalmente. Por exemplo, a mesma mistura de proteínas poderia ser colocada em dois aparelhos idênticos. O processo de separação de uma delas, escolhida a esmo, seria acompanhado pelo professor. A outra mistura seria colocada em outra câmara fria, onde permaneceria pelo mesmo período. Em seguida, a separação seria comparada para ver se havia alguma diferença. Tentei persuadi-lo a fazer esse experimento, mas ele não quis. Apesar de estar curioso, não podia correr o risco de perder credibilidade e prejudicar sua carreira.

A suposta objetividade das "ciências exatas" é uma hipótese que não foi testada. Há uma conspiração de silêncio em relação aos efeitos das expectativas sobre os experimentadores em quase todos os ramos da física, química e biologia. O pressuposto de que esses efeitos restringem-se às pesquisas clínicas, à psicologia humana e à etologia pode muito bem não ser verdadeiro.

Outro problema é que os cientistas geralmente publicam apenas uma pequena porcentagem dos seus dados. Se escolherem a dedo os resultados compatíveis com suas hipóteses, isso produzirá outra fonte de viés, ora chamado de "viés de publicação", ora de "efeito gaveta", pois os resultados negativos são arquivados (ver o Capítulo 9).

O viés embutido da publicação

De todas as áreas de pesquisas científicas, a parapsicologia é a que está sujeita aos escrutínios céticos mais rigorosos e persistentes, conforme mencionado no Capítulo 9. Os céticos estão fortemente motivados a rejeitar quaisquer achados positivos e têm uma lista pronta de objeções: métodos deficientes, fraude, efeitos do pesquisador e publicação seletiva de resultados positivos. Como estão bastante cientes dessas críticas costumeiras, os parapsicólogos são extremamente cuidadosos e realizam seus experimentos com o maior rigor possível. Nas pesquisas resumidas na Tabela 11.1, a porcentagem de parapsicólogos que usam métodos cegos é muito maior do que a de pesquisadores de qualquer outro ramo da ciência. Os parapsicólogos também são muito mais rigorosos em relação à publicação de resultados negativos e ao controle do chamado efeito gaveta.[32]

Os céticos estão certos em apontar essas possíveis fontes de erro nas pesquisas parapsicológicas, e seu escrutínio permanente elevou os padrões de pesquisas nessa área. Mas os mesmos princípios céticos deveriam ser aplicados a outras áreas da ciência. Que porcentagem dos resultados de pesquisas é publicada nas áreas de física, química e biologia? Ao que parece, não foram realizados estudos sobre isso, mas em pesquisas informais que eu mesmo fiz, em quase todos os tópicos essa porcentagem gira em torno de 5% a 10%.

Os cientistas tendem mais a publicar seus "melhores" resultados do que os resultados negativos ou achados inconclusivos. Vimos um exemplo no Capítulo 10: o fabricante do Prozac, o laboratório Eli Lilly, publicou os resultados favoráveis dos estudos clínicos, mas não os desfavoráveis. As implicações são enormes. Como disse Ben Goldacre: "áreas inteiras da ciência correm o risco de falsos achados positivos".[33]

Os dados publicados têm de passar por três filtros seletivos. A primeira filtragem dos dados ocorre quando os experimentadores decidem publicar alguns resultados, e não outros; a segunda é quando os editores das revistas científicas analisam apenas alguns tipos de resultados qualificados para a publicação; e o terceiro ocorre no processo de revisão por especialistas da área, que garante que os resultados esperados tenham mais probabilidade de ser aprovados para publicação que os resultados inesperados.

Se as empresas tivessem de divulgar apenas 10% de suas contas, provavelmente publicariam aquelas que fariam o seu negócio parecer o mais rentável e mais bem administrado possível. Por outro lado, se precisassem apresentar somente 10% de suas contas às autoridades fiscais, tenderiam a divulgar suas atividades menos lucrativas. A supressão de 90% dos dados dá bastante margem para relatórios seletivos. Até que ponto essa prática afeta a ciência? Ninguém sabe.

Fraude e farsa científicas

Os cientistas, assim como os médicos, advogados e outros profissionais, geralmente resistem às tentativas de terem sua conduta regulada por terceiros. Eles se orgulham de seus próprios sistemas de controle, que são três:

1. Solicitações de emprego e subsídios são submetidas à análise de especialistas, para garantir que os pesquisadores e seus projetos sejam aprovados por profissionais conceituados na sua área de atuação.
2. Os trabalhos enviados para publicação em revistas científicas são analisados por especialistas e têm de passar pelo escrutínio de revisores científicos, geralmente anônimos.
3. Todos os resultados publicados poderão ser reproduzidos por outros pesquisadores independentes.

Os procedimentos de análise de especialistas e revisão científica podem realmente agir como importantes controles de qualidade, e muitas vezes são eficazes, mas tendem a favorecer resultados esperados e procedimentos convencionais. Raramente são feitas reproduções independentes. Geralmente não existe motivação para repetir o trabalho de terceiros. Mesmo que fossem feitas reproduções exatas, seria difícil publicá-las, pois as revistas científicas dão preferência a pesquisas originais. De modo geral, os cientistas tentam reproduzir os resultados de outros pesquisadores quando esses resultados são de excepcional importância ou em caso de suspeita de fraude.

Uma salvaguarda extra é a convenção de que, quando outros cientistas pedem para ver os dados brutos de um pesquisador para que possam reanalisá-los, esses dados são fornecidos em nome da transparência. Entretanto, quando solicitei dados de cientistas que faziam alegações céticas em áreas de pesquisa estreitamente relacionadas à minha, eles se recusaram a fornecê-los alegando que eram "inacessíveis" ou que eles mesmos pretendiam reanalisá--los (mas nunca o fizeram). Num recente estudo sistemático, alguns psicólogos holandeses da Universidade de Amsterdã entraram em contato com os autores de 141 artigos publicados em importantes revistas de psicologia, solicitando acesso aos dados brutos para reanálise. Todas essas revistas exigiam que os autores assinassem um documento em que se comprometiam a "não se recusar a fornecer a outros profissionais competentes os dados com os quais basearam suas conclusões". Depois de seis meses e quatrocentos *e-mails*, os pesquisadores de Amsterdã só receberam dados de 29% dos autores.[34]

Uma das poucas áreas da ciência que é submetida a uma forma limitada de supervisão externa é a de testes de segurança de novos alimentos, medicamentos e pesticidas. Nos Estados Unidos, todos os anos milhares de resultados são submetidos à análise do FDA, órgão americano que controla a qualidade de alimentos e medicamentos, ou da Agência de Proteção Ambiental (EPA). Seus inspetores estão sempre desenterrando dados falsificados.[35]

As fraudes nos grotões sem lei da ciência raramente são expostas pelos mecanismos oficiais de análise externa de especialistas, revisão científica ou reprodução independente de resultados. A maioria vem à tona por meio de denúncias de colegas ou rivais, muitas vezes em consequência de ressentimentos pessoais. Quando isso acontece, a reação típica das autoridades é tentar abafar o problema. Se as acusações de fraude não se dissiparem e as evidências tornarem-se fortíssimas, então é instaurada uma investigação oficial, alguém é considerado culpado e cai em desgraça.[36]

A bem da verdade, provavelmente muitos casos de fraude são abafados. As autoridades têm um forte motivo para proteger não apenas a reputação da sua instituição, mas também a imagem da própria ciência. O filósofo Daniel Dennett afirma que crenças são forças sociais por si sós e que a *crença na crença* desempenha um papel fundamental na manutenção das instituições sociais. Algumas crenças precisam ser mantidas para o bem de todos. Por exemplo, a democracia depende da manutenção da crença na democracia. Da mesma forma, a autoridade da ciência depende da manutenção da crença na autoridade científica. "Como a crença na integridade dos procedimentos científicos é quase tão importante quanto a integridade real, existe sempre uma tensão entre um delator e as autoridades, mesmo quando estas sabem que conferiram erroneamente respeitabilidade científica a um resultado obtido de forma fraudulenta".[37]

Um dos maiores casos de fraude exposto na área da física no século XXI foi o de Jan Hendrik Schön, jovem pesquisador de nanotecnologia do Bell Laboratories, em Nova Jersey. Ele parecia extremamente bem-sucedido e impressionantemente produtivo. Fazia uma descoberta após outra e recebeu três prêmios de prestígio. Mas, em 2002, vários físicos notaram que os mesmos dados apareciam em diferentes artigos, aparentemente de experimentos distintos. Uma comissão de investigação descobriu dezesseis exemplos de má conduta científica, sobretudo invenção ou reciclagem de dados. Em consequência da investigação, 28 artigos foram retirados por revistas científicas, inclusive nove na *Science* e sete na *Nature*.[38] Os coautores de Schön foram declarados inocentes, embora tenham partilhado o crédito do trabalho quando se acreditava que os resultados fossem genuínos. De modo significativo, nenhum desses casos de fraude foi detectado no processo de revisão científica.

Em outro caso recente, Marc Hauser, professor de biologia de Harvard, foi considerado culpado de má conduta científica por uma investigação oficial realizada em Harvard, em 2010. Ele havia falsificado ou inventado dados de experimentos sobre macacos.[39] Também nesse caso, a desonestidade não foi detectada pelos revisores científicos, mas veio à tona quando um aluno de pós-graduação fez a denúncia. Hauser é autor de um livro chamado *Moral Minds: The Nature of Right and Wrong* (2007). No livro, ele afirma que a moral é um instinto herdado, produzido pela evolução e que não depende de religião. Hauser é ateu e diz que seus achados endossam um ponto de vista ateu. Numa entrevista alguns meses antes da sua fraude ser exposta, ele disse que suas pesquisas mostravam que os "ateus são tão éticos quanto os fiéis que frequentam a igreja".[40]

Num inteligente estudo sobre fraudes e farsas na ciência, William Broad e Nicholas Wade mostraram que as farsas passam facilmente incólumes desde que os resultados estejam de acordo com as expectativas prevalentes:

A aceitação de resultados fraudulentos é o outro lado dessa moeda familiar, a resistência a novas ideias. Os resultados fraudulentos de pesquisas científicas provavelmente são aceitos quando são apresentados de maneira plausível por um cientista qualificado e afiliado a uma instituição de elite e quando estão de acordo com os preconceitos e as expectativas reinantes. É por falta de todas essas qualidades que existe uma tendência a resistir a novas ideias na ciência... Para os ideólogos da ciência, fraude é tabu, um escândalo cuja importância deve ser sistematicamente negada em todas as ocasiões.[41]

Em geral, os cientistas partem do pressuposto que casos de fraude são raros e sem importância porque a ciência corrige os próprios erros. Ironicamente, essa crença complacente produz um ambiente propício à farsa.[42]

Ceticismo como arma

Os cientistas pesquisadores, cônscios das limitações e ambiguidades do seu trabalho, raramente afirmam ter obtido exatidão, e são rotineiramente submetidos a revisões científicas. O ceticismo é parte essencial da ciência. Mas pode facilmente transformar-se em uma arma para atacar adversários. Por exemplo, os criacionistas, que negam a evolução, usam as técnicas de pensamento crítico para salientar problemas da teoria evolutiva e expor pontos fracos nas evidências, como lacunas nos registros fósseis. Será que isso é porque eles estão em busca da verdade? Não. Eles acreditam que já sabem a verdade. O ceticismo é uma arma que eles usam para defender suas crenças atacando os adversários.

As mesmas técnicas têm sido usadas há anos por grupos organizados de céticos para atacar as pesquisas psíquicas, a parapsicologia e a medicina alternativa. Seus motivos são principalmente ideológicos: também eles acham que já sabem a verdade — os fenômenos psíquicos são ilusórios e a medicina mecanicista é o único tipo que realmente funciona (ver os Capítulos 9 e 10).

O ceticismo também é uma arma importante na defesa dos interesses comerciais. A publicação, em 1964, do relatório sobre *Fumo e Saúde* do Surgeon General,* com base em uma revisão de mais de 7 mil estudos científicos, deixou claro que o tabagismo causava câncer de pulmão e aumentava o risco de enfisema (provocado pela destruição do tecido pulmonar), bronquite e doença cardíaca. A indústria de tabaco reagiu criando o Conselho para Pesquisas sobre o Tabaco (CTR - *Council for Tobacco Research*), que financiava projetos em mais de cem hospitais, universidades e laboratórios de pesquisas. Muitos desses estudos procuravam fatores de complicação que pudessem tornar as coisas mais confusas. Como disse um executivo da empresa de cigarros Brown & Williamson, em 1969: "O nosso produto é a dúvida, pois é a melhor maneira de competir com o 'conjunto de dados' que existe na mente do público em geral".

No final da década de 1970, a indústria de tabaco enfrentou inúmeros processos judiciais nos Estados Unidos por parte de pessoas que alegavam danos pessoais causados pelo fumo. Em 1979, Colin Stokes, ex-presidente da R. J. Reynolds, companhia norte-americana do setor tabagista, fez um relato da situação em uma reunião de executivos de empresas de tabaco. Os ataques ao tabagismo, disse ele aos presentes, baseavam-se em estudos "incompletos... ou que confiavam em hipóteses ou métodos duvidosos e interpretações falhas". As pesquisas financiadas pela indústria de tabaco produziriam novas hipóteses e interpretações para "desenvolver um forte conjunto de dados ou pareceres científicos em defesa do produto". Acima de tudo, forneceriam peritos que poderiam testemunhar em juízo.

---

* Diretor do Serviço Nacional de Saúde Pública nos Estados Unidos. (N.T.)

Essa estratégia funcionara no passado e, portanto, não havia razão para pensar que não funcionaria no futuro. Stokes gabou-se de que "Graças a testemunhos científicos favoráveis, nenhum autor de ação jamais ganhou um centavo de nenhuma empresa de tabaco em ações judiciais alegando que o fumo causa câncer de pulmão ou doenças cardiovasculares".[43] No final, a estratégia de Stokes não deu certo, mas protelou ações judiciais e adiou a promulgação de leis antitabagistas por anos.

A estratégia da indústria de tabaco foi adotada por várias outras indústrias que defendiam substâncias químicas tóxicas como chumbo, mercúrio, cloreto de vinila, cromo, benzeno, níquel e muitas mais. David Michaels, secretário de meio ambiente, segurança e saúde do Departamento de Energia dos Estados Unidos no final da década de 1990, foi o primeiro a ver como os interesses corporativos agiam para derrubar a regulamentação do berílio, elemento químico usado para aumentar a potência das explosões nucleares e, mais tarde, na fabricação de produtos eletrônicos e outros itens de consumo. Após a descoberta, na década de 1940, de que o berílio pode causar a formação de cicatrizes no tecido pulmonar, a Comissão de Energia Atômica dos Estados Unidos estabeleceu um nível seguro de exposição ao berílio equivalente a dois microgramas por metro cúbico de ar. Na década de 1990, ficou claro que as pessoas adoeciam com níveis muito mais baixos que esse. Quando o governo federal iniciou o processo de revisão dos limites de exposição, a principal empresa produtora americana de berílio, a Brush Wellman, contra-atacou com uma série de relatórios que afirmavam que as propriedades físicas das partículas de berílio podiam influenciar a sua toxicidade. Dessa forma, nenhuma ação deveria ser iniciada até que os fatores pudessem ser determinados de forma mais precisa. "Ao produzir incerteza", Brush Wellman protelou a criação de normas reguladoras que poderiam salvar vidas.[44]

Enfatizar a incerteza em nome de grandes negócios tornou-se um grande negócio por si só. Firmas especializadas na defesa de produtos distorceram cada vez mais a literatura científica, criaram e aumentaram a incerteza científica e influenciaram decisões políticas que beneficiam os poluidores e fabricantes de produtos perigosos. De fato, atualmente a ciência por trás de qualquer regulamentação proposta para as áreas de saúde pública e meio ambiente quase sempre é contestada, por mais fortes que sejam as evidências.

A estratégia de rebaixar as pesquisas realizadas por cientistas tradicionais ao nível de "pseudociência" ("*junk science*") e alçar a ciência conduzida por especialistas na defesa de produtos ao nível de "ciência sólida" gera confusão e mina a confiança da população na capacidade de a ciência solucionar problemas ambientais e relacionados com saúde pública.[45]

Todas essas questões assumem uma importância de âmbito mundial em relação às alterações climáticas. As tentativas organizadas de desmerecer o crescente consenso científico começaram em 1989, com um relatório emitido pelo Instituto George C. Marshall atacando a climatologia. Esse instituto foi criado originalmente para defender a Iniciativa de Defesa Estratégica ("Guerras nas Estrelas") do presidente Ronald Reagan contra ataques de outros cientistas. O relatório Marshall atribuiu o aquecimento global ao aumento da atividade solar, desconsiderando a ação dos gases de efeito estufa. Aqui não é lugar para rever as controvérsias atuais, mas o Instituto Marshall e os cientistas financiados pela indústria petrolífera têm perturbado continuamente o debate.[46]

Na prática, o objetivo do ceticismo não é descobrir a verdade, mas sim expor os erros alheios. Ele desempenha um papel essencial nas áreas de ciência, religião, cultura, negócios, jornalismo e política, bem como no sistema jurídico e no bom senso. Mas precisamos nos lembrar de que muitas vezes é uma arma a serviço de crenças ou interesses pessoais.

Fatos e valores

A ilusão de objetividade científica sustenta a igualmente ilusória distinção entre fatos e valores, na qual a ciência institucional tem se baseado desde o início. Francis Bacon (1561-1626) fez uma distinção entre o conhecimento inocente da natureza, dado por Deus a Adão antes do pecado original, e o conhecimento do bem e do mal, ou valores, que causaram o pecado original (veja a página 21). Mas Bacon foi falso. Ele também cunhou o bordão "conhecimento é poder", que desde então tem servido de base para os cientistas requisitarem recursos para suas pesquisas a governos e empresas. Pouquíssimos patronos das pesquisas científicas estão interessados em conhecimento inocente pelo conhecimento em si. Quando os cientistas apresentam propostas para obtenção de recursos, quase sempre alegam que sua pesquisa será útil. Os fatos que esperam descobrir serão valiosos para a defesa nacional, combatendo doenças, gerando lucros, aumentando as safras, aprimorando a navegação, elevando o prestígio nacional ou conferindo outros benefícios. Os valores esperados vêm antes dos fatos; os valores prometidos permitem que a pesquisa receba recursos e os fatos sejam estabelecidos.[47]

Como vimos neste capítulo, não existe uma separação nítida entre fatos e valores, e os cientistas são todos humanos demais. No entanto, os cientistas fizeram muitas descobertas, e a ciência transformou as condições da vida humana. Mas os mitos e a ideologia nos quais eles se baseiam tornaram-se hábitos inconscientes de pensamento, criando ilusões inúteis que impedem o questionamento científico e estimulam preconceito e dogmatismo. No último capítulo, afirmo que a melhor coisa a fazer é reconhecer a pluralidade da ciência, da natureza humana e dos pontos de vista.

Perguntas para os materialistas

Sabe-se que as expectativas dos experimentadores afetam os resultados das pesquisas na psicologia, na parapsicologia e na medicina, motivo pelo qual os pesquisadores muitas vezes usam metodologias cegas. Você acha que o efeito do experimentador também poderia desempenhar um papel em outras áreas da ciência?

Você acha que os cientistas e estudantes de ciências deveriam redigir seus trabalhos na voz passiva ou na voz ativa?

A maioria dos cientistas só publica uma pequena parte dos seus resultados. Você acha que isso pode produzir graves vieses na literatura científica?

Como os cientistas deveriam lidar com o ceticismo motivado por ideologia ou interesses políticos ou comerciais?

RESUMO

As pessoas imaginam que os cientistas atingem um nível sobre-humano de objetividade. Essa crença é mantida pelo ideal de conhecimento desvinculado do corpo, que não é afetado por ambições, esperanças, temores e outras emoções. Na alegoria da caverna, os cientistas saem para a luz da verdade objetiva e trazem de volta suas descobertas em benefício das pessoas comuns, presas num mundo de opiniões, interesses pessoais e ilusão. Ao escrever na voz passiva ("Pegou-se um tubo de ensaio"), e não na voz ativa ("Peguei um tubo de ensaio"), os cientistas tentavam enfatizar sua objetividade, mas atualmente muitos abandonaram esse fingimento. Os cientistas, é claro, são seres humanos e estão sujeitos às limitações de críticas, políticas, pressões dos colegas, moda e necessidade de financiamento. Na medicina, psicologia e parapsicologia, a maioria dos pesquisadores admite que suas expectativas podem distorcer seus resultados, motivo pelo qual muitas vezes eles usam metodologias cegas ou duplo-cegas. Na dita ciência exata, a maioria dos pesquisadores pressupõe que é desnecessário usar métodos cegos. Isso não passa de pressuposição e precisa ser testada experimentalmente. Em quase todas as áreas da ciência, os pesquisadores só publicam uma pequena parte dos seus dados, deixando muita margem para a apresentação seletiva dos resultados, e as revistas científicas introduzem outra fonte de viés por meio da sua má vontade em publicar achados negativos. Fraudes e engodos na ciência raramente são detectados pelo sistema de revisão científica e geralmente vêm à tona por intermédio de denúncia. O ceticismo é uma parte saudável da ciência normal, mas muitas vezes é usado como arma em defesa de pontos de vista motivados por política ou ideologia, ou então para adiar a regulamentação de substâncias químicas. Empresas especializadas na defesa de produtos enfatizam a incerteza em nome dos grandes negócios, influenciando decisões a favor de seus clientes. Na prática, geralmente é impossível separar fatos e valores, e muitos cientistas têm exagerado o valor da sua pesquisa para que ela seja financiada. Embora a objetividade da ciência seja um ideal nobre, há mais esperança de alcançá-la reconhecendo a condição humana dos cientistas e suas limitações do que fingindo que a ciência tem acesso exclusivo à verdade.

12

Futuros científicos

As ciências estão entrando numa nova fase. A ideologia materialista que as governava desde o século XIX está ultrapassada. Todas as suas dez doutrinas essenciais foram suplantadas. A estrutura autoritária das ciências, as ilusões de objetividade e as fantasias de onisciência já não têm mais utilidade.

As ciências terão de mudar por outra razão: agora elas são globais. A ciência mecanicista e a ideologia materialista desenvolveram-se na Europa e foram fortemente influenciadas pelas brigas religiosas que atormentaram os europeus a partir do século XVII. Mas essas preocupações não fazem parte das culturas e tradições de muitas outras partes do mundo.

Em 2011, as despesas com pesquisa e desenvolvimento científico e tecnológico em todo o mundo ultrapassaram US$1 trilhão, dos quais US$100 bilhões foram gastos pela China.[1] Atualmente, os países asiáticos, sobretudo a China e a Índia,[2] formam um grande número de profissionais nas áreas de ciências e engenharia. Em 2007, foram 2,5 milhões de graduados em ciências e engenharia na Índia e 1,5 milhão na China,[3] comparado com 515 mil nos Estados Unidos e 100 mil no Reino Unido.[4] Além disso, muitos dos que estudam nos Estados Unidos e na Europa são de outros países: em 2007, quase um terço dos alunos de pós-graduação em ciências e engenharia nos Estados Unidos eram estrangeiros, a maioria da Índia, China e Coreia.[5]

No entanto, as ciências ensinadas na Ásia, na África, nos países islâmicos e em outros lugares ainda estão impregnadas por uma ideologia moldada por seu passado europeu. O poder de persuasão do materialismo reside nas aplicações tecnológicas da ciência. Mas o sucesso dessas aplicações não prova que essa ideologia é verdadeira. Mesmo que os cientistas passem a adotar uma visão mais ampla da natureza, a penicilina continuará matando as bactérias, os aviões a jato continuarão voando e os telefones celulares continuarão funcionando.

Ninguém pode prever como as ciências evoluirão, mas creio que o reconhecimento de que a "ciência" não é uma coisa só facilitará o seu desenvolvimento. A "ciência" deu lugar às "ciências". Quando se foi além do fisicalismo, o *status* da física mudou. Se a ciência se libertar da ideologia do materialismo, abrir-se-ão novas oportunidades para o debate e o diálogo, bem como novas possibilidades de pesquisa.

De uma ciência para muitas ciências

A ciência mecanicista parecia oferecer uma visão simples e unificada da natureza. Tudo era composto por partículas elementares de matéria cujas propriedades e movimentos eram regidos por leis matemáticas eternas. Os físicos teóricos ainda se empenham para defender a Teoria de Tudo e têm esperanças de que uma fórmula unificada explique toda a realidade em termos das propriedades das partículas subatômicas e das forças que as afetam (ver o Capítulo 1). Em última análise, tudo pode ser reduzido à física. Lee Smolin definiu a visão convencional da seguinte maneira: "Doze partículas e quatro forças são tudo de que precisamos para explicar todas as coisas que existem no mundo conhecido".[6]

Essa fé reducionista simplória e antiquada não tem nenhuma relação com a realidade das ciências. Os fisiologistas não explicam a pressão arterial em termos das partículas subatômicas, mas da atividade de bombeamento do coração, da elasticidade das paredes arteriais e assim por diante. Os linguistas não analisam os idiomas pelos movimentos das partículas subatômicas das moléculas presentes no ar, que os sons das vozes percorrem: eles estudam os padrões das palavras, as gramáticas e os significados. Os botânicos não estudam a evolução das flores sondando os átomos que as compõem, mas sim comparando suas estruturas e relações com espécies vivas e extintas. Como disse o físico John Ziman:

Em níveis cada vez maiores de complexidade, de partículas elementares e moléculas químicas até seres humanos conscientes de si e das suas instituições culturais, passando por organismos unicelulares e multicelulares, encontramos sistemas que obedecem a princípios inteiramente novos. O comportamento desses sistemas não pode ser previsto pelas propriedades de seus componentes, portanto são necessárias "linguagens" distintas para descrevê-los cientificamente. A pluralidade das nossas ciências é, portanto, uma característica irredutível do universo em que vivemos.[7]

Há muitas ciências e muitas naturezas. Não existe apenas um "método científico"; ciências distintas usam métodos distintos.[8] Os geólogos que estudam as rochas fazem observações diferentes das feitas por astrônomos que investigam galáxias distantes com radiotelescópios, por bioquímicos que estudam as propriedades das moléculas de proteína e por ecologistas que estudam as florestas tropicais. Algumas ciências implicam experimentos. Outras, não. Um astrônomo não pode manipular uma estrela para ver como ela reage, assim como um paleontólogo não pode recuar no tempo para mudar o modo como os sedimentos se formaram no oceano há bilhões de anos. Alguns tipos de ciência são altamente matemáticas, como a física teórica; outros, como a taxonomia das libélulas, não são.

"Ciência" é uma abstração. Os cientistas trabalham dentro de disciplinas especializadas, e os alunos estudam uma ou mais ciências. Na universidade, eles têm de escolher entre uma série de possibilidades. Por exemplo, na Cambridge University, em 2011, um segundanista do curso de ciências naturais tinha de fazer três das disciplinas apresentadas a seguir:[9]

biologia celular e do desenvolvimento
bioquímica e biologia molecular
botânica e microbiologia
ciência dos materiais
ecologia
farmacologia
física A (principalmente física quântica)

física B (principalmente mecânica, eletromagnetismo e termodinâmica)

fisiologia

geologia A (geologia de superfície ou ambiental)

geologia B (geologia de subsuperfície)

história e filosofia da ciência

matemática

neurobiologia

patologia

psicologia experimental

química A (principalmente teórica)

química B (inorgânica, orgânica e biológica)

zoologia

Cada um desses cursos tem uma base ampla e abrange várias especialidades; por exemplo, a zoologia abrange as matérias de ecologia, cérebro e comportamento, entomologia, biologia evolutiva dos vertebrados e princípios evolutivos. Ninguém estuda "ciência", e menos de 20% estuda história e filosofia da ciência.

Os alunos absorvem uma visão geral da natureza da realidade como pressuposições implícitas ou de textos de divulgadores da ciência. As doutrinas do materialismo não são ensinadas de forma explícita, e muitos estudantes e cientistas não têm consciência da influência dessas doutrinas na prática e nas pressuposições da sua área. Por exemplo, a maioria dos neurocientistas tem como certo que a mente está no cérebro e que as memórias estão armazenadas como traços materiais. Essas pressuposições não são tratadas como aspectos de uma filosofia da natureza nem como hipóteses a serem testadas: elas fazem parte do paradigma tradicional ou realidade consensual, protegidas por tabus contra pensamentos divergentes.

Ironicamente, a fragmentação das ciências em disciplinas distintas foi o estímulo para que o termo "cientista" fosse cunhado. No terceiro congresso anual da Associação Britânica para o Progresso da Ciência, realizado em 1833, os participantes manifestaram a necessidade de um termo abrangente que abarcasse seus diversos interesses, e William Whewell, astrônomo e matemático, sugeriu "cientista". O termo foi sucesso imediato nos Estados Unidos. Na Inglaterra, porém, onde as pesquisas científicas ainda eram uma ocupação dispendiosa das classes ociosas, demorou algum tempo para que o termo "cientista" substituísse termos mais antigos como "homem da ciência", "naturalista" e "filósofo experimental". Mas, com o aumento das pesquisas e a expansão da educação, surgiram mais oportunidades de emprego, e, aos poucos, os cientistas tornaram-se profissionais pagos.[10]

À medida que a ciência adquiriu mais poder e prestígio, veio a necessidade de afirmar seu *status* e sua autoridade. Patricia Fara, historiadora da ciência, resumiu a situação no século XIX da seguinte maneira:

> Ávidos por prestígio, os cientistas queriam ter autoridade para declarar que estavam incontestavelmente certos, que os conhecimentos que produziam em seus laboratórios eram irrefutavelmente corretos. Novas especializações estavam sendo inventadas, mas nem todas eram consideradas dignas de serem chamadas de ciência. A ciência estava se dividindo em disciplinas — mas disciplinar significava controlar e ensinar. Assim como os policiais que fazem o patrulhamento das fronteiras nacionais, os cientistas decretaram quais tópicos deveriam fazer parte do grande domínio que eles governavam e quais deveriam ser banidos.[11]

Hoje em dia existem centenas de especialidades científicas, todas com sociedades profissionais, revistas e congressos próprios. Dizem que especialistas são aqueles que sabem cada vez mais a respeito de cada vez menos, e nas ciências esse processo continuou a produzir áreas cada vez mais fragmentadas de conhecimento, todas com suas próprias publicações especializadas. Até 2011, havia aproximadamente 25 mil revistas científicas.[12]

Não cabe a todos esses especialistas refletir sobre as pressuposições filosóficas subjacentes à ciência. Os historiadores e filósofos da ciência já fazem isso, mas eles próprios estão numa área especializada, muitas vezes tratada como de escasso interesse da verdadeira atividade da ciência. Com isso, a velha ideologia materialista ou fisicalista permanece praticamente sem ser questionada. Um dos seus efeitos é colocar a física no topo da hierarquia científica, porque o fisicalismo, por definição, afirma que basicamente tudo pode ser explicado pela física.

Fisicalismo e física

É da física que provém a concepção simples e unificada da natureza, e os físicos gostam de pensar que sua disciplina é a mais fundamental e unificadora de todas as ciências. É verdade que todos os corpos materiais são compostos por partículas quânticas, que todos os processos físicos implicam fluxos de energia e que todos os eventos físicos acontecem dentro da estrutura de espaço-tempo fornecida pelo campo gravitacional universal. Mas esses aspectos da física deixam de fora quase todos os detalhes que possamos querer para entender o desenvolvimento dos pinheiros, os efeitos dos hormônios sexuais, a vida social das abelhas, a evolução das línguas indo-europeias ou a concepção dos *softwares* dos computadores.

Ironicamente, para aqueles que gostariam de reduzir tudo à física com o intuito de unificar a natureza, os próprios físicos resistiram à unificação durante décadas. Suas duas teorias mais fundamentais, a mecânica quântica e a teoria geral da relatividade, são incompatíveis. A relatividade geral aplica-se à estrutura em grande escala do universo — os planetas, as estrelas e as galáxias — e descreve a gravitação, uma das quatro "forças fundamentais". A mecânica quântica descreve as outras três forças (eletromagnetismo, força nuclear forte e força nuclear fraca) e é mais precisa do que as escalas atômica e subatômica. Porém, as duas teorias partem de diferentes pressuposições e têm resistido a anos de esforços para que sejam unificadas.[13]

É aí que entra a teoria das supercordas e a teoria M, com dez e onze dimensões respectivamente (ver o Capítulo 3). Mas, em vez de dar uma nova unidade à física, essas teorias geram grandes números de mundos possíveis. O preço da unificação é uma proliferação descontrolada de universos. Todos os universos, exceto o nosso, não são observados nem podem ser observados. Que tipo de unificação é essa? Parece mais a suprema pluralidade.

Na ciência mecanicista, a física surgiu primeiro há muito tempo, a partir do estudo da mecânica, da astronomia e da óptica nas universidades medievais. Em termos de prestígio a física também vem antes, graças à sua alegação de que lida com as realidades mais fundamentais, bem como com a origem de todas as coisas no Big Bang. Mas essa prioridade é arbitrária. Outros grupos profissionais poderiam arrogar para a sua área um *status* tão elevado quanto o da física, se não mais elevado. Os estudos da consciência poderiam reivindicar primazia, uma vez que a física acontece na mente humana e depende inteiramente da consciência humana. As equações de Maxwell e as teorias das supercordas não existem "lá fora" como fatos independentes: são conceitos mentais.

Os neurologistas poderiam alegar que sem a neurofisiologia e a química cerebral não poderia haver consciência humana. Os proponentes da linguística poderiam argumentar que sem a linguagem não haveria cultura humana; os cientistas sociais poderiam dizer que sem as sociedades a física jamais teria existido; os economistas poderiam afirmar que sem a economia operante ninguém seria capaz de fazer física. Enquanto isso, os fisiologistas poderiam lembrar que o cérebro é simplesmente uma parte do corpo e que depende do funcionamento coordenado do todo, inclusive da digestão, da respiração, da circulação, dos membros, dos órgãos dos sentidos e assim por diante. Os embriologistas poderiam alegar que, para começar, sem o desenvolvimento embrionário não haveria corpo nem fisiologia e, consequentemente, nenhum físico; e os geneticistas poderiam argumentar que sem os genes não haveria embriologia.

Os evolucionistas poderiam lembrar as origens evolutivas da humanidade; os ecologistas poderiam salientar a interdependência de toda a vida; os botânicos poderiam enfatizar que os seres humanos e todos os outros animais dependem basicamente das plantas para se alimentar e da bioquímica da fotossíntese; os físicos, por sua vez, poderiam entrar novamente em cena com a física solar e a astronomia, sem as quais não haveria fotossíntese. Os engenheiros e tecnólogos poderiam argumentar que sem os equipamentos científicos não seria possível fazer nenhuma mensuração precisa, e que sem as modernas tecnologias da comunicação e a computação as ciências não conseguiriam funcionar. E por aí vai.

Ninguém pode reivindicar primazia absoluta. Tudo está interligado. Nada é permanente nem está isolado de tudo o mais. Há uma interdependência de todas as coisas e em todos os níveis de organização. Isso se assemelha bastante à doutrina budista de originação dependente ou surgimento dependente, segundo a qual todos os fenômenos ocorrem em uma rede interdependente de causa e efeito.

A filosofia materialista e a primazia da física andam de mãos dadas. O mesmo ocorre com a interdependência de todas as realidades e a pluralidade das ciências. As ciências ainda carecem de princípios unificadores, mas esses princípios não precisam vir exclusivamente da física.

Princípios unificadores

Assim como os princípios unificadores da física com os quais estamos familiarizados, como forças, campos e fluxos de energia, há o princípio da organização em hierarquias aninhadas. Os sistemas, ou organismos, ou hólons ou unidades mórficas em cada nível são "todos" compostos por partes que, por sua vez, são "todos" constituídos de partes. Os cristais contêm moléculas, que contêm átomos, que contêm partículas subatômicas. Aglomerados galácticos contêm galáxias, que contêm sistemas solares, que contêm planetas. Sociedades de organismos contêm animais, que contêm órgãos, que contêm tecidos, que contêm células, que contêm moléculas, que contêm átomos.... (ver o Capítulo 1).

A hipótese de ressonância mórfica representa outro princípio unificador: todos os sistemas auto-organizadores recorrem à memória coletiva de sistemas semelhantes da sua espécie (ver os Capítulos 3, 6 e 7).

Porém, sempre que encontramos princípios gerais, é exatamente a sua generalidade que esconde os detalhes de coisas específicas. Sequoias, algas marinhas e girassóis contêm os mesmos elementos químicos, captam energia luminosa por fotossíntese e têm hierarquias aninhadas de organização. Mas as propriedades que os tornam semelhantes não explicam por que cada espécie é diferente.

Existe também uma liberdade e individualidade em todas as coisas. Uma plantação de batatas contém dezenas de milhares de plantas geneticamente idênticas; batatas cultivadas são clones. Todavia, apesar de estarem no mesmo campo, de terem sido plantadas na mesma época e estarem expostas ao mesmo clima, cada planta é diferente das suas vizinhas; e cada folha de cada planta difere em detalhes de todas as outras folhas. Até mesmo o lado direito e o lado esquerdo da mesma folha têm diferentes padrões de nervuras e formatos ligeiramente diferentes.

Quanto mais generalizadas as ciências se tornam, menos detalhes explicam e vice-versa. As ciências precisam abranger princípios gerais e muitos campos especializados de estudo, porque os sistemas que elas investigam são muito diversos, de *quarks* a galáxias, de cristais de sais a ninhos de andorinhas, de liquens a linguagens.

Autoridade científica

Um dos problemas em relação à autoridade da ciência é que divergências e discussões são perigosas. Como é preciso preservar a autoridade, as discordâncias geralmente são mantidas nos bastidores. Os cientistas relutam em admitir em público que sua suposta objetividade pode estar comprometida. Até mesmo a teoria das revoluções científicas de Thomas Kuhn com a mudança de paradigma preservou a imagem de autoridade estabelecida. Numa revolução científica, uma nova realidade consensual substitui a antiga. Ideias que a princípio eram revolucionárias passam a ser a nova ortodoxia, como a deriva continental na geologia e a teoria quântica na física. Essas não são como aquelas raras revoluções políticas em que um sistema autocrático é derrubado e substituído pela democracia. São mais como revoluções em que uma ditadura é substituída por outra.

Em quase todas as outras esferas da vida humana, não há apenas um ponto de vista, mas vários. Há muitos idiomas, culturas, nações, filosofias, religiões, seitas, partidos políticos, ramos de negócios e estilos de vida. Só no domínio da ciência é que ainda podemos encontrar velhos costumes de monopólio, universalidade e autoridade absoluta que costumavam ser reivindicados pela Igreja Católica Romana. Católico significa "universal". Na Reforma protestante, iniciada em 1517, a Igreja Católica perdeu seu monopólio; hoje em dia muitas outras igrejas e ideologias coexistem com ela, inclusive o ateísmo. Mas ainda há apenas uma ciência universal.

Nos séculos XVII e XVIII, quando a Europa ocidental foi dividida por conflitos entre católicos e protestantes, os ideais de ciência e razão destacaram-se como um caminho para a verdade que se elevava acima das discussões religiosas. O Iluminismo nasceu dessa atitude de respeito pelas ciências e do poder da razão humana, acompanhado por uma atitude de condescendência em relação à religião ortodoxa. Como escreveu John Brooke:

A ciência não era respeitada apenas por seus resultados, mas também como um modo de pensar. Ela oferecia uma perspectiva de iluminação por meio da correção de erros passados e, especialmente, por seu poder de passar por cima de superstições... [Mas] a motivação daqueles que colocavam a ciência contra a religião geralmente tinha pouco a ver com ganhar liberdade intelectual para o estudo da natureza. Muitas vezes não eram os próprios filósofos naturais [cientistas], mas pensadores com ressentimentos sociais ou políticos, que transformavam as ciências numa força secularizante ao atacar o poder do clero.[14]

Os cientistas alegavam ser capazes de chegar à verdade absoluta adotando uma postura de observadores objetivos.[15] Na versão em preto e branco do cientismo, a ciência se distingue de todas as outras atividades humanas. Só a ciência é capaz de produzir fatos incontestáveis.[16] Nesse quadro idealizado, os cientistas estão isentos dos fracassos do restante da humanidade. Eles têm acesso direto à verdade. Só eles são objetivos. O mito do conhecimento desvinculado do corpo e a alegoria da caverna reforçam essa imagem, e o prestígio do sacerdócio científico acrescenta a chancela de autoridade.

A mentalidade autoritária é mais óbvia em relação aos fenômenos psíquicos e à medicina alternativa (ver os Capítulos 9 e 10). Estes são tratados como heresia, e não como áreas válidas de questionamento racional. Inquisições autodenominadas, como o Comitê de Investigação Cética, tentam garantir que esses tópicos não sejam levados a sério nos meios de comunicação respeitáveis, que não recebem recursos financeiros e que sejam excluídos dos programas universitários. A crença de que a medicina mecanicista é o único tipo que realmente funciona tem consequências políticas de longo alcance.

Há muitos sistemas terapêuticos, inclusive osteopatia, acupuntura, naturopatia e homeopatia, mas apenas um tipo, a medicina mecanicista, é rotulada de "científica" e conta com um monopólio de poder patrocinado pelo Estado, autoridade científica e apoio financeiro.

A ciência como nós a conhecemos baseia-se num ideal de verdade objetiva, que permite apenas uma teoria triunfante por vez. É por isso que os cientistas usam expressões como "cravar o último prego no caixão do vitalismo" (ver a página 21) ou o "tiro de misericórdia na teoria do estado estacionário" (ver a página 76), vangloriando-se de exterminar heresias. Grande parte da hipocrisia da ciência vem do fato de ela se apropriar do manto da verdade absoluta, uma relíquia do etos de poder político e religioso absoluto da época do nascimento da ciência mecanicista. É claro que existem discordâncias entre os cientistas, e as ciências estão constantemente mudando e se desenvolvendo. Mas o monopólio da verdade ainda representa um ideal. Vozes discordantes são heréticas. Debates públicos justos não fazem parte da cultura das ciências.

No ideal do Iluminismo, a ciência era o caminho para o conhecimento e transformaria a humanidade para melhor. A ciência e a razão estavam na vanguarda. Esses eram, e ainda são, ideais maravilhosos que inspiraram os cientistas por gerações. Eles me inspiraram. Sou totalmente a favor da ciência e da razão desde que sejam científicas e sensatas. Mas sou contra isentar os cientistas e a visão de mundo materialista do pensamento crítico e da investigação cética. Precisamos de um iluminismo do Iluminismo.[17]

Debates e diálogos científicos

Um importante ingrediente no processo de reforma seria introduzir a prática de debates nas instituições científicas. Isso pode parecer simples e óbvio, mas esses debates atualmente são raríssimos. Eles ainda não fazem parte da cultura da ciência.

Um possível tema para debate, que fundamenta grande parte deste livro, é a pergunta se os fenômenos da vida e da mente podem ser reduzidos à física. Muitos biólogos acreditam que sim. Mas muitos físicos não têm tanta certeza assim. A pergunta "Os fenômenos da vida e da mente podem ser explicados pela física?" poderia ser debatida em quase todas as universidades.

Outro excelente assunto para debate seria a objetividade das ciências. Nas universidades e institutos científicos, muitas pessoas depositam sua fé na ciência e na razão como a única maneira objetiva de adquirir conhecimentos. Muitos compartilham da crença de Ricky Gervais de que "A ciência é humilde. Ela sabe o que sabe e o que não sabe. Baseia suas conclusões e convicções em evidências sólidas".[18] Diversas universidades também têm historiadores, sociólogos e filósofos da ciência que estudam como as ciências funcionam na prática. Eles poderiam discutir até que ponto o ideal de objetividade científica corresponde às práticas das ciências.

Há também os dez dogmas fundamentais do materialismo analisados nos Capítulos 1 a 10 deste livro. Cada um deles daria um bom tópico para debate, e sugeri várias outras perguntas no final de cada capítulo. A maioria dessas perguntas representaria tópicos para debates ou diálogos mais especializados.

Se os debates científicos se tornassem uma característica normal da vida pública, da vida universitária e dos congressos científicos, a cultura da ciência mudaria. Perguntas abertas que estimulem e favoreçam o diálogo passariam a ser normais, em vez de um lado estar certo e o outro ser herético. Nas políticas democráticas estamos acostumados ao pluralismo, e nenhum partido detém o monopólio do apoio público. As discussões políticas têm no mínimo dois lados. Numa democracia, o partido que está no poder não pode eliminar as opiniões contrárias sem se tornar totalitário e destruir o próprio princípio da democracia.

Mas os debates têm suas limitações; a principal delas é que um lado ganha e o outro perde. Da mesma forma, num julgamento, os dois lados apresentam seus argumentos, mas o veredicto vai para um lado ou para o outro, sim ou não. Esse sistema é inestimável quando são necessários veredictos práticos. O juiz e o júri têm de decidir se condenam ou absolvem o réu. Um parlamento ou congresso tem de decidir que leis promulgar. É preciso que haja leis claras, e não um emaranhado de ambiguidade jurídica. Todo mundo tem de dirigir na mão direita (como nos Estados Unidos, França e Austrália) ou na mão esquerda (como na Inglaterra, Índia e Japão). A decisão pode ser arbitrária, mas tem de ser esquerda *ou* direita, e não esquerda *e* direita.

Algumas decisões da ciência também têm uma necessidade prática: que áreas de pesquisa financiar, quem deve receber subsídio e se determinado artigo deve ou não ser aceito para publicação numa revista científica. As decisões geralmente são feitas de modo reservado, mas sempre há algum tipo de discussão entre as pessoas que tomam as decisões.

Todos esses debates práticos, sejam públicos ou privados, precisam chegar a um acordo. Mas a maioria das situações é mais ambígua. Nas fronteiras das pesquisas científicas, quando ainda não se sabe as respostas, é inevitável que haja incertezas. Os físicos não chegam a um acordo se determinada teoria das cordas de dez dimensões está correta, em oposição a outras teorias de cordas e às teorias-M de onze dimensões. Existem várias teorias, todas com seus defensores. Em áreas exploratórias ou incertas, a abordagem mais produtiva não é o debate, mas o diálogo. Diálogo é uma troca de ideias ou opiniões, uma exploração conjunta. Não é necessário que um lado ganhe. É claro que diálogos e conversas são travados todo o tempo em todas as profissões, inclusive entre os cientistas. Mas se os diálogos públicos se tornassem um aspecto corriqueiro da vida científica, eles estimulariam uma cultura de abertura, ainda mais que os próprios debates.

Na minha experiência, os diálogos mais produtivos são realizados entre duas ou três pessoas.[19] Os chamados grupos de discussão, uma característica comum dos congressos científicos, com cinco a dez participantes, raramente chegam a algum lugar. Depois que cada participante expõe seus argumentos iniciais, geralmente não sobra tempo para discussão, e com tantos participantes é impossível manter um foco claro. Um debate com duas ou três pessoas pode render muito mais.

Participação pública e financiamento da ciência

A ciência sempre foi elitista e ademocrática, seja em monarquias, países comunistas ou democracias liberais. Porém, atualmente está se tornando mais, e não menos hierárquica. No século XIX, Charles Darwin era um dos muitos pesquisadores independentes que, sem nenhum subsídio, fez trabalhos originais instigantes. Esse tipo de liberdade e independência é raro hoje em dia. Os órgãos de financiamento da ciência determinam o que pode acontecer nas pesquisas. O poder de seus integrantes está concentrado nas mãos de cientistas mais velhos com habilidades políticas, autoridades e representantes de grandes setores empresariais.

Em 2000, uma pesquisa patrocinada pelo governo britânico sobre a atitude da população em relação à ciência revelou que a maioria das pessoas acreditava que a "ciência é movida pelos negócios — no final das contas, tudo gira em torno de dinheiro". Mais de três quartos dos pesquisados achavam que "É importante que alguns cientistas não estejam ligados a empresas". Mais de dois terços disseram que "os cientistas deveriam ouvir mais a opinião das pessoas comuns". Preocupado com essa alienação, o governo britânico tentou engajar o público em geral "num diálogo entre ciência, formuladores de política e a população".[20] Nos círculos oficiais, houve uma mudança da política anterior de compreensão pública da ciência para um modelo de "engajamento" entre a ciência e a sociedade. A política de compreensão pública baseava-se num "modelo de déficit" que considerava fundamental o fornecimento de informações simples e factuais. Os cientistas deveriam dizer a verdade à população, e esta, por sua vez, deveria acatá-la de bom grado. O problema era que essa política não funcionava. Disseram aos ingleses que o mal da vaca louca não representava uma ameaça aos seres humanos. Mas representou. Depois, disseram que as culturas geneticamente modificadas (GM) eram boas para as pessoas, e muitas não acreditaram. Em toda a Europa, houve uma revolta dos consumidores contra os alimentos geneticamente modificados, e os proponentes da compreensão pública da ciência não conseguiram evitá-la.

O "engajamento público" com a ciência deveria ser a resposta. Porém, na prática, essa mudança na retórica fez pouca diferença, e o financiamento da ciência continuou a ser feito como antes. O mesmo ocorreu com a desconfiança da população. Embora houvesse vários exercícios bem organizados de engajamento público na década de 2000, os formuladores de política geralmente os ignoravam.[21]

Alguns exemplos de engajamento eficaz estão relacionados com a medicina, em que grupos ativistas de pacientes, como os vinculados à questão da Aids, já tinham exercido um grande impacto nas pesquisas e no tratamento da doença.[22] Há muitos tipos de grupos de pacientes. Alguns são principalmente organizações de ajuda mútua, enquanto outros são altamente politizados. Para os sociólogos que estudam esses grupos, eles exemplificam o surgimento da "cidadania científica".[23] No entanto, alguns grupos de pacientes são financiados por laboratórios farmacêuticos, que têm muito a ganhar com as campanhas para os provedores de saúde cobrirem as despesas com medicamentos caros. Porém, apesar dessa exploração de alguns grupos de pacientes, muitas dessas organizações demonstram que pessoas leigas são perfeitamente capazes de participar de discussões públicas.

Instituições médicas beneficentes, como a Cancer Research, a Meningitis Research Foundation e a Stroke Association, do Reino Unido, têm influência direta sobre as pesquisas ao financiá-las. No Reino Unido, existem 130 instituições desse tipo,[24] que contribuem coletivamente com cerca de um terço de todo o gasto público com pesquisas médicas e de saúde. Algumas são administradas por conselhos ou comitês formados principalmente por leigos.

Os interesses de grupos ativistas formados por pacientes e das instituições beneficentes restringem-se a determinadas doenças e incapacidades. Para as pessoas que não têm um foco tão intenso, atualmente há pouca possibilidade de engajamento em pesquisas científicas. Sugiro um experimento que poderia transformar em realidade um maior engajamento público: destinar 1% do orçamento da ciência para pesquisas que realmente interessem às pessoas que não pertencem à comunidade médica e científica. Hoje em dia, o dinheiro é distribuído de acordo com interesses de comissões compostas por cientistas tradicionais, executivos de corporações e burocratas do governo. No Reino Unido, esse financiamento oficial inclui o Medical Research Council, o Biotechnology and Biological Sciences Research Council e o Engineering and Physical Sciences Research Council. O orçamento para pesquisas científicas do governo do Reino Unido gira em torno de 4,6 bilhões de libras por ano,[25] portanto, 1% equivaleria a 46 milhões de libras por ano.

Que perguntas capazes de ser respondidas pelas pesquisas científicas são de interesse público? A maneira mais simples de descobrir seria pedir sugestões. Elas poderiam vir de organizações associativas como National Trust, British Beekeepers' Association, National Society of Allotment and Leisure Gardeners, Oxfam, Consumers' Association e Women's Institute, bem como de autoridades e sindicatos locais. Os possíveis tópicos para pesquisa seriam discutidos nos boletins informativos dessas organizações, em revistas especializadas, jornais e fóruns *on-line*. As sugestões seriam submetidas aos administradores do fundo de 1%, que poderia ser chamado de Centro Aberto de Pesquisas.

Esse Centro Aberto de Pesquisas não teria nenhum vínculo com a ciência tradicional e seria administrado por um conselho que representasse uma grande gama de interesses, inclusive organizações não governamentais e associações voluntárias. Assim como algumas das instituições médicas beneficentes, a maioria dos seus membros não pertenceria à comunidade científica. Com base nas sugestões recebidas, o centro publicaria uma lista de áreas de pesquisa em que haveria subsídios disponíveis e estimularia a apresentação de propostas que seriam avaliadas por especialistas da maneira usual. O centro não financiaria pesquisas já cobertas pelo orçamento regular da ciência.

Essa nova iniciativa, aberta à contribuição democrática e à participação pública, não implicaria gastos adicionais e teria um grande efeito no envolvimento das pessoas com a ciência e a inovação.[26] Acho que essa abordagem tornaria a ciência mais atraente aos jovens, estimularia o interesse público no pensamento científico e ajudaria a acabar com a deprimente alienação de muitas pessoas em relação às ciências. Além disso, permitiria que os próprios cientistas pensassem mais livremente. E seria mais divertido.

Além disso, poderia haver outros métodos para financiar projetos científicos. Uma possibilidade seria a criação de um *reality show* em que propostas para pesquisas de grande interesse público fossem submetidas a um grupo, bem nos moldes do show *Dragons' Den* do canal de TV BBC, em que empreendedores tentam convencer um grupo de empresários a investir na sua ideia. O grupo, composto por cientistas e leigos, teria dinheiro de verdade para oferecer como subsídio — digamos, 1 milhão de libras por ano, retirado do fundo de 1%.

Quanto maior a diversidade das fontes de financiamento, maior a liberdade das ciências. Felizmente, já existe uma série de fontes de financiamento não governamentais, inclusive empresas e fundações beneficentes, e algumas delas já financiam áreas de pesquisas que representam tabu para órgãos oficiais de financiamento. As fundações têm mais liberdade para se adaptar a novas circunstâncias do que os órgãos governamentais de financiamento e podem ter mais condições de facilitar a abertura de novas linhas de pesquisa.

Aprendendo com outras culturas

A ciência como a conhecemos é menos eficaz quando lida com os aspectos subjetivos da realidade, ou quando tenta evitá-los. A nossa própria percepção de qualidades como o perfume de uma rosa ou o som de uma banda foi reduzida ao mínimo, deixando apenas estruturas moleculares inodoras e a física das vibrações. A ciência tentou restringir-se a relações do tipo eu-objeto, uma visão de mundo na terceira pessoa. Ela fez o que pôde para deixar de fora as relações eu-você, experiências na segunda pessoa, bem como experiências na primeira pessoa, nossas experiências pessoais. Nossa vida interior — inclusive nossos sonhos, esperanças, amores, ódios, dores, arrebatamentos, intenções, alegrias e tristezas — é reduzida a leituras de traçados de eletrodos, como no eletroencefalograma (EEG), alterações nos níveis de substâncias químicas das terminações nervosas ou imagens bidimensionais de tomografias computadorizadas cerebrais em telas de computador. Por esses meios uma mente se torna um objeto.

Mas, em vez de tentar reduzir as mentes a objetos, e se todos os sistemas auto-organizadores forem sujeitos? Como mencionado no Capítulo 4, alguns filósofos propõem que materialismo implica pampsiquismo, o que significa que sistemas auto-organizadores como átomos, moléculas, cristais, plantas e animais têm pontos de vista, vida interior, ou experiência subjetiva. A maioria das pessoas que têm animais de companhia pressupõe que seu cão, gato, papagaio ou cavalo tem experiências subjetivas, como emoções, desejos e temores. Mas e as cobras? Ou as ostras? Ou as plantas? Nós podemos tentar imaginar sua vida interior, mas é difícil. Porém, nas tradicionais sociedades de caçadores-coletores em todo o mundo, especialistas em comunicação com organismos não humanos formam conexões com uma grande variedade de animais e plantas. Os xamãs ligam-se a animais e plantas por meio da sua mente ou espírito e, com isso, descobrem informações úteis. Dizem que eles sabem onde encontrar os animais e que ajudam os caçadores. Eles sabem que plantas são boas para curar ou que podem ser usadas como infusões psicoativas, que alteram o estado mental.

Durante séculos, cientistas e pessoas instruídas no Ocidente menosprezaram o conhecimento xamânico, considerando-o primitivo, animístico ou supersticioso. Os antropólogos estudaram os papéis sociais dos xamãs, mas a maioria deles pressupôs que, se os xamãs têm algum conhecimento válido do mundo natural, esse conhecimento não foi adquirido subjetivamente, mas sim por meios "normais" baseados no bom senso, ou então por tentativa e erro. Eles acham que se os xamãs descobriram plantas que curam ou infusões alucinógenas como a *ayahuasca*, usada tradicionalmente em partes da região amazônica, fizeram-no testando várias plantas aleatoriamente. Mas os próprios xamãs dizem que esse conhecimento é oriundo das "plantas mestras".[27]

E se os xamãs realmente tiverem meios completamente desconhecidos pelos cientistas de aprender sobre plantas e animais? E se eles exploraram a natureza durante muitas gerações e descobriram maneiras de se comunicar com o mundo à sua volta, maneiras essas que dependem de métodos subjetivos, e não objetivos? O antropólogo brasileiro Viveiros de Castro resumiu a diferença da seguinte maneira:

> Objetivação é o nome do nosso jogo... A forma do outro é *a coisa*. O xamanismo ameríndio parece guiado pelo ideal inverso. Conhecer é personificar, tomar o ponto de vista daquilo que deve ser conhecido. O conhecimento xamânico visa um "algo" que é um "alguém", um outro sujeito. A forma do outro é *a pessoa*. O que estou definindo aqui é o que os antropólogos de outrora costumavam chamar de animismo, uma atitude que é muito mais um princípio metafísico vão, pois a atribuição de alma a animais e a outros ditos seres naturais implica uma maneira específica de lidar com eles.[28]

Durante a maior parte da história da humanidade, os seres humanos eram caçadores-coletores e só conseguiam sobreviver porque sabiam caçar e compreendiam profundamente os animais que caçavam. Só conseguiam sobreviver porque sabiam quais plantas eram comestíveis e onde e quando encontrá-las. Seu conhecimento foi útil, e ainda hoje nos beneficiamos de suas descobertas. Aproximadamente 70% dos nossos medicamentos são derivados de plantas (ver o Capítulo 10), e grande parte do nosso conhecimento sobre as propriedades medicinais dessas plantas era tradicional, adquirido há muito tempo em culturas pré-científicas.

Durante grande parte do século XX, os cientistas da área de psicologia tentaram compreender a mente de forma objetiva, de uma perspectiva exterior, estudando comportamentos mensuráveis e respostas quantificáveis. Em experimentos behavioristas típicos, ratos presos em gaiolas aprendiam a pressionar alavancas para obter recompensa na forma de bolinhas de ração ou a evitar punição, como choques elétricos. Pesquisas mais recentes enfatizaram principalmente o estudo de cérebros e de modelos computadorizados de atividade cerebral. Nas tradições míticas, tanto do Ocidente como do Oriente, as pessoas exploravam a natureza da mente por meio de longos períodos de meditação, descobrindo seus mecanismos de processos mentais de uma perspectiva interior. Em contrapartida, os psicólogos acadêmicos e os cientistas cognitivos costumam pagar para os sujeitos participarem de seus estudos, geralmente estudantes universitários que não foram treinados para observar ou relatar os processos mentais. Como disse Allan Wallace, intelectual budista:

Ao deixar a introspecção nas mãos de amadores, os cientistas garantem que a observação direta da mente permaneça no nível da psicologia popular... Os especialistas em ciências cognitivas aceitaram o desafio de compreender os processos mentais, mas ao contrário de todos os outros cientistas naturais, eles não recebem treinamento profissional para observar as realidades que constituem o seu campo de questionamento.[29]

Hoje em dia, há muitos professores de meditação, principalmente das tradições hinduísta e budista, e alguns cientistas começaram a explorar a própria mente.[30]

As pesquisas científicas sobre as interações da mente com o corpo são tão antigas quanto as pesquisas da mente feitas de uma perspectiva interior. A medicina reconhece cada vez mais os efeitos da crença sobre a cura, como revela a resposta ao placebo, e estudos que usam retroalimentação biológica (*biofeedback*) mostram que as pessoas conseguem aprender a adquirir controle consciente sobre o fluxo sanguíneo para os dedos e sobre outros aspectos da sua fisiologia que normalmente são regulados inconscientemente (ver o Capítulo 10). Mas esses feitos são elementares comparados aos feitos dos iogues indianos, que demonstram uma extraordinária influência voluntária sobre seus sistemas digestório e circulatório. Um dos meios pelos quais eles adquirem essas habilidades é pelo controle da respiração. A respiração é controlada tanto pelo sistema nervoso voluntário como pelo sistema nervoso involuntário, e os exercícios respiratórios iogues podem representar uma ponte entre ambos.[31]

Na China, a tradição do *chi gung* ou *qigong* também dá uma grande ênfase às práticas respiratórias e tem muitas aplicações na medicina tradicional chinesa e nas artes marciais. Tanto o *prana* na tradição indiana como o *chi* na tradição chinesa são traduzidos como "energia", mas diferem do conceito de energia da psicologia mecanicista. Existem sérios problemas com o dogma científico tradicional de conservação de energia nos organismos vivos (ver o Capítulo 2), e há muito os equilíbrios energéticos humanos já deveriam ter sido reavaliados. Essa é uma área em que talvez seja possível reunir essas diferentes tradições em uma nova e integrada compreensão.

Em muitas partes da África e do subcontinente indiano, as mulheres conseguem percorrer grandes distâncias com pesadas cargas sobre a cabeça. Estudos de mulheres no leste da África mostraram que elas conseguem carregar até 20% do seu peso corporal sem problemas, sem nenhum gasto extra de energia, comparado com o simples ato de andar. Elas também conseguem suportar até 70% do peso corporal usando 50% a menos de energia que um recruta do exército americano com uma mochila nas costas. Essa habilidade requer um modo especial de andar.[32] Mas será que esse modo de andar é suficientemente especial para explicar essa eficiência extraordinária?

Isso também levanta uma questão prática. Por que os adolescentes de todo o mundo não aprendem essa habilidade nas aulas de educação física? A capacidade de transportar cargas de maneira eficiente é útil. Em algum momento na vida das pessoas modernas elas podem precisar carregar cargas em terrenos mais acidentados do que os de aeroportos, quando não puderem usar malas com rodinhas. A principal razão para ignorar essa habilidade é o *status* social. As mulheres que carregam cargas na cabeça são de classe social baixa e vivem em países em desenvolvimento.

Arrogância e esnobismo fazem a maioria das pessoas com formação em ciências sentirem-se superiores a todas as culturas pré-científicas, inclusive a delas próprias. No final do século XIX, essas atitudes tinham uma justificativa científica em termos de evolução e progresso social. Os antropólogos, como James Frazer (1854-1941), achavam que as crenças humanas evoluíam por meio de três estágios: animismo, religião e ciência. As sociedades primitivas eram animistas e infantis, permeadas de pensamento mágico. Religiões como cristianismo representavam um estágio mais elevado de evolução, mas ainda incluíam muitos elementos primitivos. Tanto o animismo como a religião foram suplantados pela ciência, o nível supremo de compreensão humana.

Nesse contexto, por que as pessoas modernas querem aprender a carregar cargas na cabeça, como as africanas sem instrução? Ou por que elas teriam alguma coisa a aprender com tradições pré-científicas como ioga e *chi gung*? E o que os xamãs têm para oferecer, a não ser baboseira?

Novos diálogos com religiões

À medida que as ciências se libertam das amarras do materialismo, surgem muitas novas possibilidades. E muitas delas abrem novas possibilidades de diálogos com tradições religiosas.[33] Aqui estão alguns exemplos.

As pesquisas estatísticas revelaram que as pessoas que frequentam serviços religiosos regularmente tendem a viver mais, a ter mais saúde e a sofrer menos de depressão. Além disso, as práticas de oração e meditação muitas vezes têm efeitos benéficos sobre a saúde e a longevidade (ver o Capítulo 10). Como funcionam essas práticas? Será que os efeitos são puramente psicológicos ou sociológicos? Ou será que a conexão com uma realidade espiritual mais ampla confere maior capacidade de curar e proporciona uma maior sensação de bem-estar?

Se organismos de todos os níveis de complexidade de certa forma estão vivos com seus propósitos próprios, isso quer dizer que a Terra, o sistema solar, nossa galáxia e, certamente, todas as estrelas têm vida e propósitos próprios. E também todo o universo (ver o Capítulo 1). O processo de evolução cósmica pode ter propósitos ou fins inerentes, e o cosmos pode ter uma mente ou consciência. Como o próprio universo está evoluindo e se desenvolvendo, a mente ou a consciência do universo também deve estar evoluindo e se desenvolvendo. Essa mente cósmica é o mesmo que Deus? Só se Deus for concebido num espírito panteísta como a alma ou mente do universo. Na tradição cristã, a alma do mundo não é idêntica a Deus. Por exemplo, o teólogo cristão Orígenes (*c.* 184-253) acreditava que a alma do mundo era o Logos, de infinita criatividade, que deu origem ao mundo e aos processos de desenvolvimento dentro dele. O Logos era um aspecto de Deus, e não todo o Deus, cujo ser transcendia o universo.[34] Se em vez de um universo houvesse muitos universos, então o ser divino incluiria e transcenderia a todos eles.

O universo está evoluindo e é uma arena de criatividade contínua. A criatividade não está confinada à origem do universo, como no deísmo (ver o Capítulo 1), mas é parte contínua do processo evolutivo, manifestada em todas as esferas da natureza, inclusive as sociedades humanas, as culturas e as mentes. Embora a criatividade manifestada em todas essas esferas tenha uma fonte divina definitiva, não é preciso pensar em Deus como uma mente criadora externa. Na tradição judeu-cristã, Deus imbuiu o mundo natural com criatividade também, como no primeiro capítulo do Livro de Gênesis, onde Ele convocou a vida da terra e dos mares (Gênesis 1: 11, 20, 24) — uma imagem muito diferente da do Deus engenheiro de um universo mecanicista. E, num universo criativo e em evolução, não há razão para que o surgimento de matéria e energia se restringisse ao primeiro instante, como na teoria tradicional do Big Bang. Na verdade, alguns cosmólogos propõem que a expansão contínua do universo é movida pela criação contínua de "energia escura" do campo gravitacional universal ou do "campo de quintessência" (ver o Capítulo 2).

Se as leis da natureza são mais semelhantes a hábitos e se existe uma memória coletiva inerente dentro do mundo natural (ver o Capítulo 3), como essa memória está relacionada com o princípio de *karma* no hinduísmo e no budismo, uma cadeia de causa e efeito que implica um tipo de memória na natureza? Em algumas correntes de pensamento, como no *Lankavatara Sutra* do budismo Mahayana, existe uma memória cósmica ou universal.[35]

Da mesma forma, se a herança biológica depende em grande parte da ressonância mórfica e de uma memória coletiva dentro de cada espécie (ver o Capítulo 6), como é que essa memória está relacionada com as doutrinas de reencarnação ou renascimento?

Se a mente não está armazenada como traços materiais no cérebro, mas sim depende de um processo de ressonância, então as próprias memórias não podem desaparecer com a morte, embora o corpo por meio do qual elas normalmente são recuperadas se decomponha. Existe alguma outra maneira pela qual essas memórias podem continuar a agir? Será que alguma forma de consciência não corporal pode sobreviver à morte do corpo e ainda ter acesso às memórias de um indivíduo, conscientes ou inconscientes, como supõem todas as religiões?

Se a mente não está confinada ao cérebro, como é que essa mente humana se relaciona com as mentes dos sistemas de níveis mais elevados de organização, como o sistema solar, a galáxia, o universo e a mente de Deus? As experiências místicas são apenas o que parecem ser, ou seja, conexões entre a mente humana e formas de consciência maiores e mais abrangentes?

Se a mente humana, individual e coletivamente, fizer contato com mentes de níveis mais elevados, inclusive a consciência suprema de Deus, até que ponto ela pode influenciar o processo evolutivo ou ser influenciada pela vontade divina? Num universo vivo e evolutivo, os seres humanos são meras partes de um processo em desdobramento num planeta isolado ou será que a consciência humana desempenha um papel maior na evolução cósmica, de alguma maneira conectada a mentes em outras partes do universo?

Todas as tradições religiosas surgiram numa era pré-científica. As ciências revelaram muito mais do mundo natural que qualquer um poderia ter imaginado no passado. Por exemplo, só no século XIX é que foram reconhecidos o grande ímpeto de evolução biológica e os éons do tempo geológico, e só no século XX é que outras galáxias foram descobertas, junto com a vasta expansão de tempo do Big Bang até o presente. As ciências evoluíram, assim como as religiões. Nenhuma religião hoje é a mesma da época da sua fundação. Em vez dos amargos conflitos e da desconfiança mútua causada pela visão de mundo materialista, estamos entrando numa era em que as ciências e as religiões podem enriquecer-se entre si por meio de explorações compartilhadas.

Perguntas abertas

À medida que os tabus do materialismo perdem o seu poder, novas perguntas científicas podem ser feitas e, quem sabe, respondidas.

Ao longo de todo este livro, sugeri uma série de novas possibilidades para pesquisas: por exemplo, o uso de pesquisa comparativa de eficácia sobre curas convencionais e "alternativas" de problemas como lombalgia, enxaqueca e herpes labial (ver o Capítulo 10); experimentos sobre experimentos para descobrir até que ponto as expectativas dos experimentadores influenciam seus resultados nas ciências "exatas" (ver o Capítulo 11); uma análise dos dados existentes para descobrir se a Constante de Gravitação Universal varia (ver o Capítulo 3); uma investigação com participação coletiva para descobrir se os terremotos e tsunamis podem ser previstos com base nas precognições de animais (ver o Capítulo 9); e uma competição para descobrir se algumas tecnologias de energia alternativa ou máquinas de movimento perpétuo realmente funcionam (ver o Capítulo 2).

As linhas de pesquisa existentes, obviamente, serão mantidas. Nada muda suficientemente rápido quando grandes instituições, grandes somas de dinheiro e grandes números de empregos estão envolvidos: hoje, há mais de 7 milhões de pesquisadores científicos em todo o mundo, que produzem 1,58 milhões de publicações por ano.[36] O que estou sugerindo é que uma pequena fração desses recursos seja dedicada à exploração de novas questões. É mais provável que sejam feitas novas descobertas se sairmos das trilhas batidas das pesquisas tradicionais e retomarmos questões que foram suprimidas por dogmas e tabus.

A ilusão de que a ciência já respondeu às perguntas fundamentais detém o espírito de questionamento. A ilusão de que os cientistas são superiores ao restante da humanidade leva a crer que eles têm pouco a aprender com qualquer outra pessoa. Eles precisam do apoio financeiro de terceiros, mas não precisam ouvir ninguém com menos conhecimento científico que eles. Em retribuição por sua posição privilegiada, os cientistas transmitirão conhecimentos e fornecerão poder sobre a natureza, transformando a humanidade e a Terra.

A plataforma materialista já foi liberadora, mas agora é deprimente. Aqueles que acreditam nela estão alienados da própria experiência; estão afastados de todas as tradições religiosas; e estão propensos a sofrer de uma sensação de desconexão e isolamento. Enquanto isso, o poder desencadeado pelo conhecimento científico está causando a extinção em massa de outras espécies e pondo a nossa própria espécie em risco.

A percepção de que as ciências não sabem as respostas fundamentais levam à humildade, em vez de arrogância, e à abertura, em vez de dogmatismo.

Ainda há muito a ser descoberto e redescoberto, inclusive a sabedoria.

Notas

Prefácio

1. Esse trabalho é analisado em Sheldrake (1973).
2. Rubery e Sheldrake (1974).
3. Sheldrake e Moir (1970).
4. Sheldrake (1974).
5. Sheldrake (1984).
6. Por ex., Sheldrake (1987).

Introdução: Os dez dogmas da ciência moderna

1. Em Popper e Eccles (1977).
2. Por ex., D'Espagnat (1976).
3. Hawking e Mlodinow (2010), p. 117.
4. *Ibid.*, pp. 118-19.
5. Smolin (2006).
6. Carr (org.) (2007); Greene (2011).
7. Ellis (2011).
8. Collins, em Carr (org.) (2007), pp. 459-80.

Prólogo: Ciência, religião e poder

1. *Ibid.*, p. 50.
2. Bacon (1951), pp. 290-91.
3. *Ibid.*, p. 298.
4. Fara (2009), p. 132.
5. Kealey (1996).
6. Dubos (1960), p. 146.

7. Kealey (1996).

8. National Science Board (2010), Capítulo 4.

9. Sarton (1955), p. 12.

10. Laplace (1819), p. 4.

11. *Ibid.*

12. Chivers (2010).

13. Munowitz (2005), Capítulo 7.

14. Chivers (2010).

15. Gould (1989).

16. Gleik (1988).

17. Malhotra *et al.* (2001).

18. Citado em Horgan (1997b).

19. Horgan (1997b), p. 6.

20. Westfall (1980).

21. Burtt (1932).

22. Gould (1999).

23. Citado em Burtt (1932), p. 9.

24. Kekreja (2009).

25. Wikipedia: *The God Delusion*, acessado em 16 de junho de 2011: http://en.wi kipedia.org/wiki/The_God_Delusion

26. Gray (2007), pp. 266-67.

27. Gray (2002), p. xiii.

28. Kuhn (1970).

29. Latour (1987), pp. 184-85.

30. Gervais (2010).

1: A natureza é mecânica?

1. Citado em Brooke (1991), p. 120.

2. *Ibid.*, p. 119.

3. Burtt (1932), p. 45.

4. *Ibid.*, p. 120.

5. Citado em Collins (1965), p. 81.

6. Burtt (1932), p. 73.

7. Wallace, trad. (1911), p. 80.

8. Brooke (1991), pp. 128-29.

9. Descartes (1985), Vol. 1, p. 317.

10. *Ibid.*, p. 139.

11. *Ibid.*, p. 131.

12. *Ibid.*, p. 141.

13. Dennett (1991), p. 43.

14. Kretzman e Stump (1993).

15. Gilson (1984).

16. Gilbert (1600).

17. Sheldrake (1990), Capítulo 4.

18. Lightman (2007), p. 188.

19. Burtt (1932).

20. Descartes (1985), Vol. 1, p. 101.

21. Kahn (1949).

22. Por ex., Wiseman (2011), pp. 74, 77, 81, 93, 108, 128, 169.

23. Grayling (2011) fez essas observações ao parafrasear argumentos de Michael Smermer num livro chamado *The Believing Brain*, endossando-os como provavelmente "a visão certa".

24. Por ex., Shermer (2011).

25. Brooke (1991), p. 134.

26. *Ibid.*, p. 146.

27. Paley (1802).

28. Citado em Lightman (2007), p. 45.

29. Dembski (1998).

30. Brown *et al.* (1968), p. 11.

31. Schelling (1988).

32. Richard, em Cunningham e Jardine (orgs.) (1990), p. 131.

33. Wroe (2007).

34. Bowler (1984), pp. 76-84.

35. Darwin (1794-1796).

36. Lamarck (1914), p. 122.

37. *Ibid.*, p. 36.

38. Bowler (1984), p. 134.

39. Darwin (1875), pp. 7-8.

40. Darwin (1859), Capítulo 3.

41. Principalmente em Darwin (1875).

42. Monod (1972).

43. Partridge (1961), pp. 386-87.

44. Citado em Driesch (1914), p. 119.

45. Huxley (1867).

46. Dawkins (1976), p. 22.

47. *Ibid.*, p. 21.

48. *Ibid.*, Prefácio.

49. Dawkins (1982), p. 15.

50. Smuts (1926).

51. *Ibid.*, Capítulo 12.

52. *Ibid.*, p. 97.

53. Whitehead (1925), Capítulo 6.

54. Koestler (1967), p. 385.

55. Mitchell (2009).

56. Filippini e Gramaccioli (1989).

57. Hume (2008), Parte VII.

58. Thomson (1852).

59. Singh (2004).

60. Long (1983).

2. A quantidade total de matéria e energia é sempre a mesma?

1. Burnet (1930).

2. Dijksterhuis (1961), p. 9.

3. Tarnas (1991).

4. *Ibid.*, p. 437.

5. Newton (1730, reimpresso em 1952), Query 31, p. 400.

6. Popper e Eccles (1977), p. 5.

7. *Ibid.*, p. 7.

8. Davies (1984), p. 5.

9. Munowitz (2005).

10. Coopersmith (2010), p. 23.

11. *Ibid.*, p. 255.

12. *Ibid.*, p. 265.

13. Kuhn (1959).

14. Para uma excelente história dos conceitos de energia, ver Coopersmith (2010).

15. Harman (1982), p. 58.

16. Feynman (1964).

17. Sheldrake, McKenna e Abraham (2005).

18. Citado em Singh (2004), p. 360.

19. William Bonner, citado por Singh (2004), p. 361.

20. Singh (2004).

21. Citado por Singh (2004), p. 418.

22. Singh (2004).

23. *Ibid*., p. 133.

24. Por ex., Bekenstein (2004).

25. Singh (2004), p. 139.

26. Belokov e Hooper (2010).

27. Coopersmith (2010), p. 20.

28. *Ibid*., p. 292.

29. Thomson (1852).

30. Citado em Burtt (1932), p. 9.

31. Davies (2006), Capítulo 6.

32. Ostriker e Steinhardt (2001).

33. Sobel (1998).

34. http://www.xprize.org/

35. Coopersmith (2010), pp. 270-79.

36. Citado por Coopersmith (2010), p. 329.

37. Frankenfield (2010).

38. Webb (1991).

39. *Ibid*.

40. Webb (1980).

41. Webb (1991).

42. Webb (1980).

43. Frankenfield (2010), p. 947.

44. *Ibid*., p. 1.300.

45. Webb (1991).

46. Dasgupta (2010).

47. Thurston (1952).

48. *Ibid*., p. 377.

49. *Ibid*., p. 366.

50. *Ibid*., p. 384.

3: As leis da natureza são fixas?

1. Tarnas (1991), p. 46.

2. Platão, *A República*, Livro 7.

3. Tarnas (1991), p. 47.

4. Burtt (1932), p. 64.

5. Citado em Pagels (1983), p. 336.

6. Em Wilber (org.) (1984), p. 185.

7. *Ibid*., p. 137.

8. *Ibid.*, p. 51.

9. Para dados, ver Sheldrake (1994), Capítulo 6.

10. Mohr e Taylor (2001).

11. Schwarz *et al.* (1998).

12. Referências de medidas em diferentes datas: 1973: Cohen e Taylor (1973); 1986: Holding *et al.* (1986); 1988: Cohen e Taylor (1988); 1995: Kiernan (1995); 1998: Schwarz *et al.* (1998); 2000: Grundlach e Merkowitz (2000); 2010: Reich (2010).

13. Schwarz *et al.* (1998).

14. Stephenson (1967).

15. Para uma discussão, veja Sheldrake (1994), Capítulo 6.

16. Brooks (2009), Capítulo 3.

17. Adam (2002).

18. Brooks (2010).

19. Barrow e Webb (2005).

20. Birge (1929), p. 68.

21. Para dados e referências, ver Sheldrake (1994), Capítulo 6.

22. De Bray (1934).

23. Petley (1985), p. 294.

24. Davies (2006).

25. *Ibid.*

26. Hawking e Mlodinow (2010), p. 118.

27. Tegmark (2007), p. 118.

28. Rees (1997), p. 3.

29. *Ibid.*, p. 262.

30. Woit (2007).

31. Smolin (2006).

32. *Ibid.*

33. Bojowald (2008).

34. Smolin (2010).

35. Robertson *et al.* (2010).

36. Citado em Potters (1967), p. 190.

37. *Ibid.*

38. Nietzsche (1911).

39. Em Murphy e Ballou (1961).

40. Whitehead (1954), p. 363.

41. Sheldrake (1981, nova edição 2009).

42. Em Sheldrake (2009), Anexo B.

43. Bohm (1980), p. 177.

44. Cf. Laszlo (2007).
45. Cf. Carr (2008).
46. Woodard e McCrone (1975).
47. *Ibid.*
48. Holden e Singer (1961), pp. 80-1.
49. *Ibid.*, p. 81.
50. Woodard e McCrone (1975).
51. Goho (2004).
52. Bernstein (2002), p. 90.
53. Citado em Woodard e McCrone (1975).
54. Danckwerts (1982).
55. Sheldrake (2009).
56. Bergson (1946), p. 101.
57. *Ibid.*, pp. 104-05.
58. Bergson (1911), p. 110.

4: A matéria é inconsciente?

1. Dennett (1991), p. 37.
2. Crick (1994), p. 3.
3. Griffin (1998).
4. Huxley (1893), p. 240.
5. *Ibid.*, p. 244.
6. Os argumentos evolutivos mais engenhosos a favor do surgimento de consciência ilusória são de Humphrey (2011).
7. Searle (1992), p. 30.
8. Strawson (2006), p. 5.
9. Crick (1994), pp. 262-63.
10. Strawson (2006).
11. *Ibid.*
12. *Ibid.*, p. 27.
13. Searle (1997), pp. 43-50.
14. Spinoza (2004), Parte III, proposições 6-7.
15. Hampshire (1951), p. 127.
16. Skrbina (2003).
17. *Ibid.*, p. 20.
18. *Ibid.*, p. 21.
19. *Ibid.*, p. 21.

20. *Ibid.*, p. 22.

21. *Ibid.*, p. 25.

22. *Ibid.*, p. 27.

23. *Ibid.*, p. 28.

24. *Ibid.*, p. 31.

25. *Ibid.*, p. 32.

26. *Ibid.*, p. 33.

27. Dennett (1991), pp. 173-74.

28. Griffin (1998), p. 49 nota.

29. *Ibid.*

30. *Ibid.*, p. 113

31. De Quincey (2008).

32. *Ibid.*

33. *Ibid.*, p. 99.

34. Libet *et al.* (1979), p. 202.

35. Libet (1999).

36. Wegner (2002).

37. Libet (2006).

38. Libet (2003), p. 27.

39. Feynman (1962).

40. Citado por Dossey (1991), p. 12.

41. Dyson (1979), p. 249.

5: A natureza é destituída de propósito?

1. Dawkins (1976).

2. Haemmerling (1963).

3. Goodwin (1994), Capítulo 4.

4. Hinde (1982).

5. Smith (1978).

6. Thom (1975, 1983).

7. Thom (1975).

8. Cramer (1986).

9. Aharonov *et al.* (2010).

10. Anfinsen e Scheraga (1975).

11. Em uma série de *workshops* contínuos sobre previsão das estruturas das proteínas realizadas sob a égide do Lawrence Livermore National Laboratory, na
Califórnia, equipes de todo o mundo tentam prever a estrutura tridimensio-

nal das proteínas sem conhecer a resposta. Essas avaliações são chamadas de Critical Assessment of Techniques for Protein Structure Prediction (CASP). De longe, as previsões mais bem-sucedidas baseiam-se no conhecimento detalhado de proteínas semelhantes, conhecido como modelamento comparativo. As competições CASP costumavam incluir uma categoria *ab initio*, indicando que as previsões começavam dos primeiros princípios, mas no CASP6 de 2004 o nome da categoria foi mudado: "Esse nome indica que a construção de modelos conhecidos não depende de estruturas conhecidas. Na prática, o objetivo da maioria dos métodos usados para tal é fazer um extenso uso de informações estruturais existentes, com o intuito de elaborar funções de pontuação para diferenciar previsões corretas de previsões incorretas e para escolher fragmentos que devem ser incorporados ao modelo. Por esse motivo, a categoria foi renomeada como novos dobramentos".

12. Para uma revisão, ver Nemethy e Scheraga (1977).

13. Anfinsen e Scheraga (1975).

14. Cf. "Princípio das classes finitas" de Elsasser (1975).

15. Hawking (1988), p. 60.

16. Smolin (2006).

17. Thom (1975), pp. 113-14, 141.

18. *Ibid.*, Capítulo 9.

19. Para uma introdução geral, ver Capra (1996).

20. Thom (1983), p. 141.

21. Penrose (2010).

22. Bergson (1911), p. 262.

23. Cohn (1957).

24. Bacon (1951).

25. Midgley (2002), Capítulo 7.

26. Satprem (2000).

6: Toda herança biológica é material?

1. Cole (1930).

2. Needham (1959), p. 205.

3. Holder (1981).

4. Dawkins (1976).

5. *Ibid.*, p. 23.

6. *Ibid.*, p. 24.

7. Hodges (1983).

8. Por ex., Carroll (2005), p. 106.

9. Para relatos das controvérsias vitalistas-mecanicistas, ver Nordenskiold (1928); Coleman (1977).

10. Venter (2007), p. 299.

11. *Ibid.*, p. 300.

12. *Ibid.*

13. Citado em *Nature* (2011).

14. *Ibid.*

15. Culotta (2005).

16. Manolio *et al.* (2009).

17. Khoury *et al.* (2010).

18. Green and Guyer (2011).

19. Latham (2011).

20. *Wall Street Journal*, 2 de maio de 2004.

21. Pisano (2006), p. 184.

22. *Ibid.*, p. 198.

23. Howe e Rhee (2008).

24. Carroll *et al.* (2001).

25. Gerhart e Kirschner (1997).

26. Wolpert (2009). The Edge Question Center, 2009. http://www.edge.org/ q2009/ q09_6.html#wolpert

27. http://www.sheldrake.org/D&C/controversies/genomewager.html

28. Wolpert e Sheldrake (2009). Ver também Schnabel (2009).

29. Darwin (1859; 1875).

30. Mayr (1982), p. 356.

31. *Ibid.*, Capítulo 5.

32. Huxley (1959), p. 8.

33. *Ibid.*, p. 489.

34. Medvedev (1969).

35. Anway *et al.* (2005).

36. Young (2008).

37. Petronis (2010).

38. Qiu (2006).

39. Galton (1875).

40. Citado em Wright (1997), p. 17.

41. *Ibid.*, p. 21.

42. Wright (1997), Capítulo 2.

43. Iacono e McGue (2002).

44. Watson (1981).

45. Wright (1997), p. 42.
46. Dawkins (1976), p. 206.
47. Por ex., Blackmore (1999).
48. Dawkins, em Blackmore (1999), p. ix.
49. *Ibid.*
50. Por ex., Blackmore (1999), Dennett (2006).
51. Sheldrake (2011b).
52. Essa conversa ocorreu em Ashton Wold, casa de Dame Miriam Rothschild, no verão de 1995 ou 1996.
53. Conniff (2006).
54. Dawkins (2006, p. 215) escreveu que ficou "mortificado" ao saber que *O Gênio Egoísta* tinha inspirado Jeffrey Skilling e outros executivos da Enron, e que achava que eles haviam compreendido mal a sua mensagem.

7: As memórias são armazenadas como traços materiais?

1. Rose (1986), p. 40.
2. Plotinus (1956), Ennead 4, Tractate 6.
3. Inge (1929), Vol. 1, pp. 226-28.
4. Bursen (1978).
5. Crick (1984).
6. Boakes (1984).
7. Lashley (1929), p. 14.
8. Lashley (1950), p. 479.
9. Pribram (1971); Wilber, org. (1982).
10. Boycott (1965), p. 48.
11. Rose e Harding (1984); Rose e Csillag (1985); Horn (1986); Rose (1986). Em experimentos semelhantes com pintinhos, estudos detalhados demonstraram que ocorrem mudanças no número de vesículas nas sinapses após o aprendizado (Rose, 1986).
12. Cipolla-Neto *et al.* (1982).
13. Kandel (2003).
14. Lu *et al.* (2009).
15. Lewin (1980).
16. Fröhlich e McCormick (2010).
17. Blackiston *et al.* (2008).
18. Lashley (1950), p. 472.
19. Hunter (1964).

20. Por ex., Squire (1986). Para descrições vívidas de alguns casos clínicos, ver Sacks (1985).
21. Luria (1970; 1973); Gardner (1974).
22. Penfield e Roberts (1959).
23. Citado em Wolf (1984), p. 175.
24. Pribram (1979).
25. Bohm (1980).
26. Bohm em Weber (1986), p. 26.
27. Bohm em Sheldrake (2009), p. 302.
28. A ressonância mórfica e as evidências a seu favor são analisadas em detalhes no meu livro *A New Science of Life* (nova edição de 2009). Seus antecedentes históricos e implicações mais amplas são explorados no meu livro *The Presence of the Past: Morphic Resonance and the Habits of Nature* (nova edição de 2011).
29. Jennings (1906).
30. Wood (1982).
31. Wood (1988).
32. Klein e Kandel (1978).
33. Jennings (1906).
34. Watkins *et al.* (2010).
35. Rizzolatti *et al.* (1999).
36. Agnew *et al.* (2007).
37. *Ibid.*, p. 211.
38. Yates (1969).
39. Por ex., Lorayne (1950).
40. Descrevo esses experimentos de maneira detalhada em meu livro *A New Science of Life* (nova edição de 2009), com todas as referências pertinentes aos trabalhos originais publicados nas revistas científicas.
41. Flynn (2007).
42. Data de Horgan (1997a).
43. Flynn (2007), p. 176.
44. Resumido em Sheldrake (2009).

8: A mente está confinada ao cérebro?

1. Piaget (1973), p. 280.
2. Wallace (2000), pp. 28-9.
3. *Ibid.*, p. 49.

4. Crick (1994), p. 3.

5. Greenfield (2000), pp. 12-5.

6. O neurologista Wilder Penfield descobriu que podia evocar vívidos *flashes* de memória ao estimular o córtex cerebral de pacientes durante neurocirurgias. Porém, embora essa estimulação pudesse evocar lembranças, ele não achava que essas lembranças estivessem localizadas na parte estimulada. Ele concluiu também que a memória "não está no córtex" (Penfield, 1975).

7. Duncan e Kennett (2001), p. 8.

8. Lindberg (1981).

9. *Ibid.*, p. 202.

10. Kandel *et al.* (1995), p. 368.

11. Gray (2004), pp. 10, 25.

12. Lehar (2004).

13. Lehar (1999).

14. Winer *et al.* (2002).

15. Winer *et al.* (1996).

16. Winer e Cottrell (1996).

17. *Ibid.* (1996).

18. Por ex., Bergson (1911); Burtt (1932).

19. James (1904), citado em Velmans (2000).

20. Whitehead (1925), p. 54.

21. Velmans (2000), p. 109.

22. *Ibid.*, pp. 113-14.

23. Gibson (1986).

24. Thompson *et al.* (1992).

25. Noë (2009), p. 183.

26. Em Blackmore (2005), p. 164.

27. Bergson (1911), p. 7.

28. *Ibid.*, pp. 37-8.

29. Sheldrake (2005b).

30. Braud *et al.* (1990); Sheldrake (1994); Cottrell *et al.* (1996).

31. Sheldrake (2003a).

32. *Ibid.*

33. *Ibid.*

34. *Ibid.*

35. *Ibid.*

36. Corbett (1986); Sheldrake (2003a).

37. Long (1919).

38. Cottrell *et al.* (1996).

39. Sheldrake (2003a).

40. *Ibid.*

41. Sheldrake (2005a).

42. A significância estatística foi p = 10^{376} (Sheldrake, 2005a).

43. *Ibid.*

44. Sheldrake (2003a).

45. Numa metanálise de quinze estudos de observação por CFTV, a maioria revelou efeitos positivos que, de modo geral, foram estatisticamente significantes (Schmidt *et al.*, 2004).

46. Dyson (1979).

47. *Ibid.*, p. 171.

9: Os fenômenos psíquicos são ilusórios?

1. Citado em Barrett (1904).

2. Em Krippner e Friedman (orgs.) (2010).

3. Citado em Auden (2009).

4. *New Penguin English Dictionary*, 1986.

5. Para discussões, ver Sheldrake (2003a, 2011) e Radin (1997, 2007).

6. Recordon *et al.* (1968).

7. Como observou Peters, a única explicação "normal" possível seria que a mãe, de alguma forma, estivesse enviando ao filho algum tipo de código auditivo secreto ou inconsciente pelo telefone, mas não havia evidências de que ela pudesse ter feito isso. De qualquer modo, Peters fornecia as gravações para qualquer pessoa que estivesse interessada em tentar detectar dicas. Eu ouvi as fitas e não havia nenhum vestígio de qualquer tipo de código, nem um mágico profissional conseguiria detectar qualquer tipo de trapaça.

8. Sheldrake (2003a).

9. Radin (1997).

10. *Ibid.*

11. *Ibid.*

12. Ullman, Krippner e Vaughan (1973).

13. A probabilidade de que esse resultado se devesse ao acaso era de 75 milhões para um (Radin, 1997).

14. Carter, em Krippner e Friedman (orgs.) (2010), Capítulo 6.

15. *Ibid.*, Capítulo 12. Várias metanálises mostraram que havia um efeito altamente significativo, com exceção de um artigo cético de Milton e Wiseman (1999), que omitiu uma série de resultados positivos que alteravam o equi-

líbrio geral para um efeito significativamente positivo (Milton, 1999). Além disso, Milton e Wiseman usaram um método deficiente de análise que não levava em conta o tamanho da amostra de cada estudo. Quando seus dados foram revistos e essa falha foi corrigida, o efeito geral foi positivo e estatisticamente significativo (Radin, em Krippner e Friedman (orgs.) (2010), Capítulo 7).

16. Dalton (1997); Broughton e Alexander (1997).

17. Minha esposa encontrou esse livro num sebo. Ela logo percebeu que me interessaria, e certamente interessou, e o comprou para mim. Esse livro foi reimpresso e está novamente disponível: ver Long (2005).

18. Sheldrake (1999a), Capítulo 3.

19. Sheldrake e Smart (1998).

20. Sheldrake e Smart (2000a).

21. Depois que a televisão britânica mostrou um experimento com Jaytee, vários céticos desafiaram a sua capacidade de saber quando Pam estava indo para casa e tentaram negá-la. Convidei um deles, Richard Wiseman, ilusionista, psicólogo e membro do CSICOP, Committee for the Scientific Investigation of Claims of the Paranormal [Comitê para a Investigação Científica de Alegações do Paranormal], para realizar seus próprios testes com Jaytee. Wiseman aceitou meu convite, e Pam e sua família gentilmente o ajudaram. Em seus testes, seu assistente acompanhou Pam todo o tempo em que ela estava fora de casa e lhe dizia quando voltar em horários selecionados a esmo. Wiseman ficava com Jaytee, filmando-o. Os resultados foram bastante semelhantes aos meus; na verdade, o efeito foi ainda maior. Nos testes de Wiseman, Jaytee ficava na janela 4% do tempo no principal período de ausência de Pam, e 78% quando ela estava a caminho de casa (Sheldrake e Smart, 2000a). Wiseman e seu colega Matthew Smith, no entanto, alegaram que Jaytee não passara no teste, pois ele foi para a janela antes de Pam realmente se pôr a caminho de casa e desprezaram seus próprios dados que mostravam que esse comportamento de espera era muito semelhante ao dos meus próprios testes (Wiseman et al., 1998). Eu repliquei (Sheldrake, 1999b) e houve mais duas trocas de respostas (Wiseman et al., 2000, e Sheldrake, 2000). Para um resumo dessa controvérsia, ver Carter (2010) e Sheldrake (2011a). Wiseman agora admite que seus resultados não reproduziram os meus, dizendo que "O padrão dos meus estudos é o mesmo dos estudos de Rupert".

22. Sheldrake e Smart (2000b).

23. Sheldrake (2011a).

24. Sheldrake e Morgana (2003).

25. Van der Post (1962), pp. 236-37.

26. Havia mais entrevistados do sexo feminino do que do sexo masculino; por esse motivo, a média de 92% não era a média de 96% e 85% (Sheldrake, 2003a).

27. Lobach e Bierman (2004); Schmidt *et al.* (2009).

28. Sheldrake e Smart (2000a, b).

29. Sheldrake (2003a).

30. Radin (2007).

31. Einstein, em Einstein e Born (1971).

32. Sheldrake e Smart (2005), Sheldrake e Avraamides (2009); Sheldrake, Avraamides e Novak (2009).

33. Sheldrake e Lambert (2007); Sheldrake e Beeharee (2009).

34. Veja o portal de experimentos *on-line* em www.sheldrake.org

35. Sheldrake (2003a, 2011a).

36. Grant e Halliday (2010).

37. Sheldrake (2005c).

38. Sheldrake (2003a).

39. Sheldrake (2011a).

40. Sheldrake (2003a, 2011a).

41. Saltmarsh (1938).

42. *Ibid.*

43. Dunne (1927).

44. Radin (1997).

45. Radin (1997), Capítulo 7.

46. Bierman e Scholte (2002); Bierman e Ditzhuijzen (2006); Bem (2011).

47. Por ex., Richard Wiseman, famoso cético britânico, admitiu que os dados experimentais sobre percepção extrassensorial (PES) "atendem aos padrões usuais para uma alegação normal, mas não são suficientemente convincentes para uma alegação extraordinária".

48. Para discussões bem informadas sobre as atitudes dos céticos, ver Griffin (2000), Capítulo 7; também Carter (2007) e McLuhan (2010).

49. Francês, em Henry (org.) (2005), Capítulo 5.

50. Para uma discussão cética de alegações céticas, ver www. skepticalinvestigations.org

51. Ver o Anexo de Sheldrake (2011a) e a seção Controvérsias no meu website, www.sheldrake.org

52. Whitfield (2004).

10: A medicina mecanicista é a única que realmente funciona?

1. Sheldrake (2009), Capítulo 1.
2. Jones e Dangl (2006).
3. Elgert (2009).
4. *Ibid.*
5. Le Fanu (2000).
6. *Ibid.*
7. *Ibid.*, pp. 177-78.
8. Weil (2004).
9. *Ibid.*
10. Le Fanu (2000).
11. Boseley (2002).
12. Goldacre (2010).
13. *Ibid.*
14. Entrada na Wikipedia sobre "Pharmaceutical lobby", http://en.wikipedia.org/wiki/Pharmaceutical_lobby
15. Goldacre (2009).
16. Stier (2010).
17. *Ibid.*
18. Mussachia (1995).
19. Rosenthal (1976).
20. Roberts *et al.* (1993).
21. Evans (2003).
22. Kirsch (2010).
23. Kirsch (2009).
24. *Ibid.*
25. Kaptchuck (1998).
26. Evans (2003).
27. Weil (2004).
28. Dossey (1991).
29. Moerman (2002).
30. *Ibid.*
31. Singh e Ernst (2009), p. 300.
32. Silverman (2009).
33. Reiche *et al.* (2005).
34. E. G., Pattie (1941); Stevenson (1997), p. 16.
35. Weil (2004), Capítulo 21.
36. Freedman (1991).

37. *Time* (1952).

38. Mason (1955).

39. Weil (2004), Capítulo 21.

40. Burns (1992).

41. Le Fanu (2000).

42. Fonte: Centros para Controle e Prevenção de Doenças dos EUA: http://www.cdc.gov/obesity/childhood/index.html

43. Kreitzer e Riff (2011).

44. Sheldrake (1999), Capítulo 5.

45. Koenig (2008).

46. *Ibid.*, Capítulo 9.

47. *Ibid.*, p. 143.

48. Crow (2011), p. 571.

49. *Ibid.*

50. *Ibid.*

51. Governo do Reino Unido (2010).

52. Le Fanu (2000), p. 400.

53. Por ex., Singh e Ernst (2005).

54. Organização Mundial da Saúde (2003).

55. Singh e Ernst (2005).

56. *Ibid.*

57. Moncrieff (2009).

58. Kirsch (2009), p. 158.

59. Gray (2011), Capítulo 2.

60. *Ibid.*

61. http://outthere.whatitcosts.com/cryogen-frozen.htm

62. Citado por Willis (2009).

63. Hamilton (2005).

64. Fonte: American Medical Association: http://www.ama-assn.org/amednews/2009/08/24/prsa0824.htm

65. Zhang *et al.* (2009).

66. Temel *et al.* (2010).

11: Ilusões de objetividade

1. Lear (1965), p. 89.

2. *Ibid.*, p. 114.

3. Meri (2005), pp. 138-39.

4. Lear (1965), pp. 103-04.

5. *Ibid.*, Introdução.
6. Descartes (tradução, 1985), Vol. 1, p. 127.
7. Zajonc (1993).
8. D'Espagnat (1976), p. 286.
9. Latour (2009), pp. 10-1.
10. Latour (1987); Collins e Pinch (1998).
11. Collins e Pinch (1998), p. 111.
12. *Ibid.*, p. 42.
13. Ver a discussão no Capítulo 4.
14. Sheldrake (2001).
15. Sheldrake (2004a).
16. Sheldrake (2001).
17. Alistair Cuthbertson (comunicação pessoal, 13 de novembro de 2010) realizou sua pesquisa com 33 chefes de departamento de ciências de escolas estaduais no Prince of Wales' Teaching Institute para professores de ciências em novembro de 2010.
18. Sheldrake (2004a).
19. Medawar (1990).
20. Rosenthal (1976).
21. Rosenthal (1976), Capítulo 10.
22. Sheldrake (1999c).
23. Watt e Nagtegaal (2004).
24. Sheldrake (1998b).
25. Sheldrake (1999c).
26. Sheldrake (1994), Capítulo 7.
27. Sheldrake (1998b).
28. Sheldrake (1998c).
29. Sheldrake (1999d).
30. Wiseman e Watt (1999).
31. Enz (2009).
32. Por ex., em suas metanálises, Radin (2007), calculou quantos conjuntos de dados negativos não publicados seriam necessários para compensar os resultados positivos publicados e descobriu que o efeito gaveta não poderia explicar de forma plausível os resultados gerais positivos nas pesquisas parapsicológicas.
33. Goldacre (2011).
34. Wicherts *et al.* (2006).
35. Broad e Wade (1985).
36. *Ibid.*

37. Dennett (2006).
38. Wikipedia, "Schön scandal": http://en.wikipedia.org/wiki/Schön_scandal
39. *Nature* (2010).
40. *Daily Telegraph* (2010).
41. Broad e Wade (1985), pp. 141-42.
42. Hettinger (2010).
43. Oreskes e Conway (2010), Capítulo 1.
44. Michaels (2005).
45. *Ibid.*
46. Oreskes e Conway (2010).
47. Para uma discussão estimulante dessas questões, ver Latour (2009), Capítulo 3.

12: Futuros científicos

1. Royal Society (2011).
2. *Ibid.*
3. Dados do censo americano, acessado em junho de 2011: http://www.census.gov/compendia/statab/2011/tables/11s0807.pdf
4. Dados de 2005: Royal Society (2005).
5. National Science Foundation: http://www.nsf.gov/statistics/infbrief/nsf09314/
6. Smolin (2006).
7. Ziman (2003).
8. Feyerabend (2010).
9. http://www.cam.ac.uk/admissions/undergraduate/courses/natsci/part1b.html, acessado em junho de 2011.
10. Fara (2009), pp. 191-96.
11. *Ibid.*, pp. 194, 196.
12. Inclusive algumas publicadas apenas *on-line*. Fonte: Royal Society (2011).
13. Carr (2007).
14. Brooke (1991), p. 155.
15. Fara (2009), p. 197.
16. *Ibid.*, p. xv.
17. Krönig (1992), p. 155.
18. Gervais (2010).
19. Tive a felicidade de participar de muitos diálogos científicos e filosóficos, que foram algumas das experiências mais esclarecedoras da minha vida. Para citar apenas algumas, discuti com os físicos David Bohm e Hans-Peter Dürr como a física moderna pode estar relacionada com os campos morfogenéti-

cos. O teólogo Matthew Fox e eu exploramos novas conexões entre ciência e espiritualidade; algumas das nossas discussões foram publicadas em nossos livros *Natural Grace* (1996) e *The Physics of Angels* (1996). Numa série de diálogos anuais, Andrew Weil e eu discutimos as conexões entre pesquisas científicas, medicina integrativa e estudos da consciência; todas essas discussões estão disponíveis *on-line* no meu website www.sheldrake.org. Numa série de diálogos a três, ao longo de mais de quinze anos, Ralph Abraham, matemático pioneiro no campo da teoria do caos, Terence McKenna, pesquisador sobre o uso de plantas psicodélicas no xamanismo, e eu exploramos uma grande variedade de tópicos. Alguns dos nossos diálogos foram publicados em nossos livros *Chaos, Creativity and Cosmic Consciousness* (2001) e *The Evolutionary Mind* (2005), e a maioria está disponível *on-line* no meu website.

20. Departamento de Ciência e Tecnologia do Reino Unido (2000).
21. Hansen (2010).
22. Por exemplo, o AIDS Treatment Activist Coalition: http://www.atac-usa.org/
23. Akrich *et al.* (2008).
24. Fonte: The Association of Medical Research Charities: http://www.amrc.org. uk/our-members_member-profiles
25. Amostra (2010).
26. Discuti essa ideia com políticos influentes da Inglaterra, tanto do partido do governo como do partido de oposição, e descobri que quase todos eram receptivos a essa possibilidade. Publiquei uma matéria sobre esse assunto na *Nature* (Sheldrake, 2004b) e no *The New York Times* (Sheldrake, 2003c), e a ideia foi aceita pelo Demos, um instituto de pesquisa especializado em políticas (Wilsdon *et al.*, 2005). Porém, na realidade nada aconteceu; era mais simples deixar as coisas como estavam, e mudanças nos sistemas de financiamento da ciência não angariam votos. Mas essa ainda é uma possibilidade que está em aberto.
27. Shannon (2002).
28. Viveiros de Castro (2004).
29. Wallace (2009), pp. 24-5.
30. Horgan (2003).
31. Weil (2004).
32. Heglund *et al.* (1995).
33. Ver, por exemplo, minhas próprias explorações com o teólogo Matthew Fox em Sheldrake e Fox (1996) e Fox e Sheldrake (1996).
34. Tarnas (1991), Capítulo 3.
35. Suzuki (1998).
36. Royal Society (2011).

Referências

Adam, D. (2002). "Flickering light raises possibility of changing 'constant'", *Nature*, 412, 757.

Aharonov, Y., Popescu, S. e Tollaksen, J. (2010). "A time-symmetric formulation of quantum mechanics", *Physics Today*, novembro, 27-32.

Agnew, Z. K., Bhakoo, K. K. e Puri, B. K. (2007). "The human mirror system: a motor resonance theory of mind-reading", *Brain Research Reviews*, 54, 286-93.

Akrich, M., Nunes, J., Paterson, F. e Rabeharisoa, V. (2008). *The Dynamics of Patient Organizations in Europe*, Presses des Mines, Paris.

Anfinsen, C. B. e Scheraga, H. A. (1975). "Experimental and theoretical aspects of protein folding", *Advances in Protein Chemistry*, 29, 205-300.

Anway, M. D., Cupp, A. S., Uzumcu, M. e Skinner, M. K. (2005). "Epigenetic trans-generational actions of endocrine disruptors and male fertility", *Science*, 308, 1466-469.

Auden, W. H. (2009). *The Selected Writings of Sydney Smith*, Faber & Faber, Londres.

Bacon, F. (1951). *The Advancement of Learning and New Atlantis*, Oxford University Press, Londres.

Banks, R. D., Blake, C. C. F., Evans, P. R., Haser, R., Rice, D. W., Hardy, G. W., Merrett, M. e Phillips, A. W. (1979). "Sequence, structure and activities of phos-phoglycerate kinase", *Nature*, 279, 773-77.

Barnett, S. A. (1981). *Modern Ethology*, Oxford University Press, Oxford.

Barrett, W. (1904). Discurso do presidente, *Proceedings of the Society for Psychical Research*, 18, 323-50.

Barrow, J. D. e Webb, J. K. (2005). "Inconstant constants: Do the inner workings of nature change with time?", *Scientific American*, junho, 32-9.

Bekenstein, J. (2004). "Relativistic gravitation theory for the modified Newtonian dynamics paradigm", *Physical Review D*, 70, Número 8, 083509.

Belokov, A. V. e Hooper, D. (2010). "Contribution of inverse Compton scattering to the diffuse extragalactic gamma-ray background from annihilating dark matter", *Physical Review D*, 81, 043505.

Bem, D. (2011). "Feeling the future: experimental evidence for anomalous retroactive influences on cognition and affect", *Journal of Personality and Social Psychology*, 100, 407-25.

Bergson, H. (1911). *Creative Evolution*, Macmillan, Londres.

_____. (1946). *The Creative Mind*, Philosophical Library, Nova York.

Bernstein, J. (2002). *Polymorphism in Molecular Crystals*, Clarendon Press, Oxford.

Bierman, D. e Ditzhuijzen, J. (2006). "Anomalous slow cortical components in a slot-machine task", *Proceedings of the 49th Annual Parapsychological Association*, 5-19.

Bierman, D. e Scholte, H. (2002). "Anomalous anticipatory brain activation preceding exposure of emotional and neutral pictures", *Journal of International Society of Life Information Science*, 380-88.

Birge, W. T. (1929). "Probable valves of the general physical constants", *Reviews of Modern Physics*, 33, 233-39.

Blackiston, D. J., Casey, E. S. e Weiss, M. R. (2008). "Retention of memory through metamorphosis: Can a moth remember what it learned as a caterpillar?", *PLoS ONE*, 3 (3), e1736.

Blackmore, S. (1999). *The Meme Machine*, Oxford University Press, Oxford.

_____. (2005). *Conversations on Consciousness*, Oxford University Press, Oxford.

Boakes, R. (1984). *From Darwin to Behaviourism*, Cambridge University Press, Cambridge.

Bohm, D. (1980). *Wholeness and the Implicate Order*, Routledge & Kegan Paul, Londres.

Bojowald, M. (2008). "Big Bang or big bounce? New theory on the universe's birth", *Scientific American*, outubro.

Boseley, S. (2002). "Scandal of scientists who take money for papers ghostwritten by drug Companies", *Guardian*, 7 de fevereiro.

Bowler, P. J. (1984). *Evolution: The History of an Idea*, University of California Press, Berkeley.

Boycott, B. B. (1965). "Learning in the octopus", *Scientific American*, 212 (3), 42-50.

Braud, W., Shafer, D. e Andrews, S. (1990). "Electrodermal correlates of remote attention: Autonomic reactions to an unseen gaze", *Proceedings of Presented Papers, Parapsychology Association 33rd Annual Convention*, Chevy Chase, MD, 14-28.

Broad, W. e Wade, N. (1985). *Betrayers of the Truth: Fraud and Deceit in Science*, Oxford University Press, Oxford.

Brooke, J. H. (1991). *Science and Religion: Some Historical Perspectives*, Cambridge University Press, Cambridge.

Brooks, M. (2009). *13 Things That Don't Make Sense*, Profile Books, Londres.

_____. (2010). "Operation alpha", *New Scientist*, 23 de outubro, 33-5.

Broughton, R. S. e Alexander, C. M. (1997). "Auroganzfeld II. An attempted replication of the PRL research", *Journal of Parapsychology*, 61, 209-26.

Brown, R. E. Fitzmyer, J. A. e Murphy, R. E. (1968). *The Jerome Bible Commentary*, Prentice-Hall, Englewood Cliffs, NJ.

Burnet, J. (1930). *Early Greek Philosophy*, A&C Black, Londres.

Burns, D. A. (1992). "'Warts and all' – the history and folklore of warts: a review", *Journal of the Royal Society of Medicine*, 85, 37-40.

Bursen, H. A. (1978). *Dismantling the Memory Machine*, Reidel, Dordrecht.

Burtt, E. A. (1932). *The Metaphysical Foundations of Modern Physical Science*, Kegan Paul, Trench & Trubner, Londres.

Capra, F. (1996). *The Web of Life: A New Synthesis of Mind and Matter*, HarperCollins, Londres. [*A Teia da Vida: Uma Nova Compreensão Científica dos Sistemas Vivos*, publicado pela Editora Cultrix, São Paulo, 1997.]

Carr, B. (org.) (2007). *Universe or Multiverse?* Cambridge University Press, Cambridge.

_____. (2008). "Worlds apart? Can psychical research bridge the gap between matter and minds?", *Proceedings of the Society for Psychical Research*, 59, 1-96.

Carroll, S. B. (2005). *Endless Forms Most Beautiful*, Quercus, Londres.

Carroll, S. B. Grenier, J. K. e Weatherbee, S. D. (2001). *From DNA to Diversity: Molecular Genetics and the Evolution of Animal Design*", Blackwell, Oxford.

Carter, C. (2007). *Parapsychology and the Skeptics*, Sterling House, Pittsburgh, PA.

_____. (2010). "'Heads I lose, Tails you win', or, How Richard Wiseman nullifies positive results and what to do about it", *Journal of the Society for Psychical Research*, 74, 156-67.

Chivers, T. (2010). "Neuroscience, free will and determinism: 'I'm just a machine'", *Daily Telegraph*, 12 de outubro.

Cipolla-Neto, J., Horn, G. e McCabe, B. J. (1982). "Hemispheric asymmetry and imprinting: the effect of sequential lesions to the Hyperstriatum ventrale", *Experimental Brain Research*, 48, 22-7.

Cohen, E. R. e Taylor, B. N. (1973). "The 1973 least-squares adjustment of the fundamental constants", *Journal of Physical and Chemical Reference Data*, 2, 663-735.

_____. (1986). "The 1986 CODATA recommended values of the fundamental physical constants", *Journal of Physical and Chemical Reference Data*, 17, 1795-803.

Cohn, N. (1957). *The Pursuit of the Millennium*, Secker & Warburg, Londres.

Cole, F. J. (1930). *Early Theories of Sexual Generation*, Clarendon Press, Oxford.

Coleman, W. (1977). *Biology in the Nineteenth Century*, Cambridge University Press, Cambridge.

Collins, H. e Pinch, T. (1998). *The Golem: What You Should Know About Science*, 2ª ed., Cambridge University Press, Cambridge.

Collins, J. (1965). *A History of Modern European Philosophy*, Bruce Publishing, Milwaukee, WI.

Conniff, R. (2006). "Animal instincts", *Guardian*, 27 de maio.

Connor, S. (2011). "For the love of God: Scientists in uproar at £1 million religion prize", *Independent*, 7 de abril.

Cooper, D. e Goodenough, L. (2010). "Dark matter annihilation in the galactic center as seen by the Fermi gamma ray space telescope", http://arxiv.org/abs/1010.2752

Coopersmith, J. (2010). *Energy. The Subtle Concept: The Discovery of Feynman's Blocks from Leibniz to Einstein*, Oxford University Press, Oxford.

Corbett, J. (1986). *Jim Corbett's India*, Oxford University Press, Oxford.

Cottrell, J. E., Winer, G. A. e Smith, M. C. (1996). "Beliefs of children and adults about feeling stares of unseen others", *Developmental Psychology*, 32, 50-61.

Cramer, J. (1986). "The transactional interpretation of quantum mechanics", *Reviews of Modern Physics*, 58, 647-88.

Crick, F. (1966). *Of Molecules and Men*, University of Washington Press, Seattle.

_____. (1984). "Memory and molecular turnover", *Nature*, 312, 101.

_____. (1994). *The Astonishing Hypothesis: The Scientific Search for the Soul*, Simon & Schuster, Londres.

Crow, M. M. (2011). "Time to rethink the NIH", *Nature*, 471, 569-71.

Culotta, E. (2005). "Chimp genome catalogs differences with humans", *Science*, 309, 1468-469.

Cunningham, A. e Jardine, N. (orgs.) (1990). *Romanticism and the Sciences*, Cambridge University Press, Cambridge.

Daily Telegraph (2010). "Atheists just as ethical as churchgoers, new research shows", *Daily Telegraph*, 9 de fevereiro.

Dalton, K. (1997). "Exploring the links: creativity and psi in the ganzfeld", *Proceedings of the Parapsychological Association 40th Annual Convention*, 119-31.

Danckwerts, P. V. (1982). "Letter", *New Scientist*, 11 de novembro, 380-81.

Darwin, C. (1859). *The Origin of Species*, Murray, Londres.

_____. (1875). *The Variation of Animals and Plants Under Domestication*, Murray, Londres.

Darwin, E. (1794-1796; reimpresso 1974). *Zoonomia*, 2 vols, AMS Press, Nova York.

Dasgupta, M. (2010). "DIPAS concludes observational study on 'Mataji'", *Hindu*, 10 de maio.

Davies, P. (1984). *Superforce*, Heinemann, Londres.

_____. (2006). *The Goldilocks Enigma: Why is the Universe Just Right For Life?*, Allen Lane, Londres.

Dawkins, R. (1976). *The Selfish Gene*, Oxford University Press, Oxford.

_____. (1982). *The Extended Phenotype*, Oxford University Press, Oxford.

_____. (2006). *The God Delusion*, Bantam, Londres.

De Bray, E. J. C. (1934). "Velocity of light", *Nature*, 133, 948.

Dembski, W. (1998). *The Design Inference*, Cambridge University Press, Cambridge.

Dennett, D. (1991). *Consciousness Explained*, Little, Brown, Boston.

_____. (2006). *Breaking the Spell: Religion as a Natural Phenomenon*, Viking, Nova York, NY.

D'Espagnat, B. (1976). *Conceptual Foundations of Quantum Mechanics*, Benjamin, Reading, MA.

De Quincey, C. (2008). "Reality bubbles", *Journal of Consciousness Studies*, 15, 94-101.

Descartes, R. (1985). *The Philosophical Writings of Descartes*, Cambridge University Press, Cambridge.

Dijksterhuis, E. J. (1961). *The Mechanization of the World Picture*, Oxford University Press, Oxford.

Dossey, L. (1991). *Meaning and Medicine*, Bantam Books, Nova York.

Driesch, H. (1914). *The History and Theory of Vitalism*, Macmillan Londres.

Dubos, R. (1960). *Pasteur and Modern Science*, Anchor Books, Nova York.

Duncan, T. e Kennett, H. (2001). *GCSE Physics*, Murray, Londres.

Dunne, J. W. (1927). *An Experiment With Time*, Faber & Faber, Londres.

Dürr, H-P. e Gottwald, F-T. (orgs.) (1997). *Rupert Sheldrake in der Diskussion: Das Wagnis einer neuen Wissenschaft des Lebens*, Scherz Verlag, Berna.

Dyson, F. (1979). *Disturbing the Universe*, Harper & Row, Nova York.

Einstein, A. e Born, M. (1971). *The Born-Einstein Letters*, Walker, Nova York.

Elgert, K. D. (2009). *Immunology: Understanding the Immune System*, Wiley, Hoboken, NJ.

Ellis, G. (2011). "The untestable multiverse", *Nature*, 469, 295-295.

Elsasser, W. M. (1975). *The Chief Abstractions of Biology*, North Holland, Amsterdã.

Enz, C. P. (2009). "Rational and irrational features in Wolfgang Pauli's life", em *Of Matter and Spirit: Selected Essays by Charles P. Enz*, World Scientific, Hackensack, NJ.

Evans, D. (2003). *Placebo: The Belief Effect*, Harper Collins, Londres.

Fara, P. (2009). *Science: A Four Thousand Year History*, Oxford University Press, Oxford.

Feyerabend, P. (2010). *Against Method*, 4ª ed., Verso, Londres.

Feynman, R. (1964). *Quantum Electrodynamics*, Addison-Wesley, Reading, MA.

_____. (1964), *The Feynman Lectures on Physics*, Vol. 1, Addison-Wesley, Reading, MA.

Filippini, G. e Gramaccioli, C. M. (1989). "Benzene crystals at low temperature: A harmonic lattice-dynamical calculation", *Acta Crystallographica*, A45, 261-261.

Flew, A. (org.) (1979). *A Dictionary of Philosophy*, Macmillan, Londres.

Flynn, J. (2007). *What is Intelligence?*, Cambridge University Press, Cambridge.

Forster, J. R. (1778). *Observations Made During a Voyage Around the World*, Robinson, Londres.

Fox, M. e Sheldrake, R. (1996). *The Physics of Angels: Exploring the Realm Where Science and Spirit Meet*, Harper, San Francisco.

Frankenfield, D. C. (2010). "On heat, respiration and calorimetry", *Nutrition*, 26, 939-50.

Freedman, R. R. (1991). "Physiological mechanisms of temperature biofeedback", *Applied Psychophysiology and Biofeedback*, 16, 95-115.

Fröhlich, F. e McCormick, D. A. (2010). "Endogenous electric fields may guide neocortical network activity", *Neuron*, 67, 129-43.

Galton, F. (1875). "The history of twins as a criterion of the relative powers of nature and nurture", *Fraser's Magazine*, 12, 566-76.

Gardner, H. (1974), *The Shattered Mind*, Vintage Books, Nova York.

Gerhart, J. e Kirschner, M. (1997). *Cells, Embryos and Evolution*, Blackwell Science, Oxford.

Gershteyn, M. L., Gershteyn, L. I., Gershteyn, A. e Karagioz, O. V. (2002). "Experimental evidence that the gravitational constant varies with orientation", http://arxiv.org/pdf/physics/0202058v2

Gervais, R. (2010). "Why I'm an atheist", *Wall Street Journal*, 19 de dezembro.

Gibson, J. J. (1986). *The Ecological Approach to Visual Perception*, Lawrence Erlbaum Associates, Hillsdale, NJ.

Gilbert, W. (1600; reimpresso 1991). *De Magnete, Dover Books*, Nova York.

Gilson, E. (1984). *From Aristotle to Darwin and Back Again*, University of Notre Dame Press, Notre Dame, IN.

Gleik, J. (1988). *Chaos: Making a New Science*, Heinemann, Londres.

Goho, A. (2004). "The crystal form of a drug can be the secret of its success", *Science News*, 166, 122-24.

Goldacre, B. (2009). "Dithering over statins: side-effects label finally ends", *Guardian*, 21 de novembro.

_____. (2010). "Medical ghostwriters who build a brand", *Guardian*, 18 de setembro.

_____. (2011). "Backwards step on looking into the future", *Guardian*, 23 de abril.

Goodwin, B. (1994). *How the Leopard Changed its Spots*, Weidenfeld & Nicolson, Londres.

Gould, S. J. (1989). *Wonderful Life: The Burgess Shale and the Nature of History*, Hutchinson, Londres.

_____. (1999). *Rock of Ages: Science and Religion in the Fullness of Life*, Ballantine, Nova York.

Grant, R. e Halliday, T. (2010). "Predicting the unpredictable: evidence of pre-seismic anticipatory behaviour in the common toad', *Journal of Zoology*, 281, 263-71.

Gray, Jeffrey (2004). *Consciousness: Creeping Up on the Hard Problem*, Oxford University Press, Oxford.

Gray, John (2002). *Straw Dogs: Thoughts on Humans and Other Animals*, Granta Books, Londres.

_____. (2007). *Black Mass: Apocalyptic Religion and the Death of Utopia*, Allen Lane, Londres.

_____. (2011). *The Immortalization Commission: The Strange Quest to Cheat Death*, Allen Lane, Londres.

Grayling, A. C. (2011). "Psychology: how we form beliefs", *Nature* 474, 446-47.

Green, E. D. e Guyer, M. S. (2011). "Charting a course for genomic medicine from base pairs to bedside", *Nature*, 470, 204-13.

Greene, B. (2011*). The Hidden Reality: Parallel Universes and the Deep Laws of the Cosmos*, Allen Lane, Londres.

Greenfield, S. (2000). *Brain Story: Unlocking Our Inner World of Emotions, Memories, Ideas and Desires*, BBC, Londres.

Griffin, D. R. (1998). *Unsnarling the World-Knot: Consciousness, Freedom and the Mind--Body Problem*, Wipf & Stock, Eugene, OR.

_____. (2000). *Religion and Scientific Naturalism: Overcoming the Conflicts*, State University of New York Press, Albany, NY.

Grundlach, J. H. e Merkowitz, S. M. (2000). "Measurement of Newton's constant using a torsion balance with acceleration feedback", *Physical Review Letters*, 85, 2869-872.

Haemmerling, J. (1963). "Nucleo-cytoplasmic interactions in Acetabularia and other cells", *Annual Reviews of Plant Physiology*, 14, 65-92.

Hamilton, C. (2005). "Chasing immortality: the technology of eternal life", *What Is Enlightenment?*, 30, 16-9.

Hampshire, S. (1951). *Spinoza*, Penguin, Harmondsworth.

Hansen, J. (2010). *Biotechnology and Public Engagement in Europe*, Palgrave Macmillan, Londres.

Harman, P. M. (1982). *Energy, Force and Matter: The Conceptual Development of Nine-teenth-Century Physics*, Cambridge University Press, Cambridge.

Hawking, S. (1988). *Is the End in Sight for Theoretical Physics?*, Cambridge University Press, Cambridge.

Hawking, S. e Mlodinow, L. (2010). *The Grand Design: New Answers to the Ultimate Questions of Life*, Bantam Press, Londres.

Hazen, R. (1989). "Battle of the supermen", *Guardian*, 15 de abril.

Heglund, N. C., Willems, P. A., Penta, M. e Cavagna, G. A. (1995). "Energy-saving gait mechanics with head-supported loads", *Nature*, 375, 52-4.

Henry, J. (org.) (2005). *Parapsychology: Research on Exceptional Experiences*, Routledge, Hove.

Hettinger, T. P. (2010). "Misconduct: don't assume science is self-correcting", *Nature*, 466, 1040.

Hinde, R. A. (1982). *Ethology*, Fontana, Londres.

Hodges, A. (1983). *Alan Turing: The Enigma of Intelligence*, Hutchinson, Londres.

Holden, A. e Singer, P. (1961). *Crystals and Crystal Growing*, Heinemann, Londres.

Holder, N. (1981). "Regeneration and compensatory growth", *British Medical Bulletin*, 37, 227-32.

Holding, S. C., Stacey, F. D. e Tuck, G. J. (1986). "Gravity in mines – an investigation of Newton's law", *Physics Review Letters D*, 33, 3487-494.

Horgan, J. (1997a). "Get smart, take a test: A long term rise in IQ scores baffles intelligence experts", *Scientific American*, novembro, 10-1.

Horgan, J. (1997b). *The End of Science: Facing the Limits of Knowledge in the Twilight of the Scientific Age*, Little, Brown, Londres.

_____. (2003). *Rational Mysticism: Dispatches from the Border Between Science and Spirituality*, Houghton Mifflin, Boston.

Horn, G. (1986). *Memory, Imprinting and the Brain: An Inquiry into Mechanisms*, Clarendon Press, Oxford.

Howe, D. e Rhee, S. Y. (2008). "The future of biocuration", *Nature*, 455, 47-8.

Hume, D. (2008). *Dialogues Concerning Natural Religion*, Oxford University Press, Oxford.

Humphrey, N. (2011). *Soul Dust: The Magic of Consciousness*, Quercus, Londres.

Hunter, I. M. L. (1964). *Memory*, Penguin, Harmondsworth.

Huxley, F. (1959). "Charles Darwin: life and habit", *American Scholar* (Outono/Inverno), 1-19.

Huxley, T. H. (1867). *Hardwicke's Science Gossip*, 3, 74.

_____. (1893). *Methods and Results*, Macmillan, Londres.

Iacono, W. G. e McGue, M. (2002). "Minnesota Twin Family Study", *Twin Studies*, 5, 482-87.

Inge, W. R. (1929). *The Philosophy of Plotinus*, Longmans, Londres.

Jennings, H. S. (1906). *Behavior of the Lower Organisms*, Columbia University Press, Nova York.

Jones, J. D. G., e Dangl, J. L. (2006). "The plant immune system", *Nature*, 444, 323-29.

Kahn, F. (1949). *The Secret of Life: The Human Machine and How It Works*, Odhams, Londres.

Kandel, E. R. (2003). "The molecular biology of memory storage: a dialogue between genes and synapses", em Jornvall, H. (org.), *Nobel Lectures, Physiology or Medicine 1995-2000*, World Scientific, Cingapura.

Kandel, E. R., Schwartz, J. H. e Jessell, T. M. (1995). *Essentials of Neuroscience and Behavior*, Appleton & Lang, Norwalk, CT.

Kaptchuck, T. J. (1998). "Intentional ignorance: a history of blind assessment in medicine", *Bulletin of the History of Medicine*, 72, 389-443.

Kealey, T. (1996). *The Economic Laws of Scientific Research*, Macmillan, Londres.

Kekreja, L. M. (2009). "Calls to counter science scepticism are irrelevant in India", *Nature*, 459, 321.

Khoury, M. J., Evans, J. e Burke, W. (2010). "A reality check for personalized medicine", *Nature*, 464, 680.

Kiernan, V. (1995). "Gravitational constant is up in the air", *New Scientist*, 29 de abril, 18.

Kirsch, I. (2009). *The Emperor's New Drugs: Exploding the Antidepressant Myth,* Bodley Head, Londres.

_____. (2010). "Not all placebos are born equal", *New Scientist*, 11 de dezembro, 30-3.

Klein, M. e Kandel, E. R. (1978). "Presynaptic modulation of voltage-dependent Ca^{2+} current: mechanism for behavioral sensitization in *Aplysia californica*", *Proceedings of the National Academy of Sciences USA*, 75, 3512-516.

Koenig, H. (2008). *Medicine, Religion and Health: Where Science and Spirituality Meet*, Templeton Foundation Press, West Consho-hocken, PA.

Koestler, A. (1967). *The Ghost in the Machine*, Hutchinson, Londres.

Kreitzer, M. J. e Riff, K. (2011). "Spirituality and heart health", em Devries, S. e Dalen, J. E. (orgs.), *Integrative Cardiology*, Oxford University Press, Nova York.

Kretzman, N. e Stump, E. (orgs.) (1993). *The Cambridge Companion to Aquinas*, Cambridge University Press, Cambridge.

Krippner, S., e Friedman, H. L. (orgs.) (2010). *Debating Psychic Experience: Human Potential or Human Illusion*, Praeger, Santa Barbara, CA.

Krönig, J. (1992). *Spuren*, Zweitausendeins, Frankfurt.

Kuhn, T. S. (1959). "Energy conservation as an example of simultaneous discovery", em Clagett, M. (org.), *Critical problems in the History of Science*, University of Wisconsin Press, Madison, WI.

_____. (1970). *The Structure of Scientific Revolutions*, 2ª ed., University of Chicago Press, Chicago.

Lamarck, J.-B. (1914). *Zoological Philosophy*, Macmillan, Londres.

Laplace, P. S. (1819; reimpresso em 1951). *A Philosophical Essay on Probabilities*, Dover, Nova York.

Lashley, K. S. (1929). *Brain Mechanisms and Intelligence*, Chicago University Press, Chicago.

_____. (1950). "In search of the engram", *Symposium of the Society for Experimental Biology*, 4, 454-83.

Laszlo, E. (2007). *Science and the Akashic Field*, Inner Traditions, Rochester, VT. [*A Ciência e o Campo Akáshico*, publicado pela Editora Cultrix, São Paulo, 2008.]

Latham, J. (2011). "The failure of the genome", *Guardian*, 18 de abril.

Latour, B. (1987*), Science in Action: How to Follow Scientists and Engineers Through Society*, Harvard University Press, Cambridge, MA.

_____. (2009). *Politics of Nature: How to Bring the Sciences into Democracy*, Harvard University Press, Cambridge, MA.

Lear, J. (1965). *Kepler's Dream*, University of California Press, Berkeley.

Le Fanu, J. (2000). *The Rise and Fall of Modern Medicine*, Abacus, Londres.

Lehar, S. (1999). "Gestalt isomorphism and the quantification of spatial perception", *Gestalt Theory*, 21, 122-39.

_____. (2004). "Gestalt isomorphism and the primacy of subjective conscious experience", *Behavioral and Brain Sciences*, 26, 375-444.

Lewin, R. (1980). "Is your brain really necessary?", *Science*, 210, 1232.

Libet, B. (1999). "Do we have free will?", *Journal of Consciousness Studies*, 6, 47-57.

_____. (2003). "Can conscious experience affect brain activity?", *Journal of Consciousness Studies*, 10, 24-8.

_____. (2006). "Reflections on the interaction of the mind and brain", *Progress in Neurobiology*, 78, 322-26.

Libet, B., Elwood, W., Feinstein, B. e Pearl, D. K. (1979). "Subjective referral of the timing for a conscious sensory experience", *Brain*, 102, 193-224.

Lightman, B. V. (2007). *Victorian Popularizers of Science: Designing Nature for New Audiences*, University of Chicago Press, Chicago.

Lindberg, D. C. (1981). *Theories of Vision from Al-Kindi to Kepler*, Chicago University Press, Chicago.

Lobach, E. e Bierman, D. J. (2004). "Who's calling at this hour? Local sidereal time and telephone telepathy", em *Proceedings of the 47th Parapsychological Association Annual Convention* (pp. 91-7), Viena.

Long, C. H. (1983). *Alpha: The Myths of Creation*, Oxford University Press, Nova York.

Long, W. (1919). *How Animals Talk*, Harper, Nova York.

_____. (2005, reimpresso). *How Animals Talk*, Park Street Press, Rochester, VT.

Lorayne, H. (1950). *How to Develop a Super-Power Memory*, Thomas, Preston.

Lu, J., Tapia, J. C., White, O. L. e Lichtman, J. W. (2009). "The interscutularis muscle connectome", *Public Library of Science Biology*, e 1000032. doi:10.1371/journal. pbio.1000032.

Luria, A. R. (1970). "The functional organization of the brain", *Scientific American*, 222(3), 66-78.

_____. (1973). *The Working Brain*, Penguin, Harmondsworth.

Maddox, J. (1981). "A book for burning?", *Nature*, 293, 245-46.

Malhotra, R., Holman, M. e Ito, T. (2001). "Chaos and stability of the solar system", *Proceedings of the National Academy of Sciences US*, 98, 12342-3.

Manolio, T. A., Collins, F. S. e outros (2009). "Finding the missing heritability of complex diseases", *Nature*, 461, 747-53.

Mason, A. A. (1955). "Ichthyosis and hypnosis", *British Medical Journal*, 2 de julho, 57-8.

Mayr, E. (1982). *The Growth of Biological Thought*, Harvard University Press, Cambridge, MA.

McLuhan, R. (2010). *Randi's Prize: What Skeptics Say About the Paranormal, Why They Are Wrong and Why It Matters*, Matador, Leicester.

Medawar, P. B. (1990). *The Threat and the Glory: Reflections on Science and Scientists*, HarperCollins, Londres.

Medvedev, Z. A. (1969). *The Rise and Fall of T. D. Lysenko*, Columbia University Press, Nova York.

Meri, J. W. (2005). *Medieval Islam Civilization: An Encyclopedia*. Routledge, Londres.

Michaels, D. (2005). "Doubt is their product", *Scientific American*, junho.

Midgley, M. (2002). *Evolution as a Religion*, Routledge, Londres.

Milton, J. e Wiseman R. (1999). "Does psi exist? Lack of replication of an anomalous process of information transfer", *Psychological Bulletin*, 125, 387-91.

Milton, J. (1999). "Should ganzfeld research continue to be crucial in the search for a replicable psi effect?", *Journal of Parapsychology*, 63, 309-33.

Mitchell, M. (2009). *Complexity: A Guided Tour*, Oxford University Press, Nova York.

Moerman, D. E. (2002). *Meoning, Medicine and the Place is Effect*. Cambridge University Press, Cambridge.

Mohr, P. J. e Taylor, B. N. (2001). "Adjusting the values of the fundamental constants", *Physics Today*, 54, 29.

Moncrieff, J. (2009). *The Myth of the Chemical Cure: A Critique of Psychiatric Drug Treatment*, Palgrave Macmillan, Londres.

Monod, J. (1972). *Chance and Necessity*, Collins, Londres.

Munowitz, M. (2005). *Knowing: The Nature of Physical Law*, Oxford University Press, Oxford.

Murphy, G. e Ballou, R.O. (orgs.) (1961). *William James on Psychical Research*, Chatto and Windus, Londres.

Mussachia, M. (1995). "Objectivity and repeatability in science", *Skeptical Inquirer*, 19 (6), 33-5, 56.

National Science Board (2010). *Science and Engineering Indicators 2010*, National Science Foundation, Washington.

Nature (2010). "News briefing", *Nature*, 467, 11.

_____. (2011). Editorial, "Best is yet to come", *Nature* 470, 140.

Needham, J. (1959). *A History of Embryology*, Cambridge University Press, Cambridge.

Nemethy, G. e Scheraga, H. A. (1977). "Protein folding", *Quarterly Review of Biophysics*, 10, 239-352.

Newton, I. (1704; reimpresso em 1952). *Opticks*, Dover Publications, Nova York.

Nietzsche, F. W. (1911). "Eternal recurrence: the doctrine expounded and substantiated", em *The Complete Works of Friedrich Nietzsche*, Vol. 16, ed. O. Levy, Foulis, Edimburgo.

Noble, D. (2006). *The Music of Life: Biology Beyond the Genome*, Oxford University Press, Oxford.

Noë, A. (2009). *Out of Our Heads: Why You Are Not Your Brain, and Other Lessons from the Biology of Consciousness*, Hill & Wang, Nova York.

Nordenskiold, E. (1928). *The History of Biology*, Tudor, Nova York.

Olsen, M. V. e Varki, A. (2004). "The chimpanzee genome — a bitter-sweet celebration", *Science*, 305, 191-92.

Oreskes, N. e Conway, E. K. (2010). *Merchants of Doubt: How a Handful of Scientists Obscured the Truth on Issues from Tobacco Smoke to Global Warming*, Bloomsbury Press, Nova York.

Ostriker, J. P. e Steinhardt, P. J. (2001). "The quintessential universe", *Scientific American*, janeiro, 46-53.

Pagels, H. R. (1983). *The Cosmic Code*, Michael Joseph, Londres.

Paley, W. (1802). *Natural Theology*, J. Vincent, Oxford.

Partridge, E. (1961). *Origins*, Routledge & Kegan Paul, Londres.

Pattie, F. (1941). "The production of blisters by hypnotic suggestion: a review", *Journal of Abnormal and Social Psychology*, 36, 62-72.

Pauli, W. e Jung, C. G. (2001). *Atom and Archetype: The Pauli/Jung Letters 1932–1958*, Princeton University Press, Princeton.

Penfield, W. (1975). *The Mystery of the Mind*, Princeton University Press, Princeton.

Penfield, W. e Roberts L. (1959). *Speech and Brain Mechanisms*, Princeton University Press, Princeton.

Penrose, R. (2010). *Cycles of Time: An Extraordinary New View of the Universe*, Bodley Head, Londres.

Petley, B. W. (1985). *The Fundamental Physical Constants and the Frontiers of Metrology*, Adam Hilger, Bristol.

Petronis, A. (2010). "Epigenetics as a unifying principle in the aetiology of complex traits and diseases", *Nature*, 465, 721-27.

Piaget, J. (1973). *The Child's Conception of the World*, Granada, Londres.

Pisano, G. P. (2006). *Science Business: The Promise, the Reality and the Future of Biotech*, Harvard Business School, Boston, MA.

Platão (2000, trad. B. Joiwett). *The Republic*, Dover Books, Nova York.

Plotinus, trad. MacKenna, S. (1956). *The Enneads*, Faber & Faber, Londres.

Popper, K. R. e Eccles. J. C. (1977). *The Self and Its Brain*, Springer International, Berlim.

Potters, V. G. (1967). *C. S. Peirce on Norms and Ideals*, University of Massachusetts, Worcester, MA.

Pribram, K. H. (1971). *Languages of the Brain*, Prentice Hall, Englewood Cliffs, NJ.

_____. (1979). "Transcending the mind-brain problem", *Zygon*, 14, 103-24.

Qiu, J. (2006). "Unfinished symphony", *Nature*, 441, 143-45.

Radin, D. (1997). *The Conscious Universe: The Scientific Truth of Psychic Phenomena*, HarperCollins, San Francisco.

_____. (2007). *Entangled Minds: Extrasensory Experiences in a Quantum Reality*, Paraview Pocket Books, Nova York.

Recordon, E. G., Stratton, F. J. M. e Peters, R. A. (1968). "Some trials in a case of alleged telepathy", *Journal of the Society for Psychical Research*, 44, 390-201.

Rees, M. (1997). *Before the Beginning: Our Universe and Others*, Simon & Schuster, Londres.

_____. (2004). *Our Final Century: The 50/50 Threat to Humanity's Survival*, Arrow, Londres.

Reich, E. S. (2010). "G-whizzes disagree over gravity", *Nature*, 466, 1030.

Reiche, E. M. V., Nunes, S. O. V. e Morimoto, H. K. (2005). "Stress, depression, the immune system and cancer", *Lancet Oncology*, 5, 617-25.

Rizzolatti, G., Fadiga, L., Fogassi, L. e Gallese, V. (1999). "Resonance behaviors and mirror neurons", *Archives Italiennes de Biologie*, 137, 85-100.

Roberts, A. H., Kewman, D. G., Mercier, L. e Hovell, H. (1993). "The power of nonspecific effects in healing: implications for psychosocial and biological treatments", *Clinical Psychology Review*, 13, 375-91.

Robertson, B. E., Ellis, R. S., Dunlop, J. S., McLure, R. J. e Stark, D. P. (2010). "Early star-forming galaxies and the reionization of the universe", *Nature*, 468, 49-55.

Rose, S. P. R. (1986). "Memories and molecules", *New Scientist*, 112 (27 de novembro), 40-4.

Rose, S. P. R. e Csillag, A. (1985). "Passive avoidance training results in lasting changes in deoxyglucose metabolism in left hemisphere regions of chick brain", *Behavioural and Neural Biology*, 44, 315-24.

Rose, S. P. R. e Harding, S. (1984). "Training increases 3H fucose incorporation in chick brain only if followed by memory storage", *Neuroscience*, 12, 663-67.

Rosenthal, R. (1976). *Experimenter Effects in Behavioral Research*, John Wiley, Nova York.

Royal Society (2005). *A Degree of Concern? UK First Degrees in Science, Technology and Mathematics*, Royal Society Policy Document 32/06, Londres.

_____. (2011). *Knowledge, Networks and Nations: Global Scientific Collaboration in the 21st Century*, Royal Society Policy Document 03/11, Londres.

Rubery, P. H. e Sheldrake, R. (1974). "Carrier-mediated auxin transport", *Planta*, 118, 101-210.

Russell, E. S. (1945). *The Directiveness of Organic Activities*, Cambridge University Press, Cambridge.

Sacks, O. (1985). *The Man Who Mistook His Wife for a Hat*, Duckworth, Londres.

Saltmarsh, F. H. (1938). *Foreknowledge*, Bell, Londres.

Sample, I. (2010). "Spending review spares science budget from deep cuts", *Guardian*, 19 de outubro.

Sarton, G. (1955). *Introductory Essay*, em J. Needham, org., *Science, Religion and Reality*, Braziller, Nova York.

Satprem (2000). *Sri Aurobindo or the Adventure of Consciousness*, Mira Aditi Centre, Mysore.

Schelling, F. von (1988). *Ideas for a Philosophy of Nature*, Cambridge University Press, Cambridge.

Schmidt, S., Erath, D., Ivanova, V. e Walach, H. (2009). "Do you know who is calling? Experiments on anomalous cognition in phone call receivers", *Open Psychology Journal*, 2, 12-8.

Schmidt, S., Schneider, R., Utts, J. e Walach, H. (2004). "Distant intentionality and the feeling of being stared at: Two meta-analyses", *British Journal of Psychology*, 95, 235-47.

Schnabel, U. (2009). "Ein Portwein auf die Gene", *Die Zeit*, 9 de julho.

Schwarz, J. P., Robertson, D. S., Niebauer, T. M. e Fuller, J. E. (1998). "A free-fall determination of the Newtonian constant of gravity", *Science*, 282, 2230-234.

Searle, J. (1992). *The Rediscovery of the Mind*, MIT, Cambridge, MA.

_____. (1997). "Consciousness and the philosophers", *New York Review of Books*, 6 de março, 43-50.

Shannon, B. (2002). *Antipodes of the Mind: Charting the Phenomenology of the Ayahuasca Experience*, Oxford University Press, Oxford.

Sheldrake, R. (1973)? "The production of hormones in higher plants", *Biological Reviews*, 48, 509-99.

_____. (1974). "The ageing death cells' growth", *Nature*, 250, 381-50.

_____. (1981; 2ª ed. 1985). *A New Science of Life: The Hypothesis of Formative Causation*, Blond & Briggs, Londres.

_____. (1984). "Pigeon pea physiology", em *The Physiology of Tropical Crops* (org. por P. H. Goldsworthy), Blackwell, Oxford.

_____. (1987). "A perennial cropping system for pigeon pea grown in post-rainy season", *Indian Journal of Agricultural Sciences*, 57, 895-99.

_____. (1988a). *The Presence of the Past: Morphic Resonance and the Habits of Nature*, Collins, Londres.

_____. (1988b). "Cattle fooled by phoney grids", *New Scientist*, 11 de fevereiro, 65.

_____. (1990). *The Rebirth of Nature: The Greening of Science and God*, Century, Londres. [*O Renascimento da Natureza*, publicado pela Editora Cultrix, São Paulo, 1993.]

_____. (1992a). "An experimental test of the hypothesis of formative causation", *Biology Forum*, 85, 431-43.

_____. (1992b). "Rose refuted", *Biology Forum*, 85, 455-60.

_____. (1994). *Seven Experiments That Could Change the World: A Do-It-Yourself Guide to Revolutionary Science*, Fourth Estate, Londres [*Sete Experimentos que Podem Mudar o Mundo*, publicado pela Editora Cultrix, São Paulo, 1999.]

_____. (1998a). "Perceptive pets with puzzling powers: three surveys", *International Society for Anthrozoology Newsletter*, 15, 2-5.

_____. (1998b). "Experimenter effects in scientific research: how widely are they neglected?", *Journal of Scientific Exploration*, 12, 73-8.

_____. (1998c). "Could experimenter effects occur in the physical and biological sciences?", *Skeptical Inquirer*, 22, 57-8.

Sheldrake, R. (1999a). *Dogs That Know When Their Owners Are Coming Home, and Other Unexplained Powers of Animals*, Hutchinson, Londres.

_____. (1999b). "Commentary on a paper by Wiseman, Smith and Milton on the 'psychic pet' phenomenon", *Journal of the Society for Psychical Research*, 63, 306--11.

_____. (1999c). "How widely is blind assessment used in scientific research?", *Alternative Therapies*, 5, 88-91.

_____. (1999d). "Blind belief", *Skeptic*, 12 (2), 7-8.

_____. (2000). "The 'psychic pet' phenomenon", *Journal of the Society for Psychical Research*, 64, 126-28.

_____. (2001). "Personally speaking", *New Scientist*, 19 de julho.

_____. (2003a). *The Sense of Being Stared At, and Other Aspects of the Extended Mind*, Crown, Nova York. [*A Sensação de Estar Sendo Observado e Outros Aspectos da Mente Expandida*, publicado pela Editora Cultrix, São Paulo, 2004.]

_____. (2003b). "Set them free", *New Scientist*, 19 de abril.

_____. (2003c). "Really popular science", *The New York Times*, 4 de janeiro.

_____. (2004a). "Are we active? Or should the passive be used?" *School Science Review*, 86, 8-10.

_____. (2004b). "Public participation: let the public pick projects", *Nature*, 432, 271.

_____. (2005a). "The sense of being stared at. Part 1. Is it real or illusory?", *Journal of Consciousness Studies*, 12, 10-31.

_____. (2005a). "The sense of being stared at Part 2. Its implications for theories of vision", *Journal of Consciousness Studies*, 12, 32-49.

_____. (2005c). "Why did so many animals escape December's tsunami?", *Ecologist*, março.

_____. (2009). *A New Science of Life* (3ª ed.), Icon Books, Londres.

_____. (2011a). *Dogs That Know When Their Owners Are Coming Home, and Other Unexplained Powers of Animals* (2ª ed.), Three Rivers Press, Nova York.

_____. (2011b). *The Presence of the Past: Morphic Resonance and the Habits of Nature* (2ª ed.), Icon Books, Londres.

Sheldrake, R. e Avraamides, L. (2009). "An automated test for telepathy in connection with e-mails", *Journal of Scientific Exploration*, 23, 29-36.

Sheldrake, R., Avraamides, L. e Novak, M. (2009). "Sensing the sending of SMS messages: An automated test", *Explore: The Journal of Science and Healing*, 5, 272-76.

Sheldrake, R. e Beeharee, A. (2009). "A rapid online telepathy test", *Psychological Perspectives*, 104, 957-70.

Sheldrake, R. e Fox, M. (1996). *Natural Grace: Dialogues on Science and Spirituality*, Bloomsbury, Londres.

Sheldrake, R. e Lambert, M. (2007). "An automated online telepathy test", *Journal of Scientific Exploration*, 21, 511-22.

Sheldrake, R., McKenna, T. e Abraham, R. (2002). *Chaos, Creativity and Cosmic Consciousness*, Part Street Press, Rochester, VT.

Sheldrake, R., McKenna, T. e Abraham, R. (2005). *The Evolutionary Mind: Conversations on Science, Imagination and Spirit*, Monkfish Books, Rhinebeck, NY.

Sheldrake, R. e Moir, G. F. J. (1970). "A cellulase in *Hevea* later", *Physiologia Plantarum*.

Sheldrake, R. e Morgana, A. (2003). "'Testing a language-using parrot for telepathy", *Journal of Scientific Exploration*, 17, 601-15.

Sheldrake, R. e Smart, P. (1998). "A dog that seems to know when his owner is returning: Preliminary investigations", *Journal of the Society for Psychical Research*, 62, 220-32.

_____. (2000a). "A dog that seems to know when his owner is coming home: Video-taped experiments and observations", *Journal of Scientific Exploration*, 14, 233-55.

_____. (2000b). "Testing a return-anticipating dog, Kane", *Anthrozoos*, 13, 203-12.

_____. (2003a). "Experimental tests for telephone telepathy", *Journal of the Society for Psychical Research*, 67, 174-99.

_____. (2003b). "Videotaped experiments on telephone telepathy", *Journal of Parapsychology*, 67, 147-66.

_____. (2005). "Testing for telepathy in connection with e-mails", *Perceptual and Motor Skills*, 101, 771-86.

Shermer, M. (2011). *The Believing Brain: From Ghosts and Gods to Politics and Conspiracies – How We Construct Beliefs and Reinforce them as Truths*, Times Books, Nova York.

Silverman, S, (2009). "Placebos are getting more effective. Drugmakers are desperate to know why", *Wired Magazine*, 24 de agosto.

Sinclair, U. (1930). *Mental Radio*, Werner Laurie, Londres.

Singh, S. (2004). *Big Bang*, Fourth Estate, Londres.

Singh, S. e Ernst, E. (2009). *Trick or Treatment? Alternative Medicine on Trial*, Corgi Books, Londres.

Skrbina, D. (2003). "Panpsychism as an underlying theme in Western philosophy", *Journal of Consciousness Studies*, 10, 4-46.

Smith, A. P. (1978). "An investigation of the mechanisms underlying nest construction in the mud wasp Paralastor sp.", *Animal Behaviour*, 26, 232-40.

Smolin, L. (2006). *The Trouble With Physics: The Rise of String Theory, The Fall of a Science, and What Comes Next*, Allen Lane, Londres.

_____. (2010). "Space-time turnaround", *Nature*, 467, 1034-035.

Smuts, J. C. (1926). *Holism and Evolution*, Macmillan, Londres.

Sobel, D. (1998). *Longitude: The True Story of a Scientific Genius Who Solved the Greatest Scientific Problem of His Time*, Fourth Estate, Londres.

Spinoza, B. (2004). *Ethics*, Penguin Classics, Londres.

Squire, L. R. (1986). "Mechanisms of memory", *Science*, 232, 1612-619.

Stephenson, L. M. (1967). "A possible annual variation of the gravitational constant", *Proceedings of the Physical Society*, 90, 601-04.

Stevenson, I. (1997). *Where Reincarnation and Biology Intersect*, Praeger, Westport, CT.

Stier, K. (2010). "Curbing drug-company abuses: are fines enough?", *Time*, 30 de maio http://www.time.com/time/business/article/0,8599,1990910,00.html

Strawson, G. (2006). "Realistic monism: why physicalism entails panpsychism", *Journal of Consciousness Studies*, 13, 3-31.

Suzuki, D. T. (1998). *Studies in the Lakavatara Sutra*, Munshiram Manoharlal Publishers, Nova Délhi.

Tarnas, R. (1991). *The Passion of the Western Mind*, Harmony Books, Nova York.

Tegmark, M. (2007). "The multiverse hierarchy", em Carr (org.) (2007).

Temel, J. S., Greer, J. A., Muzikansky, A., Gallagher, E. R., Admane, A., Jackson, V. A., Dahlin, C. M., Blinderman, C. D., Jacobsen, J., Pirl, W. F., Billings, J. A. e Lynch, T. J. (2010). "Early palliative care for patients with metastatic non-small-cell lung câncer", *New England Journal of Medicine*, 363, 733-42.

Thom, R. (1975). *Structural Stability and Morphogenesis*, Benjamin, Reading, MA.

_____. (1983). *Mathematical Models of Morphogenesis*, Ellis Horwood, Chichester.

Thompson, E., Palacios, A. e Varela, F. J. (1992). "Ways of coloring: Comparative color vision as a case study for cognitive science", *Behavioral and Brain Sciences*, 15, 1-26.

Thomson, W. (1852). "On a universal tendency in nature to the dissipation of mechanical energy", *Proceedings of the Royal Society of Edinburgh*, 19 de abril.

Thurston, H. (1952). *The Physical Phenomena of Mysticism*, Burns Oates, Londres.

Time (1952). "Medicine: entranced skin", *Time*, 1 de setembro.

Trachtman, P. (2000). "Redefining robots", *Smithsonian Magazine*, fevereiro, 97-112.

UK Government (2010). *Healthy Lives, Healthy People*, HM Stationery Office, Londres.

UK Office of Science and Technology (2000). *Science and the Public: A Review of Science Communication and Public Attitudes to Science in Britain*, UK Department of Trade and Industry, Londres.

Ullman, M., Krippner, S. e Vaughan, A. (1973). *Dream Telepathy Experiments in Nocturnal ESP*, Macmillan, Nova York.

Van der Post, L. (1962). *The Lost World of the Kalahari*, Penguin, Londres.

Velmans, M. (2000). *Understanding Consciousness*, Routledge, Londres.

Venter, C. (2007). *A Life Decoded*, Allen Lane, Londres.

Viveiros de Castro, E. B. (2004). "Exchanging perspectives: the transformation of objects into subjects in Amerindian ontologies", *Common Knowledge*, 10, 463-84.

Waddington, C. H. (1957). *The Strategy of the Genes*, Allen and Unwin, Londres.

Wallace, B. A. (2009). *Mind in the Balance: Meditation in Science, Buddhism and Christianity*, Columbia University Press, Nova York.

Wallace, W. (1911). "Descartes", *Encyclopaedia Britannica* (11ª ed.), Cambridge University Press, Cambridge.

Wallace, A. R. (2000). *The Taboo of Subjectivity*, Oxford University Press, Oxford.

Watkins, A. J., Goldstein, D. A., Lee, L. C., Pepino, C. J., Tillett, S. L., Ross, F. E., Wilder, E. M., Zachary, V. A. e Wright, W. G. (2010). "Lobster Attack Induces Sensitization in the Sea Hare, *Aplysia californica*", *Journal of Neuroscience*, 30, 11028-31.

Watson, J. D. e Crick, F. H. C. (1953). "A structure for deoxyribose nucleic acid", *Nature*, 171, 737-38.

Watson, P. (1981). *Twins: An Investigation into the Strange Coincidences in the Lives of Separated Twins*, Hutchinson, Londres.

Watt, C. e Nagtegaal, M. (2004). "Reporting of blind methods: an interdisciplinary survey", *Journal of the Society for Psychical Research*, 68, 105-14.

Webb, P. (1980). "The measurement of energy exchange in man: an analysis", *American Journal of Clinical Nutrition*, 33, 1299-1310.

_____. (1991). "The measurement of energy expenditure", *Journal of Nutrition*, 121, 1897-1901.

Weber, R. (1986). *Dialogues with Scientists and Sages: The Search for Unity*, Routledge & Kegan Paul, Londres.

Wegner, D. (2002). *The Illusion of Conscious Will*, MIT, Cambridge, MA.

Weil, A. (2004). *Health and Healing: The Philosophy of Integrative Medicine*, Houghton Mifflin, Boston, MA.

Weiss, P. (1939). *Principles of Development*, Holt, Nova York.

Westfall, R. S. (1980). *Never at Rest: A Biography of Isaac Newton*, Cambridge University Press, Cambridge.

Whitehead, A. N. (1925). *Science and the Modern World*, Macmillan, Nova York.

_____. (1954). *Dialogues of Alfred North Whitehead*, Little, Brown, Boston.

_____. (1978). *Process and Reality: An Essay in Cosmology*, Free Press, Nova York.

Whitfield, J. (2004). "Telepathy charm seduces audience at paranormal debate", *Nature*, 427, 277.

Wicherts, J. M., Borsboom, D., Kats, J. e Molenaar, D. (2006). "The poor availability of psychological research data for reanalysis", *American Psychologist*, 61, 726-28.

Wilber, K. (org.) (1982). *The Holographic Paradigm and Other Paradoxes*, Shambala, Boulder.

_____. (org.) (1984). *Quantum Questions*, Shambala, Boulder.

Will, C. (1971). "Relativistic gravity in the solar system II. Anisotropy in the Newtonian gravitational constant", *Astrophysical Journal*, 169, 141-55.

Willis, A. (2009). "Immortality only 20 years away says scientist", *Daily Telegraph*, 22 de setembro.

Wilsdon, J., Wynne, B. e Stilgoe, J. (2005). *The Public Value of Science: Or How to Ensure That Science Really Matters*, Demos, Londres.

Winer, G. A. e Cottrell, J. E. (1996). "Does anything leave the eye when we see?", *Current Directions in Psychological Science*, 5, 137-42.

Winer, G. A., Cottrell, J. E., Gregg, V. A., Fournier, J. S. e Bica, L. A. (2002). "Fundamentally misunderstanding visual perception: Adults' beliefs in visual emissions", *American Psychologist*, 57, 417-24.

Winer, G. A., Cottrell, J. E., Karefilaki, K. D. e Gregg, V. A. (1996). "Images, words and questions: Variables that influence beliefs about vision in children and adults", *Journal of Experimental Child Psychology*, 63, 499-525.

Wiseman, R. (2011). *Paranormality: Why We See What Isn't There*, Macmillan, Londres.

Wiseman, R., Smith, M. e Milton, J. (1998). "Can animals detect when their owners are returning home? An experimental test of the 'psychic pet' phenomenon", *British Journal of Psychology*, 89, 453-62.

Wiseman, R., Smith, M. e Milton, J. (2000). "The 'psychic pet' phenomenon: A reply to Rupert Sheldrake", *Journal of the Society for Psychical Research*, 64, 46-9.

Wiseman, R. e Watt, C. (1999). "Rupert Sheldrake and the objectivity of science", *Skeptical Inquirer*, 23 (5), 61-2.

Woit, P. (2007). *Not Even Wrong: The Failure of String Theory and the Continuing Challenge to Unify the Laws of Physics*, Basic Books, Nova York.

Wolf, F. A. (1984). *Star Wave*, Macmillan, Nova York.

Wolpert, L. e Sheldrake, R. (2009). "What can DNA tell us? Place your bets now", *New Scientist*, 8 de julho.

Wood, D. C. (1982). "Membrane permeabilities determining resting, action and mechanoreceptor potentials em *Stentor coeruleus*", *Journal of Comparative Physiology*, 146, 537-50.

_____. (1988). "Habituation in *Stentor* produced by mechanoreceptor channel modification", *Journal of Neuroscience*, 8, 2254-258.

Woodard, G. D. e McCrone, W. C. (1975). "Unusual crystallization behavior", *Journal of Applied Crystallography*, 8, 342.

Organização Mundial da Saúde (2003). *Acupuncture: Review and Analysis of Reports on Controlled Clinical Trials*, Organização Mundial da Saúde, Genebra.

Wright, L. (1997). *Twins: Genes, Environment and the Mystery of Identity*, Weidenfeld e Nicolson, Londres.

Wroe, A. (2007). *Being Shelley: The Poet's Search for Himself*, Vintage Books, Londres.

Yates, F. A. (1969). *The Art of Memory*, Penguin, Harmondsworth.

Young, E. (2008). "Rewriting Darwin: the new non-genetic inheritance", *New Scientist*, 9 de julho.

Zajonc, A. (1993). *Catching the Light: The Entwined History of Light and Mind*, Bantam Books, Nova York.

Zhang, B., Wright, A. A., Huskamp, H. A., Nilsson, M. E., Maciejewski, M. L., Earle, C. E., Block, S. D., Maciejewski, P. K. e Prigerson, H. G. (2009). "Healthcare costs in the last week of life", *Annals of Internal Medicine*, 169, 480-88.

Ziman, J. (2003). "Emerging out of nature into history: the plurality of the sciences", *Philosophical Transactions of the Royal Society A*, 361, 1617-633.

Impressão e acabamento:

tel.: 25226368